Atlas zur Biologie der Bodenarthropoden

Gerhard Eisenbeis · Wilfried Wichard

Atlas zur Biologie der Bodenarthropoden

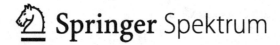 Springer Spektrum

Gerhard Eisenbeis
Essenheim, Deutschland

Wilfried Wichard
Bonn, Deutschland

ISBN 978-3-642-39391-4   ISBN 978-3-642-39392-1 (eBook)
DOI 10.1007/978-3-642-39392-1

Die Deutsche Nationalbibliothek verzeichnet diese Publikation in der Deutschen Nationalbibliografie; detaillierte bibliografische Daten sind im Internet über http://dnb.d-nb.de abrufbar.

Springer Spektrum
© Springer Berlin Heidelberg 1985. Unveränderter Nachdruck 2013

Springer Spektrum ist eine Marke von Springer DE.
Springer DE ist Teil der Fachverlagsgruppe Springer Science+Business Media.
www.springer-spektrum.de

Geleitwort

Gegen Ende des Jahres 1941 war ich mit meinem Zoologie-Studium in Wien so weit, daß ich mir das Thema für meine Doktorarbeit suchen konnte. Da jeder «rechte» Zoologe primär ein Augenmensch ist, wird die Wahl seiner Forschungsobjekte vielfach auch ästhetisch motiviert sein. So ging ich also zu Prof. Kühnelt mit dem Wunsch, womöglich eine Arbeit über Libellen zu machen, da diese augenfällig schön und bemerkenswert bewegungsreich sind. Aber als schlichter Student hatte ich nicht bedacht, daß so ein junger Dozent wie Kühnelt natürlich auch eigene Wunschvorstellungen für seine künftige Forschungsarbeit hegte. Er war nämlich, zusammen mit dem Bodenkundler W. Kubiena, damals schon auf dem Wege in die Bodenbiologie, deren zoologische Aspekte er einige Jahre später als erster anschaulich dargestellt hat (W. Kühnelt, Bodenbiologie mit besonderer Berücksichtigung der Tierwelt. – Herold, Wien 1951). Kurzum, unser Gespräch dauerte nicht lange, und ich hatte ein bodenbiologisches Thema übernommen, nämlich die Collembolen-Fauna der Böden des Wienerwaldes.

Ein Studiosus meines Grades mußte zwar auch damals schon wissen, daß es sogenannte Bodentiere und unter ihnen auch Collembolen (Springschwänze) gibt, und sicher hatte ich auch schon einige Bodentiere zu sehen bekommen; aber wirklich angeschaut hatte ich sie mir noch kaum. Sind sie doch – von Maulwurf oder Regenwurm abgesehen – klein und unscheinbar.

Dieses Vorurteil habe ich in den folgenden 40 Jahren gründlich und nachhaltig revidieren können. Wer je durch das Binokular einen Blick auf eine Probe von Bodentieren, speziell von Boden-Arthropoden, werfen konnte, wird die Faszination nicht vergessen, die von dieser Fülle an Gestalten und Strukturen ausgeht. Und diese Formenfülle löst sofort eine noch unabsehbarere Fülle von Fragen aus:

Was treiben alle diese Tiere unter unseren Füßen? Wie leben sie? Was brauchen sie zum Leben? Und welche Bedeutung haben sie für den Boden, für die Pflanzen und damit letzten Endes auch für uns?

Zu «meiner» Zeit hat es lange nur den Blick durch das Binokular und das Lichtmikroskop auf diese «Unterwelt» gegeben. Inzwischen ist eine Dimension dazugekommen, die die alte Faszination nochmals vervielfacht, die Elektronenmikroskopie. Wenn ich in dem mir vorliegenden «Atlas» blättere, so bleibt mein Blick immer wieder an den zahlreichen Bildern hängen. Hätte es so etwas damals schon gegeben, so hätte ich gewiß nicht erst nach Libellen gefragt (auch wenn ich heute weiß, was sie als Larven mit Auge und Fangmaske und als Imagines mit ihren Halssinnespolstern und Flügeln leisten).

Der gestaltliche und funktionelle Reichtum der Bodenarthropoden hat sich inzwischen als unerschöpfliche biologische Themenquelle erwiesen. Die Autoren dieses Bandes machen ihn in dankenswerter Weise sichtbar. Der jeweilige Spezialist wird dabei sicher dieses und jenes vermissen; aber wer ersten Einblick, wer Überblick und anregende Auswahl sucht, wird fündig werden. Auch der Spezialist wird auf seine Kosten kommen. Die Autoren haben nämlich neueste Literatur eingebaut und charakterisieren exemplarisch auch spezifische physiologische Leistungen der Bodentiere.

Aber – wie schon gesagt – dieser Atlas wird vor allem wegen seiner optischen Fülle Liebhaber finden, und das nicht nur bei den eigentlichen Boden-Biologen. Er wird hoffentlich auch dazu beitragen, daß das allgemeine ökologische und biologische Wissen und damit das sogenannte Umweltbewußtsein für die Lebensraum-Dimension «Boden» weiter vertieft wird. Unsere Böden und ihre Lebensgemeinschaften sind und bleiben ja die unerläßliche produktionsbiologische Basis unserer jetzigen und künftigen Existenz, und somit gehört die Bodenbiologie und speziell die «Biologie der Bodenarthropoden» zu den besonders aktuellen Forschungs- und Unterrichtsthemen.

Wenn die Bodenbiologie bisher nicht immer ihrer Bedeutung gemäß in der allgemeinen Ökologie präsent gewesen ist, so lag das nicht zuletzt daran, daß es nahezu unmöglich war, sich in angemessener Zeit einen adäquaten Überblick über ihre Formen- und Funktionsfülle zu verschaffen. Dieser Atlas bietet jedem Lehrenden die Möglichkeit, sich rasch einen Überblick zu verschaffen und daraus das jeweils anschaulichste Material für die didaktische Weitergabe zusammenzustellen. Da sich die Autoren die Mühe gemacht haben, auch die bodenkundlichen Grundlagen und Begriffe kurz zu charakterisieren und jeder Tiergruppe eine kurze morphologische und biologische Charakterisierung voranzustellen, wird auch der Nicht-Zoologe diesen Atlas mit Gewinn in die Hand nehmen. Schließlich bietet das Literaturverzeichnis demjenigen, der zu weiterem Studium angeregt wird, die bequeme Möglichkeit, sich rasch über jeden Einzelaspekt orientieren zu können.

Ich freue mich, daß dieses Werk aus der Mainzer Zoologie-Schule hervorgegangen ist, wo ich vor 35 Jahren mit meinen Schülern auch dazu beitragen konnte, unser Wissen von der Biologie der «Unterwelt des Tierreichs» zu vermehren.

O. Univ. Prof. Dr. Friedrich Schaller
Wien, September 1984

Vorwort

Das Buch entstand aus der Begeisterung für die Vielfalt der Bodenarthropoden mit ihren mannigfaltigen Anpassungsformen an das differenzierte Leben im Boden. Hinter dieser Formenmannigfaltigkeit, die wir nicht erschöpfend, aber exemplarisch im Lichte der Elektronenmikroskopie darstellen, stehen physiologische Mechanismen für die ökologische Anpassung dieser Tiere. Wo immer möglich, haben wir daher versucht, die funktionsmorphologischen Erörterungen zur Formenvielfalt, die in diesem Tafelwerk zum Ausdruck kommt, mosaikartig einzubeziehen in den weiten Bereich der Ökologie und Bodenbiologie.

Das Buch entstand aber auch aus der Sorge um den Lebensraum, den wir ständig mit Füßen treten. Es wendet sich nicht nur an Fachleute und Studenten der Biologie, Ökologie, der Forst- und Landwirtschaft, sondern möchte darüberhinaus naturkundige und umweltbewußte Leser ansprechen und ihnen die bizarren Bodenarthropoden vor Augen führen, die Jahr für Jahr in einem naturnahen Lebensraum als Konsumenten am Abbau des pflanzlichen Bestandsabfalls und am Stoffkreislauf im Boden beteiligt sind.

Ohne die zahlreichen wissenschaftlichen Arbeiten über Bodenarthropoden, die erfreulicherweise in den letzten drei Jahrzehnten in zunehmendem Maße veröffentlicht wurden und wichtige neue Kenntnisse zur Biologie, Morphologie, Physiologie und Ökologie brachten, wäre unsere Arbeit in der vorliegenden Form nicht möglich. Nun hoffen wir, daß wir mit diesem Buch nicht nur einen Atlas zur Biologie der Bodenarthropoden vorlegen, sondern mit der Darstellung zahlreicher unbekannter Strukturen auch einen Bereich eröffnen, der zugleich zu weiteren wissenschaftlichen Arbeiten anregt.

Während unserer Arbeit haben uns sehr hilfreich viele Kollegen mit Rat und Tat geholfen und zum guten Gelingen beigetragen. Insbesondere danken wir Frau Dr. B. Baehr (München), Prof. Dr. L. Beck (Karlsruhe), Prof. Dr. J. Bitsch (Toulouse), Prof. Dr. A. Brauns (Braunschweig), Herrn W. Brück (Mainz), Dr. N. Caspers (Köln), Herrn H. Diehlmann (Bonn), Dr. M. Geisthardt (Wiesbaden), Dr. H. Günther (Ingelheim), Dr. U. Hoheisel (Mainz), Dr. K. Honomichl (Mainz), Prof. Dr. C. Jura (Krakow), Prof. Dr. O. Larink (Braunschweig), Prof. Dr. J. Martens (Mainz), Dr. E. Meyer (Innsbruck), Dr. H.-W. Mittmann (Karlsruhe), Dr. K. Renner (Bielefeld), Herrn O. Rehage (Münster, Heiliges Meer), Prof. Dr. R. Rupprecht (Mainz), Herrn R. Schreiber (Mainz), Dr. H. Späh (Bielefeld), Prof. Dr. W. Topp (Bayreuth), Herrn W. Verhaagh (Karlsruhe). Frau K. Rehbinder und Frau M. Ullmann haben uns freundlicherweise bei der Anfertigung von Strichzeichnungen und Photos geholfen. Herrn Prof. em. Dr. H. Risler danken wir ganz besonders für die fortwährende und wohlwollende Förderung unserer Arbeit in Mainz.

Im Oktober 1984   G. Eisenbeis · W. Wichard

Inhalt

1 Allgemeiner Teil

Die Bodenarthropoden, die in diesem Atlas dargestellt werden, repräsentieren eine große Zahl bodenbewohnender Gliederfüßer (Arthropoda) der Klassen: Crustacea, Arachnida, Myriapoda und Insecta. Ihr Lebensraum ist der Boden, der aus verwittertem Gestein der obersten Erdschicht unter Einwirkungen von Organismen hervorgeht. Entsprechend dem Grad der Verwitterung und der Tätigkeit der Organismen bilden sich im Boden unterschiedlich strukturierte Horizonte aus, die im Bodenprofil sichtbar werden. Die wirksamen physikalischen, chemischen, klimatischen und biologischen Faktoren sind zugleich die abiotischen und biotischen, ökologischen Faktoren, die auf die Bodenarthropoden einwirken. In Anpassung an diese ökologischen Faktoren und an das Leben im Boden sind unter den Bodenarthropoden Lebensformtypen herausgebildet, die als euedaphische, epedaphische und hemiedaphische Lebensformen im Boden vorkommen. Die Bodenarthropoden nehmen also in bestimmten Lebensformen teil an der Lebensgemeinschaft aller Bodenorganismen, die insgesamt als Edaphon bezeichnet werden. Die Stellung der Bodenarthropoden innerhalb der Lebensgemeinschaft entspricht der trophischen Ebene in der Nahrungskette; als Konsumenten stehen sie zwischen Produzenten und Reduzenten und sind im Konsumenten-Nahrungsnetz am Abbau des pflanzlichen Bestandsabfalls im Boden beteiligt.

Diese kurze Übersicht und die folgende komprimierte Einführung (Kap. 1: Allgemeiner Teil) dienen als Leitfaden zur ökologischen Kennzeichnung der in diesem Atlas dargestellten Bodenarthropoden (Kap. 2: Systematischer Teil). Die Bodenbiologie und die Biologie der Bodenarthropoden haben KÜHNELT (1950, 1961), KEVAN (1962), SCHALLER (1962), PALISSA (1964), GHILAROV (1964), MÜLLER (1965), BURGES und RAW (1967), BRAUNS (1968), TROLLDENIER (1971), WALLWORK (1970, 1976), DUNGER (1974), BROWN (1978) und TOPP (1981) übersichtlich dargestellt.

1.1 Boden als Lebensraum

1.1.1 Bodenprofil

Ein Bodenprofil zeigt die Horizonte auf, die in vertikaler Richtung die sukzessiven Schritte der Verwitterung des Ausgangsgesteins und des biologischen Abbaus von Bestandsabfall der organischen Auflage darstellen. Obwohl die Böden nach verschiedenen Typen unterschiedlich strukturiert sind, wird die Schicht zwischen dem Ausgangsgestein und der organischen Auflage einheitlich in vier aufeinander folgende Horizonte unterteilt (nach KUBIENA, 1953 und SCHEFFER und SCHACHTSCHABEL, 1979):

O-Horizont: organische Auflage pflanzlichen Bestandsabfalls auf dem Mineralboden.

A-Horizont: oberer, feiner Mineralboden mit eingeschwemmten, humosen, organischen Stoffen durchsetzt.

B-Horizont: verwitterter, grober Gesteinsboden, verbraunt durch geringe Humuseinlagerungen.

C-Horizont: unverwittertes Ausgangsgestein als Untergrund des Bodens.

Die Bodenarthropoden leben überwiegend in der organischen Auflage (0-Horizont). Die Schichtdicke der organischen Auflage ist abhängig von dem jährlichen Bestandsabfall der Pflanzen und der Intensität des Abbaus durch Bodenorganismen. Da der Abbau in einem Waldboden mehrere Jahre dauert, kommt es innerhalb der organischen Auflage zu jahrgangsweise mächtigen Schichten mit unterschiedlichen Zersetzungsgraden. Diese Schichten entsprechen den Subhorizonten des 0-Horizontes (SCHEFFER und SCHACHTSCHABEL, 1979):

O_l: Laub- und Nadelstreu; nicht zersetzt (l von litter = Streu)

O_f: teilzersetzte Laub- und Nadelstreu mit makroskopisch und mikroskopisch noch erkennbaren Pflanzenteilen (f von fermentation = Fermentschicht)

0_h: Humus ohne (licht-)mikroskopisch erkennbare Pflanzenteile (h von Humus).

An den 0-Horizont schließt sich an:

A_h: mit Humusstoffen angereicherter, dunkel gefärbter, oberer Mineralhorizont.

Die Streu des Buchenwaldbodens, der hier exemplarisch als Lebensraum der Bodenarthropoden betrachtet wird (Abb. 1), durchläuft nach ZACHARIAE (1965) die L-Schicht (0_l), die F-Schicht (0_f) und die mineralisierte H-Schicht, die konsequenterweise als A_h-Schicht bezeichnet wird (BECK und MITTMANN, 1982), da in diesem Waldboden die 0_h-Schicht bereits in die obere Lage des Mineralbodens eingemischt ist.

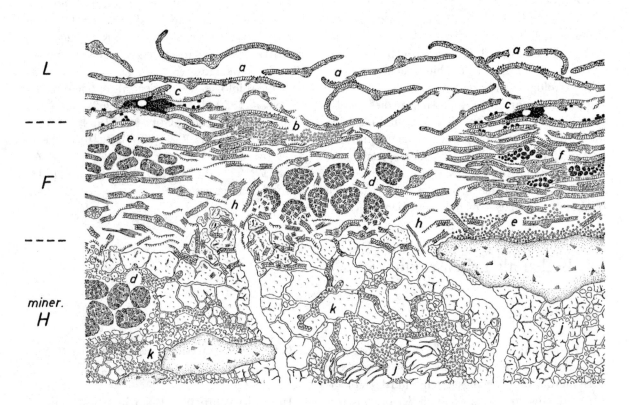

Abb. 1: Zum Abbau von Laubstreu in einem Waldboden durch tierische Zersetzergruppen. L, F, min H bezeichnen die Subhorizonte: Streuschicht (L), Fermentschicht (F) und Humushorizont mit mineralischen Anteilen (miner. H) (nach ZACHARIAE, 1965).

a L-Blätter mit Losung mikrophytophager und makrophytophager Collembolen und Oribatiden.

b Kotmasse kleiner, makrophytophager und saprophytophager (L/F-Laub) Dipteren-Larven.

c Losung und Kotröhre mikrophytophager und saprophytophager *Dendrobaena* und Enchytraeen (Oligochaeta).

d (Mitte) Losungsballen saprophytophager (F-Blätter) Diplopoden.

d (links) Losung saprophytophager (Blattreste F-Schicht) Tipuliden-Larven, welche unter der Oberfläche des mineralischen Humushorizontes abgesetzt wurde.

e (links) Losung koprophager (Arthropodenkot) und saprophytophager (Blattreste F-Schicht) *Dendrobaena* (Oligochaeta).

e (rechts) Losung koprophager (Arthropodenkot) Enchytraeen, über einem Stein angereichert.

f Blattstapel mit Kot makrophytophager Phthiracariden (Oribatei).

h Eingänge zu den Röhren von *Lumbricus terrestris;* am linken Röhreneingang befinden sich frische Kotmassen des Regenwurms.

j (Mitte) Aufgelockerte Kotmassen von *Allolobophora* (Oligochaeta).

j (rechts) Komprimierte Kotmassen von *Allolobophora*, verdichtet und mit Trockenrissen.

k (Mitte) Verdichtete Regenwurm-Losung mit Bohrgängen koprophager Enchytraeen.

k (links) Angereicherte Losung von Enchytraeen.

1.1.2 Ökologische Faktoren

Zu den ökologischen Faktoren, die im Boden wirksam sind und eine Anpassung der Bodenarthropoden erfordern, gehören die abiotischen Faktoren: Porenvolumen des Bodens, Boden-Feuchtigkeit, Durchlüftung des Bodens und Bodentemperatur.

Der Boden ist labyrinthartig von einem Porensystem durchzogen (‹Porosphäre›; VANNIER, 1983). In der lockeren Streuschicht (L-Schicht) eines Buchenwaldbodens befinden sich zwischen den abgefallenen Blättern größere Hohlräume. Mit dem Abbau des pflanzlichen Bestandsabfalls werden beginnend mit der F-Schicht die Porendurchmesser in vertikaler Richtung mit etwa 3–0,3 mm immer kleiner und bieten der euedaphischen Mesofauna einen geeigneten Lebensraum. Im A-Horizont ist die Porengröße primär abhängig von der Korngröße des verwitterten Mineralbodens; doch werden die Zwischenräume zum großen Teil von eingeschwemmten Humusstoffen aufgefüllt, so daß in der A_h-Schicht ebenfalls nur kleine Porenvolumina freibleiben.

Die Größe der Poren korrespondiert mit der Größe der Bodenarthropoden, die zur Meso- und Makrofauna zählen (VAN DER DRIFT, 1951 und DUNGER, 1974; Abb. 2). Das Porensystem tieferer Bodenschichten wird beginnend mit der F-Schicht von der luftatmenden und lichtscheuen, euedaphischen Mesofauna besiedelt, während die epedaphische Makrofauna auf der Bodenoberfläche oder im Lückensystem der lockeren Streu lebt. Zur Makrofauna zählen auch die Bodenarthropoden, die sich unabhängig vom Porensystem des Bodens tief in den Boden graben und in den selbstgegrabenen Erdgängen zeitweise hemiedaphisch leben.

Das Porensystem des Bodens ist oft teilweise mit Wasser gefüllt, das als Regenwasser niederschlägt oder als Grundwasser kapillar aufsteigt. Der verbleibende Teil des Porensystems ist mit wasserdampfgesättigter Luft gefüllt, deren relative Feuchtigkeit zur bodennahen Luftschicht hin abnimmt. Ein steiler Abfall der relativen Feuchte ergibt sich vor allem für den Übergangsbereich zwischen F- und L-Subhorizont, wenn in der bodennahen Luftschicht durch Trockenheit und hohe Temperatur ein größeres Sättigungsdefizit herrscht. Die Bodenarthropoden sind der Bodenfeuchtigkeit angepaßt (EDNEY, 1977; EISENBEIS, 1983); als Maß für ihr Feuchtigkeitsbedürfnis gilt indirekt die Transpirationsrate bei verschiedenen relativen Luftfeuchten (Tab. 1). Euedaphische Bodenarthropoden, wie z. B. die stark angepaßten Onychiurus-Arten (Collembola), transpirieren auch in wasserdampfgesättigter Luft mit beträchtlichen Raten, so daß sie ständig auf die Zufuhr von Wasser angewiesen sind.

Bei Austrocknung des Bodens, vor allem in trockenen Sommermonaten, finden in Richtung der Feuchtigkeitspräferenzen Vertikal- und Horizontalwanderungen statt. Euedaphische Bodenarthropoden der Mesofauna folgen vertikal dem Porensy-

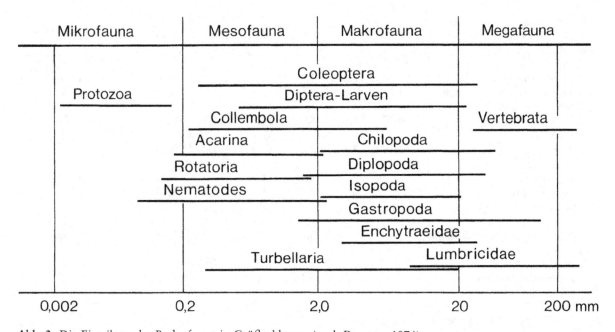

Abb. 2: Die Einteilung der Bodenfauna in Größenklassen (nach DUNGER, 1974).

Tab. 1: Durchschnittliche, prozentuale Transpirationsraten als Änderung der Wassermasse (Δm %/h) bei verschiedenen relativen Feuchten (% r.H.) für die langsame, lineare Komponente der Transpiration (Grund-; cuticulare Komponente) und die durchschnittlichen Oberflächenkonstanten (k_S) zur Berechnung der mittleren, makroskopischen Körperoberfläche für verschiedene Bodenarthropoden.

Die Raten Δm %/h sind ein Maß für die Änderung der Grundwassermasse m_0 normal hydratisierter Tiere. k_S dient der Ermittlung der mittleren, makroskopischen Körperoberfläche S nach der Formel von MEEH: $S = k_S \cdot w_0^{2/3}$, wenn das Lebendgewicht für normal hydratisierte Tiere bekannt ist.

	100	98	% r. h. 76	33	0	k_s	Feuchtetyp[1]
			Δm %/h				
Pseudoscorpiones							
Neobisiidae							
Neobisium spec.	–	0,10	0,40	0,69	0,82	10,11	T, m
Isopoda							
Ligiidae							
Ligidium hypnorum	–	4,7	22,5	26,0	34,5	12,97* (15,49)**	F, h
Trichoniscidae							
Trichoniscus pusillus	–	10,0	22,6	50,5	74,1	10,66*	F, eh
Oniscidae							
Oniscus asellus (ohne Oostegite)	–	1,1	6,0	10,0	13,7	12,52* (15,39)**	F, h
Oniscus asellus (mit Oostegiten)	–	0,8	4,7	7,7	9,9	–	F/T
Porcellionidae							
Cylisticus convexus	–	1,2	5,4	10,4	15,5	–	F, h
Porcellio scaber	–	0,5	1,6	3,2	4,6	–	F/T
Chilopoda							
Lithobiidae							
Lithobius spec.	–	2,2	10,9	21,9	28,1	11,85	F, h
Diplopoda							
Glomeridae							
Glomeris marginata (gekugelt)		0,13	0,18	0,34	0,42	3,75	T, m
Glomeris marginata (entkugelt)	–	0,69	2,43	–	–	11,18	
Polyxenidae							
Polyxenus lagurus	–	0,08	0,28	0,36	0,61	12,81	T, m
Symphyla							
Scutigerellidae							
Scutigerella spec.	1,7	5,1	19,2	38,3	78,4	12,49	F, eh
Diplura							
Campodeidae							
Campodea spec.	2,4	5,3	23,0	44,3	77,4	11,44	F, eh
Collembola							
Onychiuridae							
Onychiurus spec.	7,2	17,2	94,5	253	325	8,84	F, eh
Tetrodontophora bielanensis	1,1	2,5	9,6	21,8	31,9	8,78	F, h
Entomobryidae							
Orchesella villosa	0,27	0,6	6,0	14,5	24,9	10,70	F, h
Tomoceridae							
Tomocerus flavescens	0,28	1,6	9,0	16,8	33,9	10,53	F, h
Sminthuridae							
Sminthurides aquaticus	–	22,1	93,7	171	276	8,24	F, eh
Allacma fusca	–	0,46	0,8	1,4	2,1	7,46	F/T
Archaeognatha							
Machilidae							
Trigoniophthalmus alternatus	–	0,15	0,5	0,8	1,0	11,13	T, m
Zygentoma							
Lepismatidae							
Lepisma saccharina	–	0,1	0,16	0,27	0,37	12,85	T, m

* ohne Pleopoden (Pleopoden in die Bauchseite integriert)
** mit Pleopoden

stem und dringen vorübergehend in tiefere Schichten vor. Ebenso graben die hemiedaphischen Bodenarthropoden der Makrofauna Erdgänge in den Boden, um vorübergehend tolerierbare oder optimale Feuchtigkeitsverhältnisse zu erreichen. Die epedaphischen Bodenarthropoden der Makrofauna, die nicht in den Boden eindringen können, suchen durch Horizontalwanderungen Habitate auf, die ihren Feuchtigkeitsbedürfnissen entsprechen.

Im Falle der Überflutung des Porensystems durch Regenschauer, steigendes Grundwasser oder durch Überschwemmungen in Au- und Bruchwäldern wird der Boden zum ‹aquatischen System› (VANNIER, 1983) und die meisten epedaphischen und hemiedaphischen Bodenarthropoden suchen in horizontaler Richtung geschützte Habitate auf. Bei den euedaphischen Bodenarthropoden, die im Porensystem in ihrer Bewegungsweise eingeschränkt sind, ist ein Ortswechsel kaum möglich; stattdessen sind sie der Überflutung oft angepaßt. Der Körper vieler euedaphischer Arthropoden ist durch eine hydrophobe Cuticularstruktur oder durch hydrophobe Behaarung unbenetzbar. Zwischen der Körperoberfläche und dem umgebenden Wasser befindet sich Luft, die als Plastron bezeichnet wird und zwei physiologische Effekte hat.

1. Das Plastron verhindert das osmotische Eindringen von Wasser durch die permeable Oberfläche in den Arthropodenkörper. Da Bodenarthropoden in aller Regel nicht über eine hochentwickelte Osmoregulation verfügen, die als Anpassung an das Leben im Wasser bei aquatischen Insekten vorherrscht und das auf osmotischem Wege in den Körper gelangte Wasser renal austreibt, würde das eindringende Wasser zur Quellung der Tiere und damit zum Tode führen (POTTS und PARRY, 1964).

2. Das Plastron dient der Atmung der vom Wasser eingeschlossenen, luftatmenden Bodenarthropoden. Die Grenzschicht des Plastrons mit dem Wasser wirkt als respiratorische Oberfläche, über die der aus dem Wasser diffundierende Sauerstoff durch das Plastron in Richtung des O_2-zehrenden Körpers gelangt. Wie bei den Gaskiemen mancher aquatischer Insekten, die Luft als Atemmedium haben, können die euedaphischen Arthropoden nun fortwährend dem Wasser Sauerstoff entziehen und damit für eine bestimmte Zeit mehr Sauerstoff bekommen als im Plastron ursprünglich vorhanden wäre. Eine langandauernde Überflutung birgt aber dennoch die Gefahr des Sauerstoffmangels, da die Zehrung der Bodenbakterien den Sauerstoffgehalt im Porenwasser senkt (RAHN und PAGANELLI, 1968).

Die Bodenluft weicht in der lockeren Streu kaum, doch in der darunterliegenden Porosphäre häufig durch eine erhöhte Kohlendioxidkonzentration von der atmosphärischen Luft ab. Mit zunehmendem Gehalt an Kohlendioxid sinkt antagonistisch die Sauerstoffkonzentration (VERDIER, 1975; VANNIER, 1983). Die Ursachen liegen im Stoffwechsel der Pflanzenwurzeln und der Bodenorganismen, die aktiv am Abbau des pflanzlichen Bestandsabfalls beteiligt sind. Für die euedaphischen Bodenarthropoden bedeuten die Konzentrationsänderungen von CO_2 und O_2 in der Atemluft eine notwendig erhöhte Resistenz gegenüber CO_2 und eine differenzierte Anpassung an einen niedrigen O_2-Partialdruck. Nach ZINKLER (1966, 1983) sind kleine, euedaphische Collembolen gegen Sauerstoffmangel wenig empfindlich. Bei 3% O_2-Konzentration der Atemluft beträgt die mittlere Sauerstoffaufnahme von *Onychiurus armatus* 93% des Normalverbrauchs; gleichzeitig haben sie eine deutlich höhere CO_2-Resistenz als epedaphische Collembolen.

Die Bodentemperaturen beeinflussen die wechselwarmen Arthropoden, deren Körpertemperaturen in der Regel nicht von den umgebenden Außentemperaturen differieren. Auf jahreszeitlich bedingte Temperaturänderungen reagieren viele Bodenarthropoden mit Diapausen und mit Vertikalwanderungen in Richtung auf das Temperaturoptimum, das bei winteraktiven zwischen 5–10 °C und bei sommeraktiven Arthropoden zwischen 10–18 °C liegen kann. Entsprechend gegenläufig sind die Vertikalwanderungen. In der Streuschicht kann es in

---

◀ [1] Die Feuchtetyp-Klassifizierung nach EISENBEIS, (1983b): Transpirationsraten in 0% r. h./22 °C als Δm %/h

F, eh: Feuchtlufttiere, extrem hygrisch >50 %/h (m = Wassermasse; h = Stunde)

F, h: Feuchtlufttiere, hygrisch   >10 %/h   <50 %/h

F/T: Feuchtluft-/Trockenlufttiere   > 1 %/h   <10 %/h
    (Übergangsformen)

T, m: Trockenlufttiere, mesisch   > 0,1 %/h   < 1 %/h

T, x: Trockenlufttiere, xerisch   < 0,1 %/h

kurzen Intervallen zu Aufheizungseffekten kommen; so ergaben Temperaturmessungen in oberflächennaher, beschatteter Buchenstreu Werte um 15 °C, die nach einsetzender starker Insolation in wenigen Minuten auf Werte gegen 30 °C anstiegen. Die Stärke der auftretenden Temperaturdifferenzen und der sich daraus ableitenden Vertikalwanderungen hängen vom Bodentyp und von der Bodentiefe ab. Die Temperaturamplitude ist in trockenen, sandigen, nach Süden freiliegenden Böden größer als in feuchten, lehmigen und gut bewachsenen Böden. Mit zunehmender Bodentiefe nehmen die Temperaturschwankungen rasch ab, so daß euedaphische Bodenarthropoden in feuchten und bewachsenen Lehmböden leichte Schwankungen der Oberflächentemperatur kompensieren können und Vertikalwanderungen vermeiden. Epedaphische Bodenarthropoden sind Temperaturschwankungen leichter ausgesetzt und ziehen sich vorübergehend in die Streu zurück oder graben sich in den Boden ein, um hemiedaphisch die kalte Winterperiode zu überleben. Umgekehrt erreichen die kaltstenothermen Bodenarthropoden im Winter bei 0–5 °C ihr Temperatur- und Aktivitätsoptimum. Zu ihnen gehören die auf Schnee und Eis lebenden Firn- und Gletscherflöhe (*Isotoma nivalis, I. saltans, I. kosiana, Isotomurus palliceps*), die Winterhafte (*Boreus*) und die Schneefliege (*Chionea*). Insgesamt ist die Toleranz für niedrige Temperaturen eine wichtige physiologische Komponente (JOOSSE, 1983; VANNIER, 1983).

1.2 Lebensformtypen des Bodens

Die Verbreitung der Tiere im Boden korreliert mit den ökologischen Faktoren, die im Boden wirksam werden. Da der Boden nicht homogen, sondern nach Horizonten strukturiert ist, die einer vertikalen Sukzession folgen, wirken auch die ökologischen Faktoren gruppenweise und in vertikaler Richtung auf die Bodentiere ein. In Anpassung an diese ökologischen Faktorengefüge gruppieren sich die Bodentiere nach Lebensformen.

GISIN (1943) hat die Lebensformtypen des Edaphon erstmals und klar herausgearbeitet und zwischen Euedaphon, Hemiedaphon und Atmobios unterschieden. Zum Euedaphon gehören die Bewohner der unteren Bodenschichten. Das Hemiedaphon umfaßt die Bewohner der oberen Bodenschicht und der Streu. Zum Atmobios zählt die Fauna der Bodenoberfläche einschließlich der höheren Strata (Kraut-, Strauch- und Baumschicht). Diese Gliederung wurde mehrfach modifiziert; doch wurden die Lebensformtypen im allgemeinen nach GISIN (1943) übernommen. Die Inkonsequenz, die bei der Anwendung der Lebensformtypen oft zu spüren ist, hat ihre Ursache in der Verallgemeinerung des Schemas. GISIN war vorzugsweise bemüht, Collembolen nach Lebensformtypen zu ordnen. Die Anwendung auf andere Gruppen des Edaphon stößt auf Schwierigkeiten, weil die Definitionen der GISIN'schen Lebensformtypen eng gefaßt sind und – beispielsweise – viele Arthropoden mit ihren Entwicklungsstadien nicht voll berücksichtigen. Schwierigkeiten, so bemerkt DUNGER (1974) mit Recht, bereite die Einordnung der Mikro-, Makro- und Megafauna in dieses Schema.

Um diese Schwierigkeiten zu überwinden und um Bodenarthropoden insgesamt nach den Lebensformtypen hinreichend einzuordnen, schlagen wir eine modifizierte Gliederung vor, die mindestens in diesem Tafelwerk zu einer übersichtlichen Zuordnung der Bodenarthropoden beiträgt. Entsprechend der Intention des Tafelwerks und der Definition von Lebensformtypen sind die vorrangigen Kriterien für die Unterscheidung verschiedener Lebensformen die Mechanismen der ökologischen Anpassung. Erst aus dieser funktionellen Zuordnung wird die vertikale Verbreitung der Lebensformtypen im Boden verständlich.

Zum Boden als Lebensraum des Edaphon zählen drei generelle Lebensformtypen: Euedaphon, Epedaphon, Hemiedaphon.

1.2.1 Euedaphon

Die euedaphische Lebensform ist geprägt durch das Porensystem des Bodens und durch die dort wirkenden ökologischen Faktoren. Der Lebensraum des Euedaphon bleibt meist auf das natürliche Porensystem beschränkt; aber euedaphische Insektenlarven erweitern mit zunehmender Größe diesen

Lebensraum durch Grab- und Wühltätigkeiten. Euedaphische Bodenarthropoden sind von kleiner, kugeliger oder wurmförmiger Gestalt, die im Durchmesser dem Porensystem entspricht. Bei der eingeschränkten Lebensweise sind die Extremitäten häufig reduziert. Die Flucht vor Feinden ist kaum möglich; stattdessen verfügen viele euedaphische Formen über Wehr- und Giftdrüsen. Die Sinneswahrnehmung hat ebenfalls eine Anpassung an das Höhlenleben erfahren. Den meist photophoben und pigmentlosen Tieren fehlen die Augen oder sind im

Maße der fortschreitenden Anpassung an das euedaphische Leben reduziert. Im selben Maße sind Sinnesorgane vorhanden, die als mechano- und chemosensitive Rezeptoren das Fehlen funktionstüchtiger Augen kompensieren. Zu den stoffwechselphysiologischen Anpassungen zählen die erhöhte Resistenz gegen CO_2, die Bindung an feuchte Habitate aufgrund hoher Transpirationsraten (Feuchtlufttiere), sowie die Fähigkeit zur Bildung eines Plastrons als respiratorischer und osmoregulatorischer Schutz bei Überflutung des Porensystems.

1.2.2 Epedaphon

Eine epedaphische Lebensform haben die Bodenarthropoden, die auf der Bodenoberfläche und in der Streuschicht leben. Sie sind dem Faktorengefüge des Porensystems im Boden nicht angepaßt. Epedaphische Bodenarthropoden sind oft schon ihrer Größe wegen an die Bodenoberfläche und an die größeren Hohlraumsysteme der Bodenstreu (L-Schicht) gebunden. Sie sind formenreich, kräftig pigmentiert, häufig dorsoventral abgeflacht und mit gut entwickelten Extremitäten ausgestattet. Der Sinneswahrnehmung dienen Augen und Sinnesorgane, die sich teilweise auf lange, fadenförmige Antennen konzentrieren, mit denen die Tiere ihre Umgebung ertasten. Hohe Beweglichkeit und tages-

periodische Aktivitätsrhythmen sind weitere Kennzeichen der epedaphischen Arthropoden.

Das Epedaphon besiedelt die Bodenoberfläche und die schattige Streuschicht. Das Euedaphon belebt das dunkle Porensystem, das nach der L-Schicht beginnt und in vertikaler Richtung in tiefere Bodenschichten führt. Euedaphon und Epedaphon ergänzen sich in der Besiedlung der Tiere im Boden und schließen einander aus, weil die Mechanismen der ökologischen Anpassung nicht austauschbar sind; auch wenn bei manchen Bodenarthropoden ein fließender Übergang zwischen beiden Lebensformtypen besteht.

1.2.3 Hemiedaphon

Das Hemiedaphon nimmt nicht die fließende Zwischenstellung zwischen Eu- und Epedaphon ein, sondern ist eine meist zeitweilige Lebensform epedaphischer und atmobiotischer Arthropoden, die sich in vorgefundenen oder häufiger noch in selbstgegrabenen Gängen im Boden aufhalten können. Zur ökologischen Anpassung gehören also grabende Mechanismen, die mit Mundwerkzeugen oder Grabbeinen ausgeführt werden oder in lokomotorischen Kräften bestehen, mit denen die Arthropoden Bodenspalten und das Porensystem erweitern und sich so tiefer in den Boden wühlen.

Epedaphische Bodenarthropoden und atmobiotische Arthropoden höherer Strata (Kraut-, Strauch-, Baumschicht) nutzen die hemiedaphische Lebensweise aus verschiedenen Gründen. Einige Bodenarthropoden bauen Erdröhren und Trichter, um im Boden auf Beutetiere zu lauern, die auf der Bodenoberfläche leben (Röhrennetze bauende Spinnen, Sandlaufkäferlarven, Ameisenlöwen) oder wühlen sich durch den Boden, um kleine, epedaphische

Arthropoden zu jagen. Sie dringen zeitweise in den Boden, um ökologischen Faktoren auszuweichen und um Trockenheit und Kälte zu meiden. Viele Arthropoden überwintern regelmäßig in selbstgefertigten oder vorgefundenen Erdkammern, während sie in den übrigen Jahreszeiten am Boden oder atmobiotisch leben. Der Lebensrhythmus bindet darüberhinaus viele Arthropoden zeitweise an den Boden, wenn sie zur Fortpflanzung kommen und Brutfürsorge betreiben. Sie legen ihre Eier in den Boden und bauen einfache oder aufwendige Erdnester und Brutbauten (z. B. einige Hymenoptera oder Coleoptera). Die im Boden aus den Eiern schlüpfenden Larven wühlen sich mit zunehmender Größe der Larvenstadien durch den Boden. Hierbei besteht ein fließender Übergang zwischen der hemi-, ep- und euedaphischen Lebensweise der Larven; insbesondere auch dann, wenn die Larven in Brutkammern groß werden und der edaphischen Lebensweise nicht voll angepaßt sind.

1.3 Lebensgemeinschaft im Boden

1.3.1 Abbau des pflanzlichen Bestandsabfalls

In der Lebensgemeinschaft des Edaphon, das die Fauna und Flora des Bodens umfaßt, gehören die Bodenarthropoden zu den Konsumenten und beteiligen sich als Primär- und Sekundärzersetzer am Abbau des pflanzlichen Bestandsabfalls.

Der Abbau des pflanzlichen Bestandsabfalls, der in den Abbildungen 1 und 3–23 dokumentiert wird, erfolgt sukzessiv in der organischen Auflage des Bodens (0-Horizont; L-, F- und H- bzw. A_h-Schicht) und dauert in einem Buchenwaldboden mehrere Jahre. Nach dem herbstlichen Laubfall und bei feuchter Witterung setzt in der unteren Lage der Streuschicht (L-Schicht) die enzymatische Verarbeitung durch Mikroorganismen ein. Gleichzeitig beginnen Regenwürmer, Schnecken und Bodenarthropoden mit dem Blattfraß. Die phytophagen Tiere fressen nicht wahllos, sondern bevorzugen weiche Blattarten mit einem hohen Wasseranteil (Holunder, Esche, Erle und Linde) oder mehrjährige, harte Laubarten, die bereits durchweicht und mikrobiell zubereitet sind. Unter diesen saprophytophagen Voraussetzungen werden auch Eichenblätter genommen, die bei frischem Laub am Ende der Präferenzreihe stehen. Die Blätter werden anfänglich angenagt, dann durchlöchert und allmählich bis auf das Blattgerippe zerkleinert. Dieser Abbau durch die mikrobiellen und tierischen Primärzersetzer (Erstzersetzer) schafft die Nahrungsgrundlage für die Sekundärzersetzer (Folgezersetzer). Die mechanisch zerkleinerten Pflanzenteile und die Kotballen der Primärzersetzer werden in der F-Schicht beschleunigt von Mikroorganismen besiedelt und von tierischen Sekundärzersetzern wieder aufgenommen. Sie gehören im Konsumenten-Nahrungsnetz zu den Saprophytophagen, Koprophagen und Mikrophytophagen. Daneben sind die zoophagen und nekrophagen Folgezersetzer indirekt ebenfalls am Abbau beteiligt. Dieser sekundäre Zersetzungsvorgang wiederholt sich, bis das Laub in der H- bzw. A_h-Schicht lichtmikroskopisch nicht mehr erkennbar ist. ZACHARIAE, 1965; BRAUNS, 1968; FUNKE, 1971; DUNGER, 1958, 1974; DICKINSON und PUGH, 1974; HERLITZIUS und HERLITZIUS, 1977; HERLITZIUS, 1982).

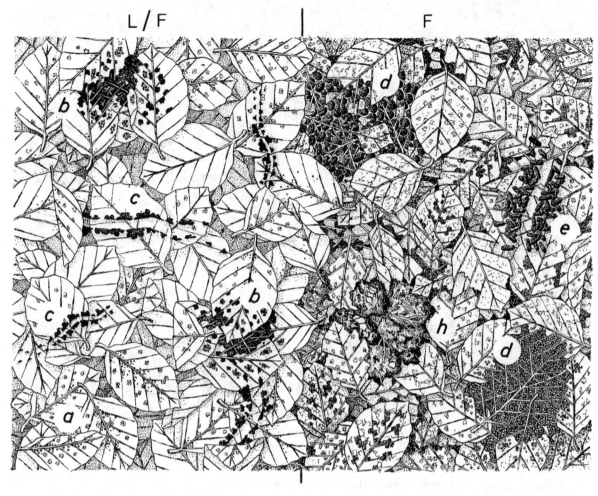

Abb. 3: Kombiniertes Horizontal- und Vertikalmosaik zum Abbau von Laubstreu. Die linke Bildhälfte zeigt die L/F-Übergangszone (die obere Streu wurde entfernt); in der rechten Bildhälfte werden Ausschnitte aus der F-Schicht gezeigt (nach ZACHARIAE, 1965).

L/F-Übergangszone

a Fraßspuren (beginnender Fensterfraß) und Kot makro- und mikrophytophager Collembolen und Oribatiden.

b Kot und Fraßspuren kleiner, makro- und saprophytophager Dipteren-Larven.

c Kotbahnen und geöffnete Koträhren von *Dendrobaena* (größer) und Enchytraeen (kleiner) nach mikrophytophager und saprophytophager Fraßtätigkeit.

F-Horizont

d (oben) Fraßstelle mit Losungsballen größerer saprophytophager Diplopoden.

d (unten) Fraßstelle saprophytophager Bibioniden-Larven (Diptera).

e Losungsballen von *Dendrobaena* (Oligochaeta) nach koprophager Fraßtätigkeit an Arthropodenkot.

h Frische Kotmassen von *Lumbricus terrestris*, aus der H- in die F-Schicht hineinragend.

Sonstige kleine Fraßspuren und Kotballen sind der Fraßtätigkeit mikrophytophager und saprophytophager Oribatiden, Collembolen und anderer Arthropoden der Meso- bzw. Makrofauna zuzurechnen.

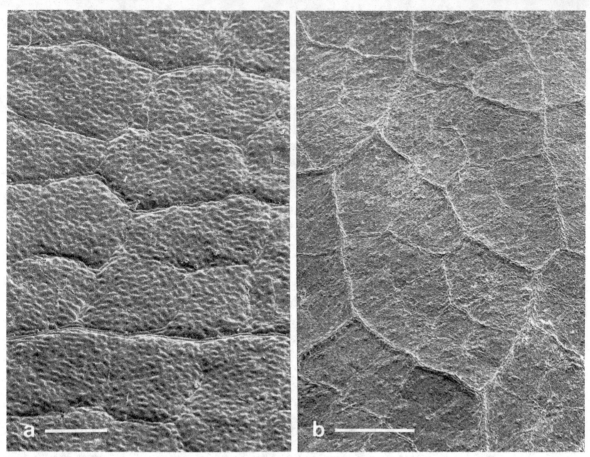

Abb. 4: Oberfläche eines frischgrünen Rotbuchenblattes im Oktober.
a Blattoberseite mit Cuticula. Die Zellenstruktur entspricht dem Verlauf der Leitbündel. 0,5 mm.
b Blattunterseite. Die Zellenstruktur entspricht dem Verlauf der Leitbündel. 200 µm.

Abb. 5: Rotbuchenblatt von der Streuoberfläche (letztjährige Streu, trocken).
a Blattoberseite mit Pilzhyphen. 100 µm.
b Blattunterseite mit Pilzhyphen. 80 µm.

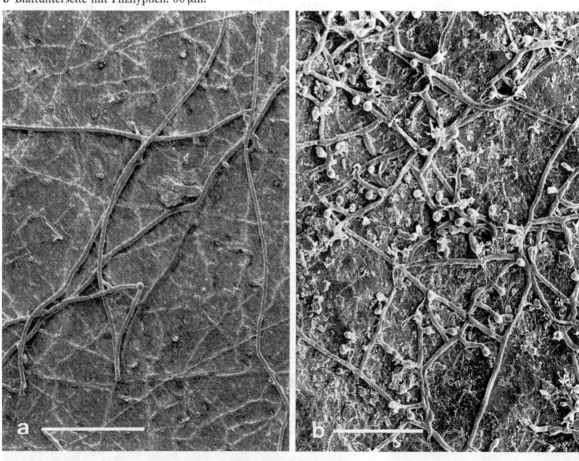

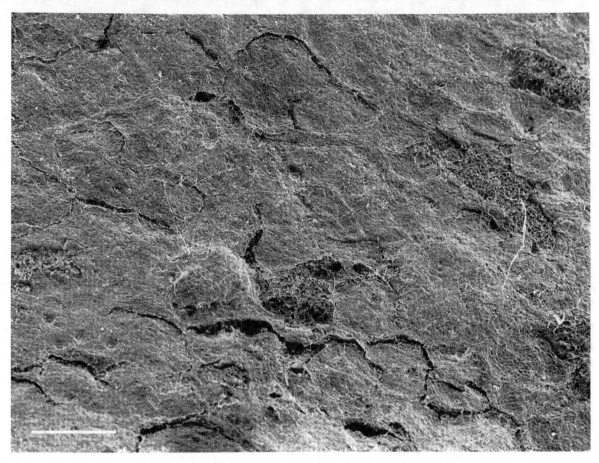

Abb. 6: Oberfläche eines Rotbuchenblattes, tiefere (mehrjährige) Streu; Blattunterseite mit stärkeren Rißbildungen und ersten Fraßspuren. 400 µm.

Abb. 7: Oberfläche eines Rotbuchenblattes, tiefere (mehrjährige) Streu; Blattoberseite mit Fraßspuren. Die Pilzhyphen dringen in das Blattgewebe (Palisadenparenchym) ein. 100 µm.

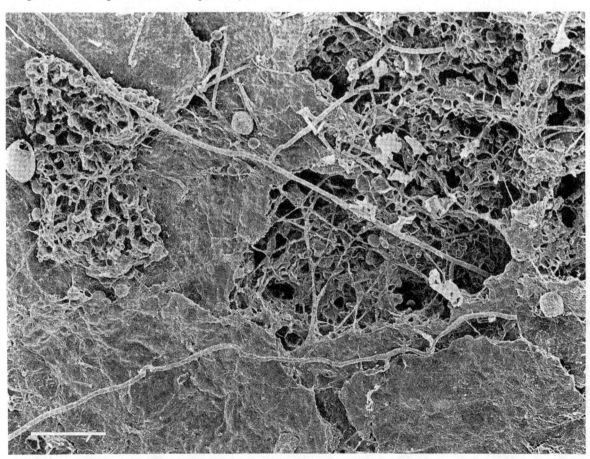

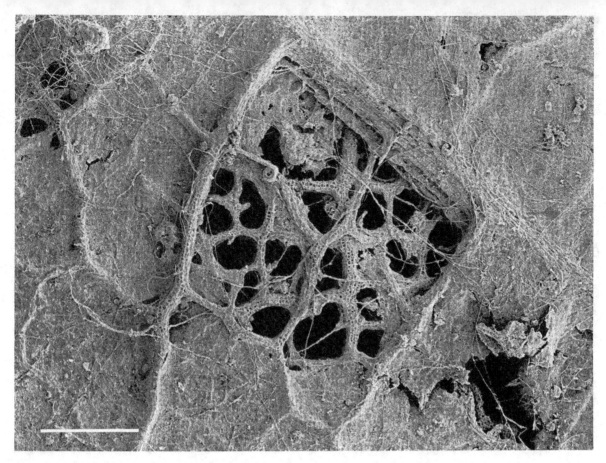

Abb. 8: Rotbuchenblatt aus der Fermentschicht; Unterseite, mit Fensterfraß. 400 µm.

Abb. 9: Rotbuchenblatt aus der Fermentschicht; Unterseite, mit fortgeschrittenem Fensterfraß. Die Blattoberseite bleibt länger erhalten. 400 µm.

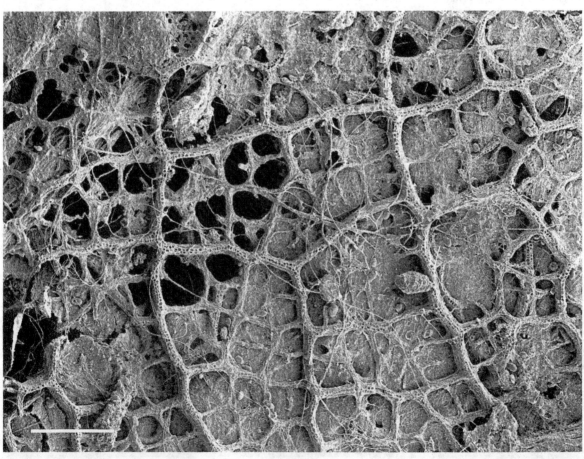

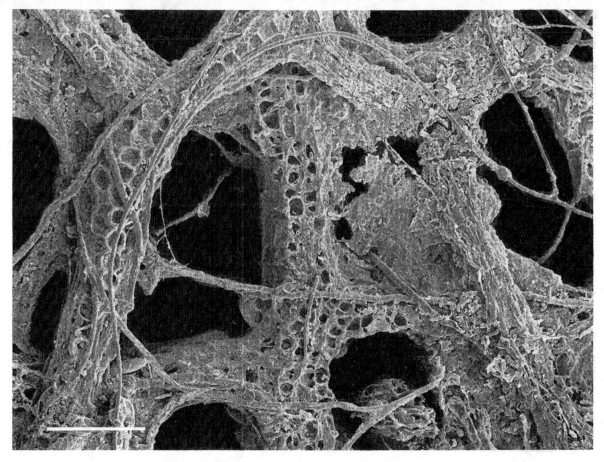

Abb. 10: Rotbuchenblatt aus der Fermentschicht mit fortgeschrittenem Fensterfraß. Es bleibt das Gerippe der Leitbündel übrig. 80 µm.

Abb. 11: Rotbuchenblätter aus der Fermentschicht in fortgeschrittener Destruktion.
a Oberseite. 200 µm. **b** Unterseite. 400 µm.

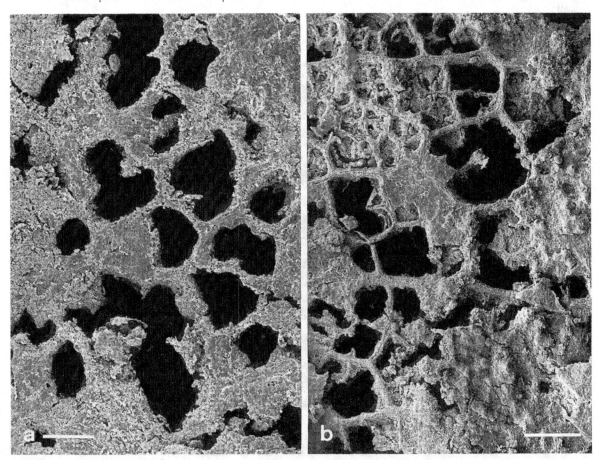

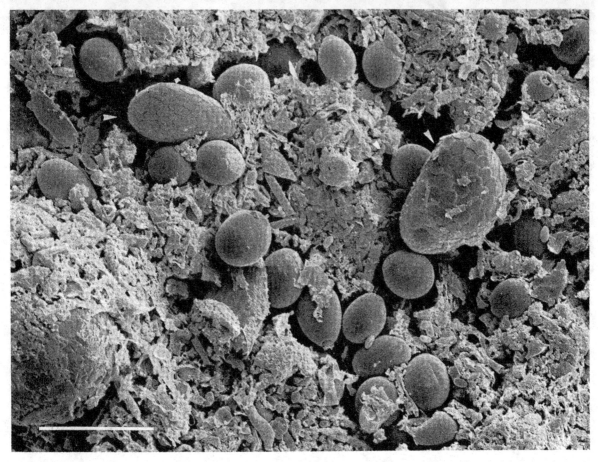

Abb. 12: Oberfläche eines stark zersetzten Rotbuchenblattes aus der Fermentschicht mit Eiern und Testaceen (Schalenamöben) (Pfeile). 40 µm.

Abb. 13: Oberfläche eines Rotbuchenblattes aus der Fermentschicht mit der Testacee *Nebela collaris,* die in sauren Waldböden lebt. 20 µm.

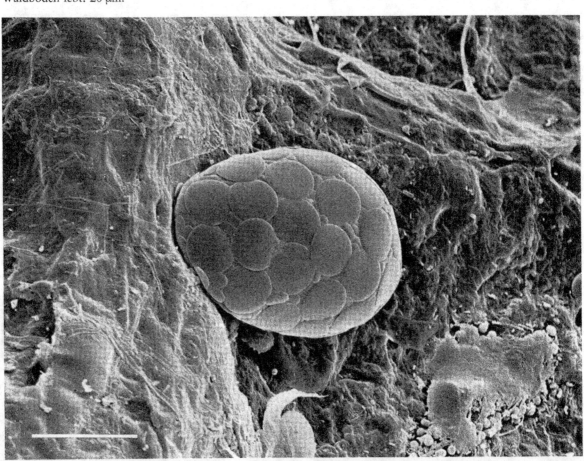

Abb. 14: Rotbuchenblätter aus der Fermentschicht mit einer Anhäufung von Kotballen (Tierlosung). 0,5 mm.

Abb. 15: Oberflächenstruktur eines Kotballens.
a Kotballen mit am Ende geöffneter peritrophischer Membran. 100 μm.
b Inset aus a mit Kotballeninhalt bestehend aus unzersetzten, zerkleinerten Pflanzenresten. Der Pfeil markiert Tüpfelstrukturen von Gefäßbahnen. 50 μm.

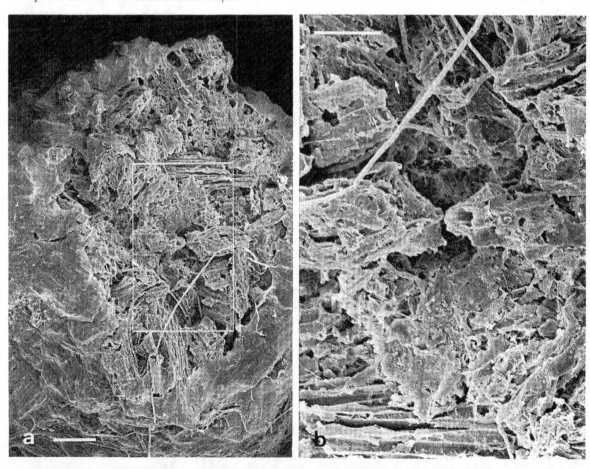

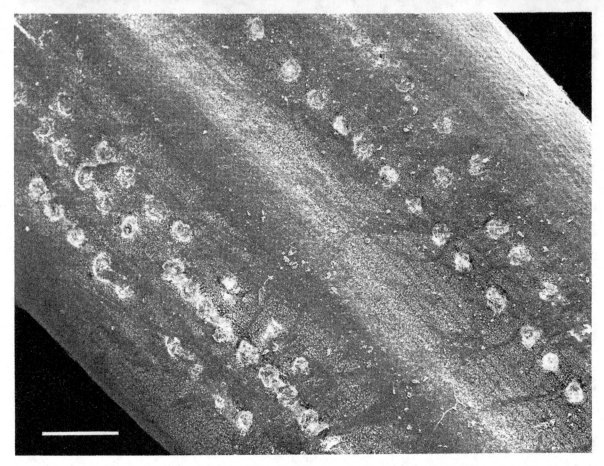

Abb. 16: Oberfläche einer etwa zweijährigen Fichtennadel mit cuticulärer Wachsschicht. Die weißen Flecken sind wachshaltige Ausscheidungen über den Atemöffnungen. 200 μm.

Abb. 17: Oberfläche einer etwa zweijährigen Fichtennadel.
a, b Atemöffnungen mit aufgelagerten, porösen Wachshauben, welche als Filter und Transpirationsschutz dienen.
   40 μm, 20 μm.

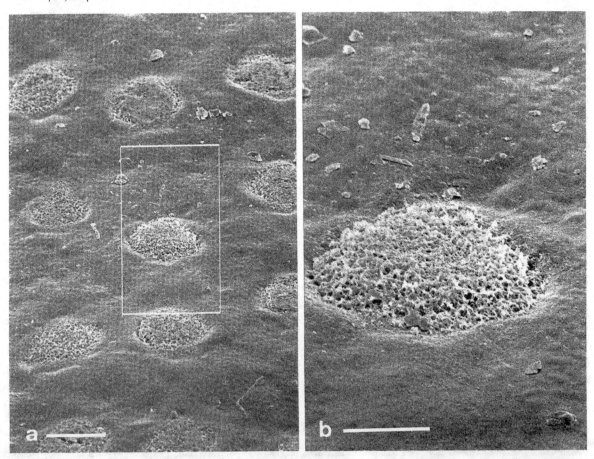

Abb. 18: Oberfläche einer Fichtennadel aus der tieferen Streu. Die Atemöffnungen (Stomata) sind frei. Es treten Schrumpfungen und Frakturen auf. 200 μm.

Abb. 19: Oberfläche einer Fichtennadel aus der tieferen Streu mit freien Atemöffnungen (Stomata). Daneben Pollenkörner. 40 μm.

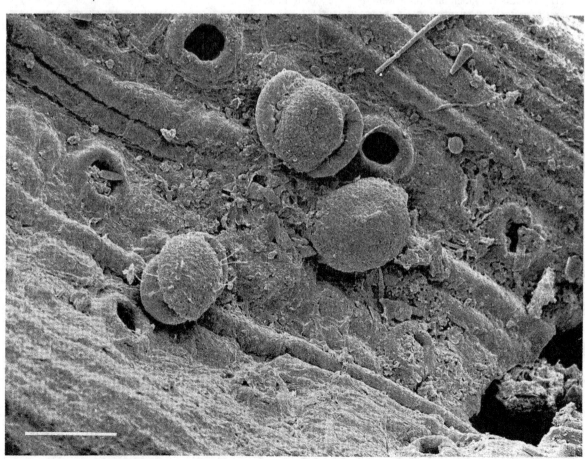

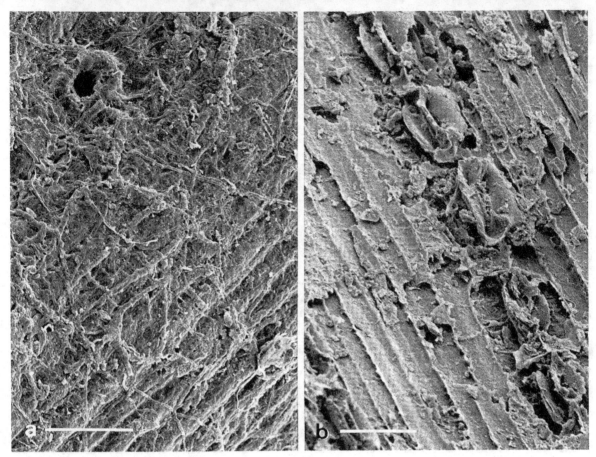

Abb. 20: Fichtennadeln aus der tieferen Streu.
a Oberfläche mit starker Verpilzung. 40 μm.
b Innenseite einer bereits stark korrodierten Nadel mit einer Reihe von ‹Schließapparaten› der Atemöffnungen. 50 μm.

Abb. 21: Reste von Fichtennadeln aus Rohhumus.
a Von den Nadeln sind nur noch dünne, transparente und perforierte Reste übriggeblieben. 100 μm.
b Stark korrodierte Nadelhülle mit erweiterten Atemlöchern. 100 μm.

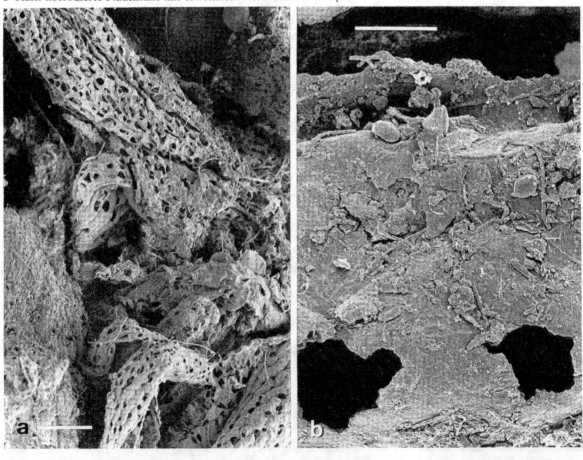

Abb. 22: Ausschnitt aus Fichtennadelrohhumus. Haarwurzeln und Pilzhyphen bilden mit den Nadelresten eine enge Verflechtung. 400 μm.

Abb. 23: Kompakter Nadelhumus mit noch erkennbaren pflanzlichen Resten. 50 μm.

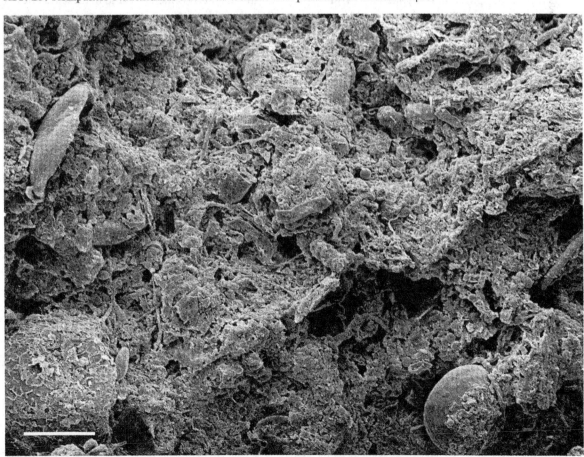

1.3.2 Konsumenten-Nahrungsnetz

Produzenten, Konsumenten und Reduzenten bilden die funktionelle Einheit einer Nahrungskette im Ökosystem. Die biotischen Komponenten dieser funktionellen Einheit sind systematisch gesehen die Arten der Pflanzen, Tiere und Mikroorganismen, die in Lebensgemeinschaften (Biozönosen) zusammenwirken. Zu den biotischen, ökologischen Faktoren, die diese Lebensgemeinschaft beeinflussen, zählen interspezifische Konkurrenz und Koexistenz, sowie die Feinde und die Nahrung. Unter den Konsumenten bedingen diese Faktoren ein trophisches Beziehungsgefüge, das als Nahrungsnetz (food web) bezeichnet wird (PIMM, 1982; PETERSEN und LUXTON, 1982; SCHAEFER, 1982; BECK, 1983). Das Konsumenten-Nahrungsnetz für den Abbau des pflanzlichen Bestandsabfalls im Boden setzt sich aus Arthropoden zusammen, die nach ihrer Nahrung als makrophytophage, mikrophytophage, saprophytophage und zoophage, koprophage und nekrophage Bodenarthropoden eingestuft werden (Abb. 24):

makrophytophag: Konsumenten, die sich von lebenden Pflanzen ernähren; dazu gehört auch Laub der Bodenstreu, das noch nicht mikrobiell abgebaut wird. Makrophytophage Konsumenten sind Primärzersetzer.

mikrophytophag: Konsumenten, die sich von Pollen, Algen, Pilzsporen und -hyphen und von Mikroorganismen ernähren, die am Abbau des pflanzlichen und tierischen Bestandsabfalls beteiligt sind. Sekundärzersetzer

saprophytophag: Konsumenten, die sich von toter pflanzlicher Substanz ernähren, d. h. Humus und mikrobiell zersetzter Substanz. Saprophytophage Konsumenten gehören zu den Sekundärzersetzern und eingeschränkt auch zu den Primärzersetzern.

zoophag: Konsumenten als Räuber, die sich von lebenden Tieren ernähren. Sekundärzersetzer

nekrophag: Konsumenten, die sich von toter tierischer Substanz (Aas) ernähren. Sekundärzersetzer

koprophag: Konsumenten, die sich von tierischem Kot ernähren. Koprophage Konsumenten sind Sekundärzersetzer.

Einige Bodenarthropoden sind in ihrer Ernährungsweise polyphag. Die Konsumenten, die in der Streuschicht als Primärzersetzer an Pflanzen fressen, ernähren sich häufig makrophytophag und saprophytophag. Oft bevorzugen sie saprophytophag das aufgeweichte und von Mikroorganismen enzymatisch vorverdaute pflanzliche Material.

Bei saprophytophagen, koprophagen und nekrophagen Konsumenten, die sich also saprophag ernähren, bleibt nicht ausgeschlossen, daß sie die in die Nahrung integrierten Mikroorganismen bevorzugen, die einen wesentlichen Bestandteil der Nahrung ausmachen können. Sie sind in diesem Falle als mikrophytophage Konsumenten einzustufen.

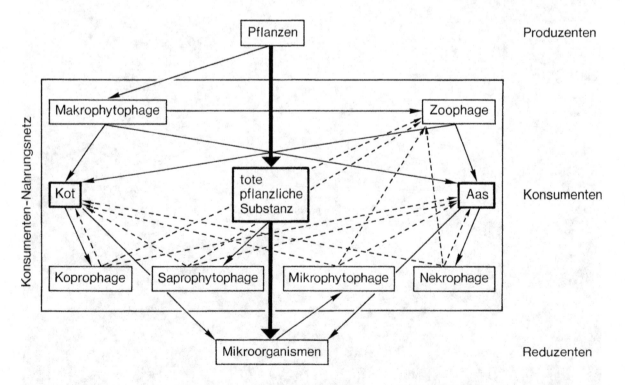

Abb. 24: Das Konsumenten-Nahrungsnetz im Boden, kombiniert nach verschiedenen Autoren.

2 Systematischer Teil

2.1 Ordnung: Araneae – Spinnen (Arachnida)

Allgemeine Literatur: BRISTOWE 1958, KULLMANN und STERN 1975, FOELIX 1979

2.1.1 Bodenbewohnende Spinnen

Die Bedeutung der Spinnen für die Bodenbiologie wird unterschiedlich eingeschätzt, zumal die Ökologie der Spinnen noch am Anfang steht. Vorerst gibt DUFFEY (1966) eine brauchbare, vertikale Gliederung der Lebensräume der Spinnen in vier Zonen:

1. Bodenzone:	Laubstreu, Steine	von 0–15 cm
2. Feldzone:	Niedervegetation	von 15–180 cm
3. Gebüschzone	Sträucher, Bäume	von 1,8–4,5 m
4. Waldzone:	Bäume	über 4,5 m

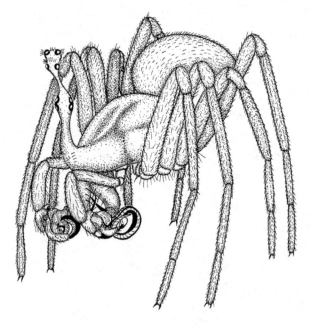

Obschon ein guter Teil der Spinnen in der Bodenzone lebt und den Waldboden mit einer Dichte von 50 bis 150 Tieren/m^2 besiedeln kann (DUNGER, 1974), überwintern zusätzlich insgesamt 85% aller heimischen Spinnen in der vor extremen Temperaturen und Trockenheit geschützten Streuschicht des Bodens (EDGAR und LOENEN, 1974; SCHAEFER, 1976; FOELIX, 1979; ALBERT, 1977).

Zu den bodenbewohnenden Arthropoden gehören zweifellos die Spinnen, welche Röhrengespinste in die Erde oder unmittelbar auf dem Erdboden bauen, um darin zu wohnen und Beutetiere zu fangen. Neben Tapezierspinnen (Atypidae), die tiefe Erdröhren anlegen, haben Wolfspinnen (Lycosidae), Sackspinnen (Clubionidae) und Röhrenspinnen (Eresidae) meist oberirdische Wohnröhren. Freilebende und jagende Spinnen (Salticidae) greifen in das Geschehen des Lebens im Boden ebenso ein und kontrollieren als Räuber das Gleichgewicht in der Biozönose.

Abb. 25: Männchen von *Walckenaera acuminata* – Micryphantidae (Zwergspinnen) mit Augenstiel und den zu Begattungsorganen umgebildeten Palpen.

Tafel 1: *Walckenaera acuminata* – Micryphantidae (Zwergspinnen) Männchen
  a Übersicht, lateral. 1 mm.
  b Übersicht, kaudal. 1 mm.
  c Übersicht, dorsal. 0,5 mm.
  d Augenstiel und Palpen, frontal. 0,5 mm.
  e Augenstiel und Palpen, dorsal. 250 µm.
  f Übersicht, ventral. 1 mm.

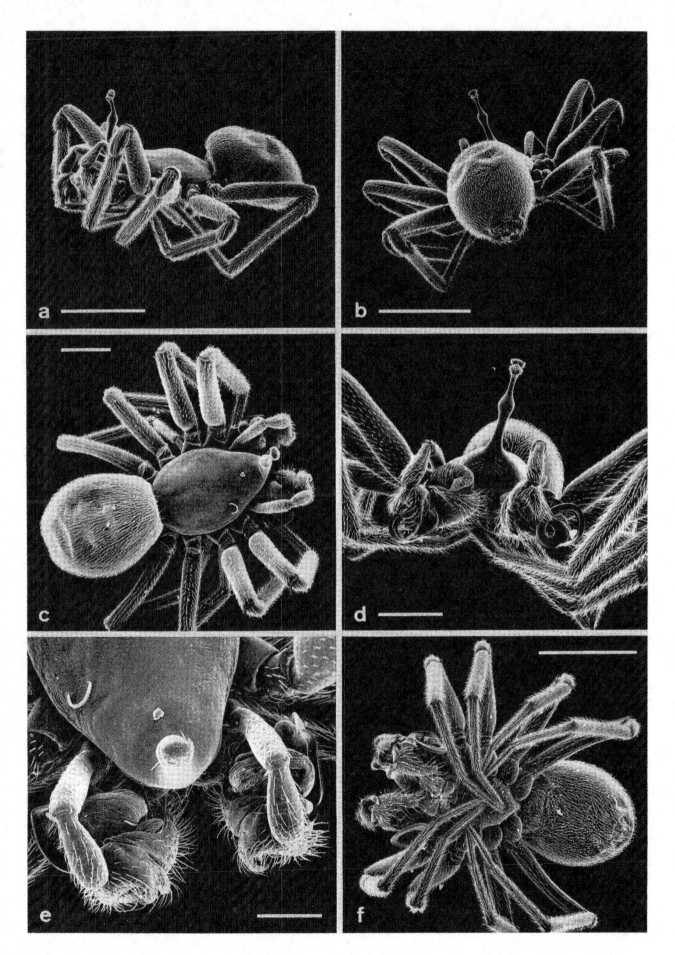

2.1.2 Der Körperbau der Spinnen

Der Körper der Spinnen besteht aus zwei Hauptabschnitten. Der Vorderkörper (Prosoma) ist über eine Einengung (Petiolus) mit dem Hinterleib (Opisthosoma) verbunden (Abb. 26). Am Opisthosoma sind äußerlich Lungenschlitze, Genitalfurche, Stigma, Analkegel und Spinnwarzen zu erkennen. Am Prosoma befinden sich neben vier Beinpaaren die Pedipalpen und Cheliceren. Auf dem Carapax (Rückenschild) des Prosoma besitzen die meisten Spinnen 8 Augen, die HOMANN (1971) untersuchte.

Die 1–2 mm großen Zwergspinnen (Micryphantidae) sind eng an den epedaphischen Lebensraum gebunden. WIEHLE (1960) hat in einer umfassenden Monographie der Micryphantidae 144 einheimische Zwergspinnen dargestellt. Hervorzuheben ist die Zwergspinne *Walckenaera acuminata* mit ihrer ungewöhnlichen Umgestaltung des Prosoma. Über dem Carapax erhebt sich ein Augenstiel, der auf halber Höhe bauchig erweitert und mit Punktaugen ausgestattet ist. Auch am distalen, kopfartig erweiterten Ende, welches mit kammartigen Sinneshaaren besetzt ist, finden sich weitere Augen, so daß *Walckenaera* nahezu eine vollkommene Rundumsicht hat (Tafel 1, 2; Abb. 25, 27).

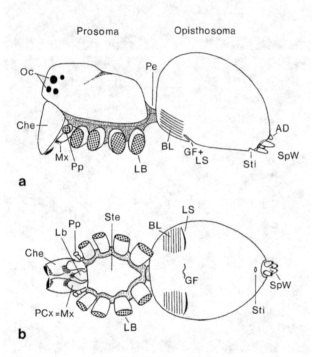

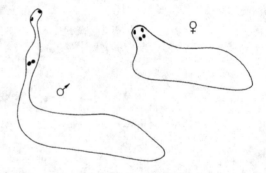

Abb. 26: Grundgliederung des Spinnenkörpers (verändert nach FOELIX, 1979).
a Lateralansicht. **b** Ventralansicht.
AD – Afterdeckel, BL – Buchlunge, Che – Cheliceren, GF – Genitalfurche, LB – Laufbeinhüfte, Lb – Labium, LS – Lungenschlitze, Mx – Maxille, Oc – Augen, Pe – Petiolus, Pp – Pedipalpus, PCx – Pedipalpencoxa, SpW – Spinnwarzen, Sti – Stigma, Ste – Sternum. Lungenschlitze und Genitalfurche können in einer Furche, der Epigastralfurche, zusammengefaßt sein.

Abb. 27: *Walckenaera acuminata* – Micryphantidae (Zwergspinnen). Rumpfprofile der Männchen und Weibchen (verändert nach LOCKET und MILLIDGE, 1968).

Tafel 2: *Walckenaera acuminata* – Micryphantidae (Zwergspinnen) Männchen
- a Augenstiel, kaudal. 250 μm.
- b Augenstiel, schräg frontal. 250 μm.
- c ‹Kopf› des Augenstieles. Der Pfeil markiert die Position eines der unteren Augen. 50 μm.
- d Haarstrukturen am Augenstiel. 5 μm.
- e Augenstielverdickung mit 2 Augen. Das linke Auge liegt kranial. 50 μm.
- f Augenstiel, distal, mit den Dorsalaugen (Pfeile). 50 μm.

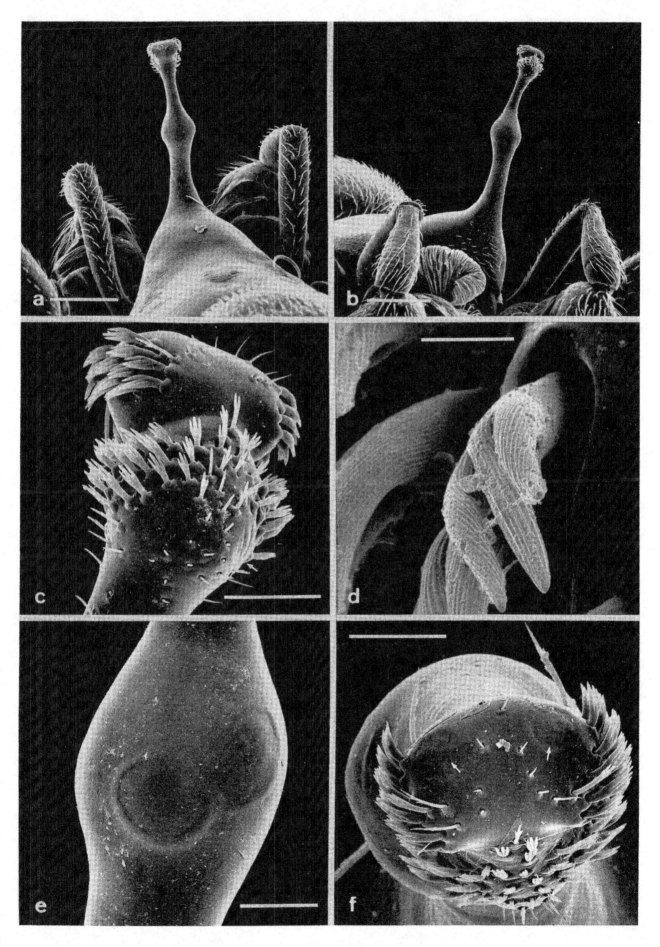

2.1.3 Die Pedipalpen der Spinnen-
männchen

Die Kiefertaster oder Pedipalpen sind bei den Männchen zu Begattungsorganen umgebildet und dienen der Spermaübertragung (WIEHLE, 1961). In einfacher Gestaltung befindet sich auf dem Palpentarsus ein Bulbus, der spitz ausgezogen ist. An der Spitze (Embolus) mündet der Samenschlauch (Spermophor), der im Bulbus spiralig verläuft und blind geschlossen ist (Abb. 28). Bevor das Spinnenmännchen ein Weibchen umwirbt, füllt es den Samenschlauch mit Sperma. Dazu spinnt das Männchen ein sogenanntes Spermanetz und setzt darauf bei heftiger Bewegung des Hinterleibes aus der Geschlechtsöffnung einen Spermatropfen ab. Dann wird der Spermatropfen mit den Palpen aufgenommen und wahrscheinlich mit kapillaren Saugkräften in den Samenschlauch des Bulbus befördert (HARM, 1931).

Die Differenzierungen dieser männlichen Begattungsorgane sind unterschiedlich weit fortgeschritten und bei den Zwergspinnen auffallend kompliziert (Tafel 1, 3). Sie bestehen funktionsmorphologisch in der Umgestaltung des Bulbus, in der Formveränderung des Embolus zu einem oft langen und spiralig aufgerollten Schlauch und in der Ausprägung verschiedener Bulbussklerite (z.B. Conductor). Diese Differenzierungen der männlichen Kopulationsorgane entsprechen konsequent den weiblichen Kopulationsorganen, insbesondere der Epigyne, und sind in hohem Maße artspezifische Strukturen.

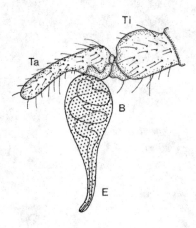

Abb. 28: *Segestria florentina* – Dysderidae. Einfach gegliederter Palpus der Sechsaugenspinne (verändert nach HARM, 1931 und FOELIX, 1979).
Am Tarsus (Ta) inseriert ein schwellbarer Bulbus (B), der im Inneren den Samenschlauch enthält und distal in die Begattungsspitze übergeht, den Embolus (E). Bei höheren Spinnen wird die Gliederung komplizierter durch die Ausbildung weiterer Sklerite und die Umbildung des Embolus zu einem filigran differenzierten sklerotisierten Anhang. Der Tarsus wird dann Cymbium genannt. Ti – Tibia.

Tafel 3: *Walckenaera acuminata* – Micryphantidae (Zwergspinnen) Männchen
 a Prosoma, lateral, Drüsenfeld. 10 µm.
 b Prosoma, lateral, normale Cuticula. 10 µm.
 c Opisthosoma, kaudal, gefurchte Cuticula mit Haarbasis. 3 µm.
 d Männlicher Palpus mit Femur, Patella, Tibia, Tarsus (Cymbium, Pfeil) und Embolus (Pfeilkopf). 250 µm.
 e Ausschnitt vom Embolus. 50 µm.
 f Männlicher Palpus mit Patella, Tibia, Tarsus, Bulbus und Embolus. 250 µm.
 g Bulbusoberfläche. 10 µm.

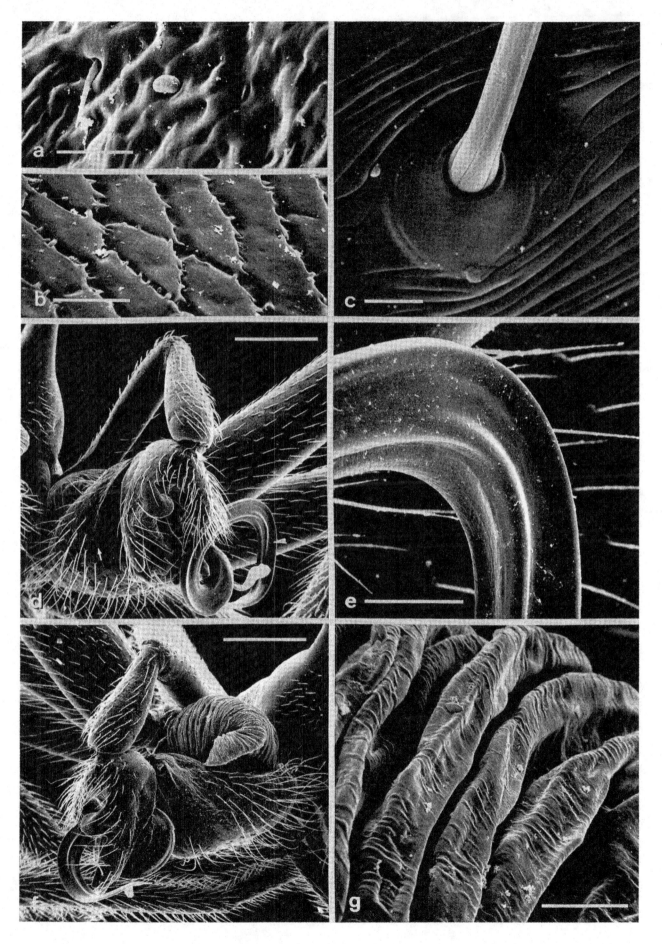

2.1.4 Die Cheliceren

Als vorderste Gliedmaßen am Prosoma sitzen die Cheliceren vor dem Mund. Sie sind zweigliedrig und bestehen aus einem mächtigen Grundglied und einer beweglichen Klaue. Grundglied und Klaue sind so zueinander orientiert, daß sie wie Greifzangen die Beute packen können. Im Ruhezustand ist die Klaue in einer Furche des Grundgliedes taschenmesserartig eingeklappt. Bei vielen Spinnen befinden sich an den Furchenrändern des Grundgliedes je eine Zahnreihe, die zusammen mit der beweglichen Klaue die Beute zerkleinern (Tafel 4, Abb. 30). Spinnen ohne diese Zahnreihen saugen stattdessen das Beutetier aus (FOELIX, 1979).

Am Ende der konisch gebogenen und spitz zulaufenden Klaue befindet sich die Austrittsöffnung der Giftdrüse (Tafel 4), die im Prosoma paarig angelegt einen großen Raum einnimmt (Abb. 29). Das Gift dient zum Töten der Beute, scheint aber auch die Verdauung zu beschleunigen. Die Speispinne, *Scytodes thoracica*, verfügt über besonders differenzierte Drüsen. Im hinteren Abschnitt der Drüsen wird ein Leim, im vorderen das Gift produziert. Die Spinne fängt ihre Beute, indem sie blitzschnell das Beutetier mit Leim bespuckt und Klebfäden zieht, um es anschließend mit dem Gift zu töten (DABELOW, 1958).

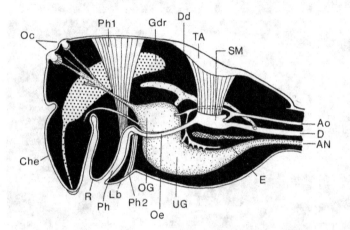
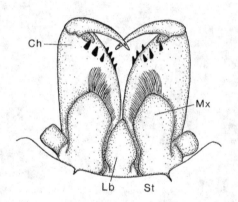

Abb. 29: Schema durch das Prosoma einer Spinne (verändert nach FOELIX, 1979). Ao – Aorta, AN – Abdominalnerv, Che – Chelicere, D – Darm, Dd – Darmdivertikel, E – Endosternit, Gdr – Giftdrüse, Lb – Labium, Oc – Augen, Oe – Oesophagus, OG, UG – Oberschlund-, Unterschlundganglion, Ph – Pharynx, Ph 1, 2 – Pharynxheber, Pharynxsenker, R – Rostrum, SM – Saugmagen, TA – Tergales Apodem.

Abb. 30: Zum Bau der Mundwerkzeuge von Spinnen (verändert nach FOELIX, 1979). Gliederung der Mundwerkzeuge einer Wolfspinne *(Lycosa)* in Ventralansicht. Ch – Chelicere mit Endklaue, Mx – Maxille (Pedipalpencoxa), Lb – Labium (Unterlippe), St – Sternum (Bauchschild).

Tafel 4: *Meta menardi* – Araneidae (Radnetzspinnen) Höhlenspinne
   a Prosoma mit Augengruppe, Pedipalpen und Cheliceren, dorsal. 0,5 mm.
   b Pedipalpenendglied, Cheliceren, Maxillen und Labium, lateral. 1 mm.
   c Cheliceren, Maxillen, Labium und die Coxen der vorderen Laufbeine, ventral. 1 mm.
   d Chelicere mit molarer Bedornung und Klauenglied. Distal an der Klaue mündet die Giftdrüse (Pfeil). 250 µm.
   e Mundraumbeborstung. 200 µm.
   f Pedipalpus, distal, mit Klaue. 100 µm.

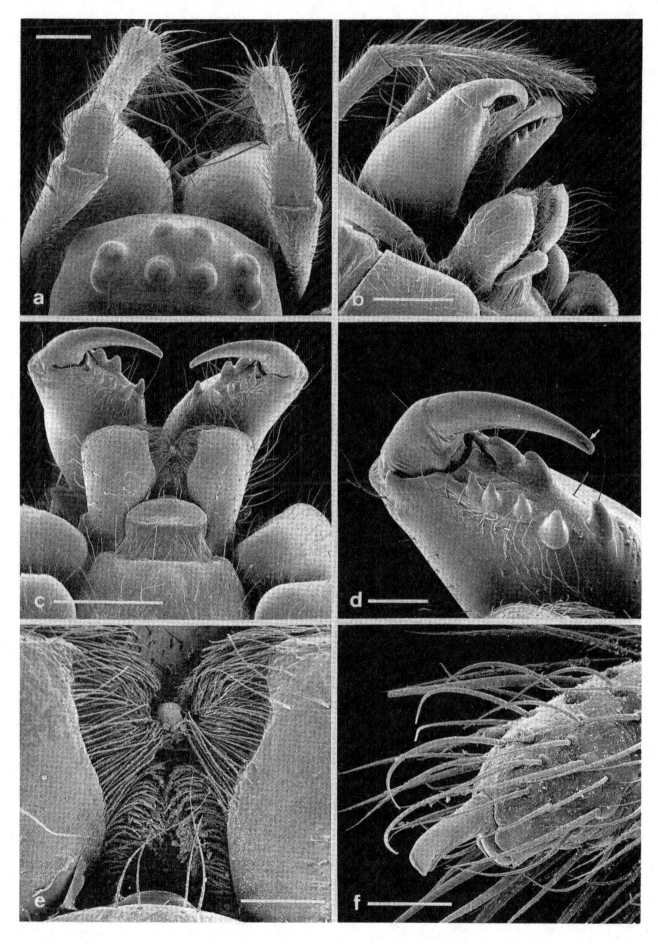

29

2.1.5 Deckennetze bauende Spinnen

Trichterspinnen oder Agelenidae sind im menschlichen Wohnbereich durch die Winkelspinne *Tegenaria atrica* wohlbekannt (COLLATZ und MOMMSEN, 1974). In Bodennähe leben zahlreiche Trichterspinnen und spannen über Gras und in der Krautschicht horizontale Deckennetze. An einem Ende dieser Netze laufen die Spinnfäden zusammen und bilden eine trichterförmige Wohnröhre. Hier lauert die Spinne auf Insekten, die auf das Deckennetz fallen.

Ebenso bauen die Baldachinspinnen (Linyphiidae) oberhalb des Bodens flache Deckennetze, die mit senkrecht verlaufenden Spinnfäden abgefangen werden. Anders als die Trichterspinne hängt die Baldachinspinne unter dem leicht gewölbten Deckennetz (Abb. 31). Fällt ein Insekt auf das Netz, so durchbeißt die Spinne die Fäden und zieht die Beute nach unten.

Die räuberische Lebensweise dieser Spinnen hat nur begrenzt bodenbiologische Bedeutung. Sie ernähren sich überwiegend von Fluginsekten. Lediglich die herabfallenden Stoffwechselprodukte und Nahrungsreste kommen dem Boden zugute (WIEHLE, 1949).

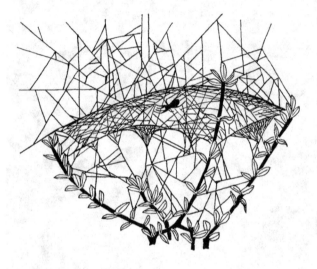

Abb. 31: Deckennetz der Baldachinspinne, *Linyphia triangularis* – Linyphiidae (Baldachinspinnen). Die Spinne lauert unter dem gewölbten Teil des Deckennetzes (verändert nach FOELIX, 1979).

Tafel 5: *Macrargus rufus* – Linyphiidae (Baldachinspinnen)
    a Übersicht, dorsal. 1 mm.
    b Blick von frontal auf das Prosoma, die Cheliceren und Pedipalpen. 0,5 mm.
    c Übersicht, ventral. 1 mm.
    d Prosoma mit zweizeiliger Augengruppe. Vom linken Vorderbein sind die Beinglieder Femur, Patella (Pfeil) und Tibia gezeigt. 250 μm.
    e Epigyne am Rand der Epigastralfurche (Pfeil) als sichtbarer Teil des weiblichen Geschlechtsapparates. 100 μm.
    f Zusammengesetztes, laterales Augenpaar (um 180° gedreht) der vorderen und hinteren Augenreihe. 50 μm.

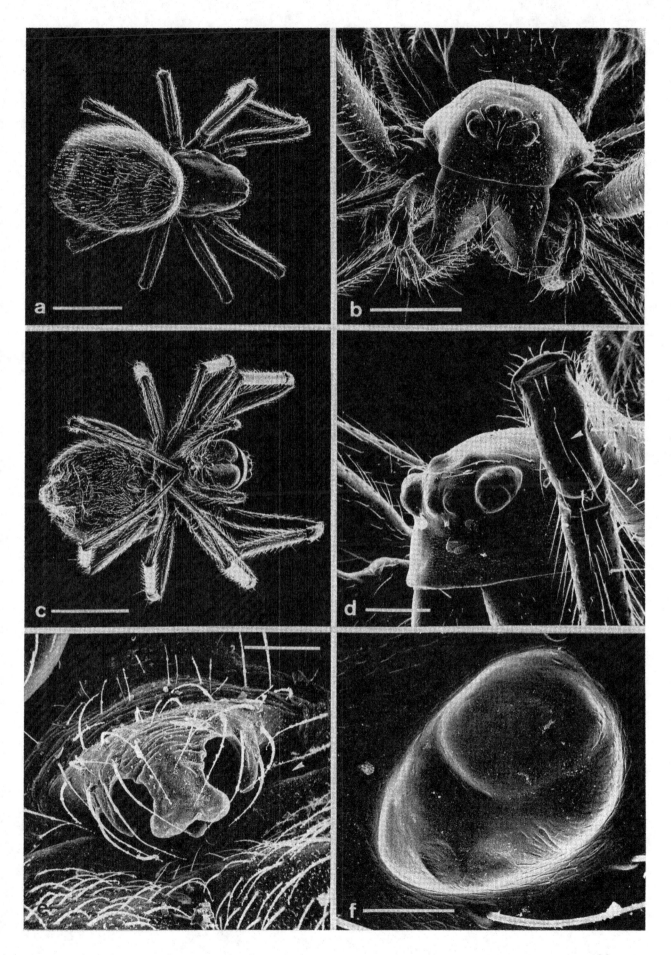

31

2.1.6 Der Spinnapparat

Die Spinndrüsen, die alle Spinnen besitzen, befinden sich im Hinterleib (Opisthosoma) und produzieren in mehreren (4–8) Spinndrüsentypen verschiedene Spinnseiden (PETERS, 1955; RICHTER, 1970; GLATZ, 1972, 1973). Mit ihren Ausführgängen münden sie in die Spinnspulen, die auf Spinnwarzen sitzen (Abb. 32–34; Tafel 6). Die Spinnwarzen sind ein- oder mehrgliedrige, bewegliche, paarige Anhänge am Hinterleib und bilden mit meist drei Paar Spinnwarzen den Spinnapparat. Stammesgeschichtlich werden die Spinnwarzen, von denen ursprünglich vier Paare vorhanden waren, als abgeleitete Gliedmaßen des Hinterleibs gedeutet.

Die Form der auf den Warzenkuppen nebeneinander stehenden Spinnspulen weist bereits auf die Konstellation des Seidenfadens hin. Langgestielte Spinnspulen, die sich über ampullenartige Sockel erheben, sekretieren einen festen Seidenfaden. Andere, kürzere Spinnspulen liefern Fäden, die erst an der Luft erhärten und das Anheften von Fäden im Gewebe und an der Peripherie dadurch erleichtern. Die Dicke der Seidenfäden beträgt etwa 1 µm und wird nur von den Spinnfäden der Fangwolle cribellater Spinnen weit unterschritten.

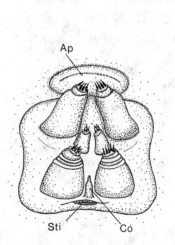

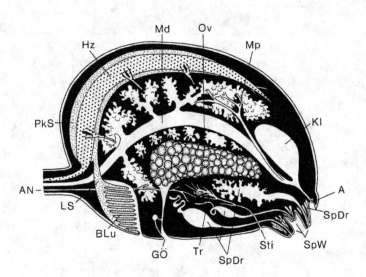

Abb. 32: Zur Gliederung der Spinnwarzen von *Segestria senoculata* – Dysderidae (Sechsaugenspinnen). Vor dem Stigma (Sti) liegt ein schuppenartiger Fortsatz, der Colulus (Co), vermutlich ein funktionsloses Relikt eines vorderen, medianen Spinnwarzenpaares bei ecribellaten Spinnen. Ap – Analplatte (verändert nach GLATZ, 1972 und FOELIX, 1979).

Abb. 33: Schema durch das Opisthosoma einer weiblichen Spinne (verändert nach GLATZ, 1972 und FOELIX, 1979).
A – Anus mit Afterdeckel, AN – Abdominalnerv, BLu – Buchlunge, GÖ – Geschlechtsöffnung mit Receptaculum seminis, Hz – Herz, Kl – Kloake, LS – Lungensinus, Md – Mitteldarm mit Divertikeln, Mp – Malpighische Gefäße, Ov – Ovar, PkS – Perikardialsinus, SpDr – Spinndrüsen (mehrere Typen), SpW – Spinnwarzen, Sti – Stigma, Tr – Tracheenverzweigungen.

Tafel 6: *Amaurobius fenestralis* – Amaurobiidae (Finsterspinnen)
  a   Spinnwarzenhügel mit Afterdeckel und Cribellum (Spinnsieb). 200 µm.
  b, c Spulenfeld einer vorderen Spinnwarze. 50 µm, 10 µm.
  d   Spinnspulen einer vorderen Spinnwarze. 5 µm.
  e   Fiederhaare vom Rand eines Spulenfeldes. 5 µm.
  f   Spinnspulen, distal, mit Resten austretender Seide. 3 µm.

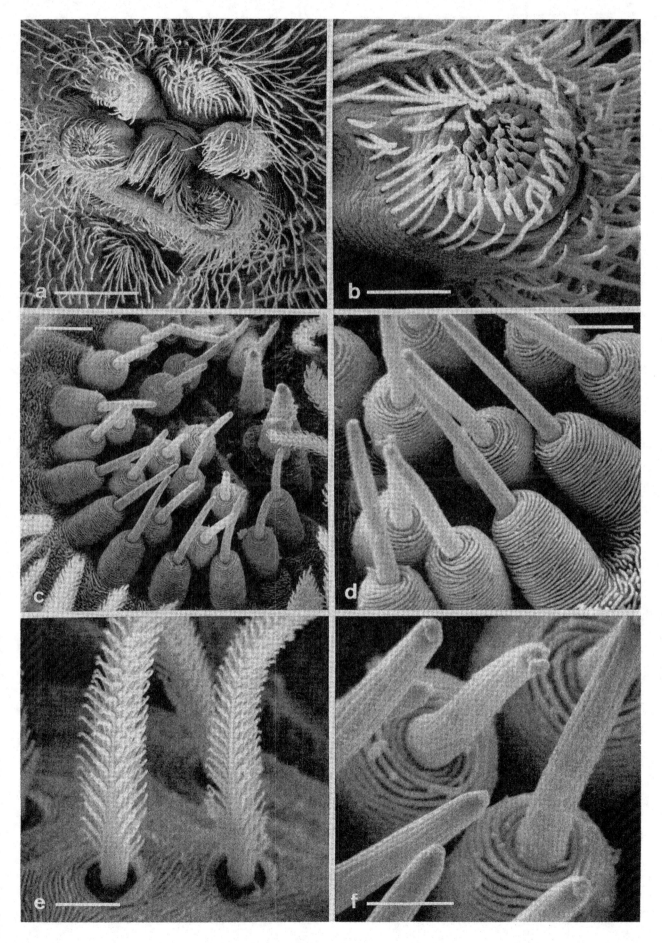

33

2.1.7 Cribellum und Calamistrum von *Amaurobius*

Die cribellaten Spinnen, zu denen die Amaurobiidae gehören, verfügen neben drei Spinnwarzenpaaren über ein Cribellum, das bei *Amaurobius* – wie bei den meisten cribellaten Spinnen – im Spinnapparat paarig angelegt und im Ruhezustand vor den Spinnwarzen eingeklappt ist (Abb. 34; Tafel 7). Das Cribellum ist ein Drüsenfeld, mit tausenden, dicht beieinanderstehenden, kleinen Spinnspulen, den Tubuli textori. Diese Spinnspulen sekretieren Elementarfäden mit einer Dicke von nur 20 nm. Sie ergeben eine feine Wolle, die im Fangfaden 1–2 Achsenfäden umwickeln. Dabei wird mit einem Borstenkamm, dem Calamistrum am Metatarsus des vierten Beinpaares (Abb. 35; Tafel 8), die Wolle aus dem Drüsenfeld herausgekämmt und dem gleichzeitig gesponnenen Achsenfaden aufgelegt. Die Wirkungsweise der cribellaten Fangfäden beruht auf dieser Fangwolle, in der sich Beutetiere mit ihren Extremitäten verstricken. Ecribellate Spinnen haben Fangfäden mit Klebetröpfchen, an denen ebenfalls kleine Tiere haften bleiben (LEHMENSICK und KULLMANN, 1956; KULLMANN, 1969; FRIEDRICH und LANGER, 1969).

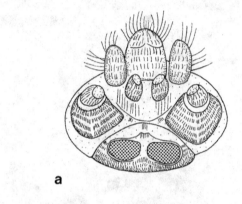

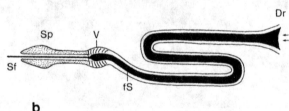

a

b

Abb. 34: Zur Gliederung der Spinnwarzen und Bau der Spinnspulen.

a Cribellum (punktierte Felder), Spinnwarzen und Afterdeckel von *Eresus niger* – Eresidae (Röhrenspinnen) (verändert nach WIEHLE, 1953).

b Spinnspule (Sp) mit Drüsenzuführung (Dr) bei einer Araneide. Die Dicke des Seidenfadens (Sf) wird durch ein Quetschventil (V) reguliert. Die flüssige Seide (fS) erhärtet bei Luftzutritt, d.h. bei enger Ventilstellung bereits an der Spulenbasis hinter dem Ventil (verändert nach FOELIX, 1979).

Abb. 35: Calamistrum (Doppelborstenreihe) am Metatarsus des 4. Beines einer Finsterspinne, *Amaurobius ferox*. Das Calamistrum dient zum Abkämmen der Cribellumsekrete (verändert nach WIEHLE, 1953).

Tafel 7: *Amaurobius fenestralis* – Amaurobiidae (Finsterspinnen)

    a Spinnwarzenkegel mit Cribellum. 200 µm.

    b Epigastralfurche mit den lateralen Eingängen zu den Buchlungen. 250 µm.

    c Cribellum. 100 µm.

    d Buchlungeneingang. 100 µm.

    e Cribellumfeld, lateral, mit feinen Drüsenhaaren. 10 µm.

    f Muskelanheftung (Pfeil) und Drüsenöffnung im Bereich kranial vor den Buchlungeneingängen. Der Spalt (Pfeilkopf) gehört möglicherweise zu einem Spaltsinnesorgan. 50 µm.

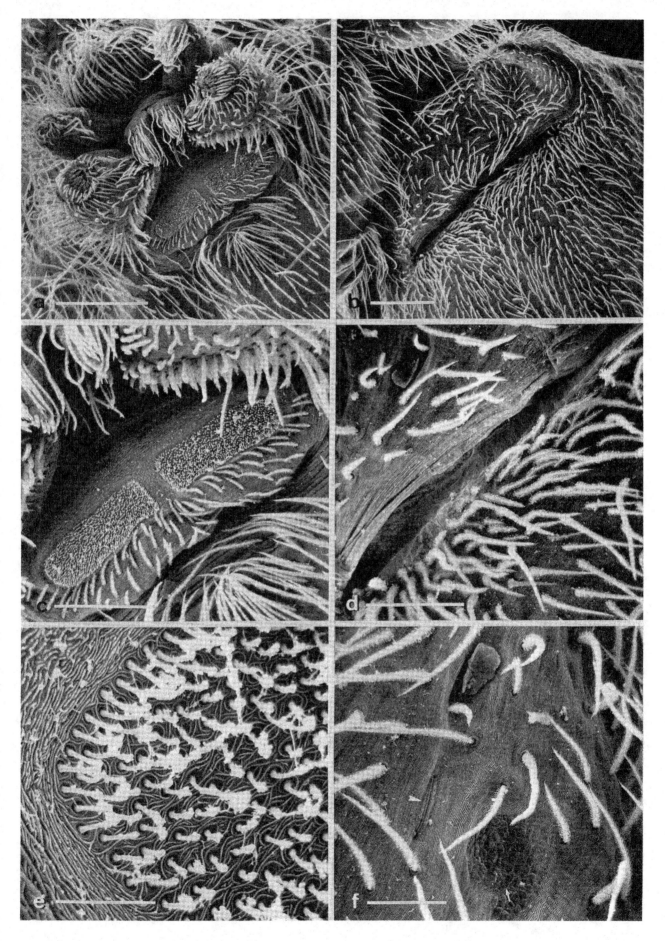

2.1.8 Röhrennetze bauende Spinnen

Viele epedaphische und hemiedaphische Bodenspinnen bauen Röhrennetze, die als Wohnröhren und teilweise auch als Fangvorrichtungen dienen. Die Tapezierspinne, *Atypus piceus* – Atypidae, baut eine tiefe Gespinströhre, die einige Zentimeter senkrecht in die Erde und wenige Zentimeter auf dem Erdboden verläuft (Abb. 36). Die Spinne lebt ständig in der Röhre und ernährt sich von Insekten, die über den horizontalen, oberirdischen Röhrenteil laufen. Die Insekten werden von den Spinnen überrascht, von unten angebissen und nach innen in die Röhre gezerrt.

Finsterspinnen (Amaurobiidae) und Röhrenspinnen (Erisidae) bauen als primitive Netzbauer ebenfalls Wohnröhren auf dem Boden und legen von der Öffnung der Wohnröhre weg radial einige Fangfäden und lauern kleinen Insekten auf, die auf den Fäden haften. Andere, z. B. *Eresus niger,* bauen ein trichterförmiges Netz über die Röhre, welches mit einem Schutz- und Fangteil versehen ist (Abb. 37).

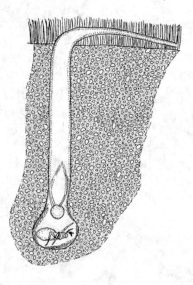

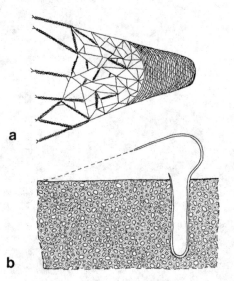

Abb. 36: Wohnröhre einer Tapezierspinne, *Atypus piceus* – Atypidae. Der Kokon ist mit Spinnfäden an der Röhrenwand festgeheftet (verändert nach DUNGER, 1974).

Abb. 37: Trichternetz von *Eresus niger* – Eresidae (Röhrenspinnen) (verändert nach WIEHLE, 1953).
a Dorsalansicht des Netzes mit engmaschigem Schutz- und weitmaschigem Fangteil. Die Fäden des Fangteiles sind durch Cribellum-Sekrete verstärkt, an denen die Beute hängen bleibt.
b Schematischer Schnitt durch die Wohnröhre mit trichterförmiger Öffnung und das Netz mit Schutz- und Fangteil.

Tafel 8: *Amaurobius fenestralis* – Amaurobiidae (Finsterspinnen)
    a   Calamistrum (Pfeil) am Metatarsus des letzten Beinpaares. 250 µm.
    b   Calamistrum in Seitenansicht. 100 µm.
    c   Calamistrum in Aufsicht. 250 µm.
    d–f Feinstruktur der Calamistrum-Borsten. 100 µm, 50 µm, 25 µm.

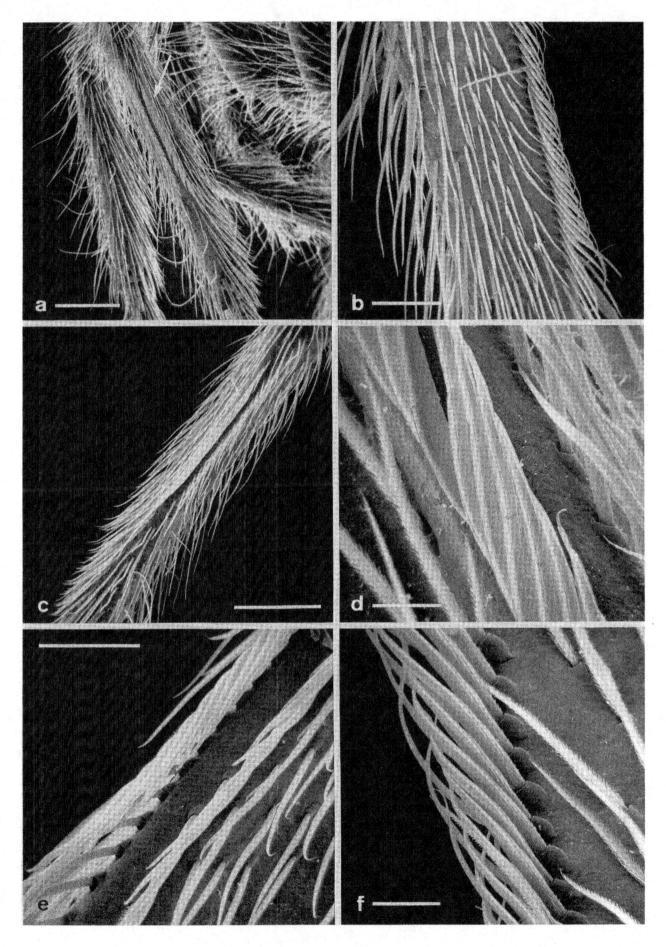

37

2.1.9 Frei jagende Spinnen

Die Mehrzahl der epedaphischen Bodenspinnen verbringt den Tag in ihren mit Gespinstseide ausgekleideten Wohnsäcken, unter Steinen, in Laub und Moos, um nachts aktiv auf Beutefang zu gehen. Zu ihnen gehören die Wolfspinnen (Lycosidae) (Schaefer, 1972, 1974), die Sackspinnen (Clubionidae) und die Glattbauchspinnen (Drassodidae). Die Beute der Spinne *Callilepis nocturna* (Drassodidae) besteht ausschließlich aus Ameisen. Die Spinne sucht Ameisennester auf und greift die Ameisen vor dem Nesteingang an. Das Beutetier wird schnell in die Fühlerbasis gebissen; dann zieht sich die Spinne zurück, wartet bis das Gift wirkt und verzehrt nach etwa einer Minute Wartezeit die gelähmte Ameise (Heller, 1976).

Die kleinen, 3–10 mm langen, attraktiven Springspinnen, die besonders mit ihren vier Augen der vorderen Augenreihe auf der Stirnfläche des Prosoma auffallen, reagieren empfindlich auf optische Reize (Abb. 38; Tafel 9). Schon aus der Entfernung von 10 cm nehmen sie ihre Beute wahr, schleichen sich heran und springen das Beutetier aus kurzer Entfernung an. Dabei wird stets ein Sicherheitsfaden vor dem Sprung am Boden angeheftet, falls der Sprung in die Tiefe und ins Leere geht.

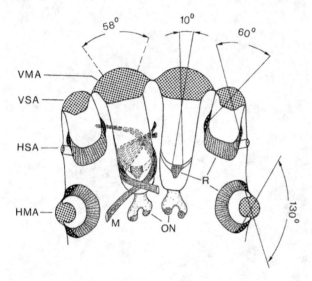

Abb. 38: Die Sehbereiche einer Springspinne für die Horizontalebene (verändert nach Foelix, 1979).
Die vorderen Augen (VMA, VSA) werden als Scheinwerferaugen bezeichnet. Von den hinteren Augen sind die Seitenaugen (HSA) reduziert. Der stark eingeschränkte Sehwinkel von 10° für die vorderen Mittelaugen (VMA) wird durch Augenbewegungen auf 58° erweitert. Stellglieder sind die Retinamuskeln (M).
ON – Augennerv, VMA, VSA – Vordere Mittel- und Seitenaugen, HMA, HSA – Hintere Mittel- und Seitenaugen, M – Retinamuskeln, R – Retina.

Tafel 9: *Euophrys* spec. – Salticidae (Springspinnen)
    a Seitenansicht. 1 mm.
    b Frontalansicht mit den Scheinwerferaugen. 0,5 mm.
    c Prosoma mit dem großen hinteren Mittelauge. Das hintere Seitenauge (Pfeil) ist reduziert. 250 μm.
    d Prosoma mit den Scheinwerferaugen. 200 μm.
    e Vorderes Mittelauge. 50 μm.
    f Vorderes Mittelauge, Cuticula der Cornea. 10 μm.

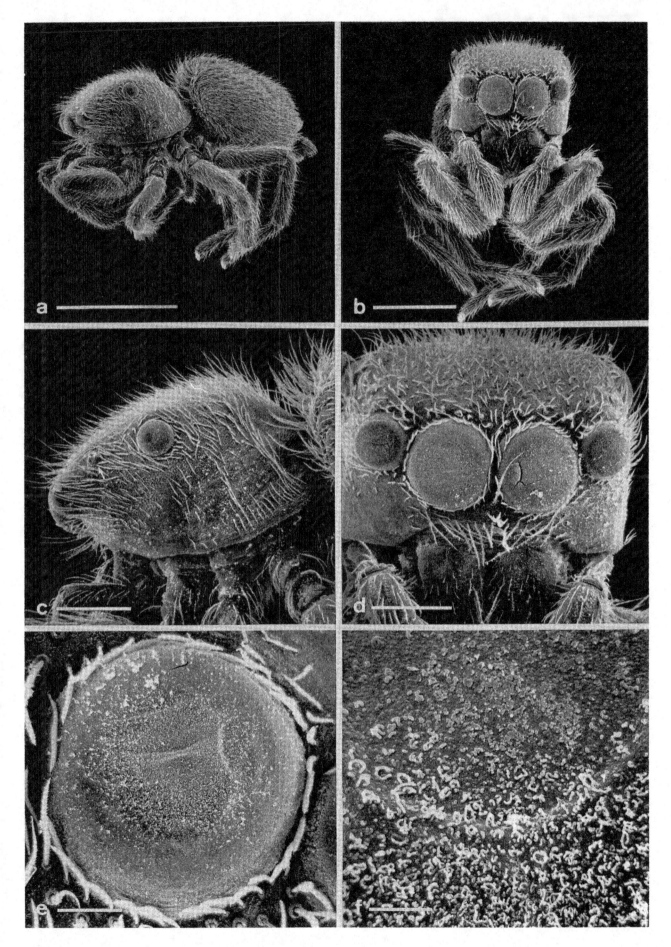

39

2.1.10 Lebensräume edaphischer Spinnen

Der Lebensraum edaphischer Spinnen konzentriert sich auf die von Duffey (1966) charakterisierte Bodenzone. Dem entsprechen die ep- und hemiedaphischen Lebensformtypen der Röhrennetze bauenden und frei jagenden Spinnen. Innerhalb der Lebensformtypen sind artspezifische Differenzierungen erfolgt, die den unterschiedlichen, mikroklimatischen und biologischen Faktoren angepaßt sind und daher eine Zuordnung der Arten zu ökologischen Nischen erlauben (Baehr, 1983; Baehr und Eisenbeis, 1984).

Nørgaard (1951, 1952) und Gettmann (1976)

haben kleine, bodenbewohnende Wolfspinnen (Lycosidae) beobachtet, die in Röhrennetzen tagsüber wohnen, aber nachts zu den frei jagenden Spinnen zählen. *Lycosa pullata* und *Pirata piraticus* befinden sich nebeneinander in *Sphagnum*-Moos; doch *L. pullata* lebt auf dem Moospolster und ist weiten Temperaturschwankungen ausgesetzt, während *P. piraticus* den geschützten Raum innerhalb des Moospolsters bei ausgeglichenerer Temperatur bevorzugt (Abb. 39). Hier erweist sich die Temperatur als einer von vielen ökologischen Faktoren, die die artspezifische, ökologische Nische charakterisieren.

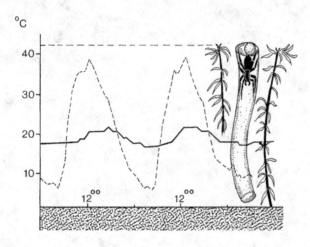

Abb. 39: Zum Mikroklima im Lebensraum der Wolfspinne *Pirata piraticus* – Lycosidae. An der Oberfläche des Torfmoospolsters herrscht ein circadianer Temperaturgang von ca. +8° bis +38 °C (gestrichelte Kurve). Innerhalb des Moospolsters, am Ort der Wohnröhre, schwankt die Temperatur um 20 °C (durchgezogene Kurve). Bei Sonnenschein exponieren die Weibchen ihren Kokon an der Mündung der Wohnröhre (verändert nach Nørgaard, 1951 und Foelix, 1979).

Tafel 10: *Pirata uliginosus* – Lycosidae (Wolfspinnen)
- **a** Ansicht von frontal. 1 mm.
- **b** Prosoma und Teile des Opisthosoma, dorsal. 1 mm.
- **c** Opisthosoma, terminal, mit Spinnwarzen und Afterdeckel. 250 µm.
- **d** Epigastralfurche mit Epigyne (Pfeil). Die Pfeilköpfe markieren Areale mit sekretorisch aktiven Drüsenhaaren. 250 µm.
- **e** Spinnwarzen und Afterdeckel. 200 µm.
- **f** Spinnspulen einer hinteren Spinnwarze. 50 µm.

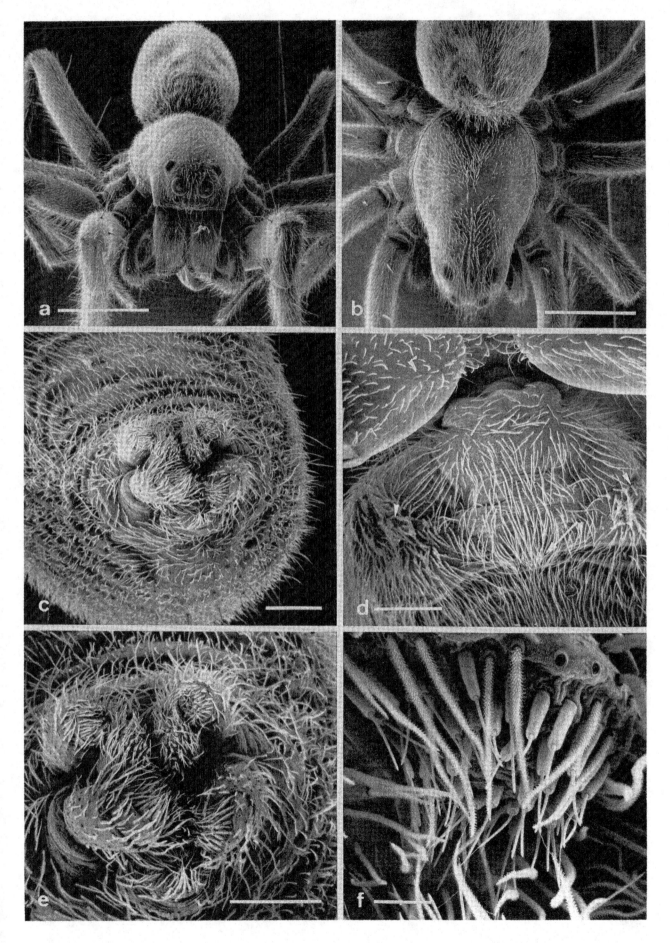

41

2.1.11 Brutfürsorge – der Eikokon

Vor der Eiablage beginnt das Weibchen der Wolfspinnen mit dem Herstellen des Kokons. Dabei werden folgende Fertigungsschritte gewöhnlich eingehalten. Zunächst spinnt es ein Grundgewebe, das zentral zu einer Basalplatte verdichtet wird. Diese Platte wird zu einem schüsselförmigen Eibehälter geformt, indem ihr ein Ringwall oben aufgesetzt wird. Bei der anschließenden Eiablage quellen aus der Geschlechtsöffnung die Eier, die zuvor im Uterus mit den Spermien aus dem Receptaculum seminis besamt wurden. Danach überspannt das Weibchen den abgelegten Eiballen im Eibehälter mit einem Netzwerk, das als Deckplatte dient. Zuletzt wird der Kokon mit einem Fadengeflecht umsponnen, bis eine papierartige Hülle entsteht. Dieser Kokon bleibt den Spinnwarzen angeheftet, bis die Jungen schlüpfen (CROME, 1956; KULLMANN, 1961; PÖTZSCH, 1963) (Tafel 11, 12).

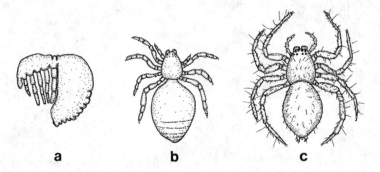

a   b   c

Abb. 40: Die Jugendstadien einer Spinne (verändert nach FOELIX, 1979 und VACHON, 1957).
a Prälarve mit unvollständigen Extremitäten. Sie entsteht nach Abschluß der Embryonalentwicklung, lebt von Dottervorräten und verläßt meist als solche das Ei. 1–2 Prälarvenstadien.
b Larve mit vollständig gegliederten Beinen, jedoch kaum Mikrostrukturen auf der Cuticula wie Haare und Stacheln. Sie lebt noch vom Dottervorrat, ist unselbständig und wenig beweglich. Die Cheliceren sind noch ohne Giftkanal und die Spinnwarzen ohne Spinnspulen. 1–3 Larvenstadien.
c Nymphenstadium mit voll entwickelten Außenstrukturen wie Cheliceren, Spinnwarzen und Sinneshaaren. Der Geschlechtsapparat ist nicht funktionsfähig. 5–10 Nymphenstadien, dann Häutung zum Adultus (Geschlechtstier).

Tafel 11: *Pirata uliginosus* – Lycosidae (Wolfspinnen)
    a Kokon mit Porenzone. 0,5 mm.
    b Gespinst der Kokonaußenwand. 20 µm.
    c Porenzone. 100 µm.
    d Kokongeflecht, außen. 5 µm.
    e Porus in der Kokonwand. In der Tiefe liegt Dottermaterial. 10 µm.
    f Kokongeflecht, außen. 3 µm.

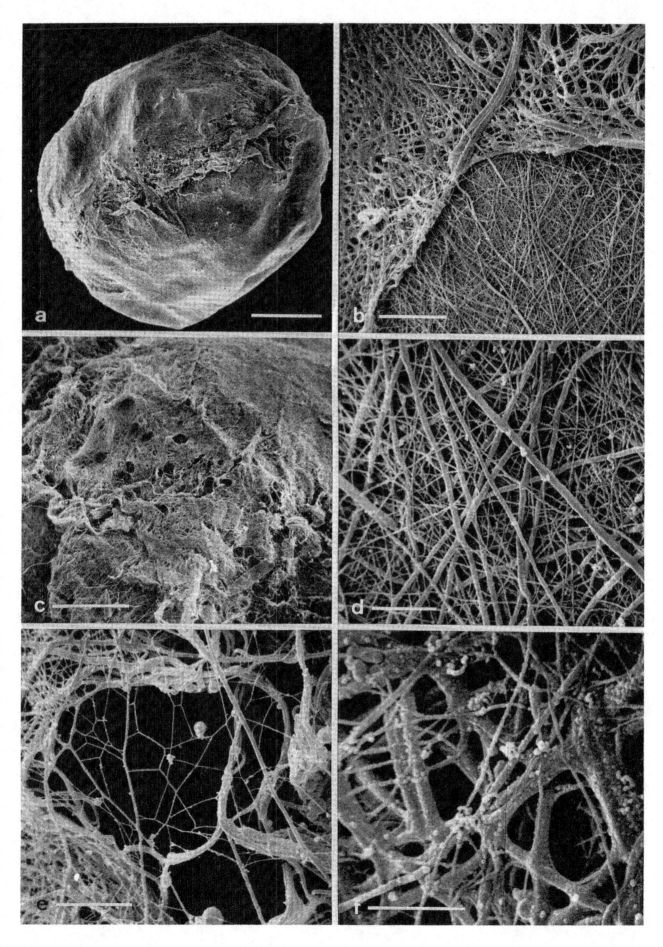

43

2.1.12 Brutfürsorge – die Brutpflege

Die Wolfspinnenweibchen helfen beim Schlüpfen den jungen Spinnen aus dem Kokon, indem sie mit den Cheliceren eine Randnaht des festen Kokons aufschneiden. Haben sie den Kokon verlassen, so begeben sich die Jungen auf den Rücken der Mutter und halten sich dort an den Haaren fest. Auf dem Rücken des Weibchens wurden bis zu 100 Jungtiere gezählt, die dicht gedrängt und übereinander hokken. So geschützt lassen sich die Jungtiere einige Tage herumtragen, bis der Dottervorrat verbraucht ist (ENGELHARDT, 1964; HIGASHI und ROVNER, 1975; FOELIX, 1979).

Die Brutfürsorge vieler Spinnenmütter erschöpft sich also nicht im Herstellen und Bewahren des Kokons, sondern besteht auch in der Pflege der Jungen nach dem Verlassen des Kokons. Neben den schützenden Maßnahmen wird darüberhinaus auch Nahrungsfürsorge beobachtet. So werden Jungtiere entweder mit der verflüssigten Nahrung aus dem Darm der Mutter versorgt (Abb. 41) oder sogleich mit der der Mutter erjagten Beute. Diese Brutpflege wird von der bodenbewohnenden Trichterspinne *Coelotes terrestris* – Agelenidae beschrieben (TRETZEL, 1961a, b). So verbleiben die Jungen etwa einen Monat im Trichternetz der Mutter. Mit den Palpen und Vorderbeinen bestreicheln sie die Cheliceren der Mutter, die daraufhin die erjagte Beute vor den Jungtieren fallen läßt. Eine der Jungspinnen trägt die Beute dann an einen sicheren Ort und saugt sie in Ruhe aus.

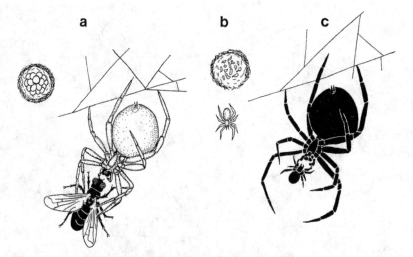

Abb. 41: Nachweis der Mund zu Mund-Fütterung der Jungspinnen durch die Spinnenmutter (Regurgitationsfütterung) (verändert nach FOELIX, 1979 und KULLMANN und KLOFT, 1969).
a Aufnahme des Körperinhalts einer radioaktiv markierten Fliege durch die Spinnenmutter.
b Schlüpfen unmarkierter Jungspinnen aus dem Kokon.
c Fütterung der Jungspinne durch die Mutter. Danach erweist sie sich gleichermaßen radioaktiv.

Tafel 12: *Pirata hygrophilus* – Lycosidae (Wolfspinnen)
   a Kokon, an den vorderen Spinnwarzen angeheftet. 200 μm.
   b Junglarven beim Schlüpfen. Die Kokonwand wurde durchgebissen. 1 mm.
   c Junglarve, lateral. 250 μm.
   d Opisthosoma einer Junglarve mit embryonaler Segmentierung. 200 μm.
   e Spinnwarzen und Afterdeckel einer Junglarve. Die Warzen sind noch nicht funktionsfähig, es fehlen die Spinnspulen. 50 μm.
   f Cuticula des Opisthosoma. Es fehlen noch die echten Haare. 20 μm.

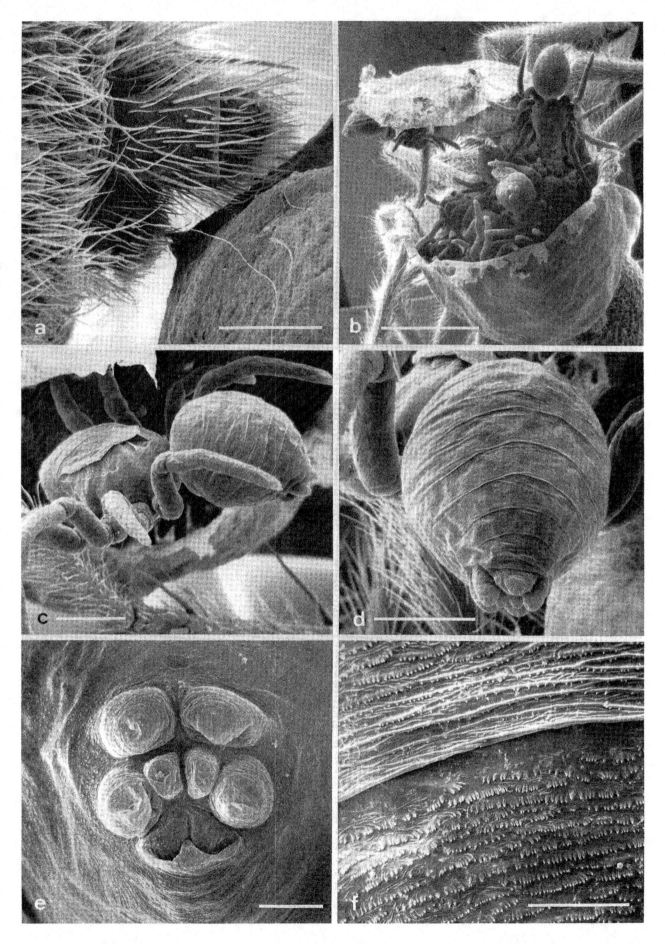

2.1.13 Oberflächenstrukturen bei Spinnen

Die Körperoberfläche ist bei Spinnen besetzt mit zahlreichen Haaren, die bei *Pirata uliginosus* gefiedert sind und als Mechanorezeptoren Berührungsreize wahrnehmen. Neben diesen einfach gebauten Haarsensillen sind Trichobothrien auf dem Körper und den Körperanhängen verteilt.

Die Feinstruktur der cuticularen Oberfläche von *P. uliginosus* ist auffallend regelmäßig lamelliert und auf eine feine Fältelung der Cuticula zurückzuführen. Diese Oberflächenstruktur kehrt bei vielen Spinnen wieder und wurde dennoch bisher nur bei der Wasserspinne, *Argyroneta aquatica* – Agelenidae, dargestellt (BRAUN, 1931; KULLMANN und STERN, 1975).

Die Lufthülle, die das Opisthosoma und Sternum des Prosoma der Wasserspinne bedeckt, wird von den gefiederten Haarsensillen gehalten, die deshalb auch als Pfeilerhaare bezeichnet werden, und nicht von der lamellären Cuticularstruktur. Diese Lufthülle gestattet den Wasserspinnen unter Wasser den Gasaustausch entsprechend der Funktion der kompressiblen Gaskieme aquatischer Insekten.

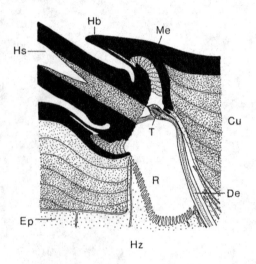

Abb. 42: Schema der Haarbasis eines Tasthaares (Mechanorezeptor). Der Dendrit (De) zieht von der Sinneszelle (nicht dargestellt) zum Haarschaft (Hs) innerhalb einer isolierenden Scheide und endet im Tubularkörper (T). Der Tubularkörper wird als wichtige Struktur für die Transduktion des mechanischen Reizes in elektrische Erregung betrachtet, da er durch die Haarbewegung verlagert wird (Quetschung, Dehnung). Der Rezeptorlymphraum (R) wird von Hüllzellen (Hz) begrenzt, die sekretorisch aktiv sind und für ein definiertes Ionenmilieu im Lymphraum sorgen.
Cu – Cuticula, Ep – Epidermis, Hb – Haarbalg, Me – Aufhängemembran, flexibel (verändert nach FOELIX, 1979).

Tafel 13: *Pirata uliginosus* – Lycosidae (Wolfspinnen)
    a Opisthosoma, dorsal, mit Haarsensillen und Drüsenfeldern. 20 µm.
    b Opisthosoma, komplexes Drüsenfeld. 20 µm.
    c Opisthosoma, Grundstruktur der Cuticula. Dieses Muster ist typisch für viele einheimische Spinnen. 3 µm.
    d Opisthosoma, Cuticula mit vierteiligem Drüsenfeld und Haarbasis. 10 µm.
    e Opisthosoma, Haarschaft basal, mit Haarbalg. 5 µm.
    f Opisthosoma, zweiteiliges Drüsenfeld. 10 µm.

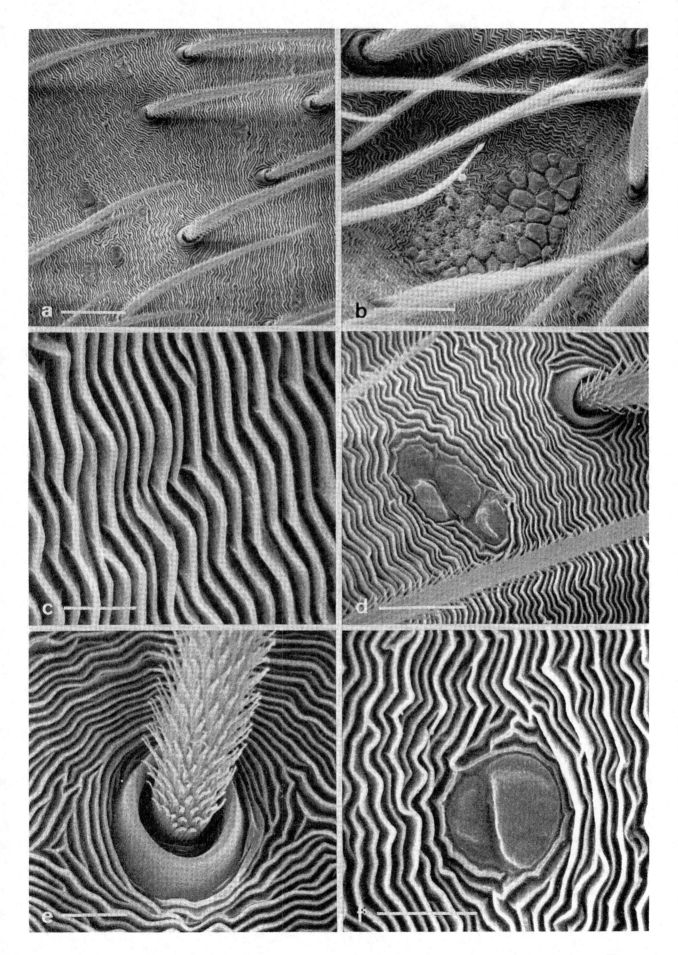

47

2.2 Ordnung: Pseudoscorpiones – Afterskorpione (Arachnida)

Allgemeine Literatur: Kaestner 1927, Vachon 1949, Beier 1963, Weygoldt 1966a, 1969

2.2.1 Kennzeichen der Pseudoskorpione

Von attraktiver Erscheinung sind die After- oder Bücherskorpione, die in der Ordnung Pseudoscorpiones zusammengefaßt sind und sich auf drei taxonomische Gruppen, die Unterordnungen Chthoniinea, Neobisiinea und Cheliferinea verteilen (Beier, 1963). Äußerlich fallen die 2–4 mm kleinen Tiere durch ihre großen Pedipalpen auf, die am distalen Ende kräftige Scheren bilden (Tafel 14). Diese gehören zusammen mit den Cheliceren zu den äußeren Mundwerkzeugen. Als Räuber der Mesofauna, die Collembolen, Milben und Fadenwürmer zu ihrer Nahrung zählen, nehmen die Pseudoskorpione Teil an der Lebensgemeinschaft im Boden. Nicht alle Arten der überwiegend in tropischen und subtropischen Regionen verbreiteten Spinnentiere sind Bewohner des Waldes, der Baumrinde und der Laubschicht, doch bevorzugen in Mitteleuropa fast die Hälfte der 22 Arten ausschließlich den Boden als Lebensraum (Beier, 1950; Ressl und Beier, 1958; Gabbutt und Vachon, 1965; Goddard, 1976, 1979; Wäger, 1982).

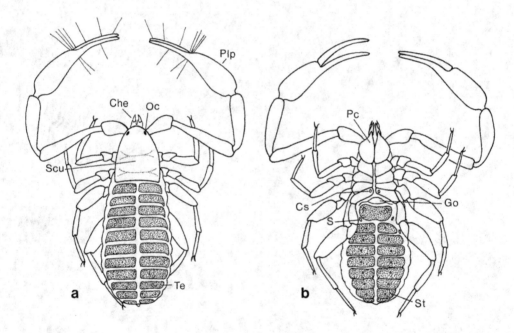

Abb. 43: Schema eines Pseudoskorpions am Beispiel von *Chelifer cancroides* (verändert nach Weygoldt, 1966).
a Dorsalansicht mit 11 Rückenschildern (Te), den Cheliceren (Che) und Pedipalpen (Plp). Oc-Auge, Scu-Scutum.
b Ventralansicht mit 9 Bauchschildern (St). Der Mundraum wird von den starken Basalgliedern der Pedipalpen (Pc) begrenzt. Cs – Coxalsäckchen, S – Stigma, Go – Genitaloperculum.

Tafel 14: *Neobisium* spec. – Neobisiidae (Moosskorpione)
    a Dorsalansicht mit Pedipalpen, Cheliceren, Scutum und Opisthosoma sowie 4 Laufbeinpaaren. Die Tergite des Opisthosoma sind nicht geteilt. 0,5 mm.
    b Ventralansicht. Die Grundglieder der Beine und Pedipalpen sind in einer Ebene angeordnet. 1 mm.
    c Frontalansicht mit Blick auf die mächtig entwickelten Scherenhände der Pedipalpen. 1 mm.

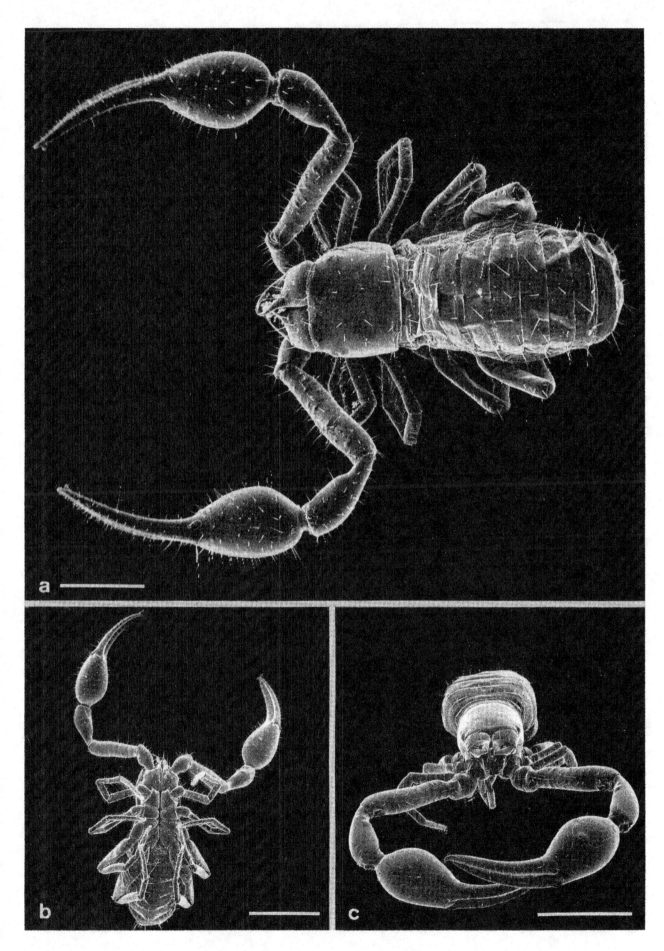

49

2.2.2 Beutefang

Die meisten Pseudoskorpione suchen aktiv nach Nahrung und ertasten ihre Beute mit den Trichobothrien auf den großen Scheren der Pedipalpen (Tafel 15). Die Beute wird in raschen Bewegungen mit den innenseits gezähnten Scheren der Pedipalpen ergriffen und – manchmal noch zappelnd – den Cheliceren zugeführt. Zur Lähmung größerer Beutetiere bedienen sich die Pseudoskorpione offensichtlich Giftdrüsen (Abb. 44), die an den einwärts gebogenen Spitzen der Pedipalpenscheren münden und in verschiedener Weise angeordnet sind. Mit den Cheliceren schlagen oder beißen sie in den Körper der Beutetiere ein und lassen Verdauungssäfte einfließen. Danach wird die Beute ausgesaugt, bis eine leere Hülle übrigbleibt (Abb. 45) (VACHON, 1949; RESSL und BEIER, 1958).

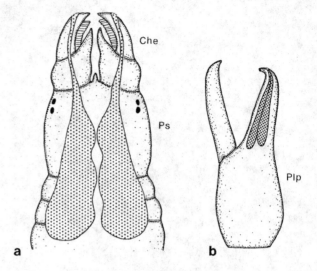

Abb. 44: Zum Bau der Mundwerkzeuge von Pseudoskorpionen (verändert nach VACHON, 1949).
a Lage und Ausdehnung der Spinndrüsen vom Opisthosoma über das Prosoma (Ps) zur Mündung in den beweglichen Finger der Cheliceren (Che) bei dem Moosskorpion *Neobisium simoni*.
b Die Giftdrüsen im unbeweglichen Palpenfinger eines Moosskorpions, *Neobisium flexifemoratum*.

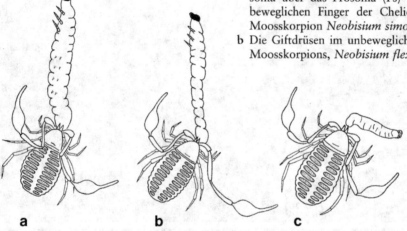

Abb. 45: *Chelifer cancroides* – Cheliferidae, drei Phasen des Freßaktes an einer Mehlmottenraupe (verändert nach ROEWER, 1940).
a Aus dem Drüsendarm wird schwach alkalisches Sekret über den Mundkanal in die Raupe gepreßt. Diese bläht sich auf.
b Saugakt: der verflüssigte Nahrungsbrei wird aus der Raupe gesaugt.
c Der Raupenkörper ist stark zusammengeschrumpft.

Tafel 15: *Neobisium* spec. – Neobisiidae (Moosskorpione)
   a Pedipalpenhand. 0,5 mm.
   b Pedipalpen, Zahnleisten der Scherenfinger. 10 µm.
   c Pedipalpenhand, distal, mit beweglichem und unbeweglichem Scherenfinger. Charakteristisch sind die langen Becherhaare oder Trichobothrien als Organe des Ferntastsinnes. 200 µm.
   d Pedipalpen, Zahnleisten der Scherenfinger. 5 µm.
   e Pedipalpen, Mittelabschnitt der Scherenfinger mit Zahnleisten und Trichobothrien. 50 µm.
   f Pedipalpen, Mikroleisten der Zahnoberfläche. 3 µm.

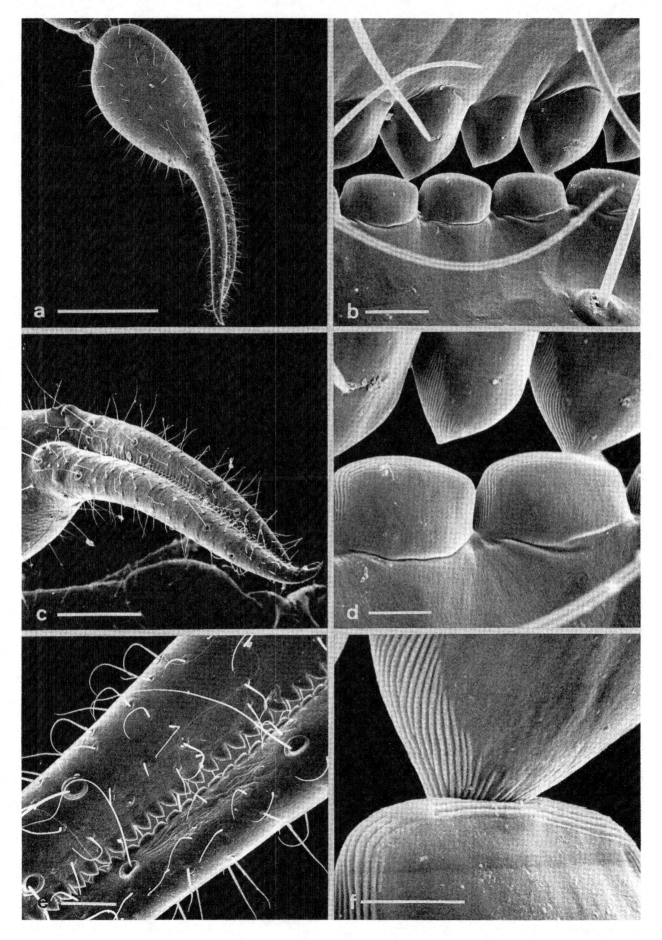

51

2.2.3 Nahrungspräferenzen

Kleine Bodentiere, so vor allem die zahlreichen Collembolen, sind die Beute der räuberischen Pseudoskorpione. Hierzu zählen die epedaphischen Collembolen der oberen Bodenschichten. Aber es werden nicht alle Collembolen gefressen. Gemieden werden die euedaphischen Onychiuridae, die als Anpassung an das luftgefüllte Porensystem im Boden die Sprunggabel stark reduziert oder verloren haben und Räubern nicht durch Fluchtsprünge ausweichen können. Stattdessen verfügen sie über viele Pseudocellen, welche über die Körperoberfläche verteilt sind und aus denen sie ätzende Flüssigkeiten ausstoßen, um den Feind abzuwehren (KARG, 1962 aus WEYGOLDT, 1966a).

Zu den weiteren kleinen Bodentieren der oberen Bodenschichten, die den Pseudoskorpionen als Nahrung dienen, gehören Milben und die Larven verschiedener Bodenarthropoden. Durch ihre räuberische Lebensweise greifen sie regulierend in das Gefüge der Lebensgemeinschaft im Boden ein (Abb. 46).

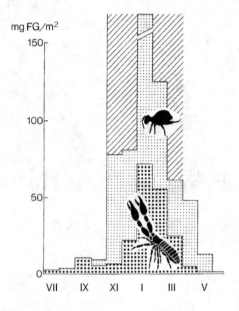

Abb. 46: Aktivitätsdichte von Räuber- und Beutepopulationen aus der Bodenstreu eines Sauerhumus-Buchenwaldes für den Pseudoskorpion *Neobisium muscorum* und den Collembolen *Dicyrtoma ornata* (nach BECK, 1983).

Tafel 16: *Neobisium* spec. – Neobisiidae (Moosskorpione)
  a Prosoma, lateral, mit Scutum, Cheliceren und Beinbasen. Im vorderen lateralen Bereich des Scutum liegen 2 Ocellen. 0,5 mm.
  b Prosoma, ventral. 0,5 mm.
  c Cheliceren und Grundglieder der Pedipalpen, lateral. 100 µm.
  d Blick auf das Mundfeld mit Cheliceren und Grundgliedern der Pedipalpen. 100 µm.
  e Die Scherenfinger der Cheliceren mit beweglichen und unbeweglichen Fingern. 100 µm.
  f Die Putzkämme der beweglichen Scherenfinger. 50 µm.

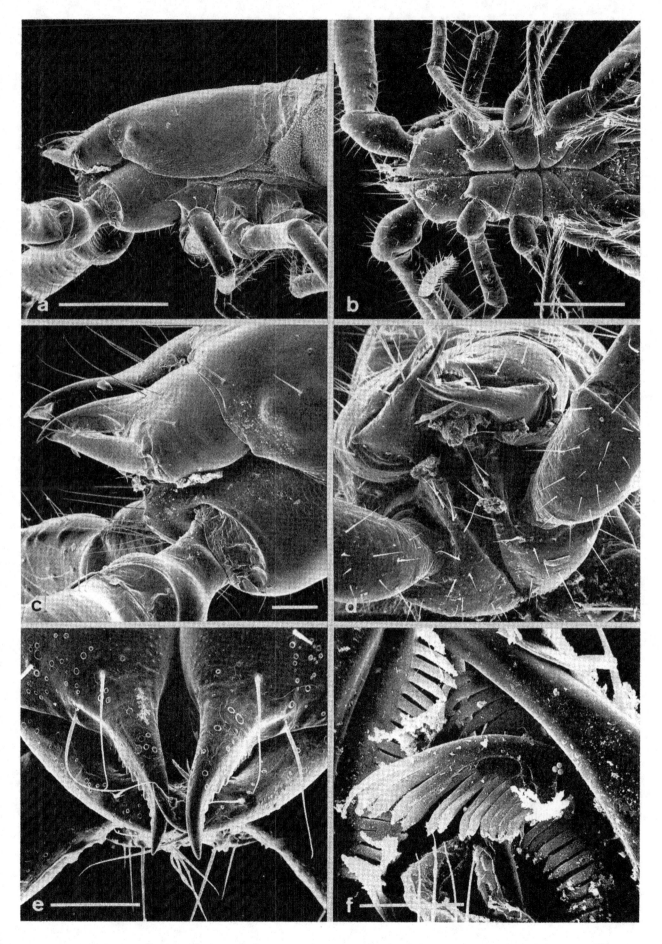

2.2.4 Paarung und Brutbiologie

Die Pseudoskorpione gehören zu den Bodenarthropoden, deren Männchen die Spermien indirekt, mittels einer Spermatophore auf das Weibchen übertragen. Anscheinend unerwartet und ohne Anzeichen einer Paarung (Chthoniidae, Neobisiidae) oder nach einem Paarungstanz (Chernitidae, Cheliferidae) drückt das Männchen mit der Geschlechtsöffnung auf den Boden und hebt sich langsam wieder hoch. Dabei wird aus der Geschlechtsöffnung ein Faden gezogen, dem am Ende ein Samentröpfchen aufsitzt. Bei der Samenübertragung ohne Paarung müssen sehr viele Spermatophoren bei entsprechender Feuchtigkeit gesetzt werden, damit ein Weibchen durch den Geruch herbeigelockt Spermien in seine Geschlechtsöffnung aufnimmt. Hingegen erfolgt beim Paarungstanz die Samenübertragung von der Spermatophore zum Weibchen durch die geschickte Führung des Männchens.

Zur Zeit der Eiablage baut das Weibchen ein Brutnest aus Sandkörnern und kleinsten Pflanzenteilen, indem es die Materialien mit den Pedipalpen ergreift und an geeigneter Stelle auf dem Boden einen kleinen Ringwall setzt und die Materialien mit dem Sekret der Spinndrüsen der Cheliceren fest verklebt. In das fertige Brutnest begibt sich das Weibchen, das bei den meisten Arten oft 10–40 Eier in einem Brutsäckchen unter der Geschlechtsöffnung trägt (Abb. 47). Das Brutsäckchen besteht aus einem vernetzenden Sekret, das von Drüsen der Geschlechtsregion abgesondert wird und an der Luft erhärtet (JANETSCHEK, 1948; SCHALLER, 1962; WEYGOLDT, 1965, 1966a, b).

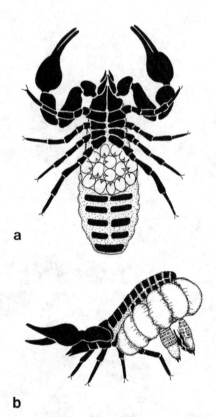

Abb. 47: Brutpflege bei *Pselaphochernes* (nach WEYGOLDT, 1966).
a Der noch kleine Brutbeutel ist ventral am Opisthosoma angeheftet. In seinem Inneren ist er mit vollgesogenen ersten Embryonalstadien angefüllt.
b Der Brutbeutel beansprucht die gesamte Unterseite des Hinterleibes. Die Embryonalentwicklung ist beendet, die jungen Protonymphen schlüpfen.

Tafel 17: *Neobisium* spec. – Neobisiidae (Moosskorpione)
    a Opisthosoma, lateral, mit Tergiten, Sterniten und granulierter Flankenhaut. 0,5 mm.
    b Opisthosoma, schräg kaudal, mit Aftersegment. 100 µm.
    c Opisthosoma, Cuticula der Tergite und Flankenhaut. 100 µm.
    d Analsegment mit Analpapille. 100 µm.
    e Opisthosoma, dorsal, mit Borstenhaaren entlang der Tergitfurche. 50 µm.
    f Tergit, dorsal, Borstenbasis. 5 µm.
    g Klaue eines Laufbeines mit 2 Krallen (Ungues) und einem Ballensack (Arolium) 25 µm.

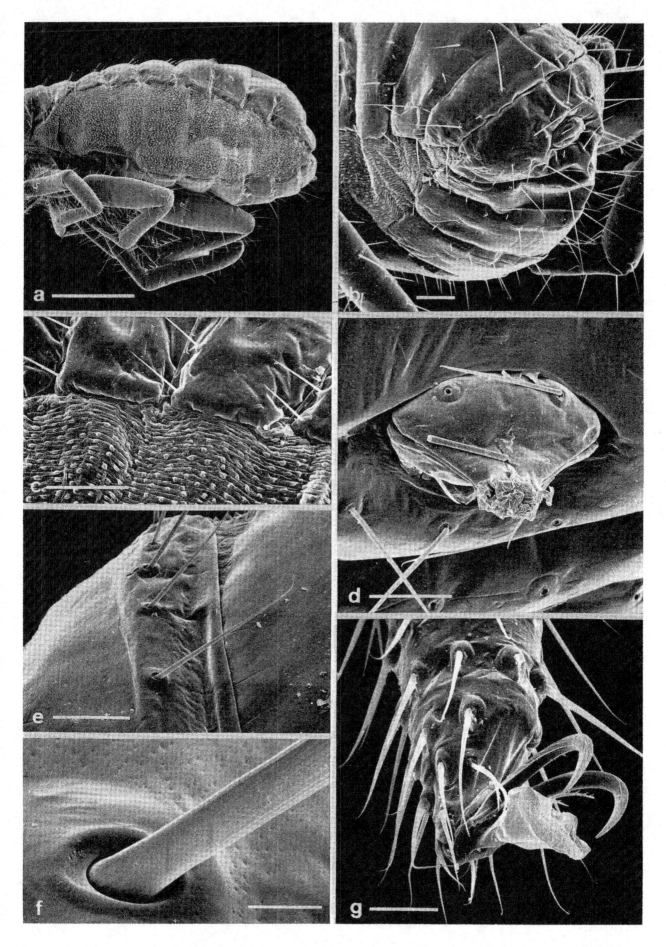

2.3 Ordnung: Opiliones – Weberknechte (Arachnida)

Allgemeine Literatur: KAESTNER 1928, 1935–1937, MARTENS 1978

2.3.1 Zum Körperbau der Weberknechte

Die Weberknechte oder Kanker sind Spinnentiere (Arachnida), die mit ihren langen, stelzenartigen Beinen auffallen, wenn sie in schnellen Bewegungen den eiförmigen oder rundlichen Körper schaukelnd über den Erdboden tragen. Die gedrungene Körperform resultiert aus der großflächigen Verschmelzung von Prosoma (= Cephalothorax) und dem gegliederten Opisthosoma (= Abdomen) (Abb. 48). Am Prosoma befinden sich die Extremitäten: die dreigliedrigen, gezähnten Cheliceren, die oft sekundäre männliche Geschlechtsmerkmale (Apophysen und Drüsen) tragen (MARTENS, 1967, 1973; MARTENS und SCHAWALLER, 1977), die laufbeinartigen,

mit Sinneshaaren ausgestatteten Pedipalpen (RIMSKY-KORSAKOW, 1924; WACHMANN, 1970), die beim Nahrungserwerb als Tastorgane oder Raubbeine und beim Klettern als Klammerorgane dienen (MARTENS, 1978) und schließlich die mit Spaltsinnesorganen besetzten Laufbeine (BARTH und STAGL, 1976; GNATZY, 1982) (Tafel 24) mit ihren vielgliedrigen Tarsen, die lassoartig um Grashalme und dünne Ästchen geschleudert werden, wenn sich die flinken Weberknechte Halt verschaffen.

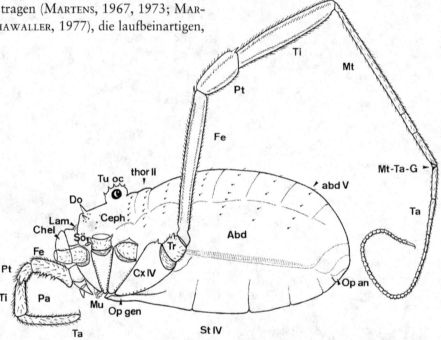

Abb. 48: Körpergliederung eines Weberknechtes am Beispiel der Phalangiidae in Lateralansicht (nach MARTENS, 1978). Abd – Abdomen (Opisthosoma), Ceph – Cephalothorax (Prosoma), Chel – Chelicere, Cx – Coxa, Do – frontale Dornengruppe, Fe – Femur, Lam – Supracheliceral-Lamelle, Mt-Ta-G – Metatarsus-Tarsus-Gelenk, Mu – Mundwerkzeuge, Mt – Metatarsus, Op an – Operculum anale, Op gen – Operculum genitale, Pa – Pedipalpus, Pt – Patella, Sö – Stinkdrüsenöffnung, St – Sternit, Ta – Tarsus, thor II – thorakales Tergit, Ti – Tibia, Tr – Trochanter, Tu oc – Tuber oculorum.

Tafel 18: *Paranemastoma quadripunctatum* – Nemastomatidae (Fadenkanker)
    a Übersicht, frontal. Die Pfeile markieren die Austrittsöffnungen der Chelicerendrüsen. 0,5 mm.
    b Dorsalhöcker auf dem Opisthosoma mit Drüsenöffnungen. 25 µm.
    c Opisthosoma, Cuticula aus dem Flankenbereich. 50 µm.
    d Höckerstruktur der Cuticula auf dem Tergum des Opisthosoma. 20 µm.
    e Chelicerenschere, dorsal. 50 µm.
    f Augenhügel (Tuber oculorum), lateral. 100 µm.
    g Chelicerenkamm. 10 µm.

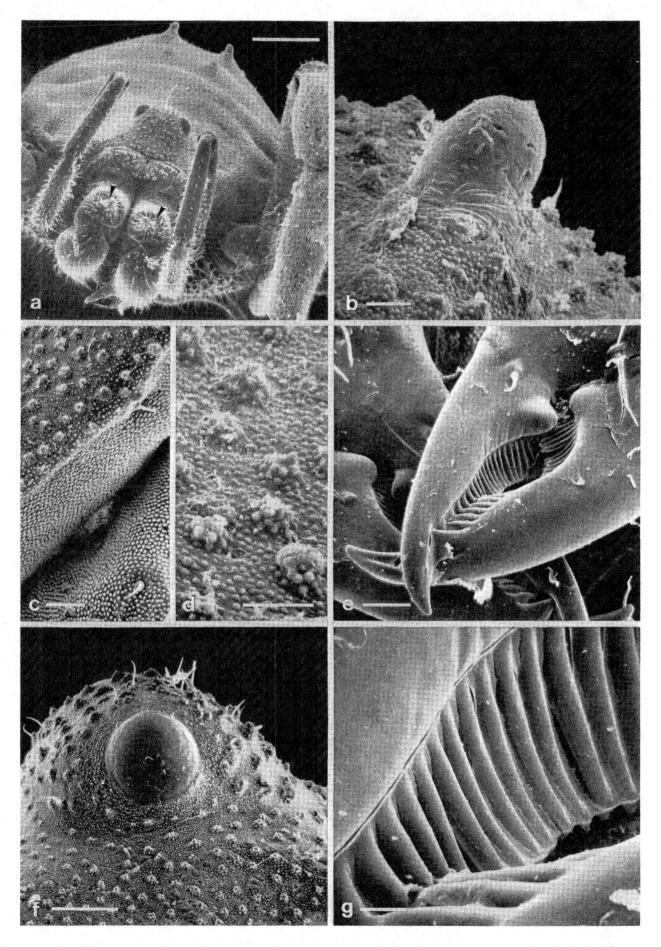

2.3.2 Die Lebensräume der Weberknechte

Unter Berücksichtigung der Vertikalverteilung der Weberknechte in ihren Biotopen schlägt Pfeifer (1956) – ähnlich der vertikalen Gliederung der Lebensräume von Spinnen (Duffey, 1966) – vier Gruppen vor:
1. Bewohner des Bodens,
2. Bewohner der Krautschicht,
3. Bewohner der Sträucher und Gebüsche,
4. Bewohner der Bäume.

Viele Weberknechte leben terrestrisch und zählen zu den Bewohnern des Bodens. Sie bevorzugen epedaphisch die oberen Bodenschichten und graben ausnahmsweise (*Siro*) mit hemiedaphischer Lebensweise in tiefere Schichten. Zu diesen bodenbewohnenden Weberknechten gehören insbesondere die Sironidae, Nemastomatidae, Ischyropsalididae, Trogulidae und Vertreter der Phalangiidae (Tab. 2). Gemeinsam ist diesen terrestrischen Formen ein starkes Bedürfnis nach hoher Feuchtigkeit bei ausgeglichenen Temperaturen. Darüberhinaus sind sie mit sehr verschiedenen Formen den vielfältigen ökologischen Nischen angepaßt.

Die Nemastomatiden – beispielsweise – zu denen *Paranemastoma quadripuctatum* gehört, bewohnen bodenfeuchte Waldgesellschaften, bevorzugt Laub- und Laubmischwälder, und halten sich gerne am Boden im feuchten Fallaub, Detritus, an modernden Hölzern und im feuchten Gesteinsschutt auf (Immel, 1954; Gruber und Martens, 1968; Martens, 1978).

Tab. 2: Weberknechte nach der vertikalen Gliederung der Lebensräume (verändert nach Pfeifer, 1956).

Familie/Art*	Boden	Kraut	Strauch	Baum
Sironidae	×			
Nemastomatidae	×			
Trogulidae	×			
Ischyropsalididae	×			
Phalangiidae:				
Oligolophus tridens	×	×		
Mitopus morio	(×)	×		×
Lacinius horridus	×	×		(×)
Lacinius ephippiatus	×	×	(×)	(×)
Lophopilio palpinalis	×			
Phalangium opilio	×	(×)		×
Rilaena triangularis		×	×	
Platybunus pinetorum	×	×	×	
Leiobunum rotundum		×	×	
Leiobunum blackwalli		×	×	

* Genus- und Artnamen nach Martens (1978)

Tafel 19: *Paranemastoma quadripunctatum* – Nemastomatidae (Fadenkanker)
  a Übersicht, schräg kaudal. 1 mm.
  b Übersicht, lateral. 1 mm.
  c Opisthosoma, kaudo-ventral. 0,5 mm.
  d Geschlechtsdeckel, flankiert von den Coxen der Laufbeine, den Laden der Pedipalpen (Pfeil) und den Cheliceren. 250 μm.
  e Analsegmente. 250 μm.
  f Coxen der Laufbeine mit vernetzenden Trabekelstrukturen. 250 μm.

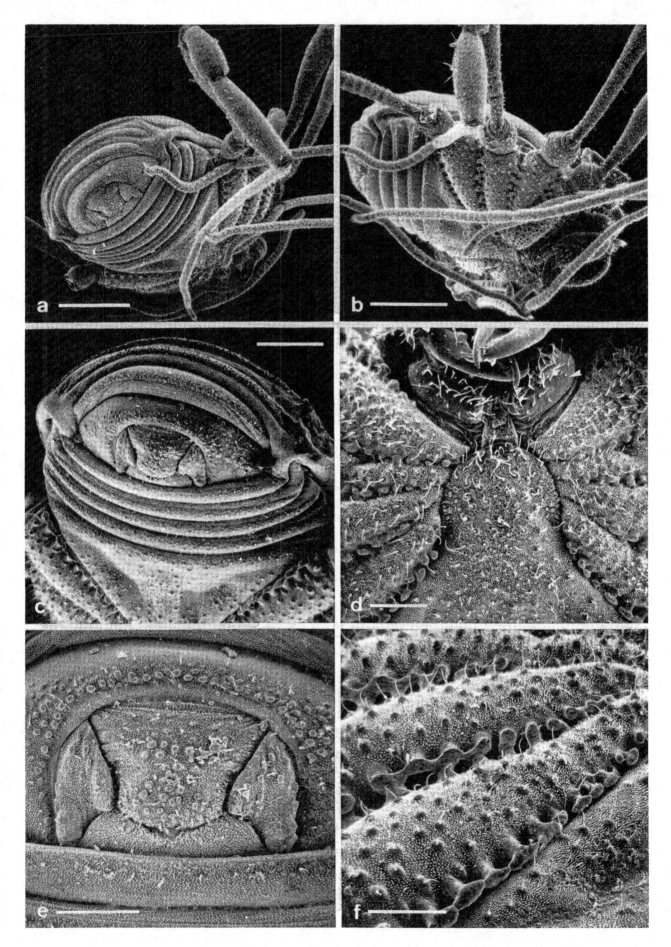

2.3.3 Die Nahrung der Weberknechte

Weberknechte sind Räuber, die ihre Beute mit den Cheliceren, den Pedipalpen (‹Raubbein›) und den Laufbeinen (2. Beinpaar) ergreifen. Anschließend wird die Beute mit den Cheliceren zerkleinert, durchgeknetet und in kleinen Ballen zur Mundöffnung und zum Schlund geführt.

Sie ernähren sich von Arthropoden und Schnecken. Schneckenfressende Weberknechte gehören zu den Familien Trogulidae und Ischyropsalididae. Alle weiteren Weberknechte erbeuten am Boden Mil-

ben, Collembolen und Larven. Neben der räuberischen Ernährungsweise scheinen Phalangiiden sich gelegentlich nekrophag von frischem Aas (zerschlagene Schnecken) zu ernähren (MARTENS, 1978). Der zur Alpin- und Nivalstufe gehörende Phalangiide *Mitopus glacialis* begibt sich zur Nahrungssuche auch auf Gletscher, wo er über das Eis schreitet. Die Tiere erbeuten eingewehte Fluginsekten, wurden aber auch beim Fang von Gletscherflöhen (Collembola) beobachtet (STEINBÖCK, 1939).

Tafel 20: *Trogulus nepaeformis* – Trogulidae (Brettkanker)
    a Übersicht, dorsal. 1 mm.
    b Übersicht, schräg ventral. 1 mm.
    c Prosoma mit Kopfkappe, dorsal. Am Hinterrand des Kopfes 2 Ocellen. 250 µm.
    d Kopfkappe, schräg frontal. Die Pfeile markieren einen Ocellus und die Stinkdrüsenmündung. 200 µm.
    e Kopf mit Cheliceren, frontal. 250 µm.
    f Die Unterseite der Kopfkappe. 100 µm.

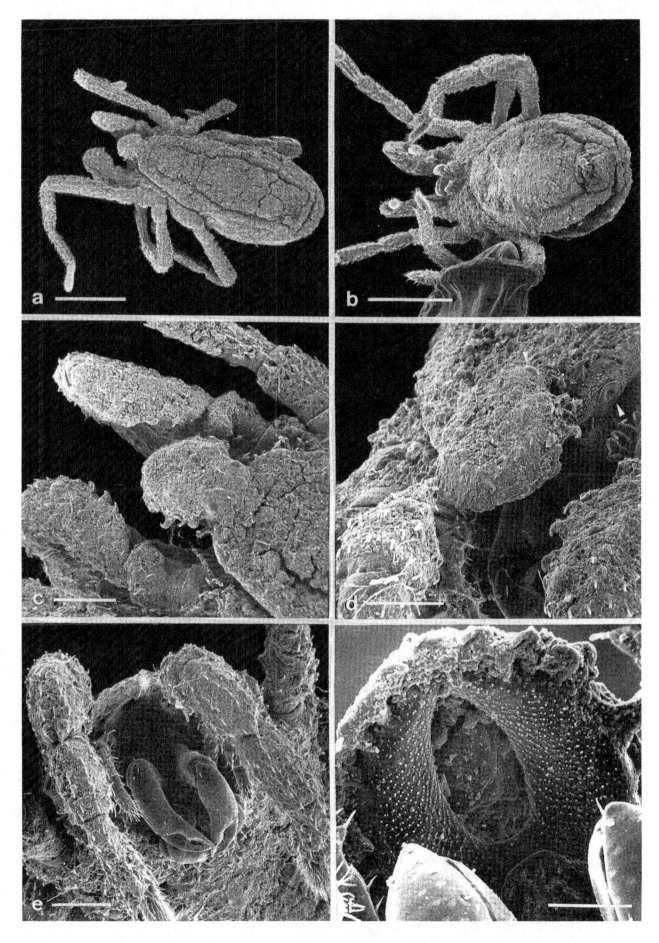

61

2.3.4 Schneckenfressende Weberknechte

Die Arten der Trogulidae, zu denen der mit Erd-partikeln inkrustierte *Trogulus nepaeformis* gehört, leben in der Streu von Waldböden, die nicht nur eine gleichbleibende Feuchtigkeit aufweisen, sondern auch recht kalkhaltig sind. Die Präferenz für kalk-haltige Böden steht offensichtlich im Zusammen-hang mit den dort bevorzugt lebenden Schnecken, von denen sich die Arten der Trogulidae und die sogenannten Schneckenkanker der Ischyropsalidi-dae ernähren (PABST, 1953; MARTENS, 1965, 1969a, 1975b).

Trogulus nepaeformis ergreift die erbeutete Schnecke so, daß er über die Öffnung des Gehäuses zu stehen kommt. Mit den Cheliceren werden Stückchen für Stückchen des weichen Schnecken-körpers herausgeschnitten. Dabei schiebt sich der Weberknecht langsam in den vorderen Bereich des Gehäuses und holt alle Weichteile heraus, ohne daß er das Schneckengehäuse zerstört. Der Schnecken-kanker, *Ischyropsalis hellwigi,* fällt hingegen durch mächtig entwickelte Cheliceren auf, die bei einigen Ischyropsalididae-Arten länger sind als ihr Körper. Mit diesen kräftigen Cheliceren brechen die Schnek-kenkanker auch große Gehäuse an der Mündung auf und erreichen so den Weichkörper der sich im Gehäuse zurückgezogenen Schnecke (Abb. 49).

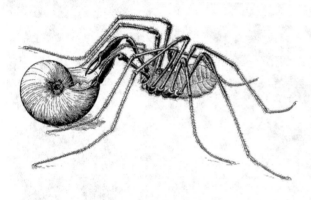

Abb. 49: Ein Schneckenkanker *(Ischyropsalis)* vor seiner Beute, der Schnecke *Aegopinella nitens* (verändert nach ENGEL, 1961).

Tafel 21: *Trogulus nepaeformis* – Trogulidae (Brettkanker)
    a Cheliceren mit Mundladen. Letztere werden von den Coxen der Pedipalpen gebildet. 200 µm.
    b Chelicerenkamm. 10 µm.
    c Putzschuppen der Mundladen. 10 µm.
    d Zähne des Chelicerenkammes. 3 µm.
    e Laufbein, distal, mit Tarsus. 100 µm.
    f Klauenglied, distal, mit Haken. 25 µm.

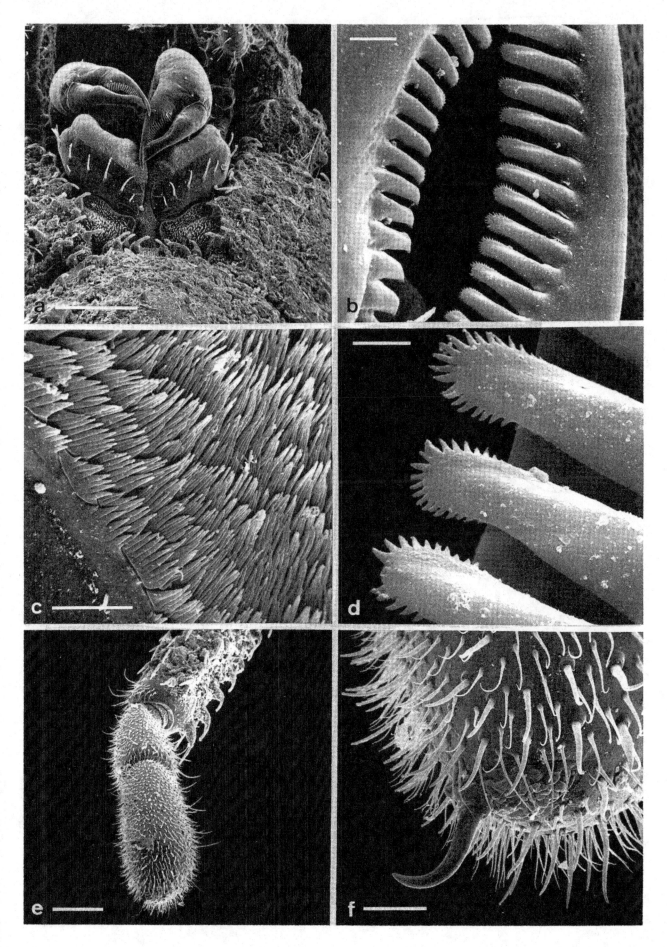

2.3.5 Das Paarungsverhalten der Weber-knechte

Bei den meisten Weberknechten beginnt die Paarung offensichtlich ohne Balz. Die Partner stehen sich während der Paarung gegenüber. In dieser Kopulationshaltung führt das Männchen den Penis zwischen den Cheliceren in die Geschlechtsöffnung des Weibchens ein und überträgt das Sperma. Dieses einfache Paarungsverhalten wird mindestens bei den *Ischyropsalis*-Arten und bei *Ischyropsalis hellwigi* durch eine gustatorische Balz erweitert und verkompliziert. Die Männchen haben auf dem Grundglied der Cheliceren ein Drüsenfeld, das während der Balz ein Pheromon sekretiert. Das paarungswillige Weibchen hebt das Prosoma und die Cheliceren an, so daß die Mundwerkzeuge freiliegen. Nun nähert sich das Männchen mit dem vorgeschobenen Grundglied der Cheliceren den Mundwerkzeugen des Weibchens und überträgt das Pheromon, welches die sich anschließende Kopulation auslöst (Abb. 50) (MARTENS, 1967, 1969b, 1975a).

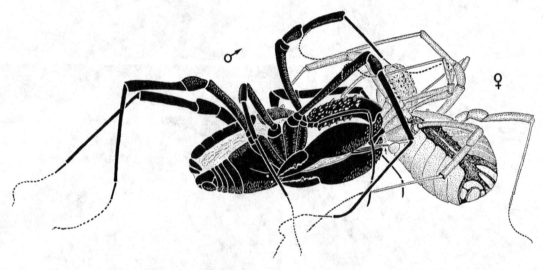

Abb. 50: *Ischyropsalis hellwigi* – Ischyropsalididae, Paar in Kopulation. Der Penis (Pfeil) ist in die weibliche Genitalöffnung eingedrungen. Die Partner umschlingen und betasten sich mit ihren Extremitäten (verändert nach MARTENS, 1969b).

Tafel 22: *Ischyropsalis luteipes* – Ischyropsalididae (Schneckenkanker)
    a Übersicht, schräg lateral. Das 2. rechte Laufbein wurde entfernt. 1 mm.
    b Übersicht, lateral. Beachte die mächtigen Cheliceren mit ihren bedornten Grundgliedern. 1 mm.
    c Frontalansicht. 0,5 mm.
    d Cheliceren, distal. 250 µm.
    e Tarsus, distal. 50 µm.
    f Bedornte Chelicerenoberfläche. 25 µm.

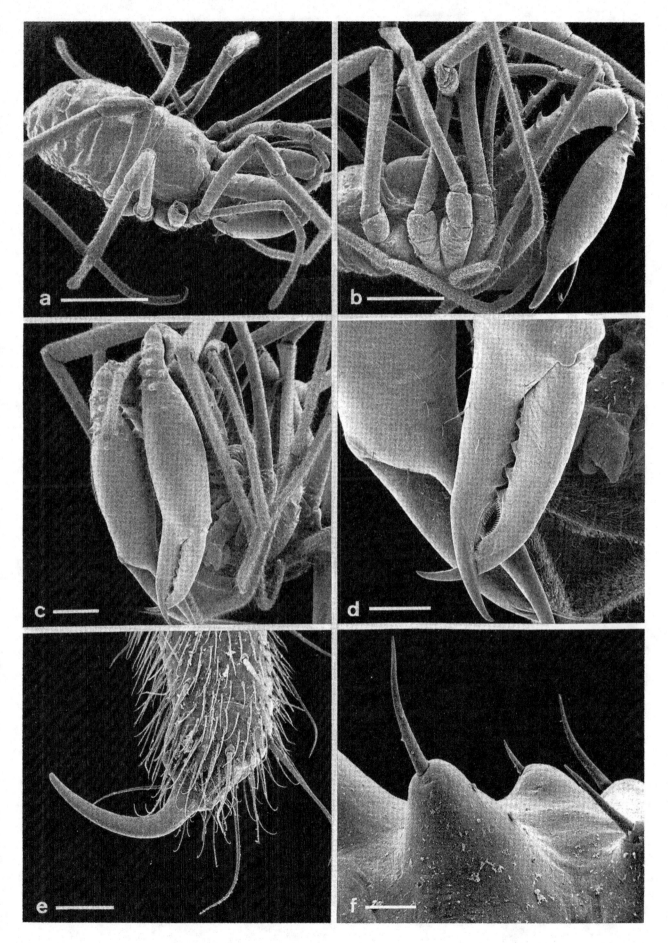

2.3.6 Zur Lebensweise von Phalangiidae

Der Weberknecht *Phalangium opilio* – Phalangiidae – ist palaearktisch verbreitet und gehört zu den häufigsten Kankern. In seinen Biotopansprüchen unterscheidet er sich von den stenotop bodenbewohnenden Weberknechten. Hinsichtlich der Luftfeuchtigkeit ist er eurypotent, auch wenn er trockene Böden meidet und die hohe Luftfeuchtigkeit lichter Laub- und Bruchwälder bevorzugt. *Phalangium opilio* meidet zugleich beschattete Plätze und sucht die sonnenbestrahlten Stellen in Lichtungen und an Waldrändern auf. Tagsüber lebt der wärmeliebende Weberknecht auf den Blättern der Kraut- und Strauchschicht und hält sich oft nur nachts am Boden versteckt (PFEIFER, 1956).

Oligolophus tridens ist ein in Mitteleuropa weitverbreiteter Phalangiide. Er bevorzugt abwechslungsreiche und aufgelockerte Waldformationen und besiedelt meist Waldränder, kleine Gehölze und Gebüsche, liebt aber mehr halbschattige Stellen. Ähnlich *Ph. opilio* wird *O. tridens* auch in offener Kulturlandschaft angetroffen, z. B. in schattigen Obstwiesen, verunkrauteten Gärten, Parks und sogar in offenem Gelände, allerdings muß stets eine ausreichende Bodenfeuchte vorhanden sein. Den unterschiedlichen Lebensbedürfnissen entspricht die Vorzugstemperatur der beiden Arten. Sie liegt für *Ph. opilio* mit 27,6 °C recht hoch, während sie für *O. tridens* 10,3 °C beträgt. Dem entspricht, daß *O. tridens* stärker an den Boden gebunden ist und sich im Fallaub, unter Steinen und Holz sowie in der Grasnarbe aufhält. Bei hoher Populationsdichte dringen adulte Tiere auch bis 1 m in die Kraut- und Strauchschicht vor, um sich tagsüber auf Blättern und Ästen auszuruhen (MARTENS, 1978).

Tafel 23: *Oligolophus tridens* – Phalangiidae (Echte Weberknechte)

    a Prosoma, lateral, mit Augenhügel. 0,5 mm.

    b Prosoma, dorsal, mit Augenhügel und Stinkdrüsenmündungen (Pfeile). 0,5 mm.

    c Cheliceren mit Mundfeld, frontal. 250 µm.

    d Opisthosoma, lateral. Der Pfeil markiert eine Drüsengrube (vgl. Tafel 24 f). 1 mm.

    e Borstenhöcker des Augenhügels. 10 µm.

    f Opisthosoma, Analfeld. 250 µm.

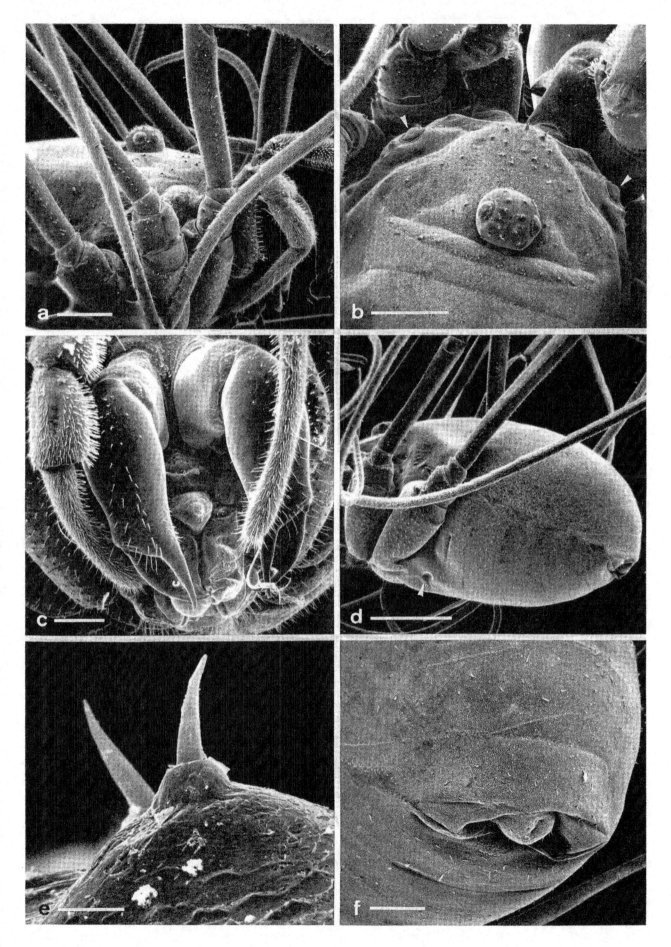

67

2.3.7 Der Entwicklungszyklus von Phalangiidae

Viele Weberknechte leben ein Jahr; doch Sironidae (JUBERTHIE, 1964), Nemastomatidae (IMMEL, 1954) und Trogulidae (PABST, 1953) sind mehrjährig. Die Weibchen von *Phalangium opilio* – Phalangiidae – legen in einem ersten Gelege bis zu 200 Eier ab; danach folgen im Abstand von einigen, wenigen Tagen oft zwei weitere Gelege mit deutlich weniger Eiern (MARTENS, 1978). Die ersten Eiablagen werden bereits im Juni beobachtet, obwohl sich die Eiablage auf den Spätsommer konzentriert und sich bis zum Spätherbst vermindert fortsetzt (PFEIFER, 1956). In entsprechend verzögerter zeitlicher Folge schlüpfen die jungen Tiere nach einer embryonalen Entwicklungszeit, die sich zur kalten Jahreszeit hin stetig verlängert. Sie ist stark temperaturabhängig und dauert unter den optimalen Bedingungen von 25 °C 21 Tage, im Biotop oft 4–6 Wochen oder länger, bis schließlich Jungtiere und Gelege überwintern (RÜFFER, 1966; JUBERTHIE, 1964). Im Frühjahr setzen die überwinterten Jungtiere und die neu geschlüpften Tiere die postembryonale Entwicklung fort bis zur Geschlechtsreife spätestens im Sommer.

Die Legetätigkeit von *Oligolophus tridens* beschränkt sich ebenfalls auf den Spätsommer und Herbst, doch überwintern hier die Gelege und das Schlüpfen der Jungen verzögert sich etwa bis Mai des darauffolgenden Jahres (MARTENS, 1978).

Tafel 24: *Oligolophus tridens* – Phalangiidae (Echte Weberknechte)
    a Tarsusglieder. 50 µm.
    b Femur-Patella-Gelenk, lateral mit Spaltsinnesorgan (Pfeil). 100 µm.
    c Tarsus, distal, mit Klaue. 25 µm.
    d Gelenkhöcker am Femur-Patella-Gelenk. Unter dem Spalt neben der Gelenkpfanne verbirgt sich vermutlich ein Spaltsinnesorgan (Pfeil) zur Messung der Gelenkverwindungen. 25 µm.
    e Stinkdrüsenmündung am Prosoma mit Deckel. 50 µm.
    f Ventro-laterale Drüsengrube am Opisthosoma (vgl. Tafel 23 d). 50 µm.

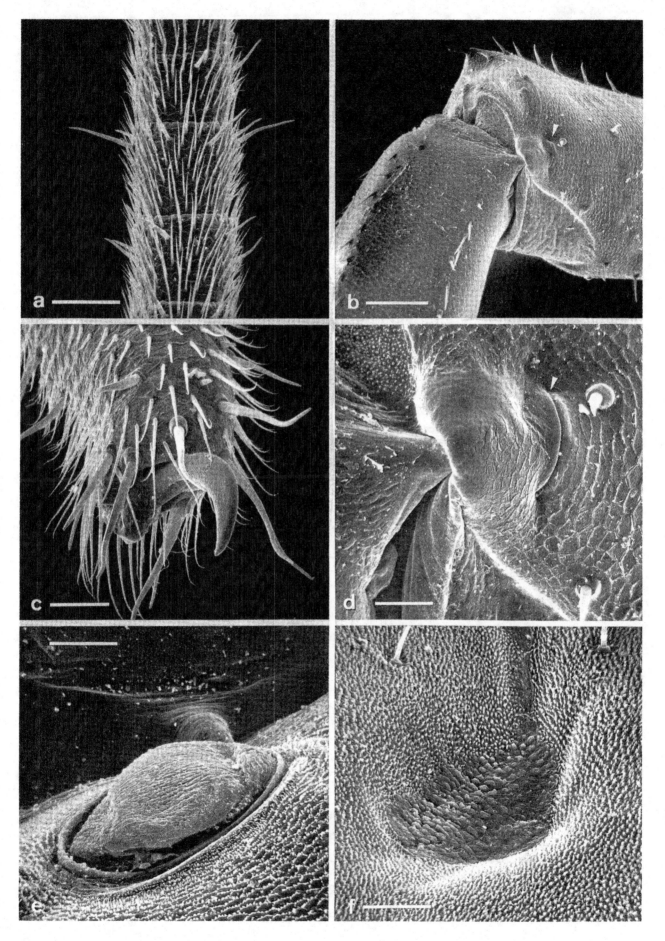

2.3.8 Die Legeröhren der Weberknechte

Die Legeröhre, mit der das Weibchen seine Eier ablegt, ist dem Penis homolog, der zur direkten Spermaübertragung während der Kopulation dient. Das Sperma wird dabei von der Legeröhre übernommen und bis zur Eiablage im Receptaculum seminis aufbewahrt. Die Legeröhre übernimmt somit wichtige Aufgaben bei der Kopulation und der Eiablage.

Bei den Weberknechten werden zwei Typen von Legeröhren unterschieden (Abb. 51; Tafel 25), die als Anpassungen an die Lebensräume bei der Eiablage interpretiert werden. Die ungegliederte, kurze Legeröhre ist typisch für bodenbewohnende Weberknechte, die ihre Eier unmittelbar und oft ungeschützt an feuchte Stellen des Bodens (z. B. *Ischyropsalis*) oder in Schneckengehäusen (z. B. *Trogulus*) ablegen. Die gegliederten und lang ausstülpbaren Legeröhren kommen bei Weberknechten vor, die selbst nicht an den feuchten Boden gebunden sind (z. B. *Phalangium*), aber zur Eiablage feuchte Stellen aufsuchen und mit ihren langen Legeröhren ihre Eier, vor Austrocknung geschützt, in Spalten und Ritzen ablegen (Martens et al., 1981; Hoheisel, 1983).

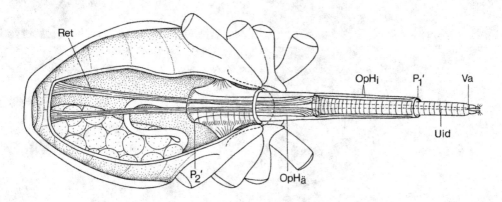

Abb. 51: *Phalangium opilio* – Phalangiidae mit zur Eiablage ausgefahrener Legeröhre. Die Ausstülpung geschieht überwiegend hydraulisch (nach Martens et al., 1981). OpH$_i$ – Innere Ovipositor-Hülle, OpHä – Äußere Ovipositor-Hülle, P$_1'$, P$_2'$ – Hüllenstrukturen, Ret – Retraktormuskel, Va – Vagina, Uid – Uterus internus, distaler Teil.

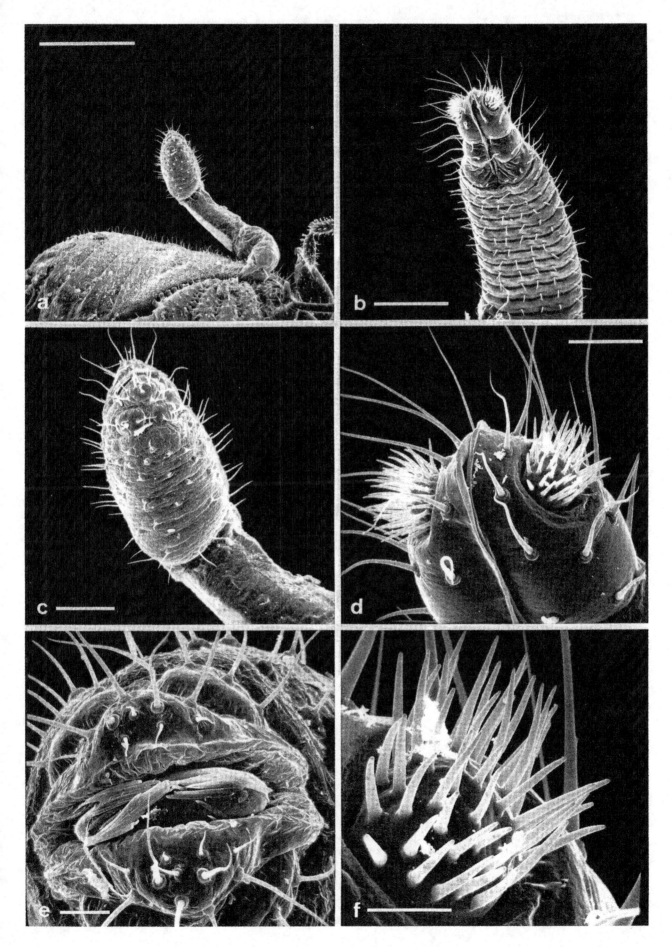

71

2.3.9 Der Lebensraum des hemi-edaphischen *Siro duricorius*

Die Sironidae mit den Arten *Siro duricorius* (Abb. 52; Tafel 26, 27) und *S. rubens* leben stenotop in feuchten Böden dichter Laubmischwälder, deren Böden durch die Schattenwirkung ihrer Kronendecke gleichmäßig durchfeuchtet sind. Während zeitweiliger Trockenheit graben sich diese Weberknechte bis zu 1 m tief in den Boden. Ebenso werden von diesen Arten Häutungskammern in tieferen Schichten angelegt, so daß sie in regelmäßigen Abständen eine kurze hemiedaphische Lebensweise führen. Im übrigen leben sie epedaphisch in den oberen feuchten Bodenschichten und ernähren sich räuberisch von Milben und Collembolen (MARTENS, 1978).

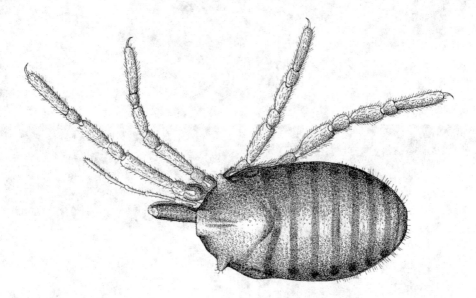

Abb. 52: Habitus von *Siro duricorius,* dorsal. Die Höcker auf dem Prosoma enthalten die Stinkdrüsen (nach MARTENS, 1978).

Tafel 26: *Siro duricorius* – Sironidae
    a Übersicht, dorsal. 1 mm.
    b Übersicht, ventral, mit weiblicher Geschlechtsöffnung. 1 mm.
    c Prosoma, lateral, mit Stinkdrüsenhöckern (Pfeile). 200 µm.
    d Cheliceren, ventral. 200 µm.
    e Kugelgelenke mit Richtcharakteristik zwischen Coxa (unten; in die Bauchseite integriert) und Trochanter der Laufbeine 3 und 4. Oben, zwischen den Beinen, der Höcker der Stinkdrüse. 100 µm.
    f Pedipalpus, distal, mit Klauenrudiment. 20 µm.

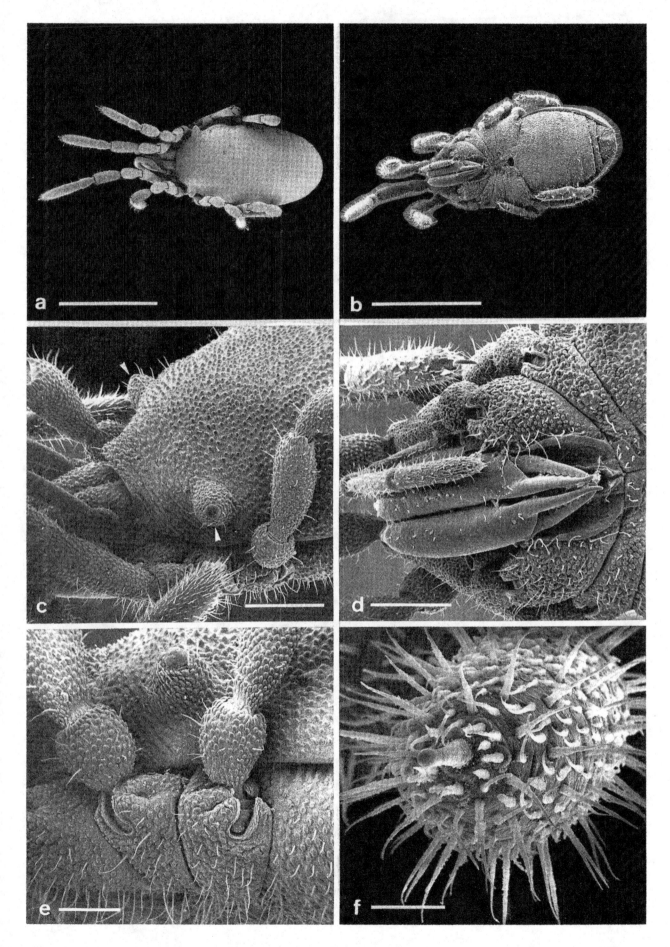

2.3.10 Schutz vor den Feinden der Weberknechte

Weberknechte sind Räuber, werden aber oft selbst zur Beute anderer räuberischer Bodenarthropoden. Sie setzen sich mit ihren Stinkdrüsen zur Wehr, deren Sekrete bei vielen Bodenarthropoden tödlich wirken können oder Angreifer schnell vertreiben. Bei *Siro rubens* münden die Stinkdrüsen unmittelbar auf Prosomahügeln (vgl. Tafel 26). Mit den Tarsen der Laufbeine tupfen sie das austretende Sekret ab und bemühen sich, das Gift dem angreifenden Räuber zu übertragen (JUBERTHIE, 1961, 1976). Die Phalangiiden – *Leiobunum formosum* und *L. speciosum* – drücken bei Gefahr ihre Extremitäten an den mit Sekreten befeuchteten Körper. Ergreifen z. B. Ameisen nun ein mit dem Drüsensekret kontaminiertes Bein, so lassen die Angreifer sofort los und ziehen sich zurück (BLUM und EDGAR, 1971; MARTENS, 1978).

Eine weitere Schutzvorrichtung, die bei Phalangiiden wirksam wird, ist die Autotomie der Beine. Zwischen Trochanter und Femur befindet sich eine Sollbruchstelle, die bricht, sobald ein angreifender Feind das Bein ergreift. Sie verheilt schnell, wird aber nicht mehr regeneriert (WASGESTIAN-SCHALLER, 1968).

Tafel 27: *Siro duricorius* – Sironidae
    a Prosoma mit Cheliceren und Geschlechtsöffnung, ventral. Oben rechts befindet sich ein Stigma. 200 µm.
    b Opisthosoma mit Afterdeckel, ventral. Um den Deckel herum liegt ein geschlossener Skleritring. 100 µm.
    c Weibliche Geschlechtsöffnung. 100 µm.
    d Weibliche Geschlechtsöffnung mit teilweise evertierter Legeröhre. 50 µm.
    e Mikrostrukturen der Cuticula am Opisthosoma. 5 µm.
    f Stigma aus dem Lateroventralbereich des Opisthosoma. 25 µm.

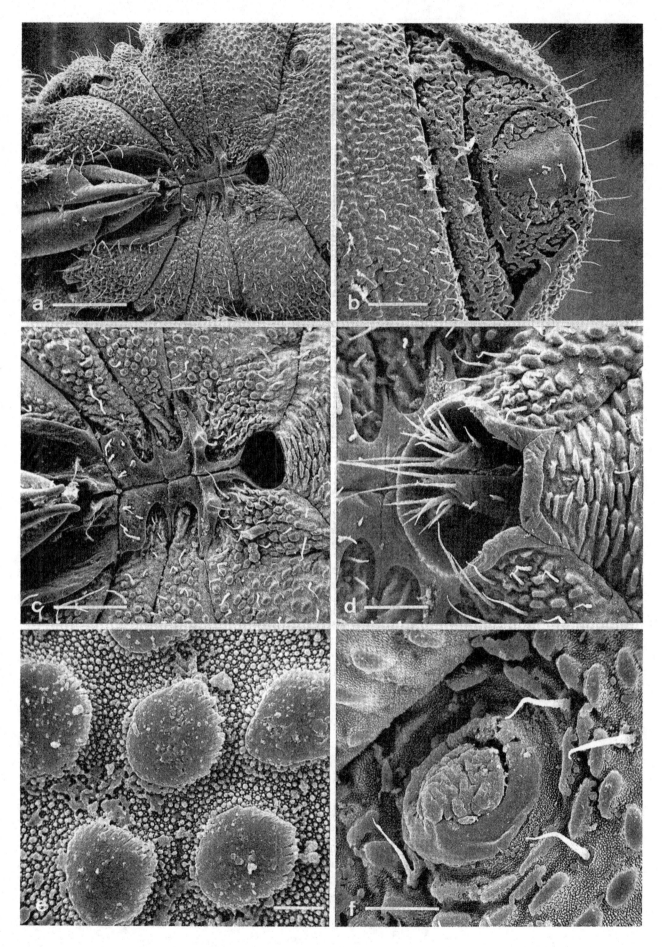

75

2.4 Ordnung: Acari – Milben (Arachnida)

Allgemeine Literatur: KRANTZ 1978, BUTCHER et al. 1971

2.4.1 Kennzeichen der Acari

Etwa die Hälfte der weit über 10 000 bekannten Milben-Arten zählen zu den Bodenbewohnern. Diese Formenvielfalt ist gepaart mit einer oft hohen Populationsdichte. DUNGER (1974) nennt für feuchte Waldböden 100 000 bis 400 000 Milben pro m², von denen in der Regel mindestens 70% auf die Moos- oder Hornmilben (Cryptostigmata, Oribatei) und bis zu 10 000 Ind/m² auf Raubmilben (Parasitiformes) entfallen. Die Milben gelten als die artenreichsten Bodenarthropoden, vielfach verbunden mit der höchsten Abundanz. Sie leben sowohl epedaphisch und euedaphisch. Ihre Größe und Gestalt erlaubt ihnen, tief in den Boden einzudringen. Spezielle Anpassungen an das Porensystem tieferer Bodenschichten sind von Nematalycidae bekannt, auffallend durch die Reduktion der 4 Beinpaare und die Verlängerung des Rumpfes zu einer wurmförmigen Gestalt (Abb. 53) (COINEAU et al., 1978). Die verschiedenen Unterordnungen der Acari werden in die beiden Gruppen der Parasitiformes und Acariformes zusammengefaßt.

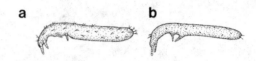

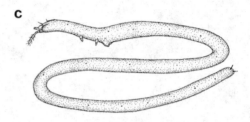

Abb. 53: Zur Anpassung von Milben an die euedaphische Lebensweise (verändert nach COINEAU et al., 1978). Evolution eines wurmförmigen Habitus mit reduzierten Extremitäten in der Familie Nematalycidae:
a *Psammolycus delamarei,*
b *Nematalycus nematoides,*
c *Gordialycus tuzetae. G. tuzetae* wurde in 3 m Tiefe in Sand gefunden.

Tafel 28: *Urodiaspis* spec. – Uropodidae (Mesostigmata, Uropodina, Schildkrötenmilben)
    a Dorsalansicht des Idiosoma. 200 μm.
    b Frontalansicht. 200 μm.
    c Ventralansicht, Weibchen. Zwischen den Beinpaaren 2–4 der Genitaldeckel der Epigyne. 200 μm.
    d Ventralansicht, Männchen. Zwischen den Beinpaaren 3–4 die Genitalöffnung mit dem Operculum. 250 μm.
    e Idiosoma, dorsal, Randzone. 50 μm.
    f Männliche Genitalöffnung mit Operculum. 25 μm.

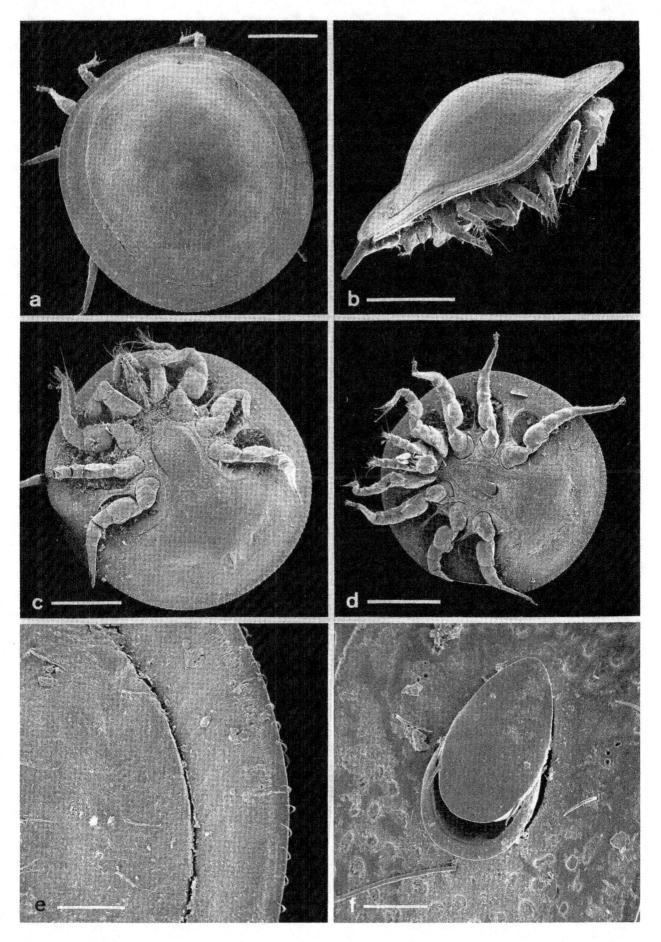

77

2.4.2 Parasitiformes des Bodens

Zu den Parasitiformes der Böden gehören die freilebenden Gamasina (Gamasides) und die Uropodina (KARG, 1962, 1971). Von den Uropodina, den Schildkrötenmilben, ist exemplarisch ein Vertreter der Gattung *Urodiaspis* – Uropodidae (Tafel 28, 29) und von den Gamasina, den Raubmilben, ein Vertreter der Gattung *Pergamasus* – Eugamasidae (Tafel 30–33) rasterelektronenmikroskopisch dargestellt. Abb. 54 zeigt schematisch den Bauplan der Gamasina:

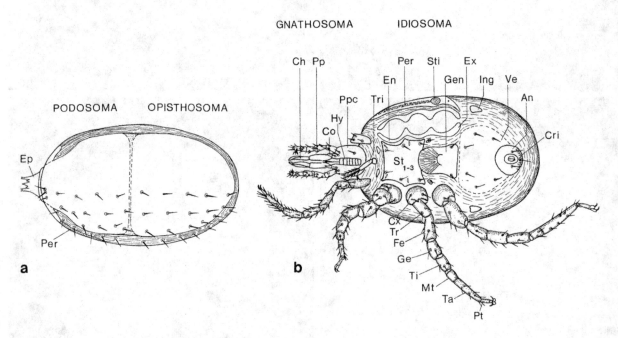

Abb. 54: Zur Körpergliederung der Gamasina (nach KARG, 1971).
a Dorsalansicht. **b** Ventralansicht eines Weibchens.
An – Analschild mit Afterklappen, Ch – Cheliceren, Co – Corniculi, Cri – Cribrum, Cx – Coxa, En, Ex – Endo-, Exopodalia, Ep – Epistom (Randfigur), Fe – Femur, Ge – Genu, Gen – Genitaldeckel (Operculum der Epigyne), Hy – Hypostom, Ing – Inguinalia, Mt – Metatarsus, Per – Peritrema, Pp – Pedipalpen, PpC – Pedipalpencoxa, Pt – Praetarsus, Ste – Sternum, Sti – Stigma, Ta – Tarsus, Ti – Tibia, Tri – Tritosternum, Tro – Trochanter, Ve – Ventralschild.

Tafel 29: *Urodiaspis* spec. – Uropodidae (Mesostigmata, Uropodina, Schildkrötenmilben)
    a Idiosoma und Gnathosoma, frontal. 100 μm.
    b Vorderkörper mit Gnathosoma, ventral. 50 μm.
    c Idiosoma, dorsal. 200 μm.
    d Podosoma eines Weibchens, ventral. Die Beine werden in Gruben eingelegt, die Fovae pedales; dazwischen der Epigynendeckel. Das Gnathosoma berührt den linken Bildrand. Der Pfeil markiert ein Stigma. 100 μm.
    e Gnathosoma, ventral. 50 μm.
    f Beingruben und Stigma. 50 μm.

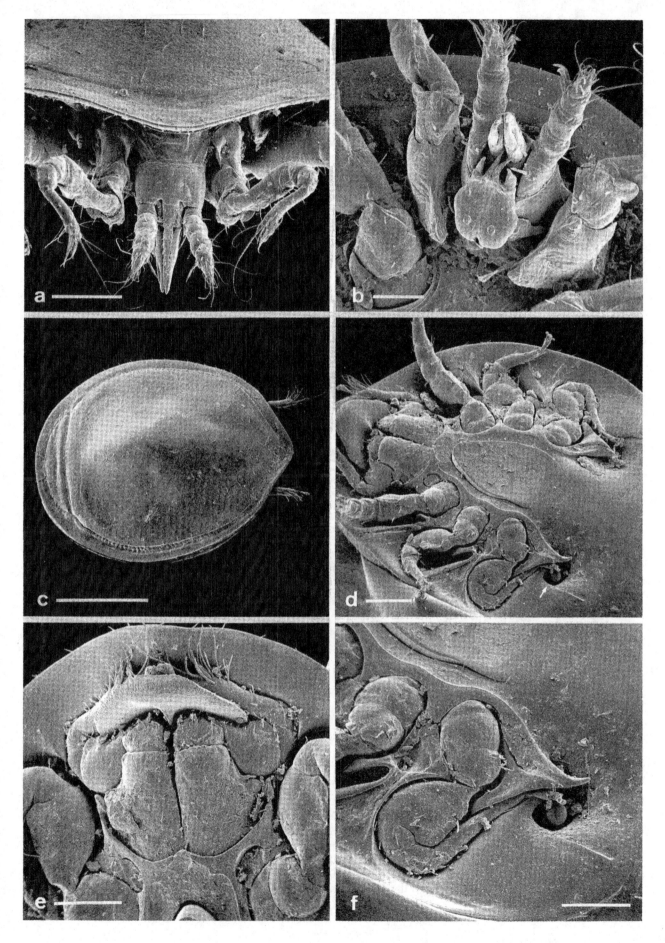

2.4.3 Freilebende Gamasina (Gamasides)

Die ovalen – oft doppelt so lang wie breiten – aber nur 0,2–2 mm großen Gamasinen sind Raubmilben, die durch ihre Beweglichkeit mit ihren vergleichsweise langen Beinen und durch ihr sicheres Ergreifen der Beute mit den Mundwerkzeugen auffallen (Abb. 54; Tafel 30–33). Die Mundwerkzeuge bestehen aus den für Raubmilben wichtigen Cheliceren und den fünfgliedrigen Pedipalpen (Fühler). Die ebenfalls gegliederten Cheliceren setzen sich aus einer festen und beweglichen Lade zusammen, die scherenartig bewegt werden; beide Laden sind innenseitig deutlich und artspezifisch unterschiedlich gezähnt. An ihrer Basis sind die Cheliceren in einer Tasche des Gnathosoma versenkt (Abb. 55), aus der sie durch Hämolymphdruck beim Ergreifen der Beute vorschnellen. Das Zurückziehen erfolgt mit einem Retraktormuskel.

Die enge Mundöffnung unter den Cheliceren läßt nur flüssige Nahrung durch, die durch Ansaugen mit Hilfe einer Pharynxpumpe in den Darm gelangt. Cheliceren und Pharynx befinden sich in einer vorne offenen Röhre, die durch Verwachsung der Pedipalpen-Coxen entstanden ist und als Gnathosoma bezeichnet wird (KARG, 1962, 1971; KORN, 1982).

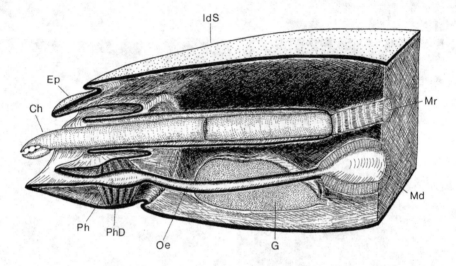

Abb. 55: Schnitt durch das Gnathosoma einer parasitiformen Milbe mit Chelicerentasche (verändert nach KARG, 1971 und KRANTZ, 1978). Ch – Chelicere, Ep – Epistom (Randfigur), G – Gehirn, bestehend aus Ober- und Unterschlundganglion, IdS – Idiosoma, Md – Mitteldarm, Mr – Chelicerenretraktor, Oe – Oesophagus, Ph – Pharynx, PhD – Pharynxdilatatoren.

Tafel 30: *Pergamasus* spec. – Eugamasidae (Mesostigmata, Gamasina, Raubmilben) Weibchen
  a, b Übersicht, dorsal und ventral. 0,5 mm, 0,5 mm.
  c, d Übersicht, frontal und kaudal. 250 μm, 250 μm.
  e   Vorderkörper mit Gnathosoma, frontal. 100 μm.
  f   Idiosoma, schräg lateral. Vor der weichen Flankenhaut des Opisthosoma liegen Stigma und Peritrema (Pfeil). 250 μm.

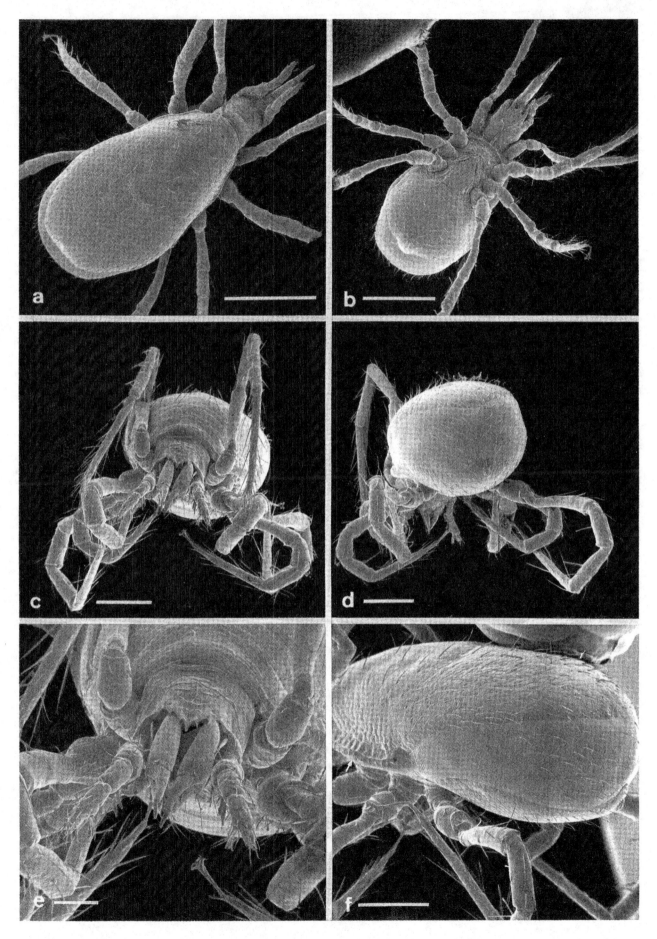

2.4.4 Die Beute der Raubmilben (Gamasina)

Zur Beute der Raubmilben gehören Tiere, die sich im selben Lebensraum befinden und meist kleiner und weniger gewandt sind als die Raubmilben. So erbeuten die Gamasinen ihren jeweils artspezifischen Lebensräumen entsprechend bevorzugt Nematoden, Collembolen und Milben, ferner ernähren sie sich von den Eiern und jungen Larven verschiedener Insekten.

Die Cheliceren sind dem Nahrungserwerb gut angepaßt. Form und Bezahnung der Laden geben Hinweise auf die jeweils bevorzugte Nahrung. So werden Nematoden-Spezialisten erkannt an den kurzen, versetzt bezahnten und lückenlos schließenden Laden, die sich von den Chelicerenladen Collembolen- und Milben-fressender, sowie polyphager Raubmilben deutlich unterscheiden. Zum Aufschlitzen von Insekteneiern eignen sich die Cheliceren, deren Laden einzeln hervorstehende Zähne tragen (Abb. 56).

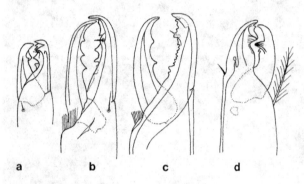

Abb. 56: Chelicerenbau verschiedener Nahrungsspezialisten der Gamasina (Raubmilben) (verändert nach KARG, 1971).

a Nematoden-fressende Art, *Alliphis siculus*.

b Collembolen- und Milbenräuber, *Pergamasus misellus*.

c Polyphage Art, *Hypoaspis aculeifer*.

d Spezialist für Insekteneier, -larven und Nematoden, *Macrocheles insignitus*.

Tafel 31: *Pergamasus* spec. – Eugamasidae (Mesostigmata, Gamasina, Raubmilben) Weibchen
  a Frontalansicht. 200 μm.
  b Lateralansicht. 250 μm.
  c Praetarsus, dorsal. 20 μm.
  d Praetarsus, ventral. 20 μm.
  e Stigma mit Peritrema (Pfeile). 50 μm.
  f Praetarsus, distal, mit Klauen und Haftlappen (Pulvillen). 5 μm.

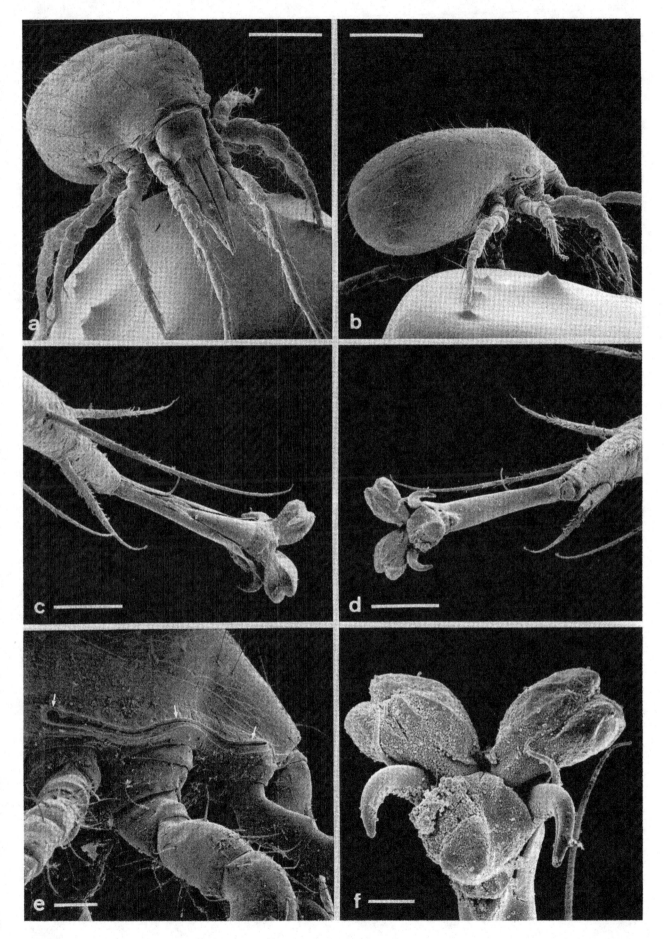

2.4.5 Vertikalverteilung der Raubmilben

Nach KARG (1961, 1962, 1971) sind die freilebenden Gamasinen mit ihren Unterfamilien meistverbreitet im Boden. Das Porensystem des Bodens wird als ursprünglicher Lebensraum angesehen, von dem aus die Raubmilben mit neuen Lebensformtypen und entsprechend unterschiedlichen Anpassungen neue oberirdische Lebensräume eroberten. Vom Boden aus haben die Gamasinen in mehreren, unabhängigen Entwicklungsschritten die oberen Lebensräume besiedelt (Tab. 3).

Die euedaphische Lebensform steht am Anfang dieser Entwicklung. Die Arten sind kleiner als 0,5 mm und passen mit ihren kurzen Extremitäten in das enge Lückensystem. Die Bewegung ist eingeschränkt; doch ebenfalls bei den in diesem Lebensraum wohnenden Beutetieren. So ernährt sich die euedaphische *Alliphis siculus* gut von Nematoden.

Auf der Bodenoberfläche leben die epedaphischen Lebensformtypen, die mit keilförmigem, stark sklerotisiertem Körper auch in die Streuschicht vorstoßen. Die Extremitäten sind oft länger als der Körper, so daß sich schnell laufende Räuber, wie etwa *Pergamasus crassipes*, mühelos von Collembolen und anderen Milben ernähren.

Tab. 3: Besiedlung verschiedener Habitate durch Gamasina (nach KARG, 1971).

Verschiedene Strata	Kräuter, Gehölze	Vorratslager	Abgestorbene Bäume	Dung, Exkremente	Ameisennester	Parasiten
atmobiotisch	*Amblyseius* *Typhlodromus*	*Blattisocius*	*Dendrolaelaps*	*Macrocheles* *Scarabaspis* *Parasitus* *Halolaelaps*	*Pseudoparasitus*	*Laelaps*
Streu epedaphisch	*Lasioseius* *Ameroseius*	*Pergamasus* *Veigaia* *Gamasellus*	*(Pachylaelaps)*	*Asca* *Sejus* *Zercon*		
Boden euedaphisch	*Proctolaelaps*	*Rhodacarus* *Rhodacarellus*	*Eviphis* *(Pachylaelaps)* *Alliphis*	*Leioseius* *Arctoseius*	*(Eulaelaps)* *Hypoaspis*	
Überfamilie	Phytoseioidea	Eugamasoidea	Eviphidoidea	Ascoidea	Dermanyssoidea	

Tafel 32: *Pergamasus* spec. – Eugamasidae (Mesostigmata, Gamasina, Raubmilben) Männchen
  a Übersicht, dorsal, mit Klammerbeinen (2. Beinpaar). 0,5 mm.
  b Übersicht, ventral. 0,5 mm.
  c Vorderkörper, ventral mit Gnathosoma und Klammerbeinen. 100 µm.
  d Vorderkörper, dorsal, mit Klammerbeinen. Rechts das dünnere 1. Beinpaar, die Pedipalpen und das gezähnte Epistom. 200 µm.
  e Klammerbein. 100 µm.
  f Übersicht, schräg frontal. 250 µm.

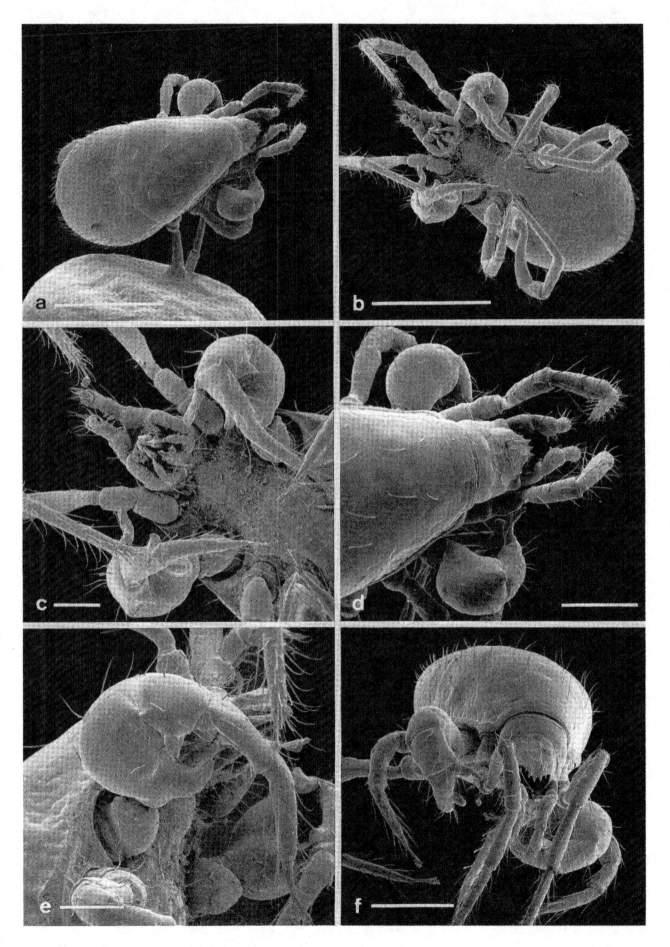

2.4.6 Bauplan der Acari

Der Körper einer typischen Milbe gliedert sich in ein vorderes Gnathosoma und ein hinteres Idiosoma. Das Gnathosoma trägt zwei Extremitätenpaare, die Cheliceren und Pedipalpen, das Idiosoma die 4 Beinpaare. Abb. 57 zeigt die hypothetische Körpergliederung einer ursprünglichen, acariformen Milbe, vereinfacht nach einem Vorschlag von CO-INEAU (1974) aus KRANTZ (1978). Demnach baut sich der Milbenkörper aus 16 echten Segmenten (Somiten) auf mit einem vorgelagerten Praechelicerensegment (Acron), die sich zu verschiedenen Tagmata (Segmentgruppen) ordnen lassen. Der extre-

mitätenfreie Abschnitt des Idiosoma, das Opisthosoma, erreicht seine vollständige Segmentzahl erst im Verlaufe postlarvaler Häutungen. An den rezenten Milben ist diese ursprüngliche Gliederung nur noch sehr schwer nachzuweisen, da die Segmentgrenzen teilweise verschwunden bzw. sekundär verlagert sind.

Für die parasitiformen Milben ist eine primitive Segmentation noch schwieriger zu interpretieren als für die acariformen Milben. Möglicherweise sind hier am Aufbau des Idiosoma 12 Segmente und ein terminales Aftersegment (Telson) beteiligt.

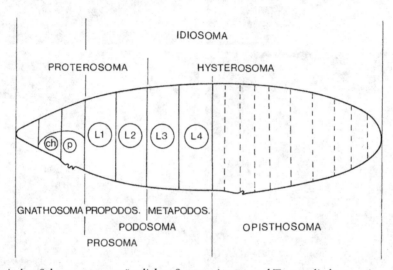

Abb. 57: Hypothetisches Schema zur ursprünglichen Segmentierung und Tagmagliederung einer acariformen Milbe. Der adulte Milbenkörper baut sich demzufolge aus 16 echten Segmenten und dem Acron auf (nach COINEAU, 1974 aus KRANTZ,1978). ch – Chelicere, p – Pedipalpus, L$_{1-4}$ – Beine.

Tafel 33: *Pergamasus* spec. – Eugamasidae (Mesostigmata, Gamasina, Raubmilben)
    a Pedipalpus, distal. 25 µm.
    b Idiosoma eines Weibchens mit Genitaldeckel und Analfeld, ventral. 250 µm.
    c Gnathosoma, ventral, mit Pedipalpen, Cheliceren und Corniculi (Pfeile). 100 µm.
    d Analschild mit After und Cribrum (Pfeil). 30 µm.
    e Chelicerenfinger, basal, mit Stellungshaaren; rechts die Corniculi. 50 µm.
    f Cuticula des Opisthosoma, dorsal. 25 µm.
    g Cuticula des Opisthosoma, Übergang zur Flankenhaut. 10 µm.

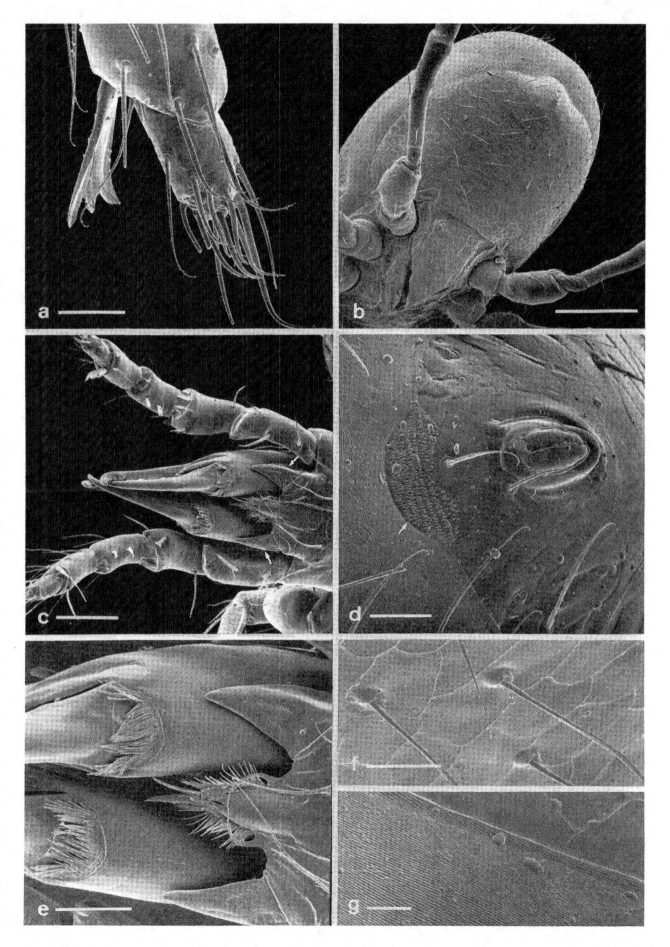

2.4.7 Horn- oder Moosmilben (Crypto-stigmata, Oribatei)

Die Oribatiden (Abb. 58; Tafel 34–41) (WILL-MANN, 1931; SELLNICK, 1960; DINDAL, 1977) leiten ihren deutschen Namen von der starken Chitinpan-zerung ihres Körpers und ihrem häufigen Vorkom-men in Moospolstern ab. Sie leben allerdings nicht allein in Moosen, sondern sind weit verbreitet mit deutlicher Bevorzugung des Bodens. Ihrer hohen Individuendichte wegen sind sie von bodenbiologi-scher Bedeutung und nehmen teil am Abbau des pflanzlichen Bestandsabfalles (FORSSLUND, 1938, 1939; LUXTON, 1972; SCHUSTER, 1956; MITTMANN, 1980; WALLWORK, 1983). Zahlreiche Arten der Oribatei sind acidophil und erreichen bei angesäu-ertem Boden hohe Abundanzen (HÅGVAR und ABRAHAMSEN, 1980; HAGVAR und AMUNDSEN, 1981; HÅGVAR und KJØNDAL, 1981).

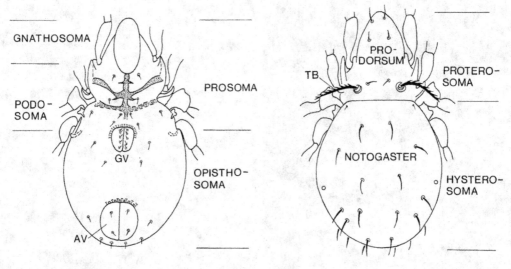

Abb. 58: Zur Körpergliederung der Cryptostigmata (Oribatei) (nach WALLWORK, 1969). Ventralansicht einer ‹höheren› Oribatide (links). AV – Analvalven, GV – Genitalvalven. Dorsalansicht mit dem Trichobothrienpaar (TB) auf dem Prodorsum (rechts).

Tafel 34: Damaeidae (Cryptostigmata (Oribatei), Moosmilben) Tritonymphe
    a, b Tier mit Calyptra aus Erdpartikeln, lateral und frontal. 0,5 mm, 300 µm.
    c Übergang zur Calyptra oberhalb der Beinbasen. 100 µm.
    d Proterosoma, frontal. Über den Beinbasen die Becher der Trichobothrien (pseudostigmatische Organe). 100 µm.
    e Opisthosoma, ventral, mit Genital- und Analvalven. 50 µm.
    f Proterosoma, schräg frontal. 200 µm.

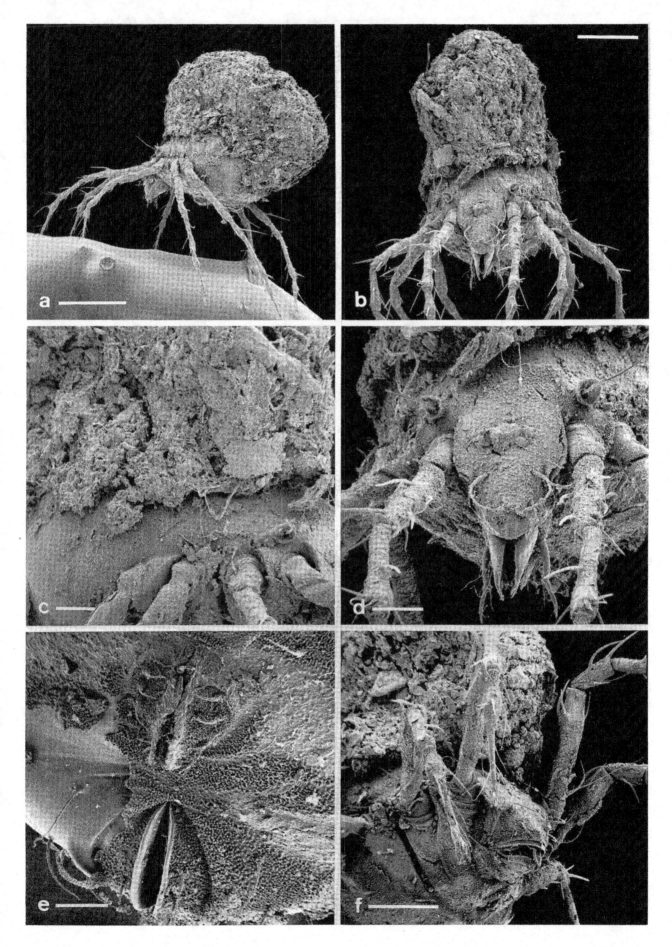

2.4.8 Horizontalverteilung und Aggregation von Oribatiden

Die Verbreitung der bodenbewohnenden Oribatiden reicht von trockenen Nadelwäldern über trockene und feuchte Laubwälder, Auwälder und feuchte Wiesen bis hin zu Salzwiesen im Grenzbereich Land–Meer (Strenzke, 1952; Knülle, 1957; Märkel, 1958; Weigmann, 1967, 1971, 1973; Wink, 1969; Luxton, 1972, 1975, 1979; Usher, 1975; Schatz, 1977; Mitchell, 1977, 1979; Thomas, 1979; Mittmann, 1980; Wallwork, 1983).

Bei ihrer beachtlich großen Individuendichte, mit der sie im Boden vorkommen – 6,7–134 × 10^3 Ind/m² (Berthet, 1964; Berthet und Gerard, 1965; Gerard und Berthet, 1966) – zeigen die Oribatiden eine klare Tendenz zur Verballung und nestartigen Ansammlung im Boden (Usher, 1975 u. a.). Diese Aggregationen scheinen populationsdynamisch hinsichtlich der Individuendichte einer Aggregation und der Anzahl der Aggregationen in einem Areal einerseits im fließenden Gleichgewicht zu stehen; andererseits bestehen die Ursachen der Aggregation offensichtlich in den Anpassungen an die verschiedenen ökologischen Faktoren unter Vermeidung und Umgehung extremer Umweltbedingungen durch die gemeinsame ökologische Valenz der Arten und Individuen.

Tafel 35: *Damaeus* spec. – Damaeidae (Cryptostigmata (Oribatei), Moosmilben)
    a Übersicht, dorsal, mit deutlicher Gliederung in Protero- und Hysterosoma. 0,5 mm.
    b Übersicht, frontal. 250 µm.
    c Vorderkörper, schräg ventral, mit Genitalvalven. Die Mundwerkzeuge sind in die Haube (Rostrum) zurückgezogen. 200 µm.
    d Proterosoma, dorsal. Die Pfeile markieren die Trichobothrien (pseudostigmatische Organe). 100 µm.
    e Rostrum mit eingeklapptem Gnathosoma. 50 µm.
    f Typische Cuticulastruktur auf dem Opisthosoma mit trichoider Sekretion. 10 µm.

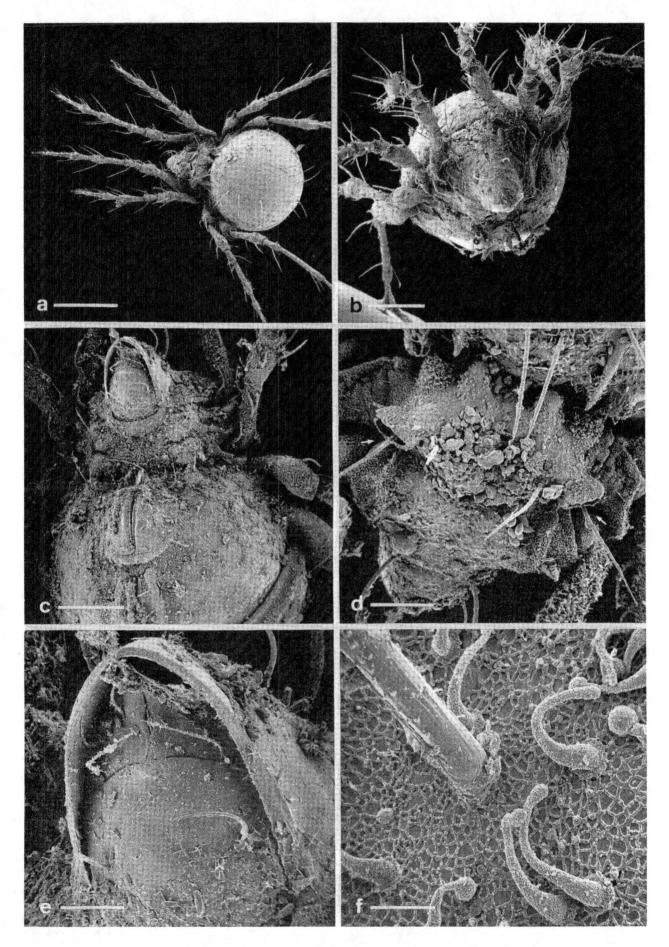

91

2.4.9 Die Ernährungsweise der Oribatiden

Die Ernährungsweise der Oribatiden ist von zentraler Bedeutung für den Abbau des pflanzlichen Bestandsabfalles im Boden. SCHUSTER (1956) (Abb. 59) unterscheidet drei ernährungsbiologische Typen:

1. Die Mikrophytophagen, welche vorwiegend Algen, Pilzhyphen und Pilzsporen zu sich nehmen (diverse Arten der Genera: *Belba, Oppia, Damaeus* u. a.).
2. Die Makrophytophagen, welche Laub, Nadeln und Holz fressen (diverse Arten der Genera: *Carabodes, Oribotritia, Phthiracarus* u. a.).

3. Die Nichtspezialisten, die sich sowohl mikrophytophag als auch makrophytophag ernähren (diverse Arten der Genera: *Nothrus, Euzetes, Pelops* u. a.).

Ein Vergleich der Ernährungstypen mit dem Bau der Cheliceren läßt funktionsmorphologisch keine klare Gesetzmäßigkeit erkennen (SCHUSTER, 1956); doch entspricht die Vielgestalt der Cheliceren zweifellos den unterschiedlich strukturierten Nahrungssubstanzen (MITTMANN, 1980).

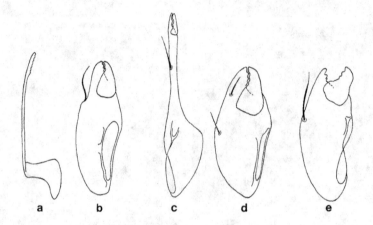

Abb. 59: Chelicerenformen, geordnet nach Ernährungstypen (nach SCHUSTER, 1956).
a, b Mikrophytenfresser   *Gustavia microcephala*
                                    Belba verticillipes
c, d Nichtspezialisten   *Pelops hirtus*
                                      Nothrus silvestris
e Makrophytenfresser   *Hermanniella granulata*

Tafel 36: *Porobelba spinosa* – Belbodamaeidae (Cryptostigmata (Oribatei), Moosmilben)
    a Adulte Milbe, schräg lateral, mit 4-stufiger Calyptra. Sie besteht aus der Larval- und drei Nymphenhäuten. 200 µm.
    b Calyptra mit angehefteten Eiern. 100 µm.
    c Kopf (Proterosoma), schräg frontal. Der linke Pfeil markiert ein Trichobothrium, der rechte ein langes Borstenhaar. 100 µm.
    d Trichobothrium mit Becher (Bothridium). 20 µm.
    e Beinoberfläche mit erstarrten, fädigen Sekreten. 30 µm.
    f Cuticula mit Sekretformationen. 5 µm.

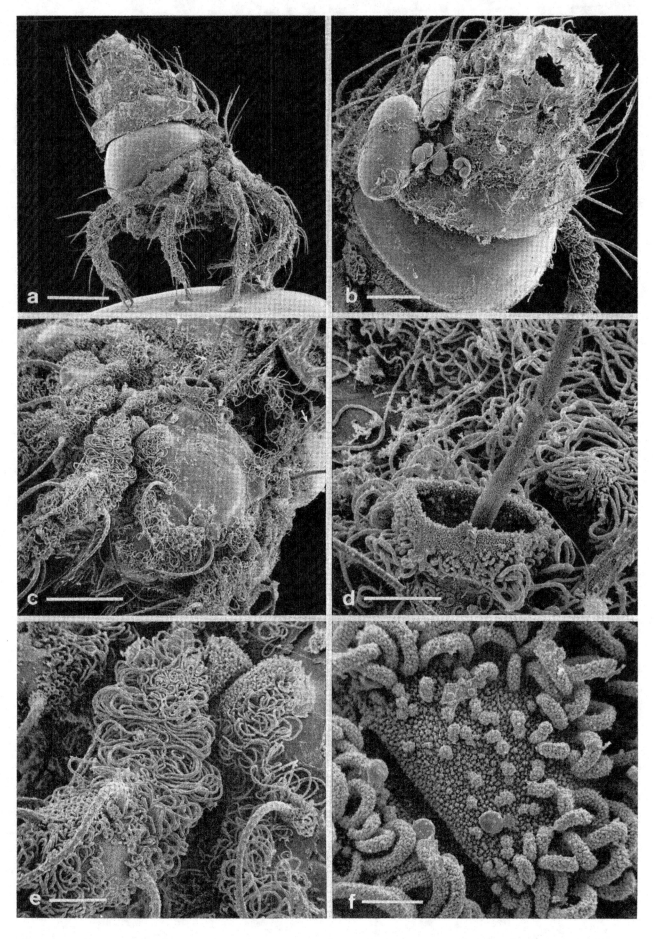

93

2.4.10 Die bodenbiologische Bedeutung der Oribatiden

Die mikro- und makrophytophagen Oribatiden werden bei den Abbauprozessen im Waldboden auf unterschiedliche Weise wirksam (Abb. 60) (MITTMANN, 1980, 1983). Die fallaub- und holzfressenden Makrophytophagen sind Primärzersetzer, die wesentlich am Stoffumsatz beteiligt sind. Mit ihrer großen Fraßtätigkeit, bei der täglich etwa 20% ihres Körpergewichts an Rotbuchenlaub verarbeitet wird, schaffen sie günstige Voraussetzungen für den weiteren Abbau durch andere Destruenten. Die Mikrophytophagen sind an den Abbauprozessen indirekt beteiligt, indem sie durch Abweiden der Pilzhyphen und durch die Verbreitung von Pilzsporen als ‹Katalysatoren› auf die mikrobielle Aktivität Einfluß nehmen (MITCHELL und PARKINSON, 1976; MITTMANN, 1980). Ihr Anteil am Gesamtumsatz aller Mykophagen im Waldboden wird auf 50% geschätzt.

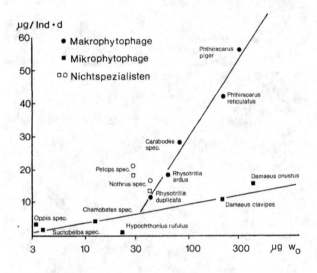

Abb. 60: Beziehung zwischen der Fraßleistung verschiedener Oribatidenarten und ihrem mittleren Körpergewicht w_o (nach MITTMANN, 1980).

Tafel 37: *Nothrus* spec. – Nothridae (Cryptostigmata (Oribatei), Moosmilben)
    a, b Übersicht, dorsal und lateral. 0,5 mm, 250 µm.
    c   Ventralansicht mit Genital- und Analvalven. 250 µm.
    d   Proterosoma, schräg frontal. 100 µm.
    e   Valvenkomplex. 100 µm.
    f   Proterosoma, dorsal, mit Trichobothrienpaar. 100 µm.

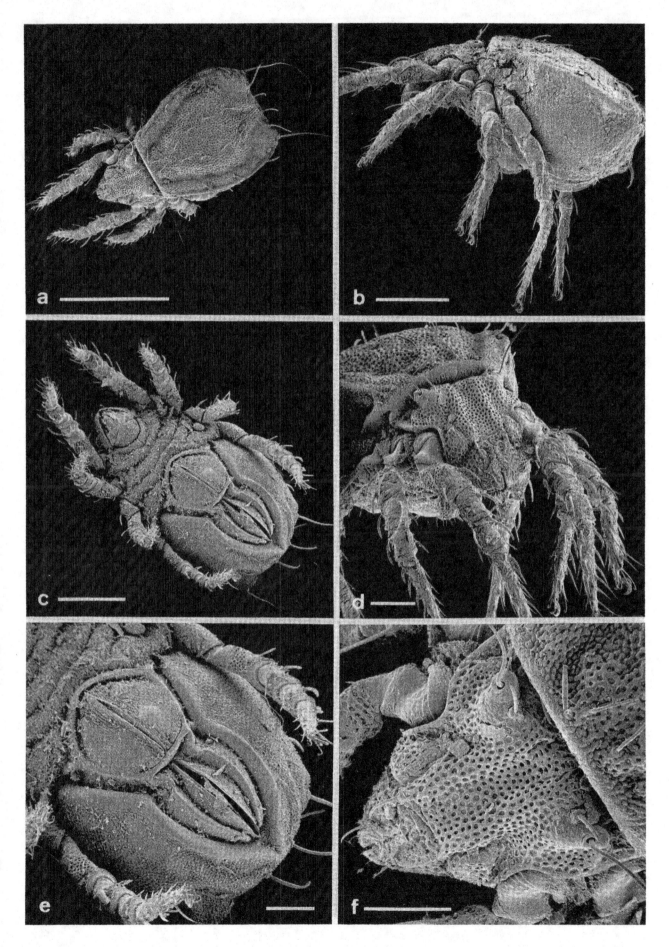

95

2.4.11 Vertikalverteilung der Oribatiden

Entsprechend ihrer Rolle beim Abbau des pflanzlichen Bestandsabfalles beschränken sich die meisten Oribatiden auf die oberen 5 cm des Bodens. Hier leben sie in moderndem Fallaub, während in tieferen Schichten nur wenige Arten vorkommen (KLIMA, 1956). Die wenigen euedaphischen Arten, zu denen *Nothrus silvestris* und *Pseudotritia minima* gehören (Abb. 61) (LEBRUN, 1968, 1969, 1970; MÄRKEL, 1958), zeigen kaum typische Anpassungserscheinungen anderer euedaphischer Bodenarthropoden. Vor allem ihre geringe Größe – *Pseudotritia minima* mit 0,3 mm Länge – erlaubt es diesen Oribatiden, in das feine Lückensystem tiefer Bodenschichten vorzudringen. Darüberhinaus sind sie oft schwach chitinisiert, so daß sie hell erscheinen und ein höheres Feuchtigkeitsbedürfnis haben. Je nach den Feuchtigkeitsbedingungen wechseln einige Hornmilben zwischen Streuschicht und Mineralboden (METZ, 1971). Wechselnde Feuchtigkeit und Temperaturschwankungen in der Streuschicht sind offenbar die Ursachen der Vertikalwanderungen, die jahreszyklisch (Sommer – Winter) und im Tagesrhythmus den Gradienten der relevanten ökologischen Faktoren folgen (WALLWORK, 1959, 1970).

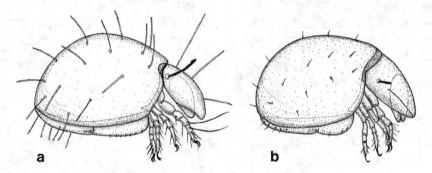

Abb. 61: Oribatiden aus der Familie Phthiracaridae (verändert nach MÄRKEL, 1958).
a *Pseudotritia duplicata,* ein Streuschichtbewohner.
b *Pseudotritia minima,* eine euedaphische Form.

Tafel 38: *Steganacarus magnus* – Phthiracaridae (Cryptostigmata (Oribatei), Moosmilben)
  a,b Übersicht, lateral und ventral. Das Prosoma (Gnatho- und Podosoma) ist ausgeklappt. 0,5 mm, 300 µm.
  c Prosoma, ventral. Die Mundwerkzeuge liegen in der Haube des Rostrum. 200 µm.
  d Proterosoma mit Rostrum, dorsal. Der Pfeil markiert das rechte Trichobothrium. 100 µm.
  e Beine, distal. 50 µm.
  f Mundwerkzeuge mit Pedipalpen (Pfeil), Cheliceren und Rutellum (Pfeil). 50 µm.

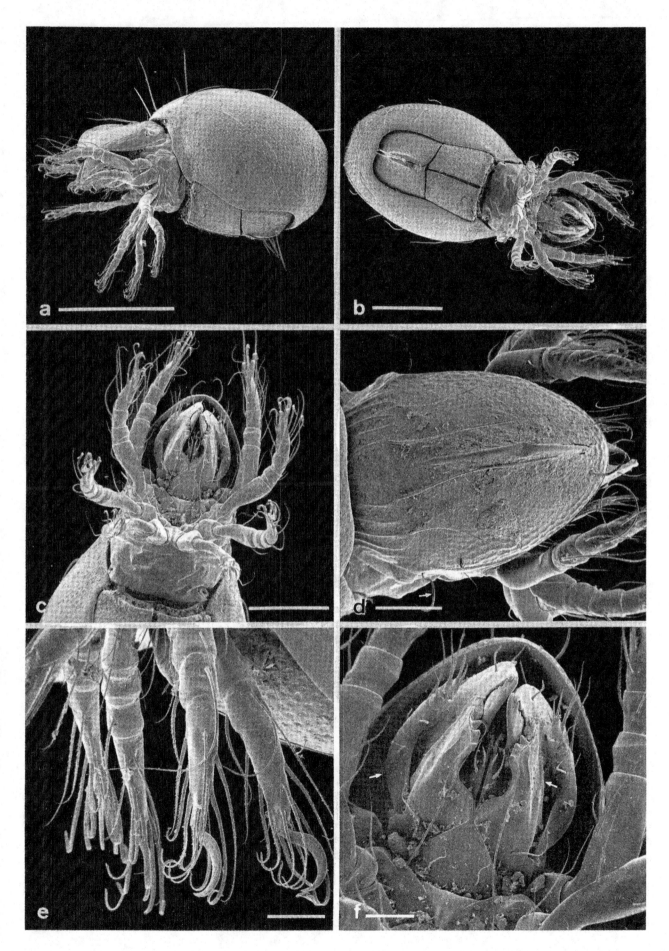

97

2.4.12 Schutz der Oribatiden vor Feinden

Die bodenbewohnenden Oribatiden sind oft die Beute räuberischer Arthropoden desselben edaphischen Lebensraumes. Zum Schutz vor Feinden sind Hornmilben meist stark chitinisiert und oft von kugeliger Gestalt. Ihre Extremitäten werden auf verschiedene Weise geschützt. Sie werden – wie bei *Euzetes globulus* – seitlich von flügelartigen Fortsätzen des Hysterosoma bedeckt (Pteromorphe; Tafel 41) oder in Aussparungen der abgerundeten Oberfläche eng an den Körper gelegt. Eine weitere Schutzeinrichtung besteht im Einrollvermögen, das manche Oribatiden – etwa wie die *Phthiracarus*-Arten – gemeinsam mit Diplopoden (Saftkugler) und Isopoden (Rollassel) haben (Abb. 62; Tafel 38, 39). Bei Gefahr ziehen sie die Beine in das Hysterosoma und klappen das Proterosoma darüber, welches mit ersterem gelenkig verbunden ist.

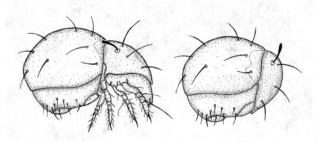

Abb. 62: Schutz durch Abkugeln bei den Phthiracaridae (verändert nach DUNGER, 1974).
a *Pseudotritia ardua.* b *Phthiracarus setosellum.*

Tafel 39: *Steganacarus magnus* (a, c) und *Phthiracarus piger* – Phthiracaridae (Cryptostigmata (Oribatei), Moosmilben)
    a Opisthosoma, ventral, mit Genital- und Analvalven. 100 µm.
    b Tier ‹gekugelt› mit eingeklapptem Prosoma, lateral. 100 µm.
    c Cuticula des Opisthosoma, dorsal, mit Drüsengruben. 10 µm.
    d Tier ‹gekugelt›, schräg frontal. 100 µm.
    e Cuticula des Opisthosoma. 3 µm.
    f Rand des Opisthosoma zum Proterosoma am gekugelten Tier. Die Borste ist der distale Teil des Trichobothriums. 10 µm.

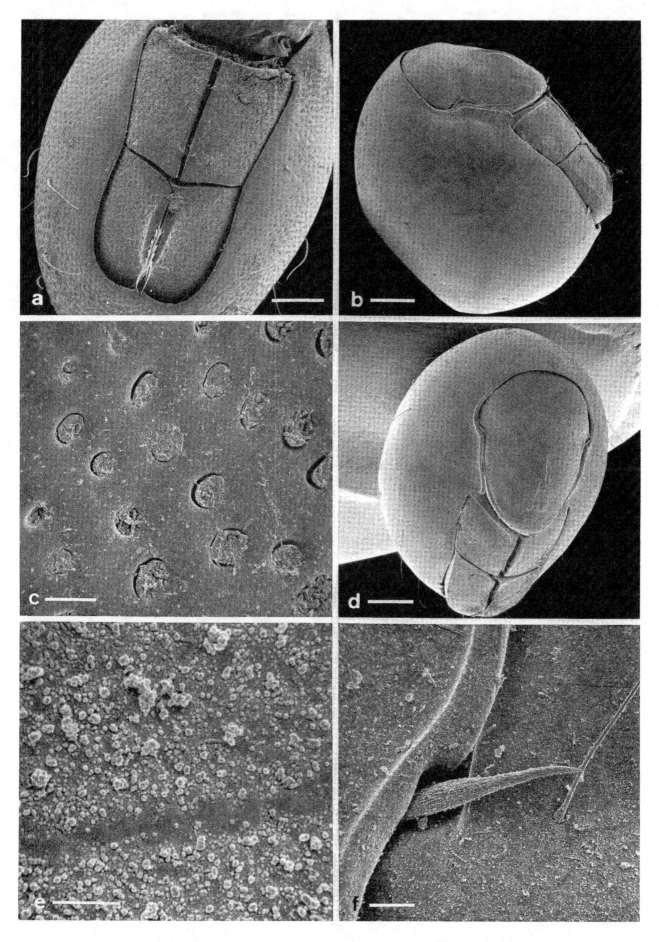

2.4.13 Epiphytische Oribatiden

Die Oribatiden im Boden dringen mit wenigen Arten nicht nur euedaphisch in tiefere Bodenschichten vor, sondern sie verlassen ihn auch in anderer Richtung, um epiphytisch zu leben. So leben in den Wäldern neben den primär bodenbewohnenden Oribatiden stets auch solche mit enger Bindung an Moos- und Flechtenüberzüge der Baumstämme (GJELSTRUP, 1979) (Abb. 63). Einerseits besiedelt *Carabodes* epiphytisch die Flechtenzone von Bäumen (*C. labyrinthicus*), andererseits sind *Carabodes*-Arten makrophytophage Primärzersetzer des Waldbodens. Das auf Tafel 40 dargestellte Tier stammt aus der Laubstreu.

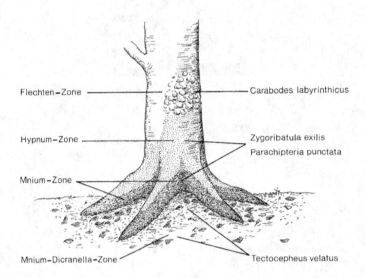

Abb. 63: Oribatiden-Habitate, bezogen auf die Epiphyten-Gliederung (Flechten und Moose) auf dem Stamm und in Stammnähe einer Buche (verändert nach GJELSTRUP, 1979).

Tafel 40: *Carabodes* spec. – Carabodidae (Cryptostigmata (Oribatei), Moosmilben)
    a, b Übersicht, lateral und frontal. 100 μm, 100 μm.
    c   Opisthosoma, kaudal. 100 μm.
    d   Vorderkörper, schräg frontal, mit Trichobothrien und Pedipalpen. 50 μm.
    e   Vorderkörper, lateral. 100 μm.
    f   Makrochaete, distal. 5 μm.

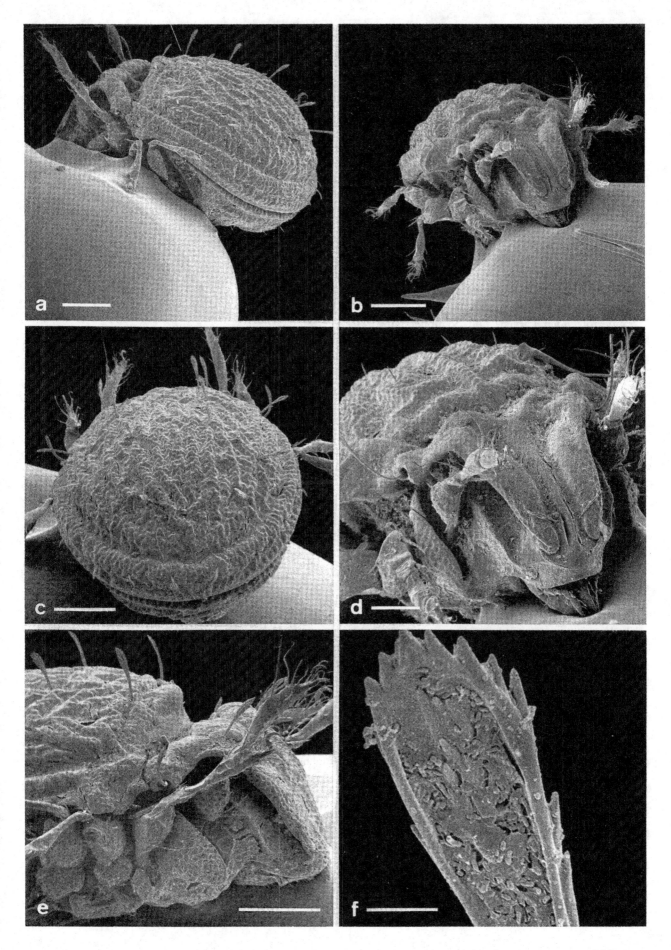

101

2.4.14 Die ‹pseudostigmatischen Organe› der Oribatiden

Bodenarthropoden orientieren sich im dunklen Porensystem vorzugsweise mit mechano- und chemorezeptiven Sinnesorganen. Oribatiden können mit den sogenannten pseudostigmatischen Organen auf dem Proterosoma feinste Luftbewegungen wahrnehmen. Bei diesen Sinnesorganen, die früher für Atmungsorgane gehalten wurden, handelt es sich um Trichobothrien mit je einem langen, beweglichen Sinneshaar, das an seiner Basis in einer Grube (Bothridium) eingesenkt ist. Die ersten sinnesphysiologischen Untersuchungen (PAULY, 1956) wurden an der Moosmilbe *Belba* durchgeführt, deren Arten durch ihr skurriles Aussehen auffallen. Sie tragen auf dem Rücken stockwerkartig ihre aufeinanderfolgenden Larven- und Nymphenhäute, die oft mit Fremdpartikeln inkrustiert sind (vgl. Tafel 34–36).

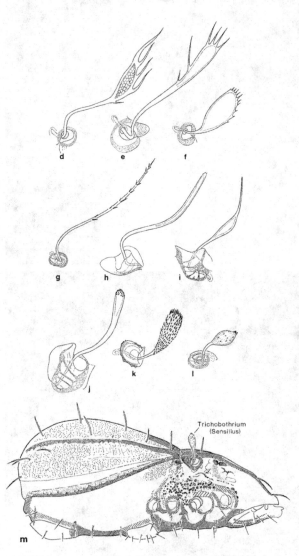

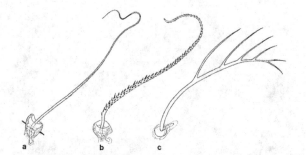

Abb. 64: Trichobothrienformen (Sensillus-) auf dem Prodorsum (Proterosoma) der Oribatiden (nach WOAS, 1984).
Reihe a–f: Entwicklung vom filiformen zum clavaten Typ.
Reihe g–l: Entwicklung vom filiformen zum pyriform-clavaten Typ.
Die Umwandlung erfolgt bei gleichzeitiger Längenreduktion. Die Reihung ist willkürlich gewählt.

a	*Eremobelba capitata*	b	*Heterobelba oxapampensis*
c	*Ctenobelba pectinigera*	d	*Opiella nova*
e	*Oppia clavipectinata*	f	*Opiella minus*
g	*Ceratoppia sexpilosa*	h	*Fuscozetes setosus*
i	*Liacarus subterraneus*	j	*Cepheus dentatus*
k	*Pedrocortesella pulchra*	l	*Autogneta longilamellata*

m *Autogneta longilamellata* – Autognetidae, Lateralansicht (ohne Beine) mit Trichobothrium (Sensillus).

Tafel 41: *Euzetes globulus* – Euzetidae (Cryptostigmata (Oribatei), Moosmilben)
    a,b Übersicht, lateral und frontal. 250 µm, 200 µm.
    c Übersicht, schräg lateral, mit Blick auf die seitliche Duplikatur des Notogaster, die Pteromorphe. Sie dient der Führung und dem Schutz der abgeplatteten Beine. 200 µm.
    d Vorderkörper, frontal, mit Blick in den ‹Beinraum› unter den Pteromorphen und auf das schnabelförmige Proterosoma mit den Trichobothrien. 100 µm.
    e Übersicht, ventral. 300 µm.
    f Trichobothrium, proximal. 10 µm.

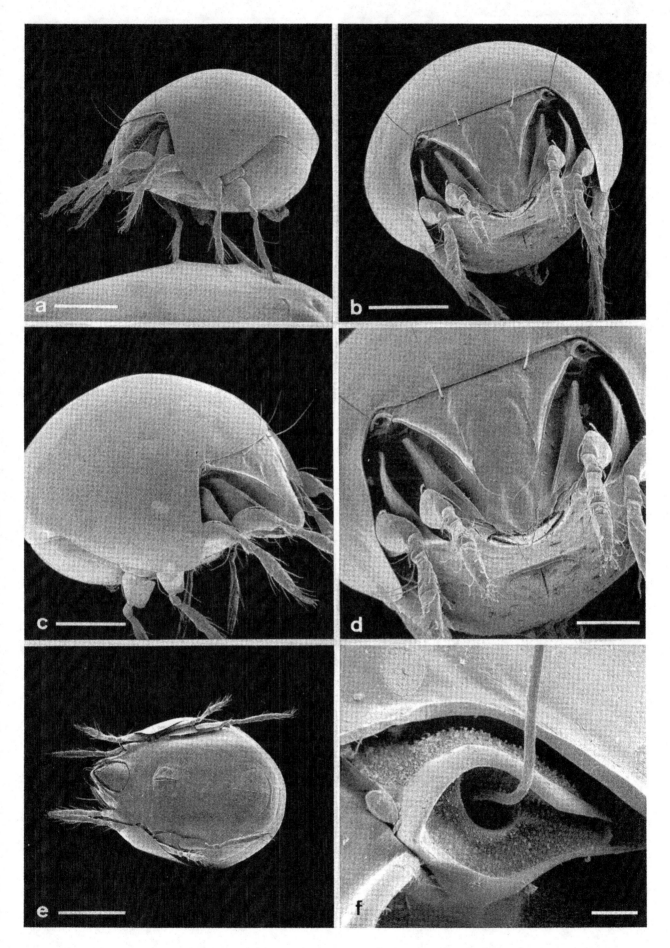

2.4.15 Phoresie bei Milben

Die Erscheinung, daß Tier- und Pflanzenarten sich über räumlich-zeitliche Distanzen von sogenannten Trägerarten verfrachten lassen, wird Phoresie genannt. Sie ist eine Lebensgemeinschaft auf Zeit (Symphorium) und dient der Verbreitung der Arten. Unter den Bodenarthropoden sind es vor allem Kleinformen wie Milben, die den Transport zu ihren wechselnden und oft weit auseinanderliegenden Futter- und Fortpflanzungsplätzen in Anspruch nehmen. Als Tragwirte kommen meist Vertreter der Makrofauna in Frage wie Asseln, Tausendfüßer, Käfer u. a..

Von den Milben sind es vor allem Vertreter aus der Gruppe der Gamasina, Uropodina und Acaridides, die sich verfrachten lassen. Vielfach ist ein bestimmtes Entwicklungsstadium besonders zur Phoresie angepaßt (Einstadium-Regel), um die Verschlechterung der Lebensbedingungen durch Trockenheit oder Nahrungsmangel zu überdauern. Es handelt sich um die Deutonymphen, die deshalb auch Wandernymphen genannt werden. Bekannte Vertreter sind die Wandernymphen der Anoetidae, welche mit Saugeinrichtungen an ihren Wirten festheften (Abb. 65, Tafel 42). Aber auch die Nymphen der Schildkrötenmilben (Uropodina) (Tafel 28, 29) haben einen interessanten Reisemechanismus entwickelt. Sie sekretieren einen festen Stiel, mit dem sie sich am Tragwirt anheften. Auf diese Weise haben viele Milben nebeneinander Platz; so wurden auf einer Kellerassel einmal 600 Deutonymphen von *Uroobovella marginata* in gestieltem Zustand angetroffen.

Die Sinnesorgane zum Aufspüren der Trägerwirte befinden sich an den Tarsen des 1. Beinpaares. Viele Milben können viele Wirte benutzen (polyxen, heteroxen), andere spezialisieren sich auf eine Trägerart (monoxen). So wandert *Coprolaelaps meridionalis* ausschließlich mit *Geotrupes silvaticus*, dem Waldmistkäfer (HIRSCHMANN, 1966).

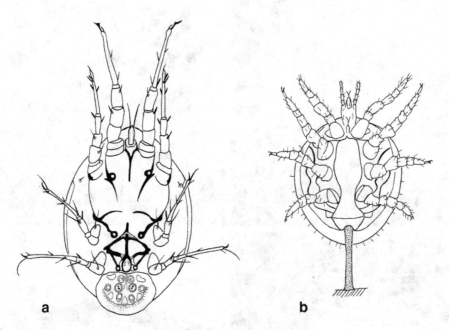

a   b

Abb. 65: Wandernymphen (Deuto-) der Acari (verändert nach KRANTZ, 1978).
a Anoetidae-Nymphe, ventral, mit kaudaler Haftscheibe.
b Uropodidae-Nymphe auf einem gehärteten Sekretstiel in ‹Wanderposition›.

Tafel 42: Wandernymphen der Anoetidae (Astigmata)
      a Wandernymphenschar auf dem Pleurit eines Saftkuglers, *Glomeris marginata*. 50 μm.
      b Sternalregion von *Lithobius* mit einer Wandernymphe zwischen den Sterniten. 150 μm.
      c Wandernymphe auf der Basis eines Maxillipeden von *Lithobius*. 50 μm.

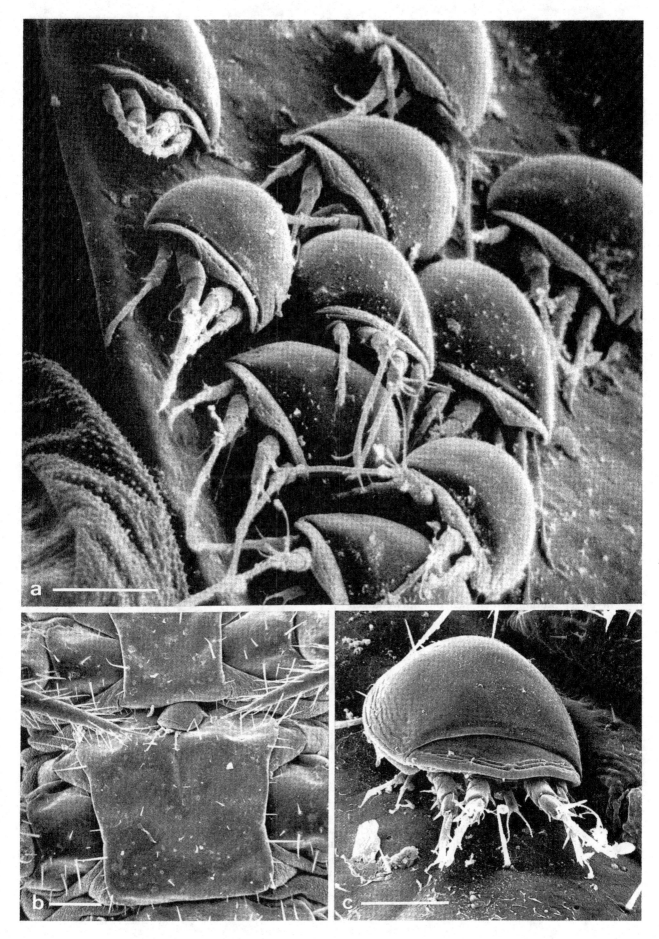

105

2.5 Ordnung: Isopoda – Asseln (Crustacea)

Allgemeine Literatur: WÄCHTLER 1937, SCHMÖLZER 1965, GRUNER 1965–1966, KAESTNER 1967

2.5.1 Oniscoidea – Landasseln

Unter den ursprünglichen, ausschließlich das Meer bewohnenden Krebsen zählen neben terrestrischen Copepoden und Amphipoden die Asseln (Isopoda) in der Unterordnung Oniscoidea zu den Krebstieren, die stufenweise eine steigende Anpassung vom Meer auf's Land vollzogen haben. Die Stufen der Anpassung sind repräsentiert in den Familien der Onsicoidea:

1. Amphibisch lebende Asseln, Ligiidae z.B. in der feuchten Uferzone von Sickerquellen, Fließgewässern und Waldtümpeln.

2. Asseln feuchter Lebensräume, Trichoniscidae z.B. im F-Horizont feuchter Laubwälder.

3. Asseln mäßig feuchter Lebensräume, z.B. unter Steinen, Rinde, in der Laubstreu feuchter Wälder. Oniscidae

4. Asseln trockener bis mäßig feuchter Lebensräume, z.B. Laubstreu, Gesteinsschutt, Schlupfwinkel an Häusern. Porcellionidae

5. Asseln trockener und sonniger Lebensräume. Armadillidiidae

In dieser Stufung haben sich die notwendigen physiologischen Mechanismen der ökologischen Anpassung entwickelt, insbesondere der Wasserhaushalt und die Respiration.

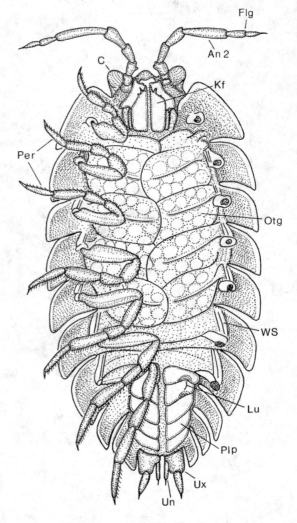

Abb. 66: Körpergliederung einer Landassel am Beispiel von *Porcellio scaber* – Porcellionidae (verändert nach KAESTNER, 1967).
Ventralansicht mit Brutbeutel (Marsupium).
An 2 – Antenne 2, C – Kopf, Flg – Flagellum mit Pinselorgan, Kf – Kieferfüße, Lu – Lungeneingangsfelder (weiße Körper im Leben), Otg – Oostegite (Brustbeutelplatten, darunter Eier), Per – Peraeopoden, Plp – Pleopoden, Un, Ux – Uropodenendo-, -exopodit, WS – Wasserleitungssystem.

Tafel 43: *Ligidium hypnorum* – Ligiidae, Sumpfassel
    a Übersicht, lateral. Die Beine besitzen relativ lange Grundglieder. 1 mm.
    b Kopf, frontal. Zwischen den Basen der 2. Antennen die kleinen 1. Antennen. 250 µm.
    c Komplexauge. 100 µm.
    d ‹Unterlippe› und Oberlippe mit Sinneshaaren und Putzstrukturen. 50 µm.
    e Ommatidien des Komplexauges. 20 µm.
    f Sinneshaare der ‹Unterlippe›, distal. 1 µm.

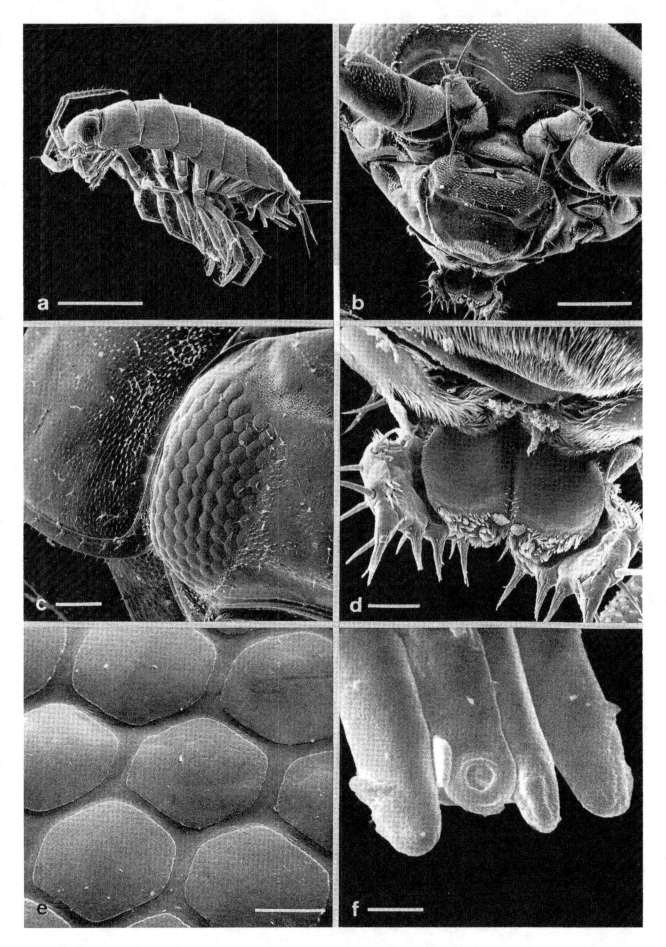

2.5.2 Sinnesorgane auf den Antennen der Oniscoidea

Auch die antennalen Sinnesorgane, die für *Ligidium hypnorum, Porcellio scaber* und *Armadillidium nasutum* (Risler, 1976, 1977, 1978) sowie von der tunesischen Wüstenassel, *Hemilepistus reaumuri,* (Seelinger, 1977) feinstrukturell beschrieben wurden, lassen die Anpassung der Oniscoidea an das Landleben erkennen, denn in Bau und Funktion der chemorezeptiven Sinnesorgane bestehen konvergente Übereinstimmungen bei Landasseln und Insekten (Risler, 1977).

Sinnesphysiologische Untersuchungen machen es wahrscheinlich, daß auf der 2. Antenne im Endzapfen Kontaktchemorezeptoren sitzen, die beim Auffinden der Nahrung (Henke, 1960) beteiligt sind. Daneben werden auf der 2. Antenne Geruchsrezeptoren vermutet, die das Sozialverhalten der Wüstenasseln (Linsenmair und Linsenmair, 1971; Schneider, 1971) und die Neigung heimischer Asseln zu Aggregationen (Schneider und Jakobs, 1977) mitbestimmen.

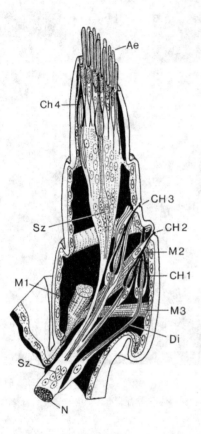

Abb. 67: Zum Feinbau der 1. Antenne von *Porcellio scaber* – Porcellionidae (verändert nach Risler, 1977). Die dreigliedrige Antenne endet distal in einem Bündel von Schlauchhaaren, den Aesthetasken (Ae). Es handelt sich vermutlich um Chemorezeptoren. Daneben gibt es im Inneren 4 Chordotonalorgane als Streckrezeptoren (Ch 1–4). Von den Sinneszellen (Sz) werden Dendriten entsandt, die im äußeren Teil Cilienstruktur aufweisen. Di – Dendritinnenglied, mit Axialfilamenten als Stützstrukturen, M 1–3 – Muskeln, N – ableitender Nerv.

Tafel 44: *Ligidium hypnorum* – Ligiidae, Sumpfassel
  a Antenne 1 mit Endzapfen (Pfeil). 200 μm.
  b Beingelenk mit borstenförmigen Sinneshaaren und Hautschuppen. 50 μm.
  c Antenne 1, Endzapfen mit Aesthetasken (Schlauchhaare). 10 μm.
  d Antenne 2, distal, mit Pinselorgan. 100 μm.
  e Bauchseite des Rumpfes, lateral, mit Wasserleitungssystem (Pfeil) und zapfenförmigen Fortsätzen (Stolonen). 250 μm.
  f Oberfläche des Endopoditen IV mit zellulärer Gliederung. 20 μm.

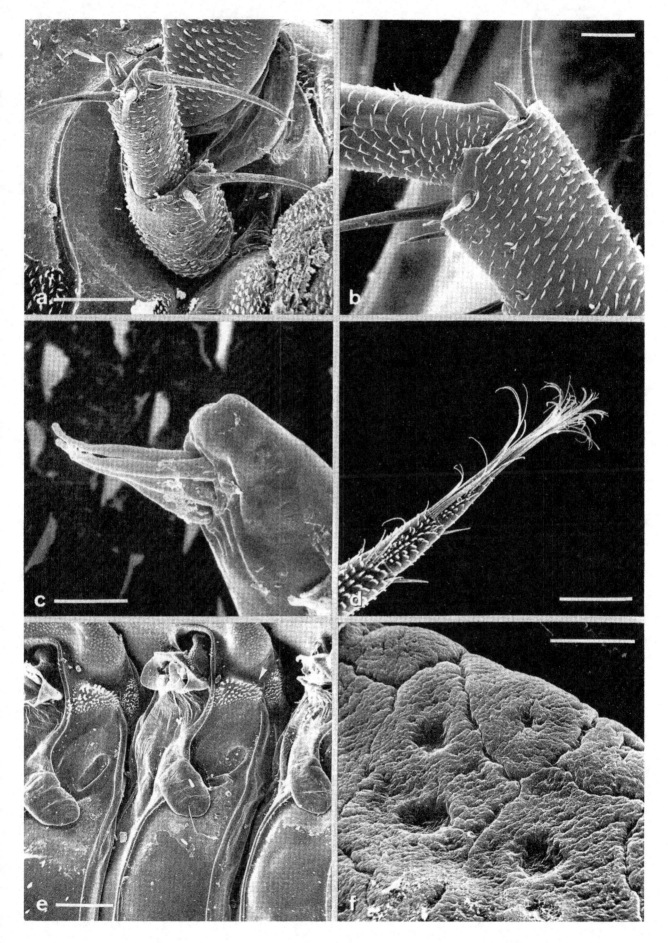

109

2.5.3 Asseln als Primärzersetzer – Nahrungspräferenz

Die Landasseln – Oniscoidea – haben kräftige, beißende Mundwerkzeuge, mit denen sie als Primärzersetzer wesentlich am Abbau und an der Zerkleinerung des pflanzlichen Bestandsabfalles am Boden beteiligt sind. Diese bodenbiologische Bedeutung ist gekoppelt mit einer hohen Individuendichte, die eher in feuchten als in trockenen und lichten Wäldern oder in offenem Gelände erreicht wird. Die Aktivität und Populationsdynamik der Asseln ist im Wechsel der Jahreszeiten stark feuchtigkeits- und temperaturabhängig. Im warmen und trockenen Sommer sind sie meist nachts und innerhalb des Lückensystems der oberen Bodenschichten tätig; im feuchten und kühlen Herbst werden sie oberflächlich im neu anfallenden Fallaub aktiv (HEROLD, 1925; BRERETON, 1957; DEN BOER, 1961; BEYER, 1964).

In der Nahrungswahl angebotener Laubarten zeigen sie eine Präferenz, die anderen tierischen Primärzersetzern ähnlich ist: Schnecken, Enchyträen, Regenwürmern, Tausendfüßern und einigen Insekten. Die Bevorzugung oder Ablehnung einzelner Laubarten hat komplexe Ursachen; denn immer sind mehrere chemisch-physikalische Faktoren beteiligt. Insbesondere wird unterschieden zwischen frisch gefallenem und überwintertem Fallaub. Bei frischem Laub besteht für *Oniscus asellus* beispielsweise die Präferenzreihe: *Ilex aquifolium* (Stechpalme) – *Fagus silvatica* (Rotbuche) – *Carpinus betulus* (Hainbuche) – *Acer pseudo-platanus* (Bergahorn) – *Quercus rubra* (Roteiche). Bei überwintertem Laub lautet die Reihenfolge: *I. aquifolium* – *A. pseudo-platanus* – *F. silvatica* – *Q. rubra*. *Ilex* genießt unter den angebotenen Laubarten eine deutliche Präferenz, während die Blätter der Roteiche auch im ‹korrodierten› Zustand weitgehend gemieden werden. Bei Wahlversuchen zwischen frischem und überwintertem Laub bevorzugt *On. asellus* das frische Material (DUNGER, 1958, 1962; BECK und BRESTOWSKY, 1980).

Tafel 45: *Trichoniscus pusillus* – Trichoniscidae, Zwergassel
    a Übersicht, frontal. 200 µm.
    b Pleon, dorsal. 250 µm.
    c Kopf, ventral, mit Mundwerkzeugen. 100 µm.
    d Exopodit eines Uropoden, distal, mit Schlauchhaaren. 50 µm.
    e Antenne 1, distal, mit Aesthetasken (Pfeil). 10 µm.
    f Antenne 2, distal, mit langen Schlauchhaaren, die das Pinselorgan bilden. 25 µm.

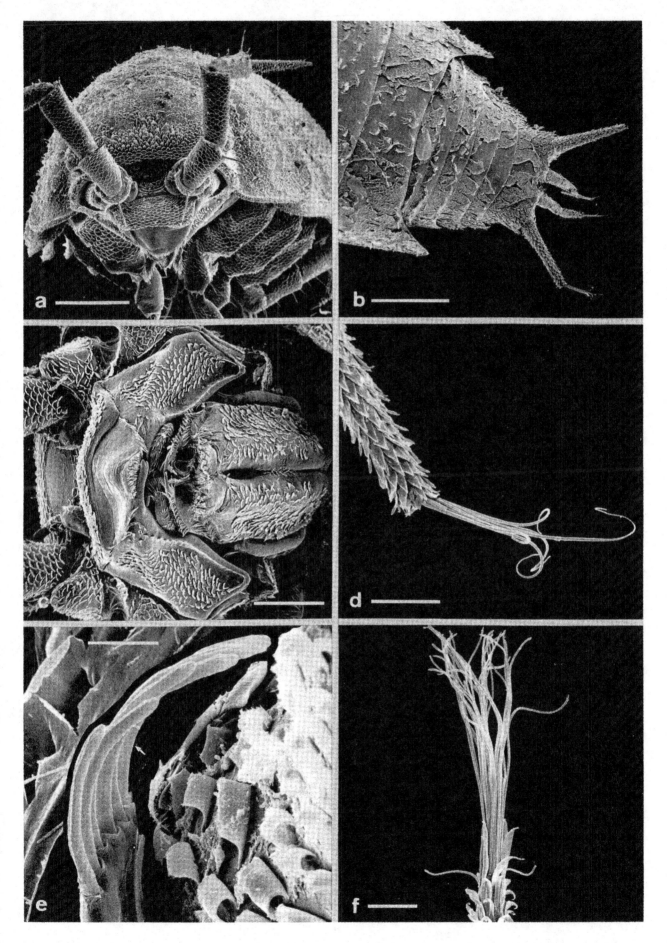

2.5.4 Asseln als Primärzersetzer – Stoffumsatz

Die Landasseln ernähren sich als Primärzersetzer makrophytophag, indem sie frisches Fallaub fressen, die Blätter durchlöchern und sie bis auf die harten Blattrippen skelettieren. Darüberhinaus fressen sie saprophytophag überwintertes Fallaub, das bereits mikrobiell zersetzt wird. Die Nahrungsmengen, die Isopoden täglich zu sich nehmen, sind abhängig von der Körpergröße und der Entwicklungsphase der Asseln, ferner abhängig von den Laubblattarten, vom Zersetzungszustand und der Feuchtigkeit der Nahrung, sowie von den mikroklimatischen Bedingungen im Habitat (DUNGER, 1958). Eine signifikant höhere Wachstumsrate ergibt sich für *Oniscus asellus*, wenn den Tieren frisches statt überwintertes Fallaub als Nahrung geboten wird (BECK und BRESTOWSKY, 1980).

Die folgende Tabelle 4 verzeichnet als Maß für den Stoffumsatz die täglich produzierten Kotballen bei verschiedenen Asselarten unter Berücksichtigung mehrerer Blattarten aus frischem und überwintertem Fallaub.

Tab. 4: Gewicht des täglich anfallenden Kotes (mg) pro Gramm Lebendgewicht der Asseln *Armadillidium vulgare* (1), *Tracheoniscus rathkei* (2), *Porcellio scaber* (3), *Onsicus asellus* (4) und *Ligidium hypnorum* (5) an frischem Fallaub (a) und an überwintertem Fallaub (b) (DUNGER, 1958).

Blattart		1	2	3	4	5
Tilia cordata	a	–	–	–	–	
	b	57,3	27,3	39,0	34,7	–
Fraxinus excelsior	a	82,9	–	61,1	57,1	11,2
	b	50,7	22,2	27,4	29,3	–
Carpinus betulus	a	18,2	–	27,4	18,9	17,2
	b	56,8	68,7	39,6	44,6	–
Alnus glutinosa	a	52,7	–	38,4	43,7	78,9
	b	43,3	39,6	26,8	36,3	–
Ulmus carpinifolia	a	59,6	–	37,7	31,1	61,7
	b	63,8	–	74,0	54,0	–
Acer pseudo-platanus	a	–	–	–	–	–
	b	17,7	59,7	19,3	39,1	–
Acer platanoides	a	17,8	–	28,0	25,8	13,8
	b	19,1	28,3	21,8	16,9	–
Fagus silvatica	a	–	–	–	–	–
	b	20,1	32,2	20,7	24,6	–
Quercus robur	a	8,1	–	9,1	9,8	4,7
	b	13,6	32,2	16,6	22,6	–

Tafel 46: *Trichoniscus pusillus* – Trichoniscidae, Zwergassel
    a Ventralseite mit Brutbeutel (Marsupium). Er wird von lappenartigen Fortsätzen, den Oostegiten, abgedichtet. 100 μm.
    b Pleon, ventral, mit Pleopoden und Uropoden. 200 μm.
    c Von Hautschuppen befreiter Hinterrand eines Segments, dorsal. 10 μm.
    d Hautschuppen auf der Ventralseite eines Exopoditen. 20 μm.
    e Cuticularfalte, aus denen die Hautschuppen entspringen. 2 μm.
    f Oberfläche eines Endopoditen. 10 μm.

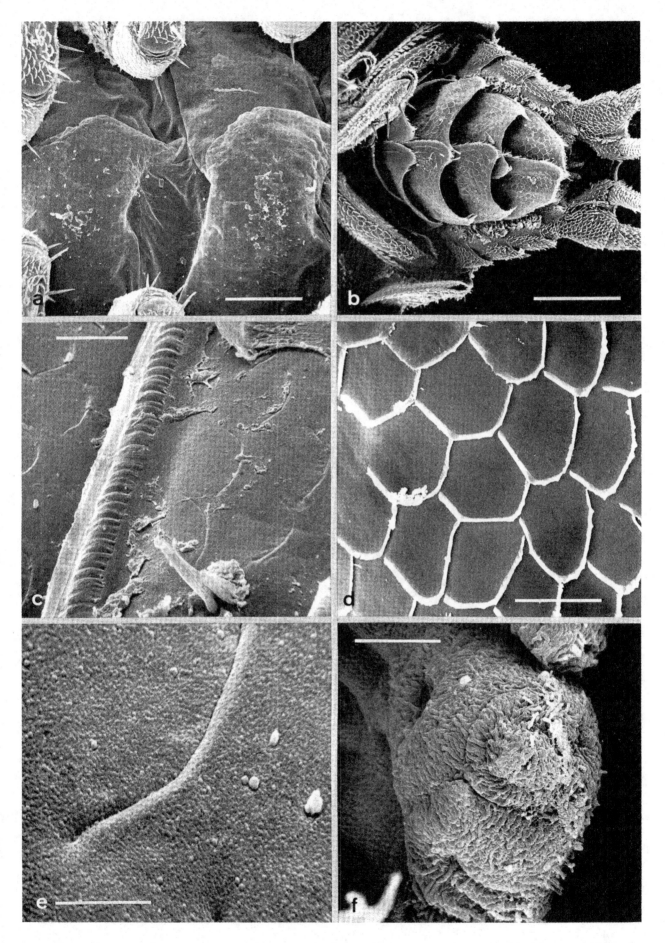

113

2.5.5 Oberflächenstrukturen zur Plastronbildung

Die Tergitoberfläche der auf dem Lande lebenden Asseln ist oft vielfältig strukturiert. Sie weist höckerförmige, schuppenförmige und symmetrisch oder asymmetrisch polygonale Mikrostrukturen auf, die den aquatischen Asseln fehlen. Bei den Wasserbewohnern ist die Tergitoberfläche in Anpassung an das Leben im Wasser zur Minimierung des Strömungswiderstandes geglättet. Bei den terrestrischen Isopoden sind stattdessen bizarre Oberflächenstrukturen entwickelt, die als Anpassungen an das Bodenleben interpretiert werden.

Derartige Oberflächenstrukturen treten gehäuft bei euedaphischen Bodenarthropoden auf. Im Falle der Überflutung von Böden nach Regenschauern oder bei langandauernden Überschwemmungen in Bruch- und Auwäldern können sich euedaphische Tiere kaum durch Flucht dem Wasser entziehen. Ihre Körperoberflächen sind entweder durch Wachs, dichte Behaarung oder durch spezielle cuticulare Strukturen unbenetzbar und bilden zwischen Körper und umgebendem Wasser ein Plastron, das 1. die Osmose und Osmoregulation verringert und 2. für den ungehinderten Gasaustausch sorgt.

Dieser Anpassungsmechanismus ist jedoch bei den meisten terrestrischen Asseln nicht relevant, da sie epedaphisch in der lockeren Streuschicht oder bevorzugt in der feuchten Laubstreu leben und Überflutungen leicht ausweichen können. Doch einige kleine, bis 5 mm lange Trichoniscidae, die teilweise pigment- und augenlos sind, verkürzte Antennen und Peraeopoden haben und eine zylindrische Körperform aufweisen, leben euedaphisch in tieferen feuchten Schichten (F- und H-Schicht) und sind wie andere euedaphische Bodenarthropoden der Gefahr der Überflutung ausgesetzt.

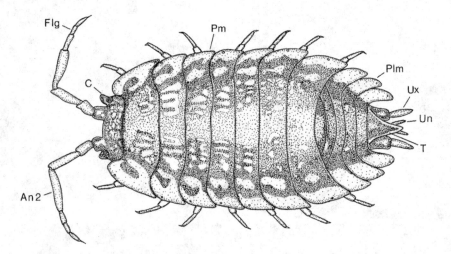

Abb. 68: *Oniscus asellus* – Oniscidae, Habitus dorsal, (verändert nach KAESTNER, 1967). Die Wehrdrüsen münden auf den lateralen, flach ausgezogenen Randschildern der Segmente, den Epimeren. An 2 – Antenne 2, C – Kopf, mit Kopflappen vor den Augen, Flg – Flagellum der Antenne 2 mit Pinselorgan, Pm – Peraeomer (Laufbeinsegment), Plm – Pleomer (Hinterleibssegment), T – Telson (Afterschild), Un, Ux – Uropodenendo-, -exopodit.

Tafel 47: *Oniscus asellus* – Oniscidae, Mauerassel
   a Habitus, lateral. 1 mm.
   b Vorderkörper, lateral. An der Spitze der Antenne 2 befindet sich das dreigliedrige Flagellum. 250 µm.
   c Kopf, frontal. An der Basis der großen 2. Antennen stehen die winzigen 1. Antennen. 250 µm.

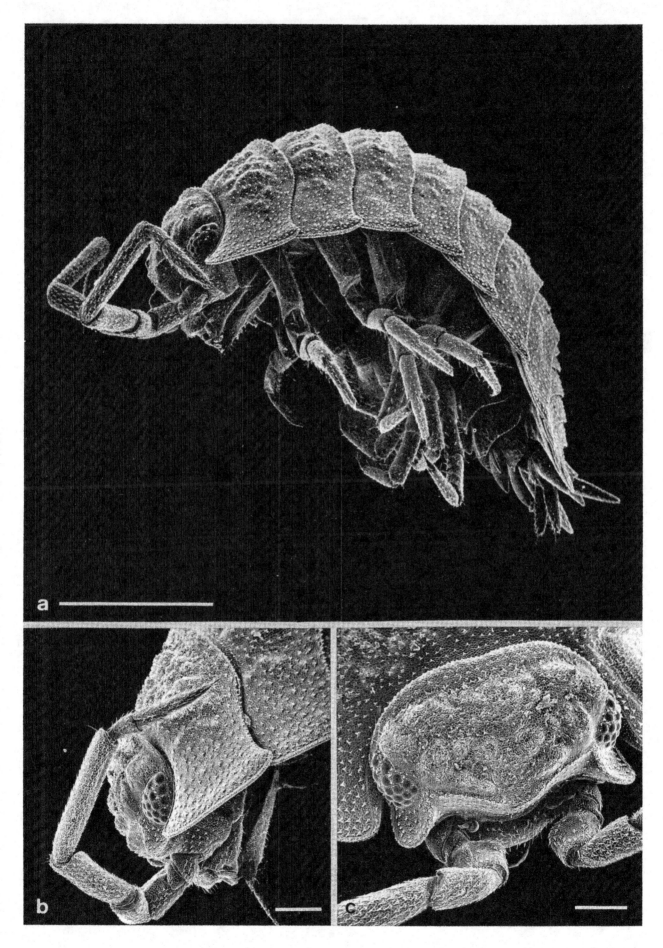

2.5.6 Oberflächenstrukturen zur Kontaktflächenminimierung

Der Oberflächenstrukturierung von Bodenarthropoden kommt eine weitere Bedeutung zu, wenn insbesondere sehr feuchte Habitate bevorzugt werden. Diese Einschätzung trifft für viele terrestrische Isopoden zu (Schmalfuss, 1977, 1978). Die gerippte und durch Cuticularschuppen aufgerauhte Oberfläche bedeutet eine Kontaktflächenminimierung gegen feuchte Oberflächen und Partikel, die aufgrund der Oberflächenspannung von Wasser auf

Tergitflächen leicht haften bleiben (Adhäsion). Die genannten Oberflächenstrukturen werden ihrer Funktion nach als ‹Anti-Adhäsions-Einrichtungen› interpretiert (Schmalfuss, 1977). Bei glatter Oberfläche könnten in der Laubstreu nasse Teile anhaften und die Beweglichkeit der Tiere und den Stoffaustausch mit der Umgebung erheblich einschränken.

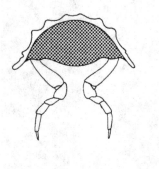
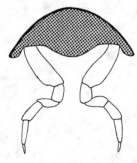

Abb. 69, 70: Vergleich von Körperquerschnitt und Laufbeinen bei der glatten, schnellfüßigen und langbeinigen *Trichoniscus pusillus* (Oberflächenbewohner) und der gerippten, langsamen und kurzbeinigen *Haplophthalmus montivagus* (euedaphische Form) (nach Schmalfuss, 1977).

Abb. 69 *Haplophthalmus m.*   **Abb. 70** *Trichoniscus p.*

Tafel 48: *Oniscus asellus* – Oniscidae, Mauerassel

    a Rumpf, kaudal, mit Telson und Uropoden. 0,5 mm.
    b Höcker auf dem Rücken mit Hautschuppen. 25 µm.
    c Rumpf, kaudal, mit Telson und Uropoden. Am rechten Außenast des rechten Uropoden ist Sekret aus der Uropodendrüse ausgetreten. 250 µm.
    d Typische Hautschuppen im Rückenbereich. 10 µm.
    e Rumpf, kaudal, lateral, mit Telson und Uropoden. 250 µm.
    f Innenäste der Uropoden, terminal. 50 µm.

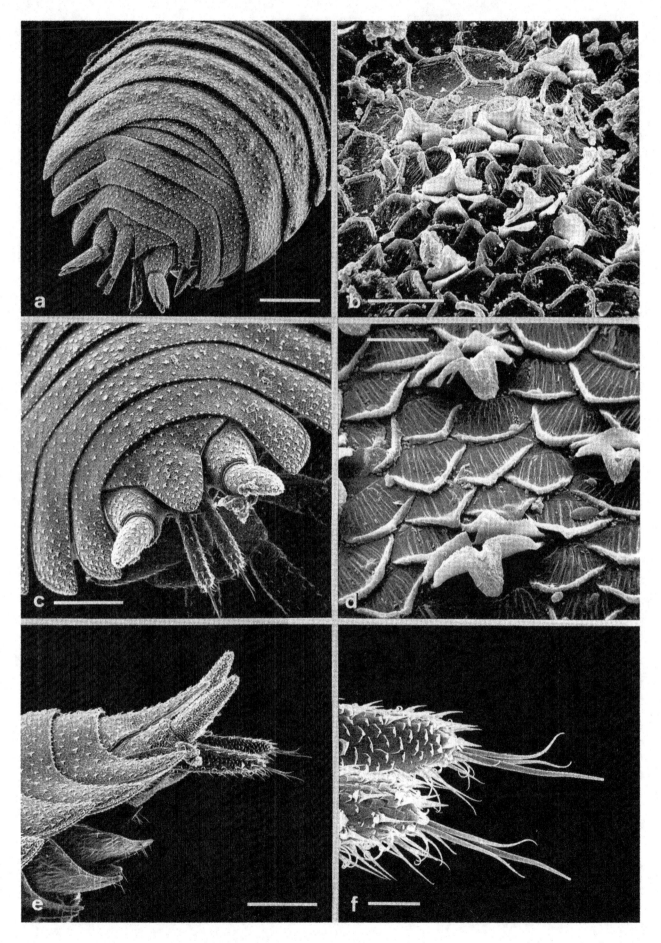

117

2.5.7 Pleopoden-Endopodite als Kiemen

Die Pleopoden des 2. Abdominalsegments und die Endopodite der 1. Pleopoden sind bei den Männchen zu Gonopoden differenziert, die wichtige Funktionen für die Begattung übernehmen (Tafel 49). Bei den verbleibenden männlichen Pleopoden und den Pleopoden der Weibchen sind die Endopodite zu Kiemen differenziert. Die respiratorische Oberfläche entspricht der abgeflachten Form der Endopodite; der Diffusionsweg des Sauerstoffs von außen in das Lumen der Kiemen (Hämolymphraum) wird durch eine dünne Cuticula und ein flaches Epithel kurz gehalten. Die dachziegelförmig aufliegenden Exopodite dienen als Opercula dem

Schutz der zarthäutigen Kiemen. Bei den amphibischen Landasseln – z. B. *Ligidium hypnorum,* der Sumpfassel – liegen die Exopodite den Endopoditen locker auf, so daß Wasser beständig dazwischen fließen kann. Bei den stärker an das Landleben angepaßten Assen schließen die nach außen gewölbten Exopodite seitlich mit den Epimeren wasserdicht ab und umschließen die Endopodite in einem Pleoventralraum (Tafel 52), der über die ventrale Wasserleitung mit sauerstoffreicher Flüssigkeit versorgt wird. So bleibt in jedem Fall die respiratorische Funktion der Endopodite erhalten (HOESE, 1981).

Tafel 49: *Oniscus asellus* – Oniscidae, Mauerassel
- **a** Pleon, ventral, mit Blick auf die Pleopoden eines Männchens mit halbseitig geöffnetem Pleoventralraum. Die Pfeile markieren das Wasserleitungssystem. 0,5 mm.
- **b** Endopodite III–V. Sie dienen als Kiemen und werden an der stets feuchten Oberfläche von Ciliaten besiedelt. 250 µm.
- **c** Griffelförmige Endopodite eines Männchens als Hilfsstrukturen für die Begattung (Gonopoden). 0,5 mm.
- **d** Oberfläche eines Endopoditen mit Ciliaten (Pfeile). MATTHES (1950) wies Vertreter einer eigenen Kiemenfauna nach: 10 Ciliaten-Arten, 1 bdelloides Rotator. 25 µm.
- **e** Exopodit III, dorsal, mit respiratorischer Oberfläche (respiratorisches Feld) (Pfeil). 0,5 mm.
- **f** Respiratorische Oberfläche (respiratorisches Feld), dorsal. 110 µm.

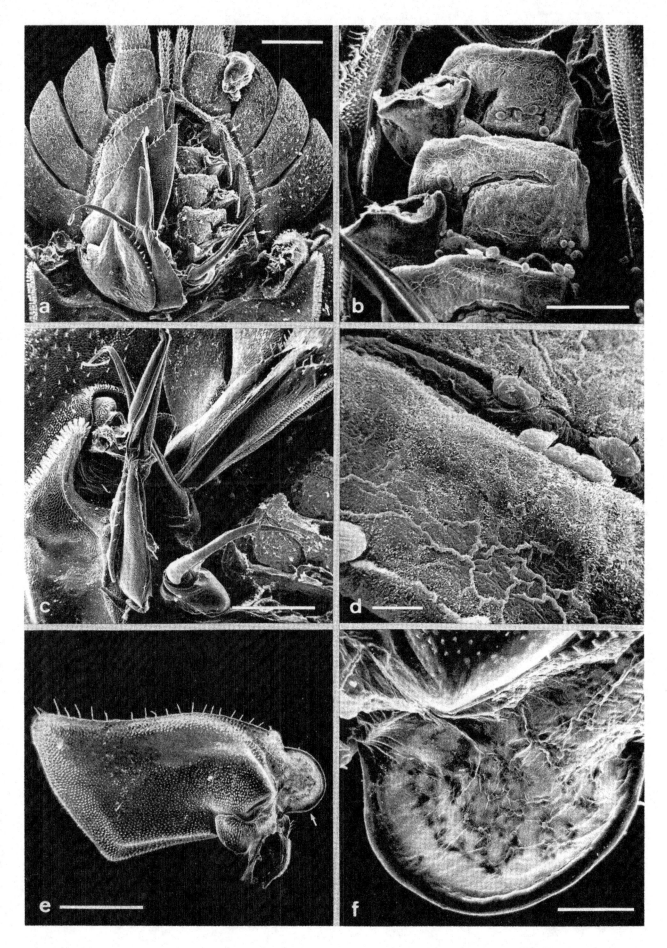

119

2.5.8 Das Wasserleitungssystem der Landasseln – *Porcellio*-Typ

Das Wasserleitungssystem der Landasseln stellt einen Anpassungsmodus dar, der für das terrestrische Leben der ursprünglich das Meer bewohnenden Asseln notwendig wurde (HOESE, 1981). Es beginnt an den lateral liegenden Harnöffnungen des Cephalothorax und geht über in körperventrale Leitungsstrukturen, die über querverlaufende Tergitrinnen miteinander verbunden sind und im Pleoventralraum enden. Der Harn wird aus den Maxillarnephridien in das Leitungssystem aufge-

nommen. Entlang der Fließstrecke und durch die Oberflächenvergrößerung des Leitungssystems entweicht beständig NH_3 (Exkretion als Ammoniotelie), während umgekehrt Luftsauerstoff eindiffundiert. Im Pleoventralraum diffundiert der Sauerstoff dann dem Gradienten entsprechend über die respiratorische Oberfläche der Endopodit-Kiemen in den Körper. Nach dieser Passage wird das NH_3-freie Wasser dem Anus zugeleitet und im Rektum rückresorbiert.

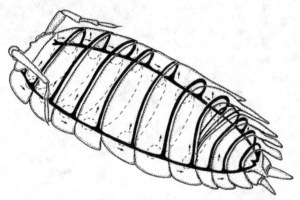

Abb. 71: Das geschlossene Wasserleitungssystem von *Porcellio scaber* – Porcellionidae: *Porcellio*-Typ (verändert nach HOESE, 1981). Der aus den Kopfdrüsen abfließende Harn wird über die Körperoberfläche verteilt. Beim offenen Ligia-Typ kommt es über die Peraeopoden auch noch zur Aufnahme externen Wassers, z. B. von der Bodenoberfläche.

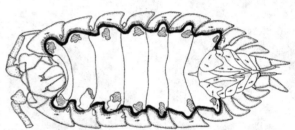

Abb. 72: Der Verlauf der ventralen Leitungsbahnen des Wasserleitungssystems von *Porcellio scaber* – Porcellionidae (verändert nach HOESE, 1981). Die Pfeile markieren die Fließrichtung vom Kopf bis über die Pleopoden.

Tafel 50: *Porcellio scaber* – Porcellionidae, Kellerassel
    a Habitus, lateral. 1 mm.
    b Vorderkörper, lateral. Die Geißel der Antenne 2 ist im Gegensatz zur Mauerassel zweigliedrig. 250 µm.
    c Vorderkörper, dorsal. 0,5 mm.
    d Antenne 1 mit Aesthetasken am 3. Glied. 50 µm.
    e Höcker mit Hautschuppen aus der Rückenregion. 25 µm.
    f Komplexauge. 100 µm.

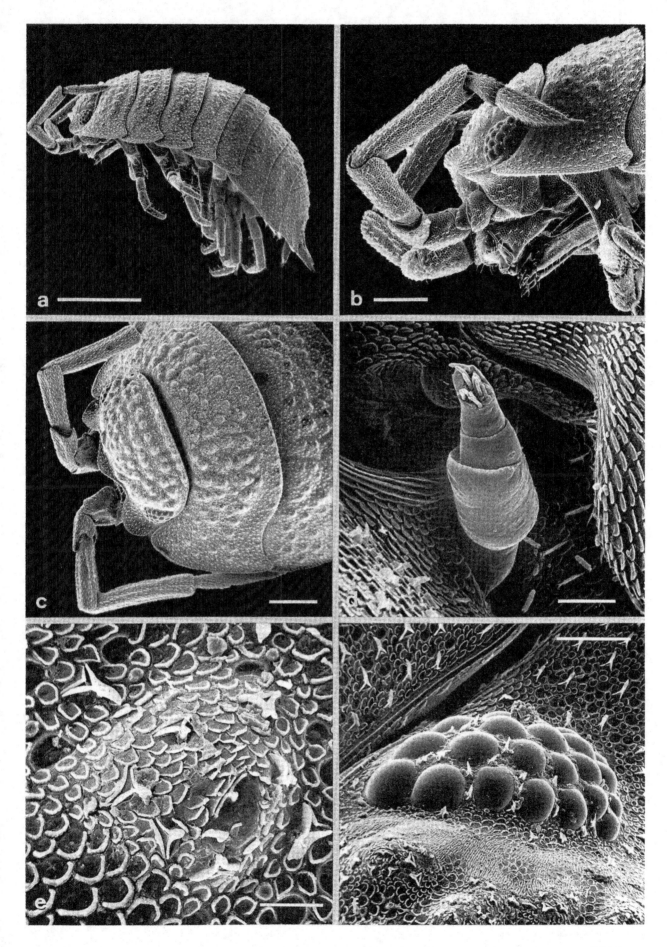

2.5.9 Das Wasserleitungssystem der Landasseln – *Ligia*-Typ

Das Wasserleitungssystem des *Ligia*-Typs ist dem *Porcellio*-Typ ähnlich strukturiert und verfügt über ventrale und dorsale Fließeinrichtungen (HOESE, 1982b). Der *Ligia*-Typ funktioniert im Gegensatz zum *Porcellio*-Typ (geschlossenes Recycling-System) als ein offenes System, das aus feuchtem Substrat in der Umgebung der hydrophilen Asseln Wasser in das System aufnehmen kann. Dazu legt die Assel die 6. und 7. Peraeopoden über einem Wassertropfen zusammen und saugt es auf kapillarem Wege in das Leitungssystem.

Über die große Fließstrecke, begünstigt durch Oberflächenvergrößerung, verdunstet ein Teil der Flüssigkeit. Die dabei entstehende Verdunstungskälte senkt die Körpertemperatur. Das Wasserleitungssystem der Landasseln dient also nicht alleine der Wahrung eines entsprechenden Feuchtemilieus, sondern übernimmt auch Funktionen der Exkretion, Respiration und Thermoregulation, sowie möglicherweise der Osmo- und Ionenregulation.

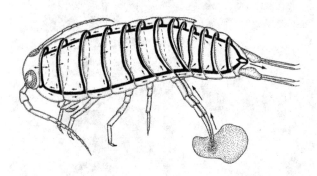

Abb. 73: Der *Ligia*-Typ des Wasserleitungssystems terrestrischer Isopoden. Über die zusammengelegten Peraeopoden 6 und 7 wird dem Leitungssystem Wasser von außen zugeführt, so daß der in den Leitungen befindliche Harn verdünnt wird. Die Verteilung der Flüssigkeit über die Körperoberfläche erfolgt wie beim *Porcellio*-Typ (verändert nach HOESE, 1982b).

Tafel 51: *Porcellio scaber* – Porcellionidae, Kellerassel
    a Vorderkörper, ventral. 0,5 mm.
    b 2. Antenne, distal, mit Pinselorgan. Die bei *Ligidium* und *Trichoniscus* freien Sinneshaare sind hier zu einem kompakten Sinnesstift verschmolzen. 50 µm.
    c Cuticula der Bauchseite entlang der Sagittalebene. 50 µm.
    d Pinselorgan, proximal. 5 µm.
    e Beinbasen mit Wasserleitungssystem (Pfeil). 200 µm.
    f Wasserleitungssystem, gebildet aus den Hautschuppen. 25 µm.

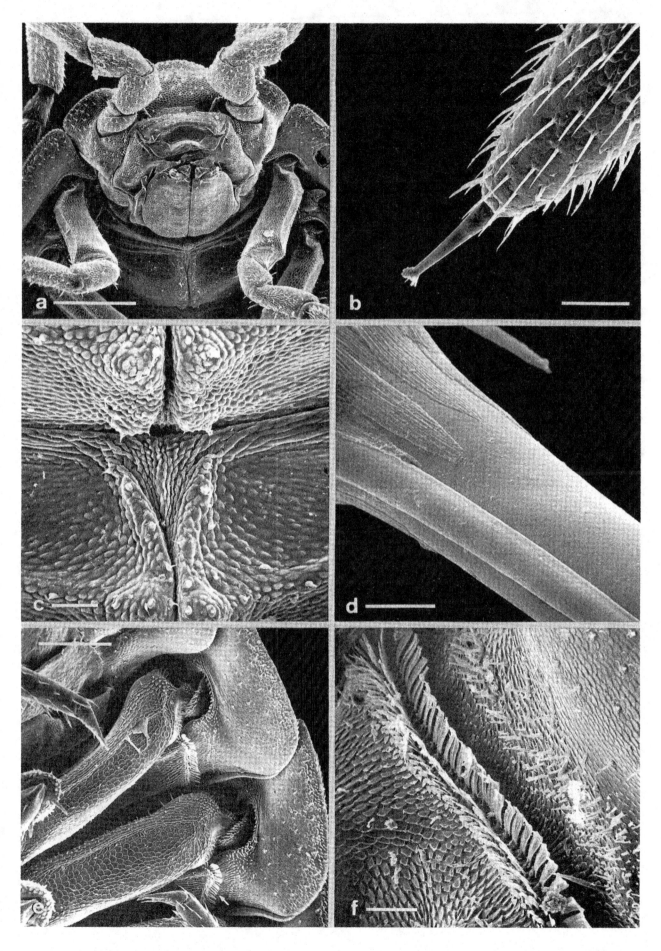

123

2.5.10 Lungen in den Pleopoden-Exopoditen der Landasseln

Neben den Kiemen auf den Pleopoden-Endopoditen, die über das Wasserleitungssystem mit sauerstoffreichem Wasser versorgt werden, verfügen Landasseln mit steigender Anpassung an die Luft als Atemmedium über entsprechend differenzierte Lungen in den Exopoditen der Pleopoden. An feuchte Biotope gebundene Asseln *(Ligia, Ligidium)* können ihren Sauerstoffbedarf über Kiemen decken, größere Landasseln in semiariden und ariden Biotopen *(Hemilepistus)* bedürfen hochentwickelter Lungen. Die morphologischen Komponenten einer funktionstüchtigen Lunge bestehen in der vergrößerten respiratorischen Oberfläche durch Membranfaltungen, in der Verkürzung des Diffusionsweges durch dünne Lungenepithelien und durch die Bildung einer Atemhöhle zur Herabsetzung der Verdunstungsrate. Diese strukturellen Voraussetzungen sind schrittweise in den sich differenzierenden Lungen der mehr und mehr angepaßten Arten erfüllt. Während *Oniscus asellus* nur über frei exponierte respiratorische Felder an den Exopoditen verfügt (Tafel 49), besitzt *Porcellio scaber* bereits gut entwickelte Lungenpaare in den Exopoditen 1 und 2 (Tafel 52) (HOESE, 1982a, 1983).

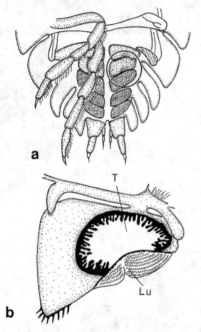

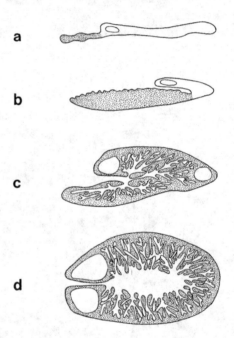

Abb. 74: Zur Lage der Tracheenlungen von *Porcellio scaber* – Porcellionidae (verändert nach KAESTNER, 1967 aus TOPP, 1981).
a Übersicht der Pleopoden. Der Kreis erfaßt die Exopodite 1–3 der linken Körperhälfte. Die Pleopoden 1–2 erscheinen im Leben durch die Luftfüllung der Lungen weiß (‹Weiße Körper›).
b Exopodit mit Lage der Tracheenlunge (T) und Lungeneingangsfeld (Lu).

Abb. 75: Zur Evolution der respiratorisch aktiven Flächen an den Exopoditen einiger Landisopoden (verändert nach HOESE, 1981 aus TOPP, 1981). Querschnitte durch die Exopoditen, wobei die respiratorischen Felder oder Lungenabschnitte punktiert dargestellt sind.
a *Oniscus asellus* b *Trachelipus ratzeburgi*
c *Porcellio scaber* d *Hemilepistus reaumuri*

Tafel 52: *Porcellio scaber* – Porcellionidae, Kellerassel
    a   Rumpf, kaudal, mit Telson, Uropoden und den plattenförmigen Exopoditen der Pleopoden. 200 µm.
    b   Rumpf, kaudal, ventral, mit Pleopoden, Uropoden und Telson. Der Pfeil markiert einen Lungeneingang am Exopoditen II. 0,5 mm.
    c   Pleoventralraum mit freigelegten Endopoditen. Die Pfeile markieren das Wasserleitungssystem. 0,5 mm.
    d   Endopodite I und II mit den Lungeneingangsfeldern. 250 µm.
    e   Lungeneingangsfeld. 50 µm.
    f   Cuticula eines Lungeneingangsfeldes. 5 µm.
    g, h Kammschuppen auf der Oberseite (Dorsal-) des Exopoditen IV. 10 µm, 10 µm.

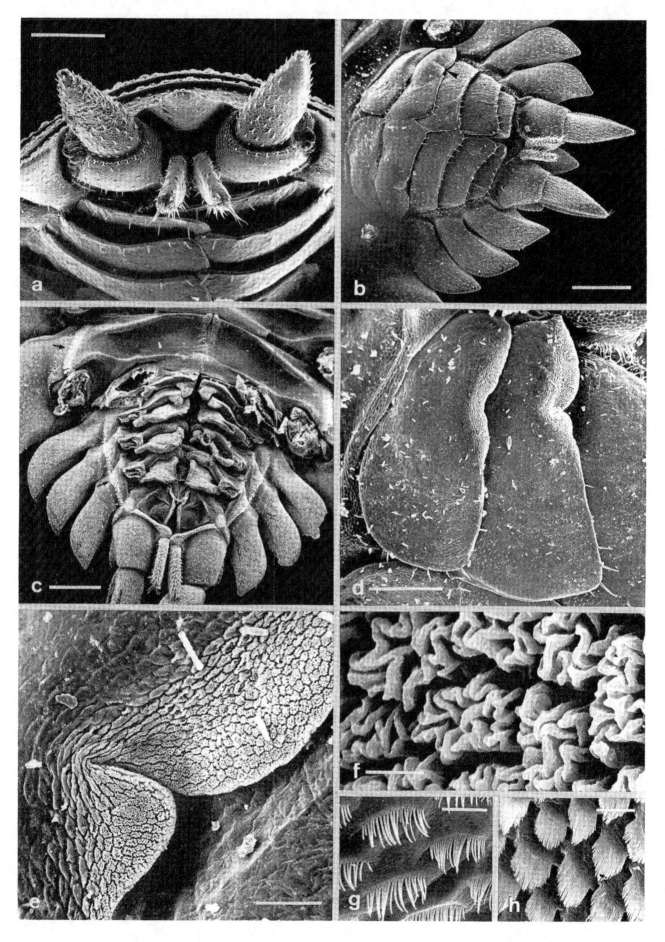

125

2.5.11 Rückresorption an den Endopoditen der Landasseln

Den dünnwandigen Endopoditen der Pleopoden kommt möglicherweise nicht nur die respiratorische Funktion zu, sondern auch die Rückresorption von Wasser. Das Wasserleitungssystem befördert das Harn-Wasser-Gemisch (*Ligia*-Typ) oder den Harn (*Porcellio*-Typ) bei ständiger Abgabe von NH_3 und Aufnahme von O_2 endlich zu den Endopoditen im Pleoventralraum. Feinstrukturell ist das Epithel der Endopodite durch apikale und basale Oberflächenvergrößerungen in Form tiefer Einfaltungen, sowie durch eine große Anzahl cristaereicher Mitochondrien zu einem typischen Transportepithel differenziert (BABULA und BIELAWSKI, 1976;

KÜMMEL, 1981). So ist es denkbar, daß das Wasser des Leitungssystems nicht nur über den Darmtrakt im Rectum, sondern über die Transportepithelien der Endopodite rückresorbiert wird, indem Elektrolyte aktiv in das Lumen der Endopodite transportiert werden und das Wasser dem aufgebauten osmotischen Sog passiv folgt. Ähnliche Strukturen und Mechanismen werden für viele Bodentiere beschrieben, die stark transpirieren und mit Wasser haushalten müssen (EDNEY, 1954, 1960, 1977; DEN BOER, 1961; LINDQVIST, 1972; CLOUDSLEY-THOMPSON, 1977; COENEN-STASS, 1981).

Tafel 53: *Armadillidium vulgare* – Armadillidiidae, Rollassel
    a Vorderkörper, schräg dorsal, mit Halsschild. 1 mm.
    b Rumpf, kaudal, mit Telson und plattenförmigen Uropoden. 0,5 mm.
    c Vorderkörper, ventral. 1 mm.
    d Kopf und Halsschild, lateral. 1 mm.
    e Beinbasen unter den Epimeren. Der Pfeil markiert Kopplungsstrukturen zwischen den Segmenten für den gekugelten Zustand. 250 µm.
    f Cuticula auf dem Rücken der Rumpfsegmente mit kleinen Hautschuppen. 25 µm.

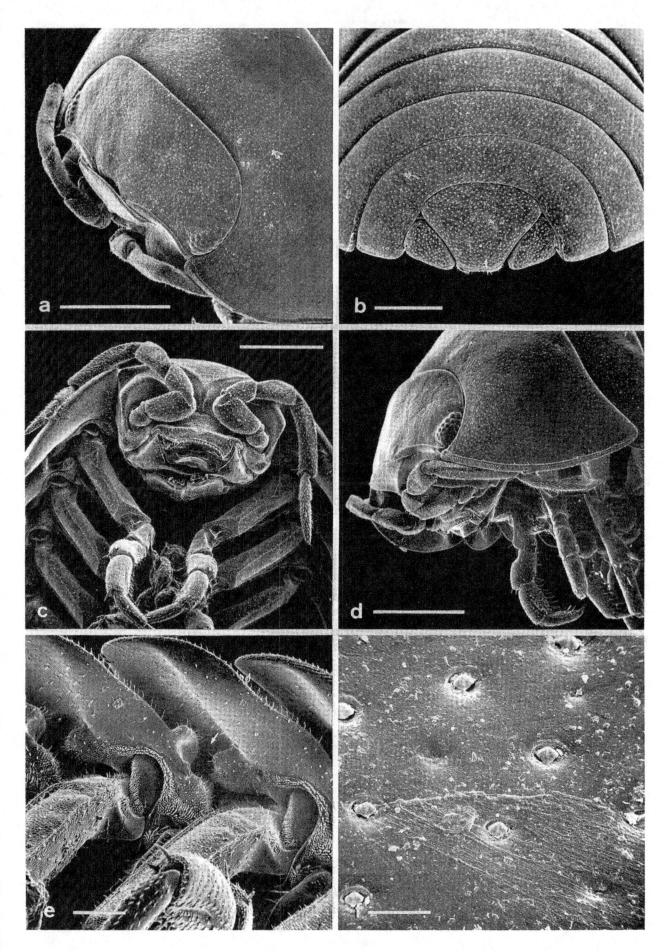

2.6 Unterklasse: Chilopoda – Hundertfüßer (Myriapoda)

Allgemeine Literatur: VERHOEFF 1925, DOBRORUKA 1961, CAMATINI 1979, LEWIS 1981

2.6.1 Geophilomorpha und Lithobiidae

Die Hundertfüßer oder Chilopoda zählen mit den bodenbewohnenden Diplopoda (Doppelfüßer), Pauropoda (Wenigfüßer) und Symphyla (Zwergfüßer) zur Klasse Myriapoda. Sie sind dem Leben im Boden recht gut in verschiedenen Lebensformtypen angepaßt. Bei den Hundertfüßern sind zwei deutlich unterschiedliche Lebensformtypen zu beobachten. Die epedaphische Lebensweise verkörpern die an die Bodenoberfläche gebundenen Lithobiidae; die Geophilomorpha leben dagegen rein euedaphisch. Beide ernähren sich räuberisch; die Unterschiede betreffen vor allem den Körperbau, sinnesphysiologische Anpassungen sowie Anpassungen an unterschiedliche Feuchtigkeitsverhältnisse.

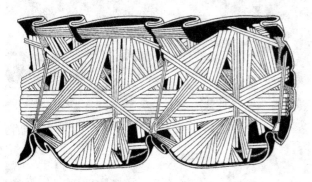

Abb. 76: Zur Muskulatur der Geophilidae (nach FÜLLER, 1963). Blick auf Teile des Muskelsystems mit Longitudinal-, Dorsoventral- und Diagonalmuskulatur in verschiedenen Ebenen. Das vielgliedrige Muskelsystem und die flexiblen Intersegmentalmembranen gewährleisten eine hohe Beweglichkeit der Segmente und sind Voraussetzung für die enorme Wendigkeit dieser Tiere und Anpassung an das Lückensystem des Bodens.

Tafel 54: *Scolioplanes acuminatus* – Scolioplanidae
- **a** Vorderkörper, schräg dorsal. 0,5 mm.
- **b** Vorderkörper, schräg ventral. 0,5 mm.
- **c** Rumpfsegmente im vorderen Drittel des Körpers. Sie verjüngen sich in Richtung zum Kopf. 250 μm.
- **d** Rumpfsegmente, dorsal, mit Prae- und Metatergiten. 100 μm.
- **e** Flankenregion eines Rumpfsegmentes mit Beinbasis und Stigma. 100 μm.
- **f** Bauchregion, ventral. Im kaudalen Teil der Sternite liegen Porenfelder von Wehrdrüsen (Pfeil). 100 μm.

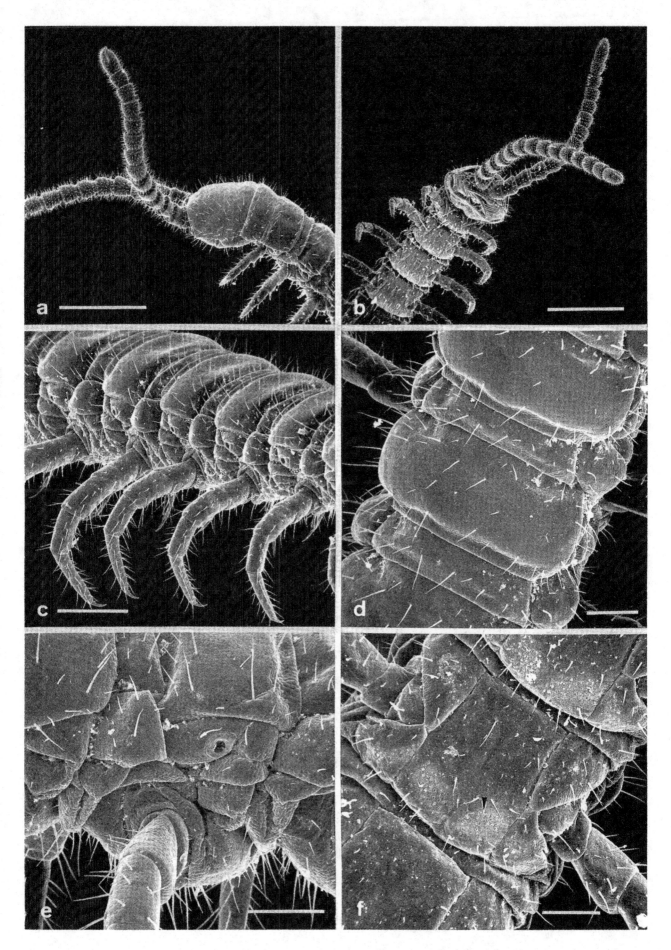

129

2.6.2 Euedaphische Lebensweise der Geophilomorpha

Die Geophilomorpha sind wurmförmig gestaltet und bestehen aus 35 bis 175 Rumpfsegmenten bei einer Länge von 9 bis 200 mm. Mit den kurzen und eng anliegenden Beinen durchziehen sie Bodengänge bis in Tiefen von mehr als 30 cm und erbeuten dabei fast ausschließlich Regenwürmer und andere weichhäutige Tiere der tiefen Bodenschichten.

Als weiteres Kriterium der unterirdischen Lebensweise gilt das Fehlen der Augen. Stattdessen befinden sich auf dem meist hellen Körper in bei-nahe gleichmäßigem Abstand zueinander Sinneshaare, die als Mechanorezeptoren durch Berührungskontakt die Enge der Bodengänge und die unmittelbare Umgebung wahrnehmen. Vor Feinden schützen sich die Tiere mit Wehrdrüsen, die auf den Sterniten der Rumpfsegmente in Drüsenfeldern münden (Tafel 54). Beim Nähern eines Angreifers dreht der Erdläufer *Geophilus* diesem die Ventralseite zu und zwingt ihn durch Besprühen mit Sekret zur Umkehr (DOBRORUKA, 1961).

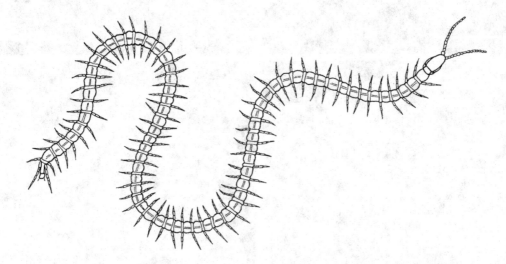

Abb. 77: Der Erdläufer *Geophilus electricus* – Geophilidae, in Laufhaltung (nach KAESTNER, 1963).

Tafel 55: *Scolioplanes acuminatus* – Scolioplanidae
   a Kopf mit Maxillipedensegment (Kieferfußsegment) und Antennenbasis, dorsal. 200 µm.
   b Kopf mit Maxillipedensegment, lateral. 200 µm.
   c Kopf, schräg ventral, mit Maxillipeden. 200 µm.
   d Antennenbasis, lateral. Augen fehlen. 50 µm.
   e Maxillipeden und Mundwerkzeuge. Letztere sind zum größten Teil verborgen. 100 µm.
   f Stilett eines Maxillipeden mit der Giftdrüsenmündung. Über die Oberfläche verteilt finden sich leicht eingesenkte, konische Sensillen. 10 µm.

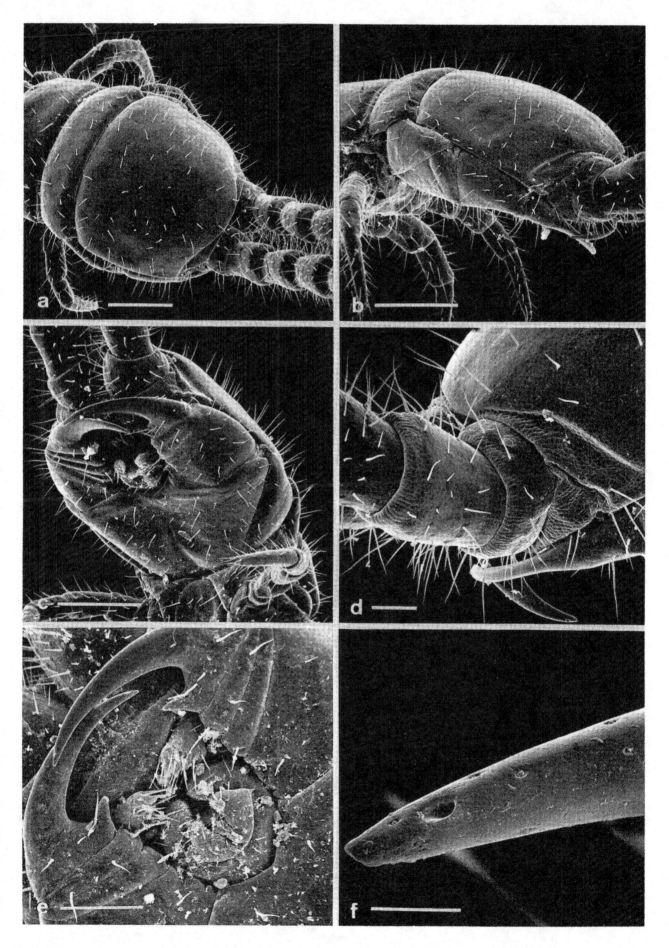

2.6.3 Antennale Sinnesorgane der Geophilomorpha

Wie bei den Insekten sind auch bei den Chilopoden die Antennen die Träger chemo- und mechanosensitiver Sensillen, die beim Beuteerwerb, beim Erkennen der Geschlechter und zur Orientierung im Boden wichtige wahrnehmende Aufgaben haben. Den differenzierten Funktionen entsprechend treten verschiedene Sensillen auf, die sich sowohl strukturell als auch in der Anzahl und Verteilung auf den Antennen unterscheiden. ERNST (1976, 1979, 1981) beschreibt auf den Endgliedern der 14gliedrigen Antennen von *Geophilus longicornis* 3 Sensillentypen: 1. Die Sensilla trichodea sind mit 620–660 Sensillen der häufigste Sensillentyp. Hierbei handelt es sich um spitz zulaufende, leicht gekrümmte Haare mit nur 50–75 µm Schaftlänge. Die Feinstruktur

deutet auf einen Kontaktchemorezeptor hin. 2. Die zapfenförmigen Sensilla basiconica befinden sich in zwei lateralen, grubenförmigen Vertiefungen der distalen Antennenglieder. Ihre Wand ist mit zahlreichen Poren ausgestattet. Diskutiert wird die Funktion der Chemo-, Hygro- und Thermorezeption. 3. Die spitzkegeligen Sensilla brachyconica befinden sich auf dem Apex des Endgliedes der Antennen. Sie bilden eine Gruppe von 7 Sensillen, indem ein zentrales Sensillum von 6 Sensillen annähernd kreisförmig umgeben wird. Diese Gruppe der Sinneskegel ist wiederum von einem Kranz zahlreicher Sensilla trichodea umgeben. Auch hier wird eine Doppelfunktion als Thermo- und Hygrorezeptor diskutiert.

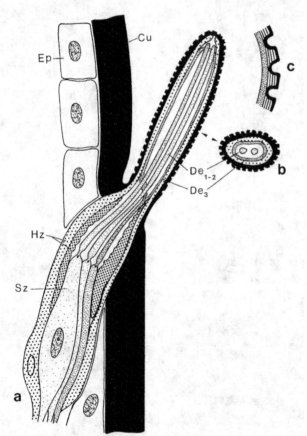

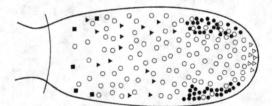

Abb. 78: *Geophilus longicornis* – Geophilidae. Verteilung der Haarsensillen auf der Dorsalseite des Antennenendgliedes (nach ERNST, 1979).

△ Kleine, dicke Borsten (Sensilla brachyconica) 17–20 µm.

○ Mittelgroße, spitze Haare (Sensilla trichodea) 50–75 µm.

● Kurze, blattförmige Sensillen (Sensilla basiconica) 10–14 µm.

▲ Kleine Sinneshaare (–) 3,5–7 µm.

■ Lange, spitze Haare (–) 170–270 µm.

Abb. 79: *Geophilus longicornis* – Geophilidae. Sinnesstrukturen der Antenne (verändert nach ERNST, 1979).

a Sensillum basiconicum, schematisch, mit 3 Sinneszellen (Sz) und 2 Hüllzellen (Hz). Die Haarcuticula ist dünn und wenigstens in der äußeren Schicht perforiert. In das Haar ziehen 3 Dendriten: 2 schlanke (De$_{1-2}$) und ein verbreiteter, scheidenartiger Sinnesfortsatz (De$_3$).

b Querschnitt durch den Haarschaft.

c Feinbau der Haarschaftcuticula.

Ep – Epidermis, Cu – Cuticula.

Tafel 56: *Scolioplanes acuminatus* – Scolioplanidae

    a Antenne, distal, mit Sensilla trichodea, S. brachyconica und S. basiconica. Letztere ziehen in einer breiten Reihe (Pfeil) zum Apex des Antennengliedes. 50 µm.

    b Antenne, mittlerer Abschnitt. 100 µm.

    c Drei S. basiconica und ein S. trichodeum, distal. 2 µm.

    d Antennenglied im Mittelabschnitt der Antenne. 25 µm.

    e Stigma. 10 µm.

    f Cuticula mit zellulärem Muster und Hautdrüsen (Pfeile). 3 µm.

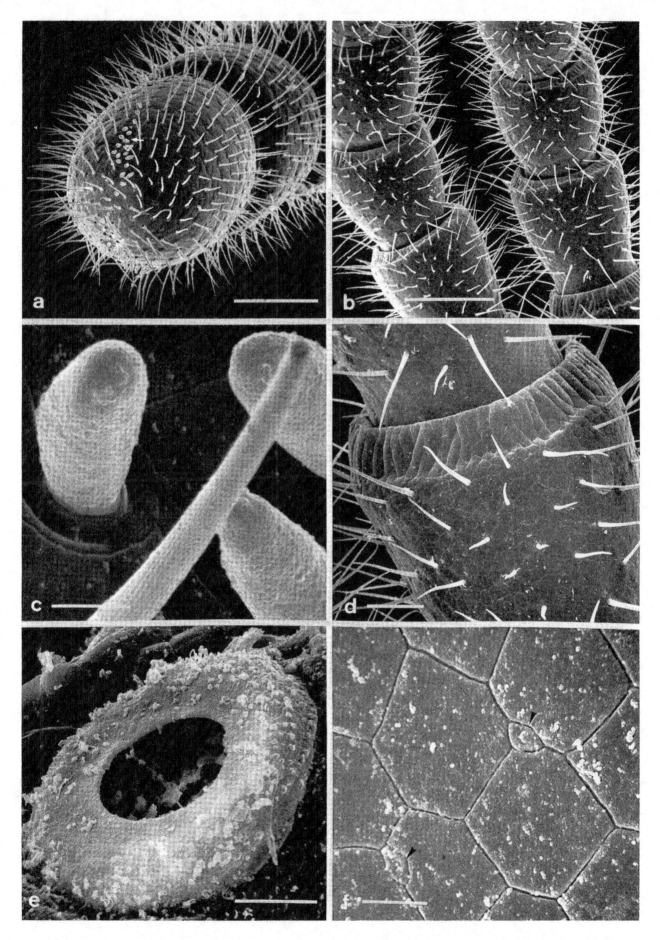

2.6.4 Coxalorgane der Geophilomorpha

Auf den breiten und flächigen Coxen der Beine des letzten Rumpfsegmentes der Geophilomorpha befinden sich Porenfelder, deren Poren als Coxalorgane beschrieben wurden (ROSENBERG und SEIFERT, 1977; ROSENBERG, 1982). Diese Poren haben einen Durchmesser von 15–25 µm und erweisen sich als Öffnungen tief in die Coxen eingelassener, zylindrischer Freiräume, die von einer dünnen Cuticula ummantelt werden. Unter dieser Cuticula liegen hauptsächlich größere Transportzellen, deren Zellkerne in den basalen Bereich verlagert sind und deren auffallende Merkmale die Oberflächenvergrößerung der basalen und apikalen Zellmembranen sind. Vor allem die tiefen basalen, eng beieinanderliegenden Einfaltungen sind gepaart mit einer großen Anzahl parallel dazu verlaufender, cristaereicher Mitochondrien (vgl. Abb. 83).

Höchstwahrscheinlich stehen diese Organe im Dienste des Wasserhaushaltes der Tiere und ihrer Wasseraufnahme, da sie bei vielen hygrophilen Bodentieren in ähnlicher Weise verwirklicht sind. So ist vorstellbar, daß Tautropfen kapillar in die Porenzylinder aufgenommen werden, um mit Hilfe der vorhandenen Transportmechanismen in die Hämolymphe der Tiere zu gelangen.

ROSENBERG und BAJORAT (1983) wiesen für *Lithobius forficatus* nach, daß die Coxalporen im Vergleich zur normalen Cuticula eine gesteigerte Permeabilität aufweisen. Bei Verschluß der Poren vermindert sich der Influx tritiierten Wassers aus der Atmosphäre um 40%. Dies darf jedoch noch nicht als Nachweis der aktiven Wasserdampfaufnahme betrachtet werden, wie sie von anderen Arthropoden bekannt ist (RUDOLPH und KNÜLLE, 1982). *Lithobius* nimmt, auch wenn ein Defizit an Körperwasser vorhanden ist, in gesättigter Wasserdampfatmosphäre nicht an Gewicht zu und erleidet fortlaufend hohe Wasserverluste.

Tafel 57: *Scolioplanes acuminatus* – Scolioplanidae
    a Rumpf, kaudal, ventral, mit Analregion. Die Coxen der Wehrbeine sind mit Poren durchsetzt. 200 µm.
    b Rumpf, kaudal, lateral. 250 µm.
    c Coxen mit ‹Coxaldrüsen›feldern. Der Anus wird von drei Klappen begrenzt. 200 µm.
    d Porus einer ‹Coxaldrüse›. 10 µm.
    e Distale Gliederung eines Laufbeines. 50 µm.
    f Laufbein, distal, mit Klaue. 20 µm.

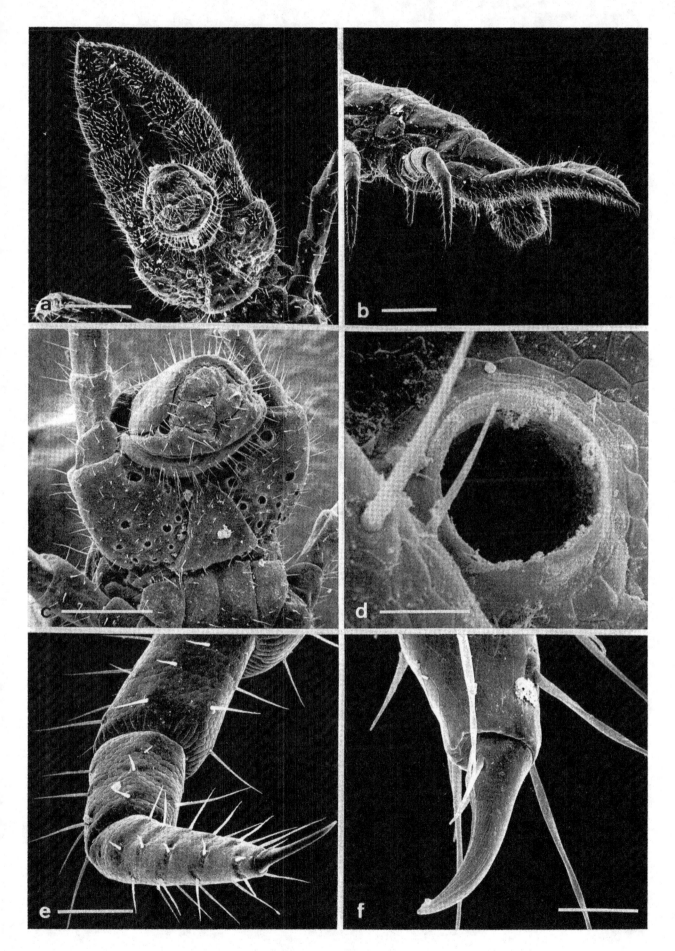

2.6.5 Epedaphische Lebensweise der Lithobiidae

Der räuberische Steinläufer, *Lithobius forficatus* (Abb. 80), gehört zu den gewandten und rasch laufenden Bodentieren und lebt bevorzugt in Laub- und Mischwäldern. Seine seitlich vom Körper abstehenden 15 Beinpaare unterstreichen die dorsoventrale Abflachung des Körpers (Abb. 81). Diese Körperform erlaubt es dem Steinläufer zwar nicht, tiefe Bodenschichten zu besiedeln, begünstigt aber das Leben zwischen locker aufliegendem Fallaub und bei Gefahr das schnelle und sichere Auffinden flacher Verstecke unter Steinen und loser Rinde.

Im Solling wurden in einem 130jährigen Buchenwald (Luzulo-Fagetum) die durchschnittliche jährliche Abundanz und Biomasse mit 41 Ind/m^2 und 113,1 mg TG/m^2 für *Lithobius mutabilis* und mit 32 Ind/m^2 und 38,5 mg TG/m^2 für *Lithobius curtipes* ermittelt (ALBERT, 1977).

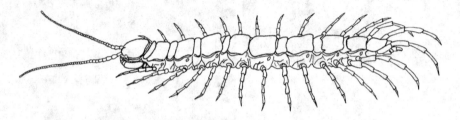

Abb. 80: *Lithobius forficatus* – Lithobiidae (Steinläufer), Seitenansicht, schräg dorsal, (verändert nach KAESTNER, 1963).

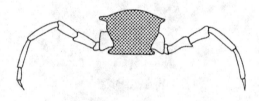

Abb. 81: Rumpfquerschnitt eines Steinläufers, schematisch (verändert nach DUNGER, 1974).

Tafel 58: *Lithobius* spec. – Lithobiidae (Steinläufer)
  a Vorderkörper, dorsal. 1 mm.
  b Kopf, schräg ventral, mit Antennenbasis, einfachem Komplexauge, Tömösváryschem Organ (Pfeil) und den Maxillipeden. 250 µm.
  c Vorderkörper, lateral. 1 mm.
  d Vorderkörper, ventral. 1 mm.
  e Rumpf, kaudal, lateral, mit Wehrbeinen. 1 mm.
  f Rumpf, kaudal, dorsal. 0,5 mm.

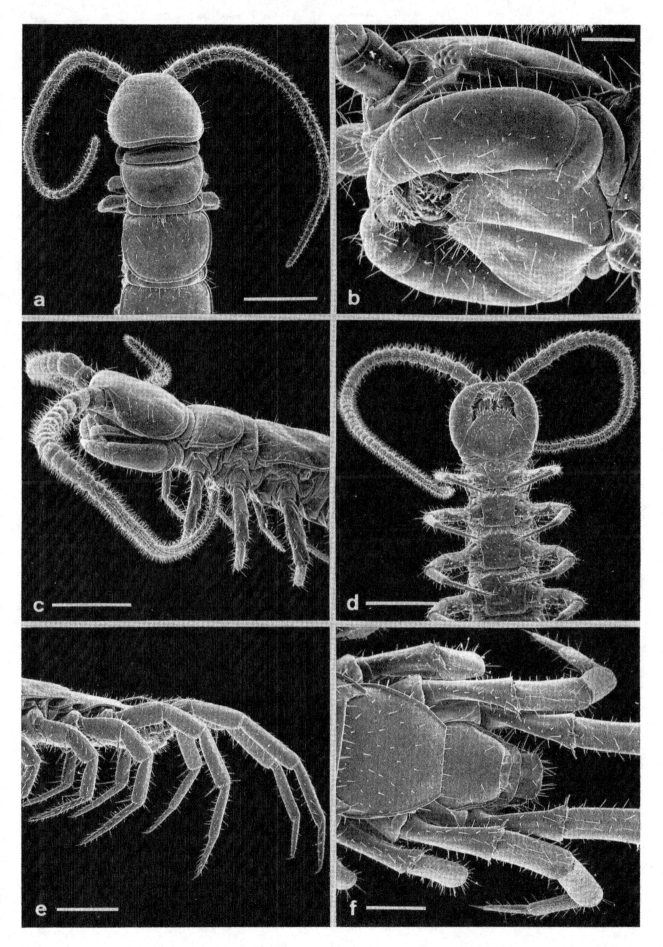

2.6.6 Räuberische Ernährungsweise der Lithobiidae

Lithobius forficatus erbeutet vorwiegend kleine Insekten, sobald diese mit den Antennen in Berührung kommen. Den antennalen Sinnesorganen kommt über die Nahorientierung hinaus offenbar eine wichtige Rolle auch beim Auffinden der Beute zu. Jede Antenne eines ausgewachsenen Steinläufers trägt etwa 2000 Sensilla trichodea, die eine kombinierte Funktion als Kontaktchemo- und Mechanorezeptoren erfüllen (KEIL, 1976). Beim Nahrungserwerb übernehmen offensichtlich diese Sensillen gleichzeitig die Wahrnehmung der Beutetiere über Berührungsreize und das chemische Erkennen der Beute.

Lithobius forficatus packt die Beute mit den Maxillipeden. Das sind Kieferfüße, welche aus den 1. Laufbeinen umgebildet und mit einer Giftdrüse versehen sind, die, einer Injektionskanüle gleich, an den Spitzen mündet (Abb. 82; Tafel 59). Das Beutetier wird mit dem Biß der Gift ausstoßenden Maxillipeden getötet oder gelähmt, dann mit den Mandibeln aufgeschnitten, mit Verdauungssäften übergossen und beim Aufsaugen ausgehöhlt, bis das Chitinskelett des Opfers zurückbleibt (RILLING, 1960).

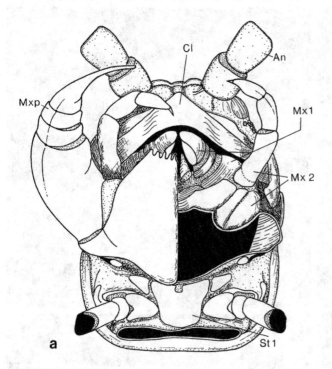
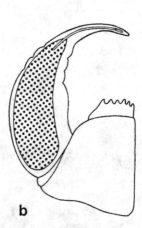

Abb. 82: *Lithobius forficatus* – Lithobiidae (Steinläufer) (verändert nach RILLING, 1968).
a Kopf, ventral, von den Maxillipeden ist die linke Hälfte entfernt. Die Oberlippe, Mandibeln und der Hypopharynx sind unter der 1. Maxille verborgen. An – Antenne, Cl – Clypeus, Mx 1, 2 – Maxille 1 und 2, Mxp – Maxillipede, St 1 – Sternum 1
b Maxillipede mit Giftdrüse, schematisch.

Tafel 59: *Lithobius* spec. – Lithobiidae (Steinläufer)
    a Mundwerkzeuge mit Maxillipeden und Maxillen. 250 µm.
    b Putzhaare der 2. Maxille. 20 µm.
    c Maxillipede in Dorsalansicht mit Giftdrüsenmündung. Über die Klauenoberfläche verteilt finden sich kleine, leicht eingesenkte Sensillen. 50 µm.
    d Klauenoberfläche eines Maxillipeden mit Sensillum. 4 µm.
    e Antenne, mittlerer Abschnitt. 100 µm.
    f Antennenoberfläche mit der Haarbasis eines Sensillum trichodeum. 5 µm.

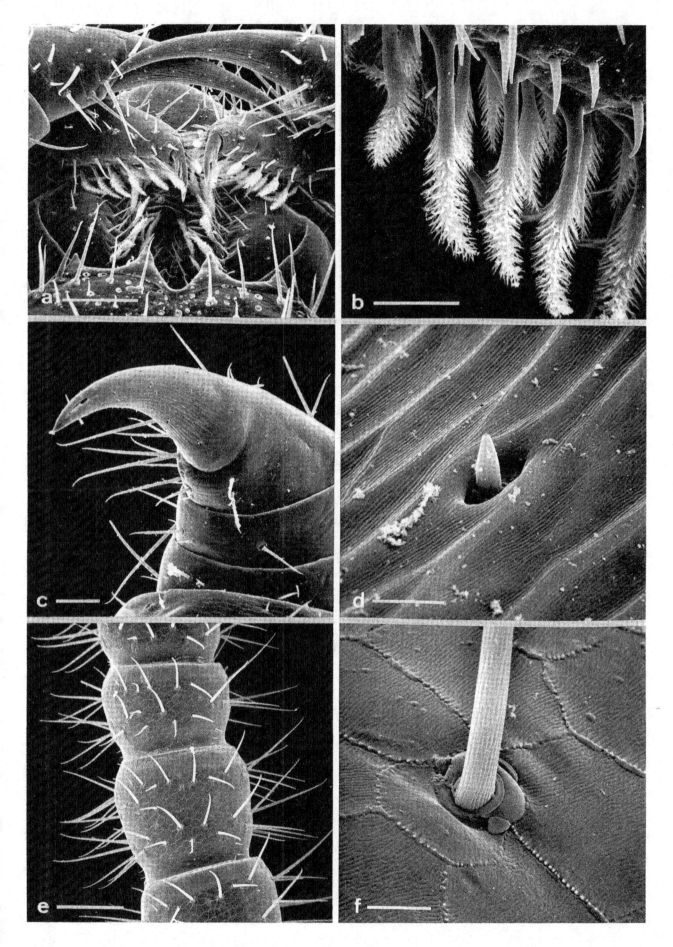

2.6.7 Feuchtigkeitsbedürfnis der Chilopoda

Die epedaphische und euedaphische Lebensweise führt zu unterschiedlichen Anpassungsmechanismen hinsichtlich der variierenden Feuchtigkeit unterschiedlicher Bodenschichten. Die epedaphischen Lithobiiden verlieren viel Wasser, sobald die Luft nicht annähernd feuchtigkeitsgesättigt ist. Dazu trägt neben den offenen Stigmen, die dann ständig Wasserdampf abgeben, ganz wesentlich die permeable Cuticula des Außenskeletts bei, da der dünne, wasserabstoßende Lipidfilm nicht ausreicht (Curry, 1974). Als schnelle und gewandt suchende Läufer gleichen die Lithobiiden durch Ortswechsel und durch Aufsuchen feuchter Habitate, z. B. feuchter Blattstapel, diesen Mangel unter normalen Bedingungen im Waldboden aus. Eine lenkende und

wegweisende Rolle spielen hierbei Hygrorezeptoren, die in den Tömösváryschen Organen am Augenfeld erkannt wurden (Tichy, 1971, 1972; Haupt, 1979) und bemerkenswerterweise bei den euedaphischen Geophilomorpha fehlen. Letztere sind in den Bodengängen nicht so ortsbeweglich wie die frei herumlaufenden Lithobiiden; dafür leben die Geophilomorpha in Horizonten gleichmäßiger Bodenfeuchte mit geringen Temperatur- und Verdunstungsschwankungen. Beiden Lebensformtypen gemeinsam sind in jedem Fall die Coxalorgane der letzten Rumpfsegmente (Abb. 83; Tafel 57, 60), die offensichtlich dazu beitragen, daß der Wasserverlust der Tiere durch Wasseraufnahme, auch von Tautropfen, wieder ausgeglichen wird.

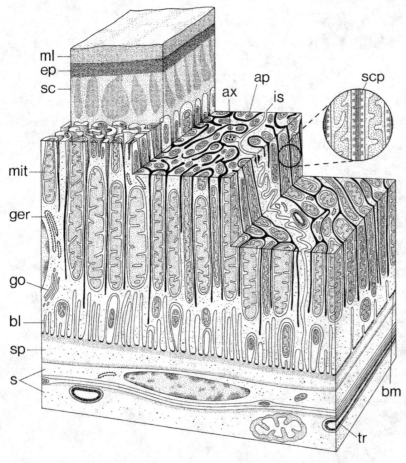

Abb. 83: *Lithobius forficatus* – Lithobiidae (Steinläufer). Ausschnitt des Transportepithels einer Coxaldrüse (verändert nach Rosenberg, 1983). Die wahrscheinliche Hauptfunktion der Coxalporenstrukturen ist der Wasser- und Ionentransport vom Substrat in den Hämolymphraum der Tiere. ap – apikale Ausfaltungen, ax – neurosekretführendes Axon, bl – basales Labyrinth, bm – Basalmembran, ep – Epicuticula, go – Golgi-Apparat, ger – granuläres Endoplasmatisches Reticulum, is – interzellulärer Spalt, ml – muköse Schicht, mit – Mitochondrien, sc – Subcuticula, scp – ‹surface coat particles›, sp – subepithelialer Spalt zum Hämolymphraum, s – zelluläre, basale Scheide, tr – Tracheen.

Tafel 60: *Lithobius* spec. – Lithobiidae (Steinläufer)
    a Rumpfsegmente, lateral. 250 µm.
    b Rumpf, kaudal, ventral, mit Coxaldrüsenmündungen. 250 µm.
    c Stigma. 50 µm.
    d Coxa mit Drüsenporen. 100 µm.
    e Cuticula und Intima des Stigmenrandes. 5 µm.
    f Blick in eine Coxalpore. 20 µm.

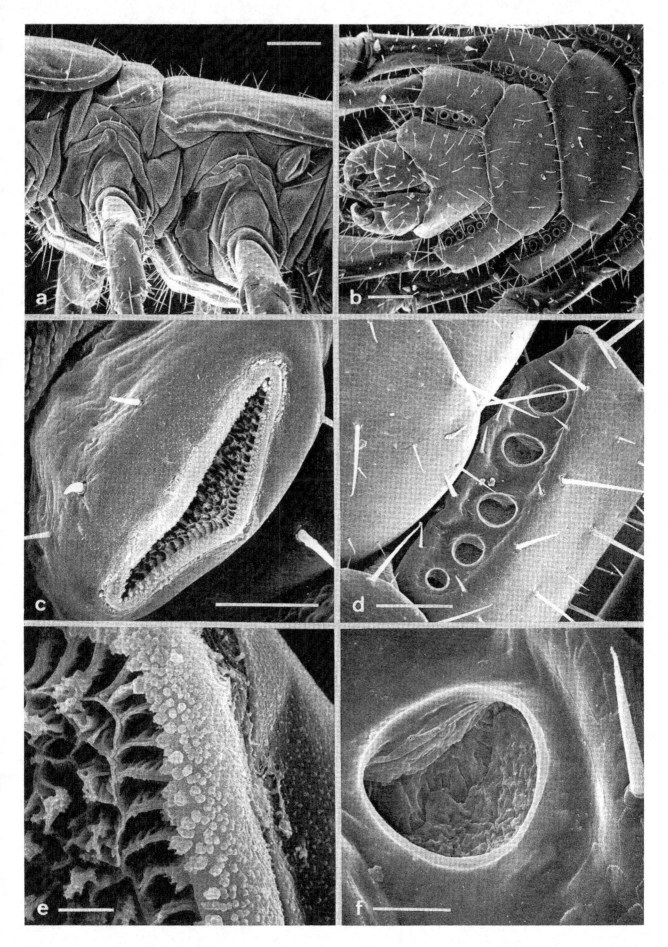

2.7 Unterklasse: Diplopoda – Doppelfüßer (Myriapoda)

Allgemeine Literatur: VERHOEFF 1932, SCHUBART 1934, SEIFERT 1961

2.7.1 Die ep- und hemiedaphische Lebensweise der Diplopoda

Die Doppelfüßer oder Diplopoden sind am Abbau von Bestandsabfall im Boden wesentlich beteiligt. Sie sind reine Pflanzenfresser und zernagen mit ihren Mundwerkzeugen pflanzliche Substanz und in Zersetzung befindliche Pflanzenteile, vor allem in der Laub- und Streuschicht der Wälder. Sie zählen somit zu den makrophytophagen und saprophytophagen Primärzersetzern im Boden (STRIGANOVA, 1967; MARCUZZI, 1970).

Der Körperform und Funktion nach sind sie dem Boden, einerseits der Streu und andererseits den unteren Schichten, gut angepaßt. Mit DUNGER (1974) und MANTON (1977) werden folgende 4 Lebensformtypen dargestellt, mit denen die Diplopoden ep- und hemiedaphisch den Boden erschließen:

1. Lebensform: Bulldozer-Typ (Iulidae)
2. Lebensform: Kugel-Typ (Glomeridae)
3. Lebensform: Keil-Typ (Polydesmidae)
4. Lebensform: Rindenbewohner (Polyxenidae).

Abb. 84: Habitus eines Diplopoden, *Chordeuma silvestre* – Chordeumidae, (verändert nach VERHOEFF, 1932).

Abb. 85: Habitus eines Diplopoden, *Tachypodoiulus albipes* – Iulidae, (verändert nach VERHOEFF, 1932).

Tafel 61: *Orthochordeuma germanicum* – Chordeumidae (a, b); Iulidae (c–f)
    a Kopf, lateral. 200 µm.
    b Komplexauge mit Kopfstigma. 50 µm.
    c Vorderkörper, lateral. 1 mm.
    d Kopf und Halsschild (Collum), lateral. 0,5 mm.
    e Rumpfsegmente, ventral. 250 µm.
    f Beinbasen. 100 µm.

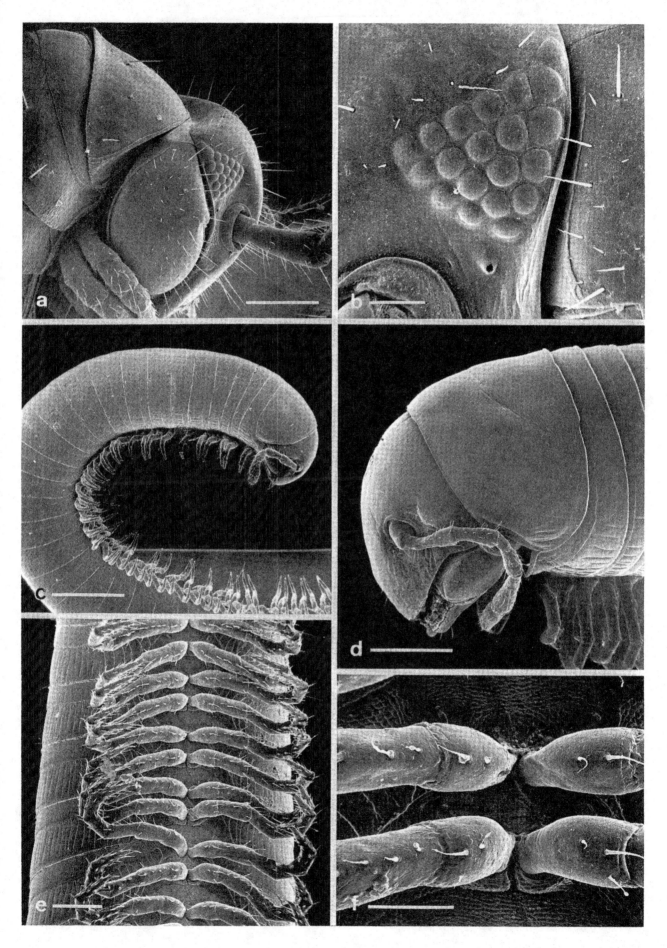

2.7.2 Lebensform – Bulldozer-Typ (Iulidae)

In Mitteleuropa ist dieser hemiedaphische Lebensformtyp vertreten durch die Iuliden (Abb. 85; Tafel 61–63). Sie leben in der oberen Bodenschicht, graben aber ebenso gerne – den Regenwürmern gleich – tiefe unterirdische Gänge. Dementsprechend sind die Tiere wurmförmig, kreisrund, langgestreckt und gegliedert mit mindestens 35 Segmenten, die – den Doppelsegmenten entsprechend – je zwei Paar Beine tragen. Mit dieser großen Zahl serial angeordneter Beine erzielen sie die Antriebskraft, die notwendig ist, um die vor ihnen liegende Erde wie ein Bulldozer wegzuräumen. Dabei dienen der etwas verbreiterte Kopf und das erste, beinlose Halssegment (Collum) als Ramme. Die volle Kraftübertragung wird durch die kugelgelenkartige Verbindung der aufeinanderfolgenden Segmente gesichert, auch dann, wenn der Iulide im Bogen seinen Gang freiräumt. Die Rückenschilder (Tergite) sind ventral mit den Bauchschildern (Sternite) zu segmental starren Ringen verwachsen (Abb. 86), die das langgestreckte Tier auch seitlich druckunempfindlicher machen. Wenn das Erdreich zu fest ist, werden die Iuliden wie Regenwürmer zu Substratfressern und nagen sich durch den Boden.

Abb. 86: Körperquerschnitt, schematisch, durch einen Diplopoden vom Bulldozer-Typ (Iulidae) mit starrem Körperring (verändert nach MANTON, 1977 und TOPP, 1981).

Tafel 62: Iulidae
  a Rumpf, kaudal, dorsal. 0,5 mm.
  b Rumpfsegmente mit gefurchten Metazoniten. Lateral sind die Prozonite und Wehrdrüsen (Pfeil) zu erkennen. 250 μm.
  c Rumpf, kaudal, lateral, mit Analsegment und Analklappen. 0,5 mm.
  d Rumpfsegmente, lateral, mit gefurchten Metazoniten und glatten Prozoniten. Der Pfeil markiert eine Wehrdrüsenmündung. 0,5 mm.
  e Rumpf, kaudal, mit Analsegment und Analklappen. 0,5 mm.
  f Meta- und Prozonite, latero-dorsal, mit Wehrdrüsenmündung (Pfeil). 100 μm.

2.7.3 Schutz vor Feinden – Wehrdrüsen

Ihrer Lebensweise als Pflanzenfresser und Primärzersetzer im Boden angepaßt neigen sie nicht zu einer aktiven Verteidigung, wie sie bei vielen räuberischen Bodentieren beobachtet wird, sondern verlassen sich auf ihre Schutzeinrichtungen. Dazu gehören neben der dicken Cuticula des Außenskeletts, die durch Kalkeinlagerungen gehärtet ist, vor allem die Wehrdrüsen, die lateral ab dem 5. oder 6. Doppelsegment über eine Reihe kleiner Poren nach außen münden (Abb. 87; Tafel 62, 63). Bei Gefahr werden durch Hämolymphdruck und mit Muskelkraft kleine Sekrettröpfchen aus den Wehrdrüsen abgegeben, die unangenehm riechende und oft giftige Stoffe enthalten. Als Bestandteile der Wehrsekrete der Spirostreptiden, Spiroboliden und Iuliden werden substituierte p-Benzochinone (= Chinone) als Einzelkomponenten oder als Gemisch (2-Methylchinon, 2-Methyl-3-methoxychinon) identifiziert; als Sekretvorstufen wurden auch Hydrochinone nachgewiesen. Das Sekret von *Polyzonium germanicum* (Diplopoda, Colobognatha) besteht aus einer flüchtigen, kampherartig riechenden Abwehrsubstanz und einer milchigweißen und klebrigen Komponente (Proteine) (RÖPER, 1978).

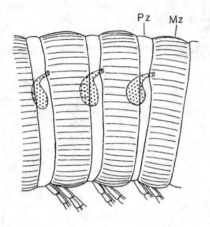

Abb. 87: Gliederung der Rumpfsegmente eines Iuliden in Pro- und Metazonite (Pz, Mz). Im dorso-lateralen Bereich der Segmentringe münden die Wehrdrüsen (verändert nach BLOWER, 1955 aus DUNGER, 1974).

Tafel 63: Iulidae
a	Pro- und Metazonit mit Wehrdrüsenmündung. 50 µm.
b	Borstenbasis am Übergang Pro-/Metazonit. 10 µm.
d	Gefurchte Metazonite. 50 µm.
g	Wehrdrüsenmündung. 10 µm.
c, e, f, h, i, j	Variation der Cuticula auf Pro- und Metazoniten. 10 µm, 5 µm, 10 µm, 3 µm, 2 µ, 3 µm.

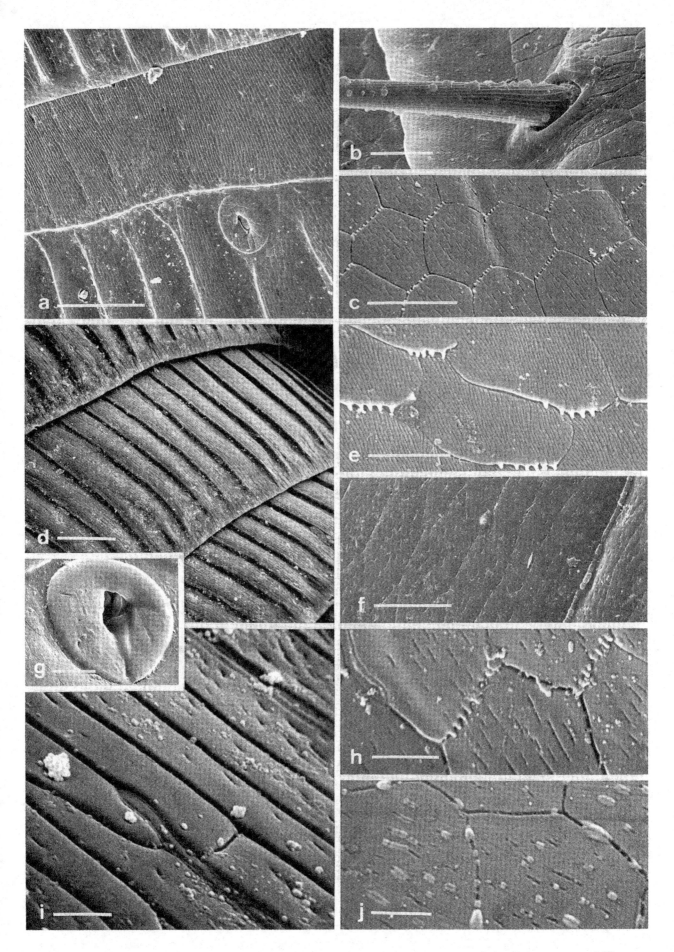

2.7.4 Lebensform – Kugeltyp (Glomeridae)

Diese Diplopoden, zu denen der Saftkugler *Glomeris* gehört, können sich wie die Rollasseln bei Gefahr zu einer völlig geschlossenen Kugel zusammenrollen, in der sich Kopf und Collum, Pleurite und Sternite mit den Extremitäten verbergen (Abb. 88; Tafel 64). Die Tergite, die den Mantel der Kugel bilden, sind mit den Sterniten nicht starr verwachsen, sondern soweit gegeneinander beweglich, daß beim Einrollen die Bauchplatten (Sternite) und die Seitenplatten (Pleurite) in die gewölbten und großflächigen Tergite eingesenkt werden. Der Verschluß der Kugel besteht aus einem großen Brustschild, das sich aus der Verschmelzung des 2. und 3. Tergits herleitet.

Auch die ‹Kugel-Diplopoden› graben sich gerne in der oberen Schicht durch den Boden. Anders als bei den ‹Bulldozer-Diplopoden› nutzen sie den Brustschild als Ramme, zumal Kopf und Collum deutlich kleiner sind. In den unteren Bodenschichten fehlen sie in der Regel. Mit nur 13 Körpersegmenten und entsprechend weniger Beinpaaren erscheinen diese Tiere vergleichsweise gedrungen und sind ungeeignet für das Graben tiefer Bodengänge.

Damit leben sie in der größeren Gefahr, von räuberischen Bodentieren der Laubstreu erbeutet zu werden. Die konsequente Anpassung, durch Einrollung der Gefahr zu entgehen, wird bei den Saftkuglern durch die Abgabe deutlich sichtbarer Sekrettröpfchen aus den Wehrdrüsen verstärkt, sobald sie bedroht werden (Abb. 88b).

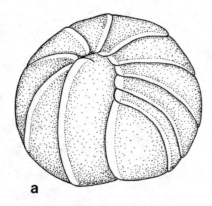

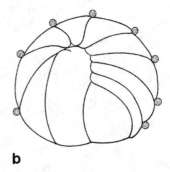

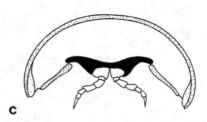

Abb. 88: *Glomeris marginata* – Glomeridae (Saftkugler).
a Tier gekugelt.
b Gekugeltes Tier nach Reizung. Aus den Intersegmentaldrüsen des Rückens sind Tropfen eines Wehrsekretes ausgetreten.
c Körperquerschnitt, schematisch. Die Sklerite der Bauchseite verbinden beweglich die Tergite mit der starren Sternalregion der Beinansätze (verändert nach DUNGER, 1974).

Tafel 64: *Glomeris* spec. – Glomeridae (Saftkugler)
a Gekugeltes Tier, in Rückenansicht. 0,5 mm.
b Tier teilentrollt, mit Blick auf den Brustschild (oben), den Halsschild (Collum), den Kopf mit den Antennen und den Analschild (unten, umgeben von Körperringen). 0,5 mm.
c Kopf mit Collum. 0,5 mm.
d Antenne. 0,5 mm.
e Mundwerkzeuge. 200 µm.
f Antenne, distal, mit 4 Kolbensensillen. 100 µm.

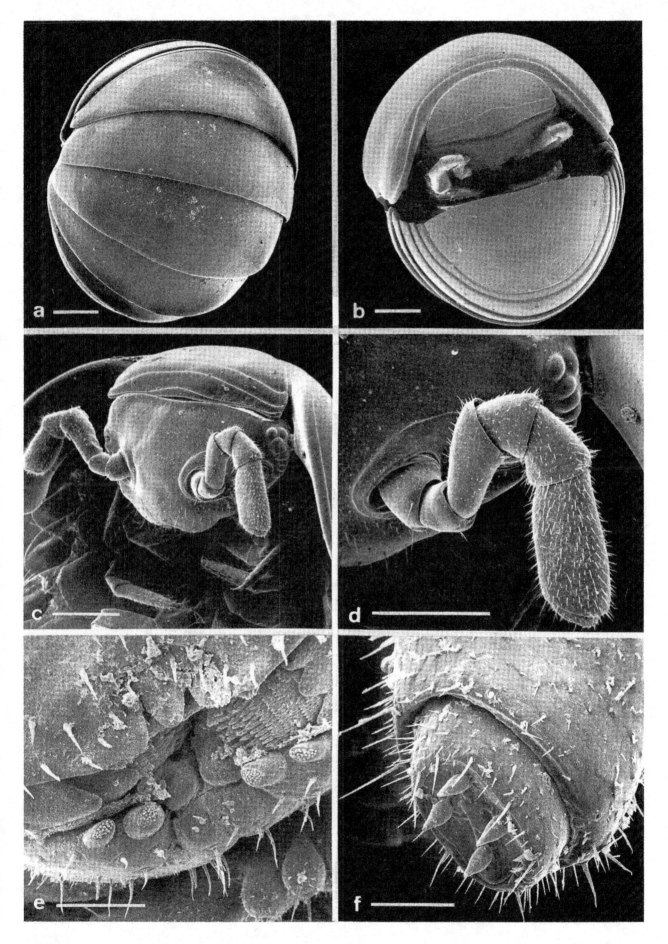

2.7.5 Feuchtigkeitsbedürfnis der Diplopoda

Das Feuchtigkeitsbedürfnis ist wie bei den meisten Bodenarthropoden auch bei den Diplopoden groß und resultiert einerseits aus einem nicht voll entwickelten Verdunstungsschutz durch das Fehlen einer Lipidschicht auf der Epicuticula, andererseits aus dem angepaßten Leben im Boden bei relativ hoher Luftfeuchtigkeit. Mit diesem Bedürfnis korreliert zugleich das Bestreben nach möglichst wenig Licht (Skototaxis). Im allgemeinen suchen die Diplopoden Schutz vor Austrocknung und direkter Sonneneinstrahlung unter Steinen, in der Laubstreu oder im Mulm verwitterter und zersetzter Baumstubben. Beim Auffinden geeigneter Habitate dient ihnen als Hygrorezeptor offensichtlich das von BEDINI und MIROLLI (1967) beschriebene Temporalorgan, das nach HAUPT (1979) funktionsmorphologisch zur Gruppe der Tömösváryschen Organe zu zählen ist.

Der dennoch mögliche Wasserverlust wird meist durch orale Wasser- und Nahrungsaufnahme ausgeglichen (EDNEY, 1951, 1977). Bei den Callipodiden erfolgt offensichtlich auch ein Wassertransport über Transportzellen an den Coxalsäckchen, wie es auch von den Urinsekten bekannt ist. Neuere Befunde zeigen auch die hohe Effizienz der Diplopoden zur analen Wasseraufnahme. Iuliden stülpen nach vorhergehender Dehydratation das Rektalgewebe blasenartig gegen feuchtes Substrat und nehmen Wasser mit hoher Rate wieder auf (MEYER und EISENBEIS, 1984).

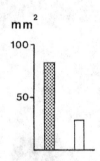

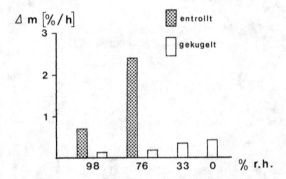

Abb. 89: *Glomeris marginata* – Glomeridae (Saftkugler). Reduktion der Körperoberfläche durch Einrollung (weiße Säule) für ein 20 mg schweres Individuum (Original).

Abb. 90: *Glomeris marginata* – Glomeridae (Saftkugler). Vergleich der Transpirationsraten als prozentuale Änderung der Wassermasse m_0 normal hydratisierter Tiere in wechselnder Außenfeuchte bei 22 °C. Die Tiere bleiben nur in hoher Außenfeuchte (ca. 75–100% r.h.) entrollt (Original).

Tafel 65: *Glomeris* spec. – Glomeridae (Saftkugler)
    a Mundwerkzeuge und Geschlechtsöffnung an der Basis des 2. Beinpaares. 0,5 mm.
    b Auge mit Postantennalorgan. 100 µm.
    c Rumpf, ventral. 1 mm.
    d Rumpf, ventral, mit den beweglichen Ventralskleriten. 0,5 mm.
    e Cuticula der Rückenschilder. 20 µm.
    f Laufbein, distal, mit Klaue. 100 µm.

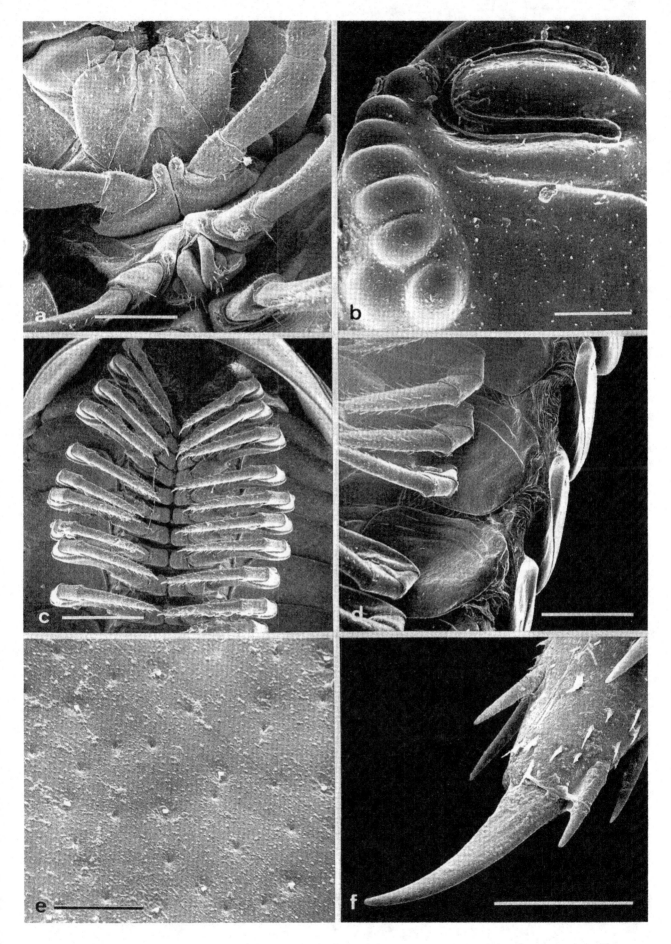

151

2.7.6 Lebensform – Keiltyp (Polydesmidae)

Die Polydesmiden, die die epedaphische Lebensform verwirklichen, leben in der Laubstreu und der oberen Bodenschicht. Sie sind durch ihren keilförmig ausgeprägten Körper gut an diesen Lebensraum angepaßt (Abb. 91, 92; Tafel 66, 67). Die konstruktiven Elemente bestehen 1. in der Verjüngung des Körpers nach vorne, wobei Kopf und Collum sehr klein ausfallen und 2. im Bau der nachfolgenden Körpersegmente. Wie bei den Bulldozer-Diplopoden sind Tergite und Sternite zu einem starren, segmentalen Körperring verwachsen; jedoch sind die Tergite von außen abgeflacht und seitlich durch flügelähnliche Erweiterungen, die Paratergite, oberflächlich vergrößert (Abb. 92; Tafel 66).

Der sich nach vorne verjüngende Körper und der abgeflachte Rücken erlauben es den Tieren, sich keilförmig zwischen Laubblätter zu schieben und sich unter Steine zu zwängen. Der dabei entstehende Druck von außen wird auf die Rückenfläche ausgeübt und durch die kräftigen Beine abgefangen. Die durch die Paratergite erweiterte Rückenfläche verhindert jedoch das Vordringen der Tiere in tiefere Schichten.

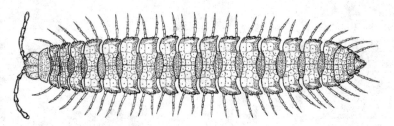

Abb. 91: *Polydesmus angustus* – Polydesmidae (Bandfüßer). Habitus, dorsal. Die Tergite der Segmente sind geflügelt und mit Längswülsten versehen. Im Lebensraum sind die Tiere rotbraun gefärbt. (Original).

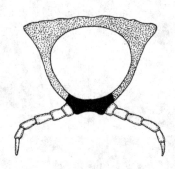

Abb. 92: Körperquerschnitt durch einen Polydesmiden (Keiltyp) mit starrem Körperring (verändert nach Manton, 1977 und Topp, 1981).

Tafel 66: *Polydesmus angustus* – Polydesmidae (Bandfüßer)
   a Vorderrumpf, lateral. 1 mm.
   b Kopf, ventral. 250 µm.
   c Rumpfsegmente mit geflügelten Tergiten. 0,5 mm.
   d Rumpfsegmente, ventral, mit Beinansätzen. 250 µm.
   e Rumpf, kaudal, lateral. 1 mm.
   f Rumpf, kaudal, dorsal. Der Pfeil markiert die Öffnung einer Wehrdrüse. 1 mm.

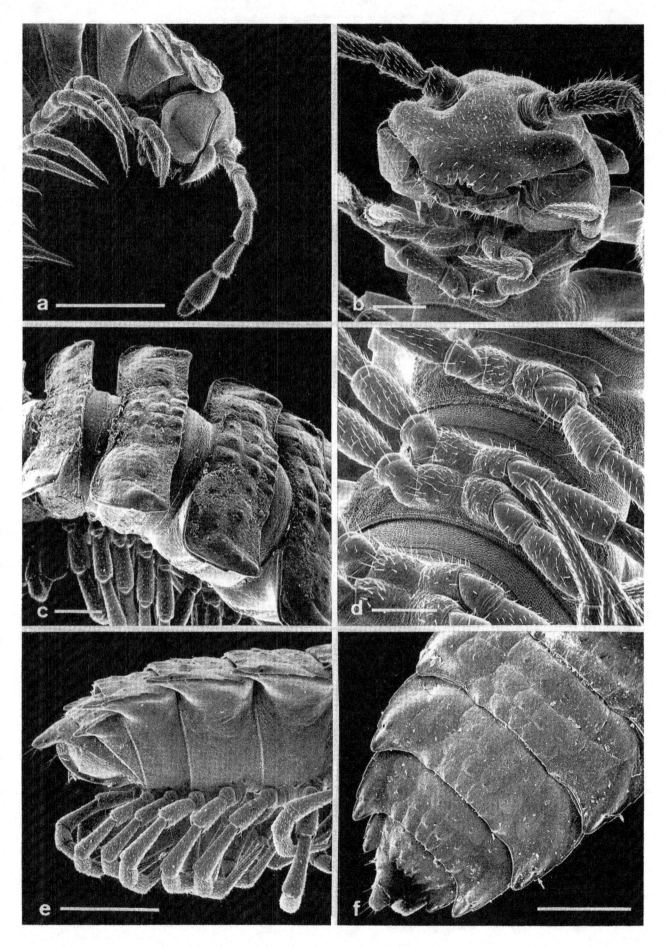

2.7.7 Atmungsorgane der Diplopoda

Die Myriapoden zählen mit den Insekten zu den Tracheata, die über Tracheen als Atmungsorgane verfügen. Die Diplopoden sind unter den Myriapoden gekennzeichnet durch die Verschmelzung der Rumpfsegmente zu Doppelsegmenten oder Diplosomiten. Während das 2.–4. Körpersegment nur je ein Paar Beine und Stigmen besitzt und das 1. Segment (Collum) beider Organe entbehrt, verfügen die hinteren Diplosomiten über je zwei Paar Beine und Stigmenpaare.

Die Stigmen befinden sich auf den Sterniten unmittelbar an den Coxen der Beine. Ihre Öffnung ist in aller Regel mit einem cuticularen Gitter oder Netz zum Schutz vor eindringenden Fremdkörpern be-setzt (Tafel 66, 67) und kann darüberhinaus durch seitlich angelegte, bewegliche Zapfen verschlossen werden (*Glomeris*). Hinter den Stigmen erweitert sich der Raum zu einem Atrium, von dem Tracheenbündel zur Sauerstoffversorgung zu den Körperzellen führen.

Bei Regen und Überflutung des Bodens müssen die Diplopoden zum Atmen an die Oberfläche. Anders als den euedaphischen Bodenarthropoden fehlen den Diplopoden, die den oberen Bodenschichten angepaßt sind, hydrophobe Strukturen auf der Körperoberfläche, um im Wasser nach Art der Gaskiemen einen Luftfilm über dem Körper und den Stigmen zu halten.

Tafel 67: *Polydesmus angustus* – Polydesmidae (Bandfüßer)
   a Rumpfsegmente, lateral, mit Stigmata und Beinbasen. 0,5 mm.
   b Beinbasis mit Coxa, Trochanter und Stigmenöffnung. 100 µm.
   c Beingliederung. 250 µm.
   d Stigma mit Siebplatte. 20 µm.
   e Analsegment, dorsal. 250 µm.
   f Analklappen, kaudal. 250 µm.

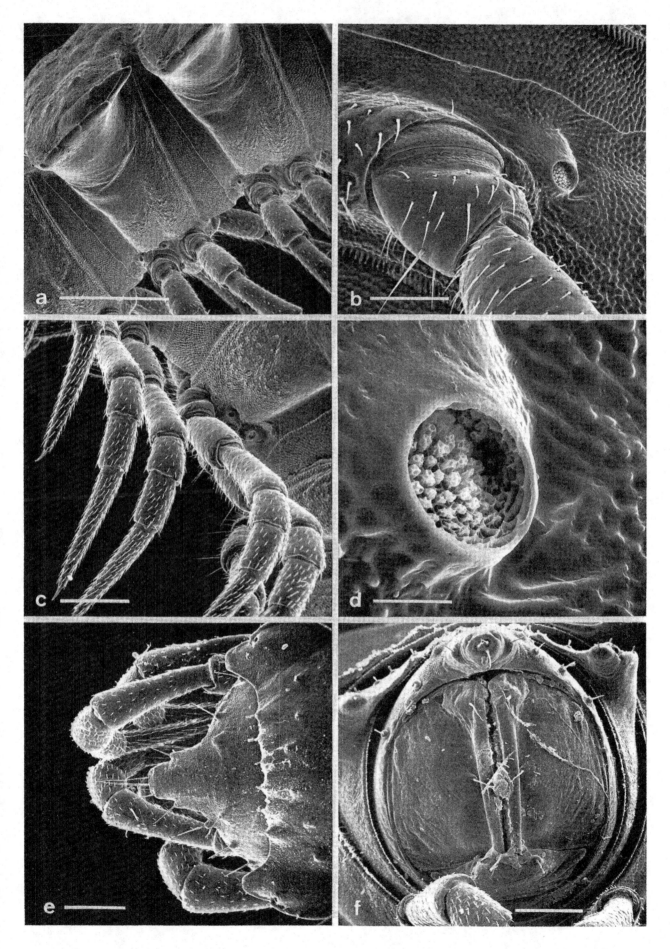

155

2.7.8 Lebensform – Rindenbewohner (Polyxenidae)

Zu den von Dunger (1974) vorgestellten Lebensformtypen der Diplopoden gehören schließlich die Rindenbewohner, die über keine typischen Anpassungsmechanismen für den Boden verfügen. Zu ihnen zählen die nur 2–3 mm großen, bizarren Pinselfüßer, die mit ihren ornamentartig verteilten Trichomen von eindrucksvoller Gestalt sind (Abb. 93; Tafel 68). *Polyxenus lagurus* lebt im lokkeren Humus und unter Laub, besonders aber unter Baumrinden vom Boden bis zur 10–15 m hohen Baumkrone und ernährt sich vorwiegend von einzelligen Algen auf der Rinde. Auch unter Steinen bilden die Tiere manchmal Aggregationen aus Individuen aller Altersstufen.

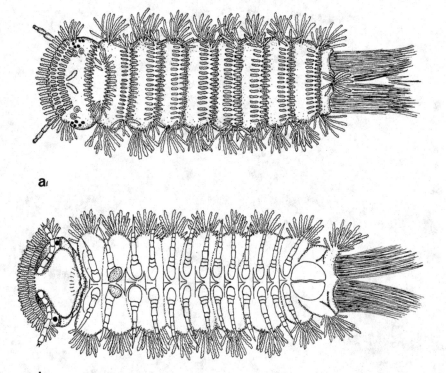

Abb. 93: *Polyxenus lagurus* – Polyxenidae (Pinselfüßer) (verändert nach Verhoeff, 1932).

a Habitus, dorsal, mit Ocellen- und Trichobothriengruppe am Kopf. Der Körper wird von Trichomen eingehüllt, während der Pinsel aus Bündeln langer Haare gebildet wird, die in Haarplatten zusammengefaßt sind.

b Habitus, ventral. Der Kopf wird von einer schürzenartigen Bildung des Kopfschildes überdeckt. Die Geschlechtspapillen liegen medial im 2. Rumpfsegment. Vor dem Pinsel liegt, bestehend aus zwei beweglichen Valven, die Analplatte.

Tafel 68: *Polyxenus lagurus* – Polyxenidae (Pinselfüßer)

    a Habitus, schräg ventral. 0,5 mm.
    b Habitus, schräg dorsal. 0,5 mm.
    c Kopfregion, schräg dorsal, mit Ocellenhügel und Trichobothrien. 100 μm.
    d Kopfoberseite, lateral, mit Ocellenhügel, Trichobothrien und Antenne. 50 μm.
    e Kopf, ventral, mit Kopfschild (Clypeus) und Antennen. 200 μm.
    f Kopf, lateral, mit Clypeus, Antenne und ventralem Ocellus. 100 μm.

2.7.9 Sinneshaare von *Polyxenus lagurus*

Sinneshaare dienen den Tieren zur Orientierung im Raum. Dabei spielen Mechanorezeptoren, sowie Chemo-, Hygro- und Thermorezeptoren eine bevorzugte Rolle. Die gefiederten Trichome, die bei *Polyxenus* in seitlichen Büscheln zusammenstehen und auf den Tergiten in Zweierreihen angeordnet sind, verleihen den Tieren nicht nur einen bizarren Ausdruck, sondern halten zugleich den Berührungskontakt zur unmittelbarsten Umgebung dieser Rindenbewohner.

Auf Kopf und Antenne sind weitere Sinnesorgane mit unterschiedlichen Wahrnehmungsfunktionen angelegt (Tafel 68, 69). Am Kopf befinden sich neben den Augen Trichobothrien, die feinste Luftbewegungen perzipieren (TICHY, 1975). Auf den Antennen werden alleine 7 verschiedene cuticulare Sinnesorgane festgestellt (SCHÖNROCK, 1981): Tast-

borsten, Kontaktchemorezeptoren, chemorezeptive, zylindrische Borsten, zwei Typen von Antennenzapfen, ein Höckerorgan und der distale Riechkegel, dessen Sensillen im Quartett zusammenstehen.

Der Feinbau des Quartetts der konischen Sensillen (Kolbensensillen) an der Antennenspitze und einiger basiconischer Sensillen unterhalb des Apex wurde von NGUYEN DUY-JACQUEMIN (1981, 1982) beschrieben. Im ersteren Fall ergeben sich zwei Innervierungstypen der konischen Sensillen unterschieden nach der tergalen oder sternalen Position der Sensillen. Alle Sensillen erfahren eine differenzierte Innervierung, so daß wahrscheinlich mehrere Funktionen in Frage kommen. Die Kolbensensillen werden als Mechano- und Kontaktchemorezeptoren, die basiconischen Sensillen als olfaktorische Sinnesorgane betrachtet.

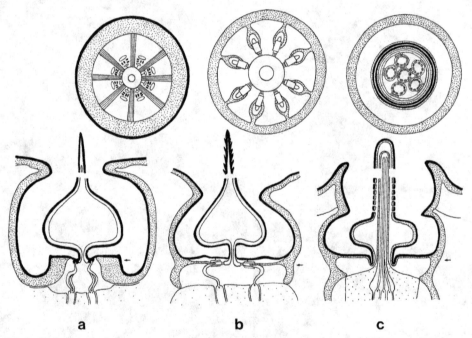

a **b** **c**

Abb. 94: Trichobothrien (Becherhaare) progoneather Myriapoda (verändert nach HAUPT,, 1979).
a *Scutigerella immaculata* (Symphyla).
b *Allopauropus* spec. (Pauropoda).
c *Polyxenus lagurus* Diplopoda).
Die ciliären Ausläufer der Sinneszellen sind entweder mittels einer komplizierten Aufhängung mit der Basis der Haarschäfte verbunden (a, b) oder sie dringen in den Haarschaft ein (c). Epicuticula schwarz, Endocuticula punktiert.

Tafel 69: *Polyxenus lagurus* – Polyxenidae (Pinselfüßer)
　　　a Augenhügel mit Trichobothrien. 25 µm. Inset: Haarbecher eines Trichobothrium. 3 µm.
　　　b Antenne, distal, mit 4 konischen Sensillen 10 µm.
　　　c Trichombüschel aus dem Flankenbereich des Rumpfes. 50 µm.
　　　d Antenne, distal, konische Sensillen. 5 µm.
　　　e Mikrostrukturen der Trichomoberfläche. 3 µm.
　　　f Pinselorgan, Ausschnitt aus der Haarplatte. 10 µm.

159

2.7.10 Zur Fortpflanzungsbiologie des Pinselfüßers

Bei *Polyxenus lagurus* ist eine parthenogenetische und eine geschlechtliche Fortpflanzung, geographisch getrennt, möglich. Das Sexualverhalten wurde von SCHÖMANN (1956) beschrieben. Bevor das Männchen von *P. lagurus* Spermatophoren absetzt, spannt es zuvor in einer kleinen Vertiefung im Zick-Zack-Muster ein Fadengeflecht und heftet auf einem der gespannten Fäden 2 Spermatröpfchen an (Abb. 95). Anschließend spannt es senkrecht nach unten einen auffallenden Doppelfaden in der Länge von 1,5 cm. Dieser Doppelfaden dient dem Weibchen als Wegweiser zu den Spermatophoren. Bemerkt also ein vorbeikommendes Weibchen den dicken Doppelfaden, so folgt es dem Faden, gelangt zielsicher zu den beiden Spermatropfen und nimmt das Sperma mit den am 2. Beinpaar sitzenden Valven auf. Bei dieser indirekten Spermatophorenübertragung besteht kein Kontakt zwischen Männchen und Weibchen.

Die Eier von *Polyxenus lagurus* werden mit einem abgegebenen Sekret zu einer perlschnurförmigen Kette aneinandergeklebt und zu einem scheibenförmigen Spiralband zusammengelegt. An den noch klebrigen Eiern werden ringsherum Haare des Schwanzpinsels angedrückt, die insgesamt eine durchlüftete Schutzhülle ergeben und so die Eier vom Untergrund fernhalten (SEIFERT, 1960).

Iuliden, Glomeriden und Polydesmiden stellen Bauten aus Erde her, indem sie die Erde zunächst fressen und anschließend über den After mit Sekret vermengt zum Bauen absetzen. Dabei können sinnvolle Nestglocken entstehen, wie bei *Ophyiulus falax*, die die Eier mit einer überstülpten Erdglocke schützen und zugleich Luft und Wasserdampf bei großer Feuchtigkeit des Innenraums über einen zentralen Kamin regulieren (SEIFERT, 1961).

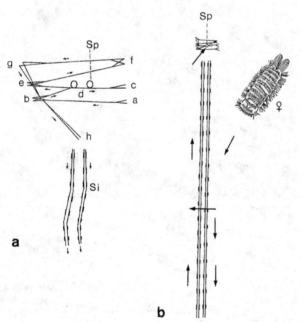

Abb. 95: *Polyxenus lagurus* – Polyxenidae (Pinselfüßer), der Weg der indirekten Spermaübertragung (verändert nach SCHÖMANN, 1956).

a In ein vom Männchen durch Zick-Zack-Bewegungen gesponnenes Fadennetz (Penisdrüsen) werden 2 Spermatröpfchen (Sp) abgesetzt. Zusätzlich wird eine ca. 1,5 cm lange Signalfadenstraße (Si) durch die Drüsen des 8. und 9. Beinpaares gelegt.

b Ein reifes Weibchen erkennt durch Betasten mit den Fühlern die Signalfäden und gelangt entweder durch Überquerung oder Umwanderung auf die andere Seite, stößt dann auf das Geflecht und nimmt mit den Geschlechtsvalven die Spermatröpfchen auf.

Tafel 70: *Polyxenus lagurus* – Polyxenidae (Pinselfüßer)
- a Kopfbereich, ventral. 50 μm.
- b Mundtaster. 20 μm.
- c Flankenregion des Rumpfes. 50 μm.
- d Mikrostrukturen der Cuticula im Bereich der Beinbasen. 10 μm.
- e Drüsenfelder der Beinoberfläche. 10 μm.
- f Cuticula der Ventralseite vor dem Pinselorgan. 10 μm.

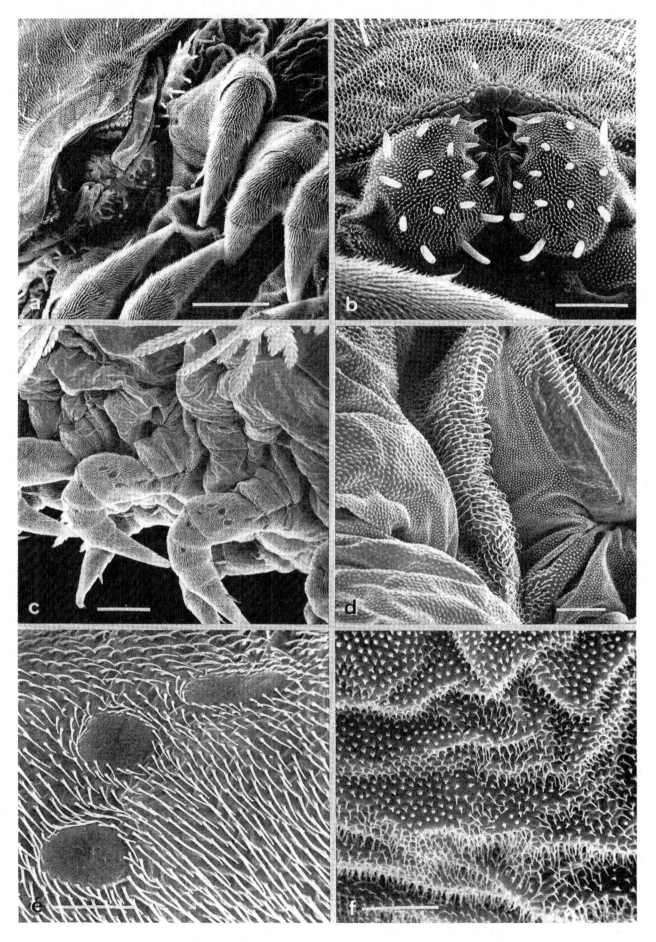

2.7.11 Zum Wasserhaushalt von *Polyxenus lagurus*

Die Einstufung von *Polyxenus lagurus* als Lebensformtyp der Rindenbewohner läßt erwarten, daß entsprechende Anpassungen hinsichtlich des Wasserhaushaltes vorliegen, indem einerseits die Transpirationsverluste niedrig gehalten werden und andererseits Wasserdampf aus der Atmosphäre nutzbar gemacht wird. So verlieren die Tiere extrem wenig Wasser, auch dann wenn sie in vollkommen trockener Luft über mehrere Tage gehalten werden. In 0%r.h./22° C bleibt die stündliche Abnahme der Wassermasse deutlich unter 1% (Tab. 1, Abb. 96), während sie in 98 und 76%r.h./22° C nur 0,08 bzw. 0,28% beträgt.

Im Experiment transpirieren die Tiere auch in 98%r.h. über längere Zeiträume mit konstanter Transpirationsrate. Spontan kam es aber bei einigen Individuen zu einem plötzlichen, schnellen Ge-

wichtsanstieg, der, bezogen auf die Änderung der Gesamtwassermasse, einer Gewichtszunahme von mehr als 3%/h entsprach. Diese Absorptionsphase verlief vollkommen linear und konnte mehr als eine Stunde andauern. Um auszuschließen, daß die Gewichtszunahme ein reiner Adsorptionseffekt im Bereich der Körperoberfläche sei, wurden die Tiere anschließend in 0%r.h. getestet. Es zeigte sich, daß die Gewichtszunahme erhalten blieb und der alte Gewichtswert erst nach einer Transpirationsphase von mehreren Stunden wieder erreicht wurde. Bemerkenswert ist der Zeitpunkt der Absorptionstätigkeit; alle Individuen absorbierten in den frühen Morgenstunden zwischen 5 und 6 Uhr. Dies ist ökologisch auch sinnvoll, da durch die Taubildung eine hohe Umgebungsfeuchte zu erwarten ist. Der Ort der Wasserdampfaufnahme ist unbekannt.

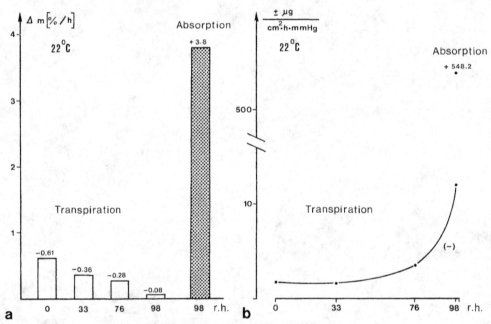

Abb. 96: *Polyxenus lagurus* – Polyxenidae (Pinselfüßer), Daten zum Wasserhaushalt (Original).
a Die prozentuale Änderung der im Tier vorhandenen Wassermasse m_0 bei variabler Umgebungsfeuchte. Die negativen Raten sind ein Maß für die Transpiration, die positive Rate gibt an, wie schnell die Tiere ihre Wassermasse durch Wasserdampfabsorption in 98% r.h. auffüllen können.
b Vergleich der relativen Transpirationsraten bei variabler Umgebungsfeuchte. Mit zunehmender Trockenheit nimmt die Transpirationsrate relativ ab. Der positive Wert repräsentiert die auf die Körperoberfläche bezogene Absorptionsrate (theoretischer Wert).

Tafel 71: *Polyxenus lagurus* – Polyxenidae (Pinselfüßer)
       a Pinselorgan, lateral. 200 µm.
       b Pinselorgan, schräg kaudal, mit Pinselplatte (Pfeil). 100 µm.
       c Pinselorgan, distal. 50 µm.
       d Tergum nahe den Pinselplatten. 50 µm.
       e Analplatte. 50 µm.
       f Analspalte mit rektaler Intima. 10 µm.

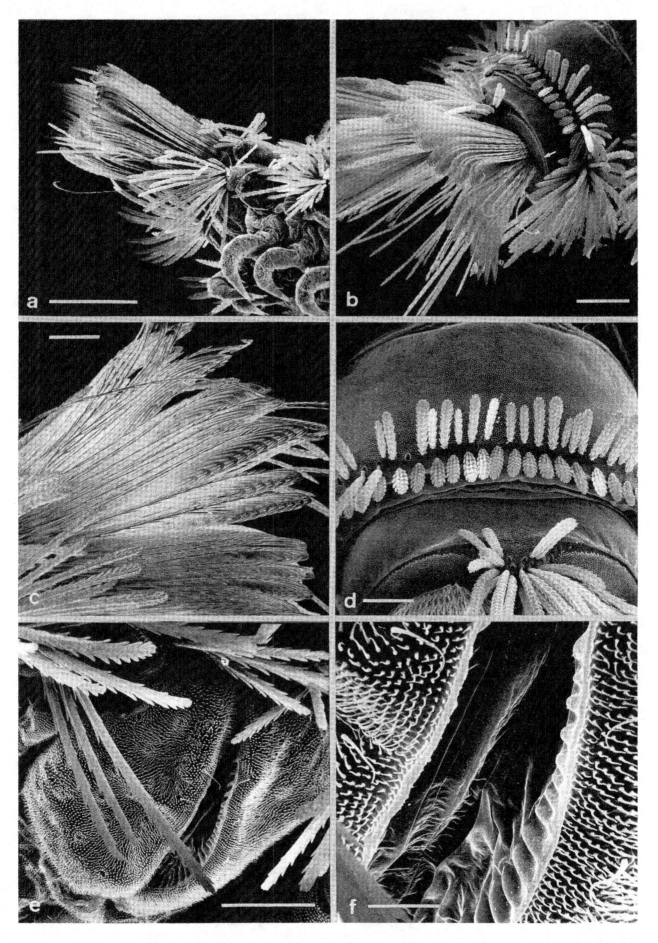

163

2.8 Unterklasse: Pauropoda – Wenigfüßer (Myriapoda)

Allgemeine Literatur: VERHOEFF 1937, HÜTHER 1974

2.8.1 Kennzeichen der Pauropoda

Der Körper der nur millimetergroßen Pauropoden besteht aus Kopf, 11 Segmenten und einem kurzen Telson. Wenigfüßer bewegen sich mit nur 9 Beinpaaren fort und unterscheiden sich dadurch von den übrigen Tausendfüßern, den Myriapoda. Auch der Bau der Antennen weist große Unterschiede zu allen Antennata auf. Den vier Basisgliedern der Antenne sitzen zwei Äste auf; der obere mit einem und der untere Ast mit zwei Geißelsensillen. Zwischen beiden Geißeln befindet sich keulenförmig ein zusätzlicher Antennenglobulus (Keulensensillum) (Abb. 97, 98; Tafel 72, 73).

Bisher wurden über 500 Arten beschrieben. In Mitteleuropa sind die Wenigfüßer mit mindestens 50 Arten verbreitet.

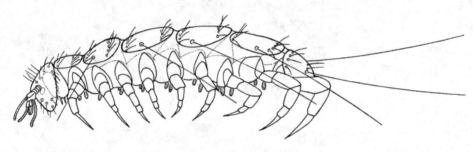

Abb. 97: *Allopauropus* spec. – Pauropodidae, Seitenansicht. Unter der großen punktierten Fläche am Kopf liegt der Pseudoculus. (Original) (vgl. Abb. 99).

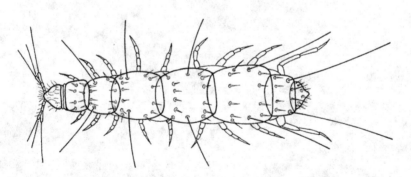

Abb. 98: *Pauropus huxleyi* – Pauropodidae, Dorsalansicht, (verändert nach VERHOEFF, 1937).

Tafel 72: *Allopauropus* spec. – Pauropodidae
    a Habitus, lateral. 200 μm.
    b Vorderrumpf, lateral. 50 μm.
    c Kopf mit erstem Rumpfsegment, schräg dorsal. 50 μm.
    d Kopf mit erstem Rumpfsegment, ventral. 10 μm.
    e Kopf mit Mundkegel, ventral. 20 μm.

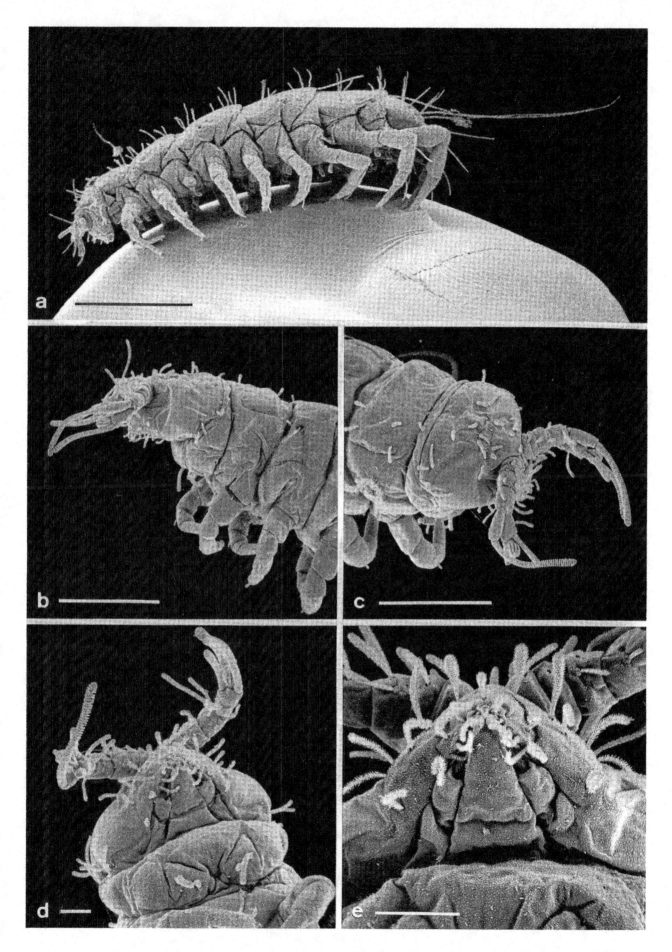

2.8.2 Anpassung der Sinneswahrnehmung – Pseudoculus

Als Anpassung an das Leben im Boden haben die Sinnesorgane der Pauropoden, wie bei den meisten euedaphischen Bodenarthropoden, eine Differenzierung erfahren. An die Stelle von Photorezeptoren, die naturgemäß im Dunkeln des Bodens kaum eine Rolle spielen und dementsprechend stark reduziert sind oder völlig fehlen, treten Chemo- und Mechanorezeptoren (HAUPT, 1976).

Zu den komplexen Chemorezeptoren gehören die Schläfenorgane, die sich nahe der Antennenbasen oder im Wangenbereich der Kopfkapsel befinden und bisher als Tömösvárysche Organe (bei Chilopoden und Symphylen) oder als Temporalorgane (bei Diplopoden) beschrieben wurden (HAUPT, 1973) (Abb. 105). Die hohe Zahl von Sinneszellen in den Schläfenorganen weist auf komplexe Funktionen hin. Diskutiert werden die Hygro-, CO_2- und die Thermorezeption, ferner die Perzeption von Gerüchen. Über feine Poren in der Cuticula stehen die Ausläufer der Dendriten mit der Außenwelt in Verbindung (Abb. 99). Die Größe der cuticularen Porenfelder läßt sogleich auf die Effektivität und Bedeutung der Schläfenorgane schließen.

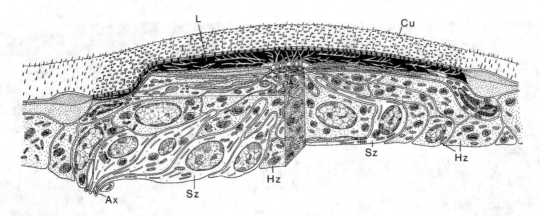

Abb. 99: Das Schläfenorgan (Pseudoculus) von *Allopauropus* spec. – Pauropodidae (verändert nach HAUPT, 1973). Ax – Axone der Sinneszellen, Cu – Cuticula, perforiert, Hz – Hüllzellen, L – äußerer Rezeptorlymphraum mit Dendriten, Sz – Sinneszellen.

Tafel 73: *Allopauropus* spec. – Pauropodidae
- a Spaltantennen, dorsal. 20 μm.
- b Spaltantenne, dorsal, mit Antennenglobulus. 4 μm.
- c Antennenbasis, lateral. 10 μm.
- d Antennenoberfläche. 1 μm.
- e Tergum des Rumpfes, lateral. Borstenbecher eines langen (Trichobothrium, links) und kurzen Borstenhaares. 10 μm.
- f Analregion, ventral. 25 μm.

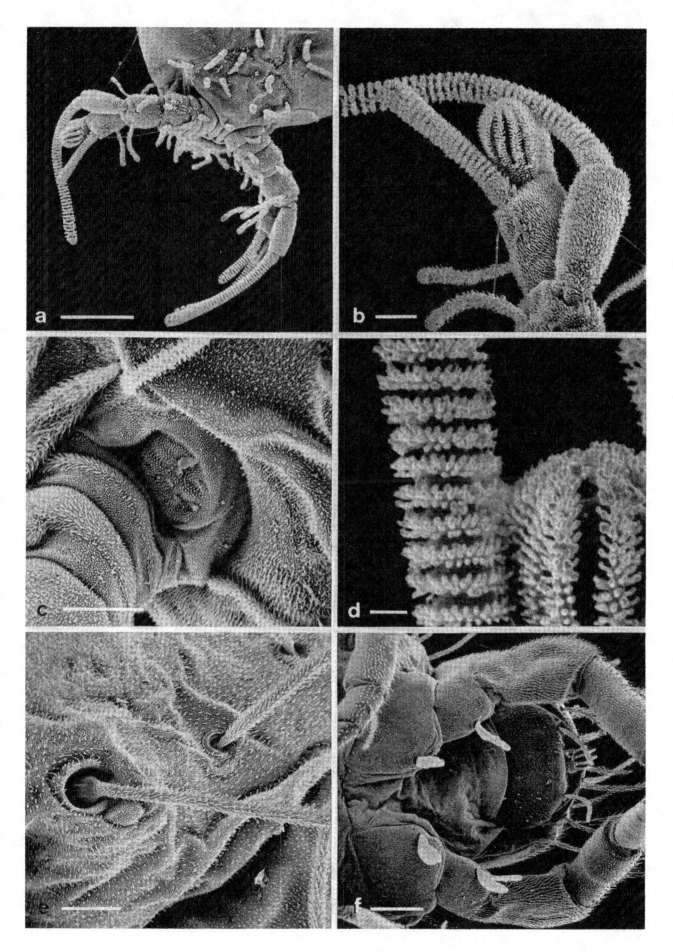

2.8.3 Anpassung der Sinneswahr-
nehmung – Trichobothrium

Als Mechanorezeptoren arbeiten Trichobothrien, die bei *Allopauropus* am 2. bis 6. Tergit
paarweise seitlich inserieren (Abb. 100; Tafel 72–
74). Die auffallend langen Sinneshaare der Trichobothrien nehmen feine Richtungsänderungen leichter Luftströmungen wahr und ermöglichen den Bodenbewohnern im Lückensystem des Bodens die

Orientierung im Raum. Zu den Trichobothrien von
Allopauropus gehören 8 Sinneszellen, die mit ihren
Dendriten an der scheibenförmigen Basis des Sin-
neshaares ansetzen (Abb. 100). Das Sinneshaar ent-
springt proximal einem zwiebelförmigen Bulbus,
der über ein Stielchen mit der scheibenförmigen
Basis verbunden ist (HAUPT, 1976, 1978).

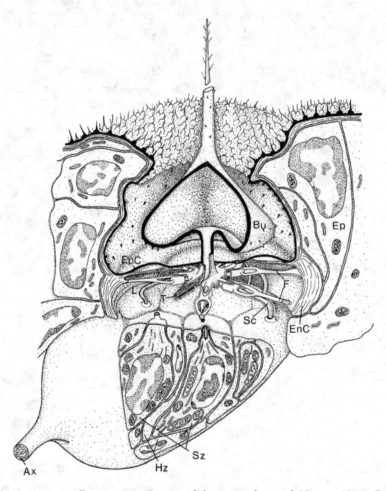

Abb. 100: Trichobothrium von *Allopauropus* – Pauropodidae (verändert nach HAUPT, 1976). Das Haar ist mit seinem
bulbösen Schaft in einen Becher versenkt und wird von 8 dendritischen Cilien innerviert, welche über ein kompliziertes
Aufhängesystem mit der Haarbasis durch Tubularkörper verbunden sind, was typisch ist für Mechanorezeptoren. Ax –
Axone der Sinneszellen, Bu – Haarbulbus, EnC – Endocuticula, EpC – Epicuticula, Ep – Epidermis, F – Aufhängebän-
der (Fibrillen), Hz – Hüllzellen, L – Rezeptorlymphraum, Sc – Sinnescilien (Dendriten), Sz – Sinneszellen, T –
Tubularkörper.

Tafel 74: *Allopauropus* spec. – Pauropodidae
    a Rumpfsegmente, dorsal. 50 µm.
    b Rumpfsegmente, ventral. 100 µm.
    c Gliederung der Flankenregion des Rumpfes. 25 µm.
    d Rumpf, ventral, Sternalbereich. 25 µm.
    e Coxa mit feingegliedertem Keulenhaar. 10 µm.
    f Analregion, kaudal, mit Analplatte (oben) und Telson (Pfeil). 25 µm.

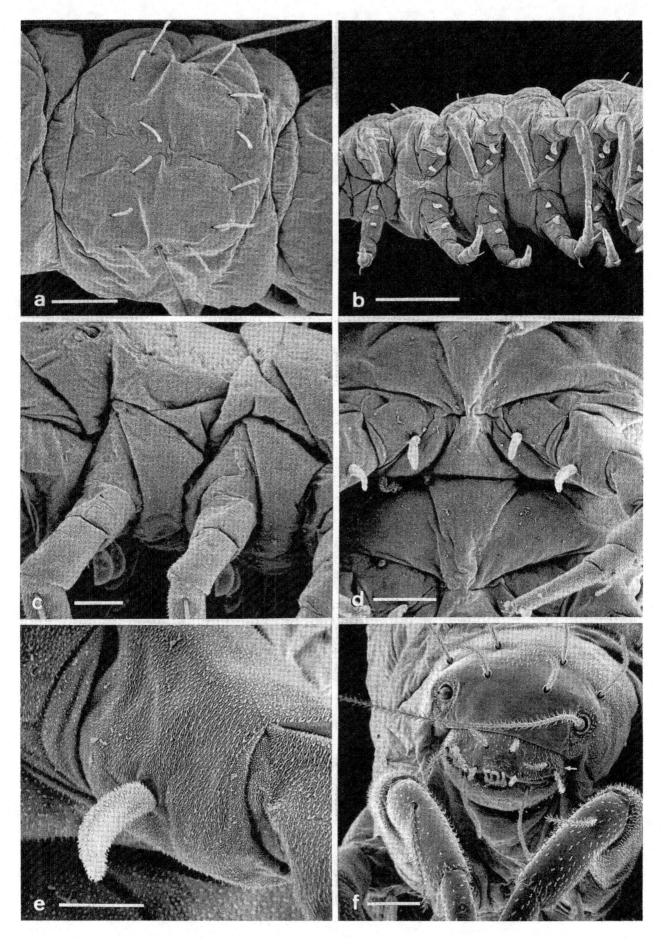

2.9 Unterklasse: Symphyla – Zwergfüßer (Myriapoda)

Allgemeine Literatur: VERHOEFF 1934

2.9.1 Kennzeichen der Symphyla

Die Zwergfüßer oder Symphylen führen eine euedaphische Lebensweise und ähneln darin den Pauropoden. Mit ihrer durchschnittlichen Länge von 4–5 mm und der Breite von 0,5 mm passen sie in Form und Größe gut in das unterirdische Poren- und Lückensystem des Bodens (Abb. 101; Tafel 75). Sie lassen sich bevorzugt entlang von Wurzelgängen aufspüren. Der Dunkelheit entsprechend fehlen den Tieren die Augen. Dafür befinden sich am meist farblosen Körper zahlreiche Mechanorezeptoren, die ergänzt werden durch Chemo- und Feuchtigkeitsrezeptoren.

Die Nahrung der Symphylen besteht zu einem guten Teil aus abgestorbenen Pflanzenresten des humösen Bodens. Daneben fressen sie auch gerne feine Wurzeln junger Pflanzen und zählen deshalb in der Landwirtschaft und im Gartenbau zu den Schädlingen.

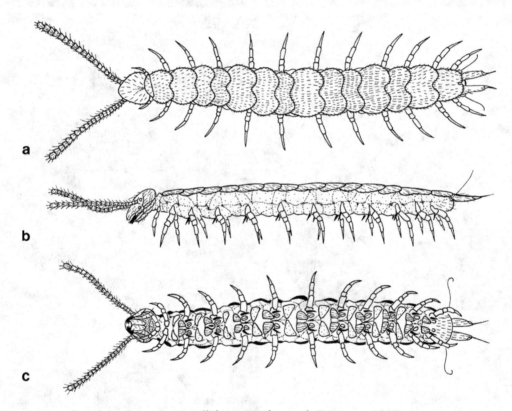

Abb. 101: *Scutigerella immaculata* – Scutigerellidae (verändert nach KAESTNER, 1963).
a Habitus, dorsal.
b Habitus, lateral.
c Habitus, ventral. Die Bauchseite ist charakterisiert durch 12 Beinpaare, die Sternite, Styli und Coxalbläschen.

Tafel 75: *Scutigerella immaculata* – Scutigerellidae
    a Übersicht, lateral. 1 mm.
    b Kopf, frontal. Augen fehlen. 100 µm.
    c Rumpf, lateral, mit Beinbasis und Stylus. 100 µm.
    d Rumpf, ventral, mit Sterniten (behaart), Styli und retrahierten Coxalblasen (Pfeil). 100 µm.
    e Rumpf, dorsal, mit Tergiten. 100 µm.
    f Beinglieder mit Schuppen- und Haartextur. 10 µm.

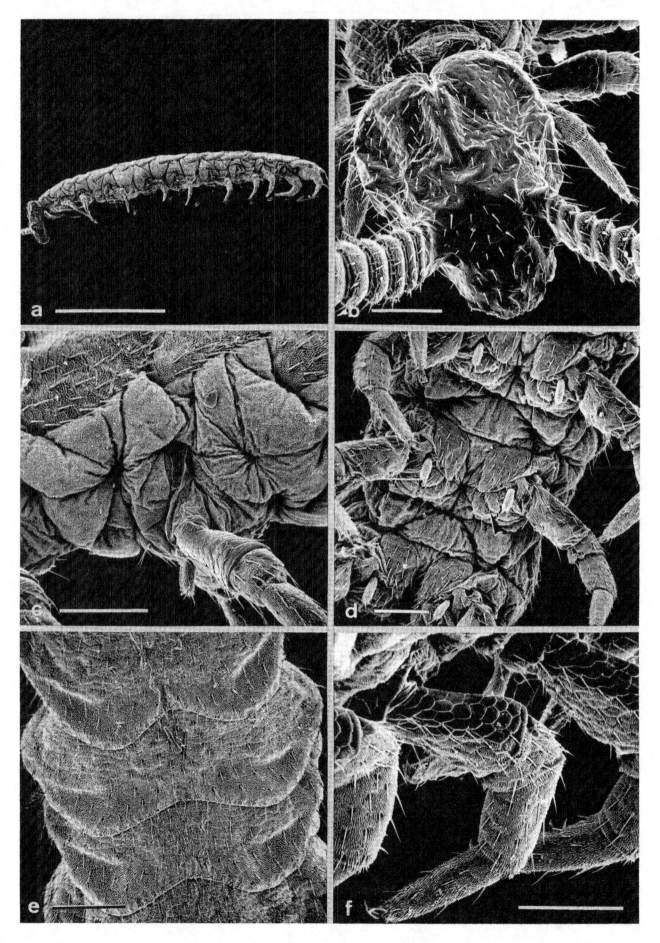

171

2.9.2 Feuchtigkeit als ökologischer Faktor – Tömösvárysches Organ

Eine große Populationsdichte erreichen die Symphylen im humusreichen Boden bei hinreichender Feuchtigkeit. Die jahreszeitlich bedingten Unterschiede in der Feuchtigkeit des Bodens, sowie Temperaturschwankungen veranlassen die Tiere zu Tiefenwanderungen. Unter feucht-warmen Bedingungen des Frühjahrs und im Herbst befindet sich das Optimum der vertikalen Populationsverteilung in der oberen Bodenschicht, im trockenen Sommer dagegen in tiefen Bodenschichten (FRIEDEL, 1928; MICHELBACHER, 1938).

Da diese Vertikalverteilung auf eine aktive Wahrnehmung der Tiere zurückzuführen ist, wurde auch nach einem empfindlichen Feuchtigkeitsrezeptor gesucht. FRIEDEL (1928) glaubte bei experimentellen Untersuchungen an Antennen und Coxalbläschen, einen Hygrorezeptor gefunden zu haben, vergaß allerdings das Tömösvárysche Organ mit in die Untersuchungen einzubeziehen. Doch die Feinstruktur dieses Organs, das hinter den Antennen liegt, macht aus funktionsmorphologischer Sicht (HAUPT, 1971) und im Vergleich der Schläfenorgane der Myriapoden (Abb. 105), dem Tömösváryschen Organ epedaphischer Chilopoden, dem Temporalorgan der Diplopoden und den Pseudoculi der Pauropoden (HAUPT, 1979), höchst wahrscheinlich, daß das vergessene Organ der gesuchte Feuchtigkeitsrezeptor ist. Das Sinnesorgan wurde 1893 von TÖMÖSVÁRY erstmals beschrieben und wird seit HENNINGS (1904, 1906) als Tömösvárysches Organ bezeichnet (Abb. 102; Tafel 76).

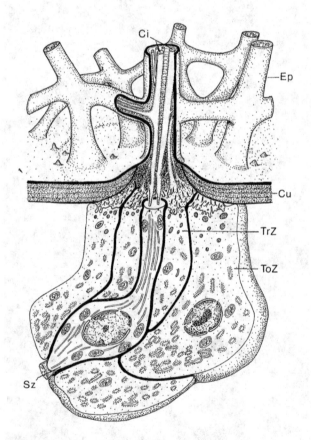

Abb. 102: Tömösvárysches Sinnesorgan von *Scutigerella immaculata* – Scutigerellidae, Schema einer sensorischen Einheit (verändert nach HAUPT, 1971). In das feinporige Röhrensystem der Epicuticula (Ep) dringen 2 dendritische Cilien einer Sinneszelle ein und verzweigen sich. Die beiden Hüllzellen, trichogene und tormogene Hüllzelle (TrZ, ToZ) umhüllen die Sinnesstrukturen; erstere besitzt ferner apikale Ausläufer. Sz – Sinneszelle.

Tafel 76: *Scutigerella immaculata* – Scutigerellidae
- **a** Mundkegel, frontal. 100 µm.
- **b** Kopf, lateral, mit Skleriten, Mundwerkzeugen und Antennenbasis. 100 µm.
- **c** Mundhöhle mit Mandibeln. 30 µm.
- **d** Antennenbasis mit Tömösváryschem Organ (oben) und Kopfstigma. 50 µm.
- **e** Tömösvárysches Organ. 10 µm.
- **f** Kopfstigma. 5 µm.

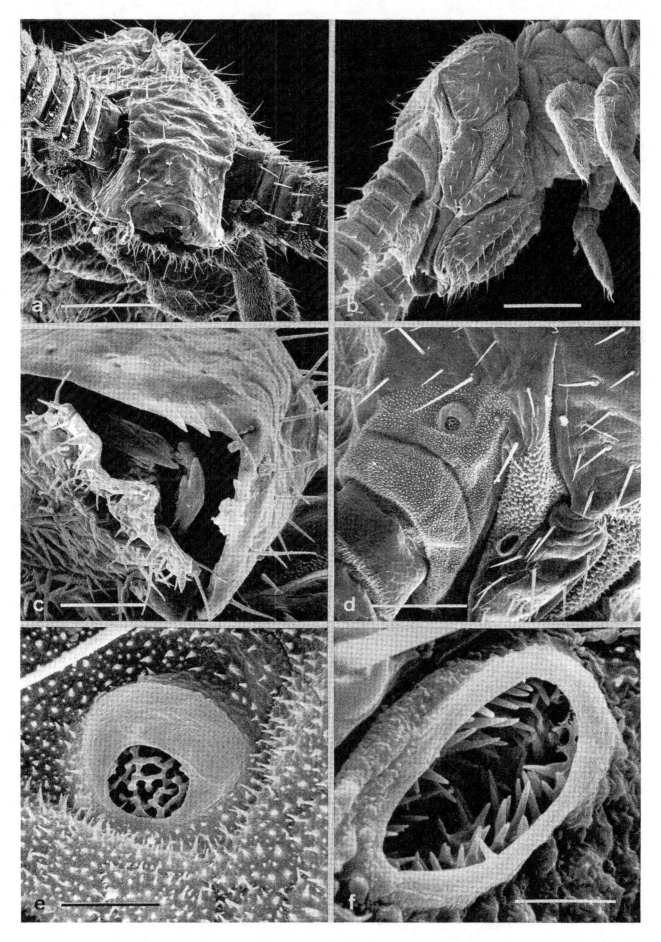

2.9.3 Feuchtigkeit als ökologischer Faktor – Coxalbläschen

Scutigerella immaculata besitzt zwischen dem 3. und 11. Rumpfsegment mediad von den Coxen der Laufbeine und den Styli je ein Paar Coxalblasen oder Ventralsäcke (Abb. 103; Tafel 77). In retrahiertem Zustand sind sie von zwei halbkreisförmigen Klappen bedeckt, auf denen jeweils drei oder meist vier lange Sinneshaare stehen, die als Mechanorezeptoren beschrieben werden (GILL, 1981). Nach dem Öffnen der beiden Klappenhälften erscheint das darunterliegende, mit einer dünnen, kaum strukturierten Cuticula überzogene Bläschenepithel. Das Ausstülpen der Bläschen geschieht durch einen hydraulischen Mechanismus, indem durch Muskelkraft der Hämolymphdruck in der Leibeshöhle erhöht wird.

Die Feinstruktur der Epithelzellen, die von GILL (1981) untersucht wurde, weist auf eine aktive Transportfunktion hin. Das Epithel besteht aus drei hochdifferenzierten Zellen mit gelappten Zellkernen und je einem ausgeprägten basalen Labyrinth mit parallel angeordneten Mitochondrienketten. Der Zellapex weist jedoch kaum einen Faltensaum auf. Diese Transportzellen dienen wahrscheinlich dem Ionen- und damit auch dem Wassertransport zum Ausgleich des Wasserverlustes, den die Tiere auch in hoher Umgebungsfeuchte ständig erleiden und im Rahmen der Anpassung an die jahreszeitlich bedingte, unterschiedliche Feuchtigkeitsverteilung im Boden.

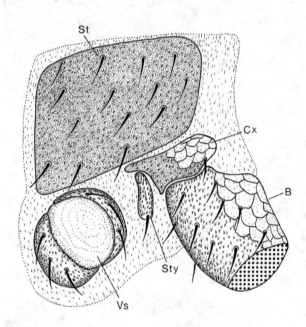

Abb. 103: *Scutigerella immaculata* – Scutigerellidae. Die Region der Beinbasis (B) mit Sternit (St), Coxalorgan mit evertiertem Bläschen (Vs), Stylus (Sty) und Coxa (Cx). Unter der dünnen Vesikeloberfläche liegen Transportzellen, wie sie für Wasser- und Ionentransport typisch sind. In den Randbereich der Klappen münden Drüsen. (Original).

Tafel 77: *Scutigerella immaculata* – Scutigerellidae
  a Geschlechtsöffnung im vorderen Rumpfabschnitt. 30 µm.
  b Cuticula der Ventralseite mit Sternit- und Membranoberfläche. 20 µm.
  c Beinbasis mit Stylus und Coxalbläschen (Pfeil). 25 µm.
  d Coxalbläschen, geöffnet, mit geschrumpfter Cuticula. 20 µm.
  e Stylus. 10 µm.
  f Coxalbläschen mit Übergang von der Klappe zur Blasencuticula (gestreift). 5 µm.

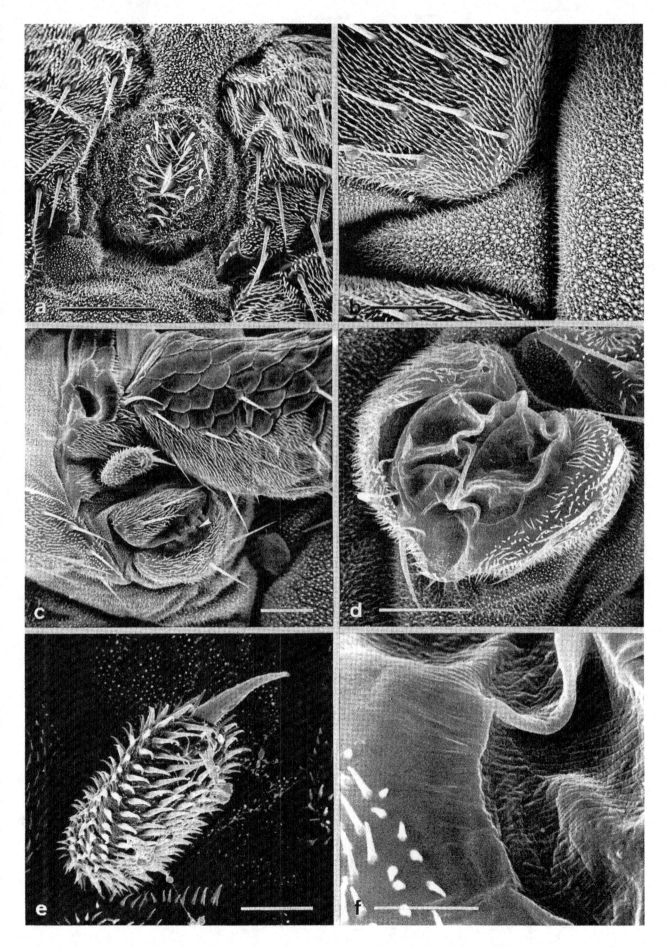

175

2.9.4 Indirekte Spermatophoren-übertragung

Wie auch bei anderen euedaphischen Bodenarthropoden hat sich bei der euedaphischen *Scutigerella* eine Fortpflanzungsweise entwickelt, welche auf den Vorgang der Paarung verzichtet, aber dennoch die Befruchtung der Eier sicherstellt. JUBERTHIE-JUPEAU (1956, 1959a, b) ist es gelungen, den komplizierten Verhaltensablauf in beiden Geschlechtern zu analysieren.

Die Männchen von *Scutigerella* setzen zwischen zwei Häutungen ohne die Anwesenheit eines Weibchens etwa 150–450 gestielte Spermatophoren ab. Sie pressen dabei aus der Geschlechtsöffnung am 4. Rumpfsegment (Tafel 77a) einen Tropfen aus,

den sie durch Heben des Vorderkörpers zu einem Stiel auszuziehen, an dessen Spitze die eigentliche Spermatophore bleibt (Abb. 104a). Die Weibchen fressen von den Spermakapseln größere Mengen (ca. 18 am Tag), wobei ein Teil verschluckt und verdaut wird, ein anderer aber in buccalen Taschen aufbewahrt wird. Die Besamung der Eier erfolgt während der Eiablage (Abb. 104b). Ein an der Geschlechtsöffnung herausgepreßtes Ei wird von den Mundwerkzeugen gepackt und an Substrat angeheftet. Es folgen kauende Bewegungen an der Eioberfläche, wobei Sperma zur Besamung aus den Taschen übertragen wird.

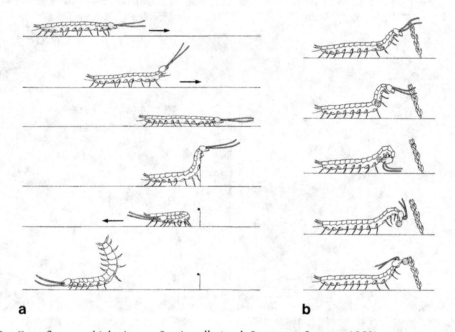

Abb. 104: Zur Fortpflanzungsbiologie von *Scutigerella* (nach JUBERTHIE-JUPEAU, 1959).
a Männchen, Absetzen einer gestielten Spermatophore aus der Geschlechtsöffnung am 4. Rumpfsegment. Das Spermatröpfchen wird später vom Weibchen mit den Mundwerkzeugen aufgenommen und in ‹Backentaschen› deponiert.
b Weibchen bei der Eiablage. Das Ei wird mit den Mundwerkzeugen von der Geschlechtsöffnung am 4. Rumpfsegment empfangen und am Substrat angeheftet. Dabei wird Sperma aus den Backentaschen zur Besamung auf die Eioberfläche gebracht.

Tafel 78: *Scutigerella immaculata* – Scutigerellidae
    a Antenne. 200 µm.
    b Antenne, distal. 100 µm.
    c Antennenendglied, Sensillen. 20 µm.
    d Antenne im Mittelabschnitt. 5 µm.
    e Antennenendglied, Sensillen. 5 µm.
    f Antenne im Mittelabschnitt mit Sensilla chaetica und unechtem Haarbesatz. 5 µm.

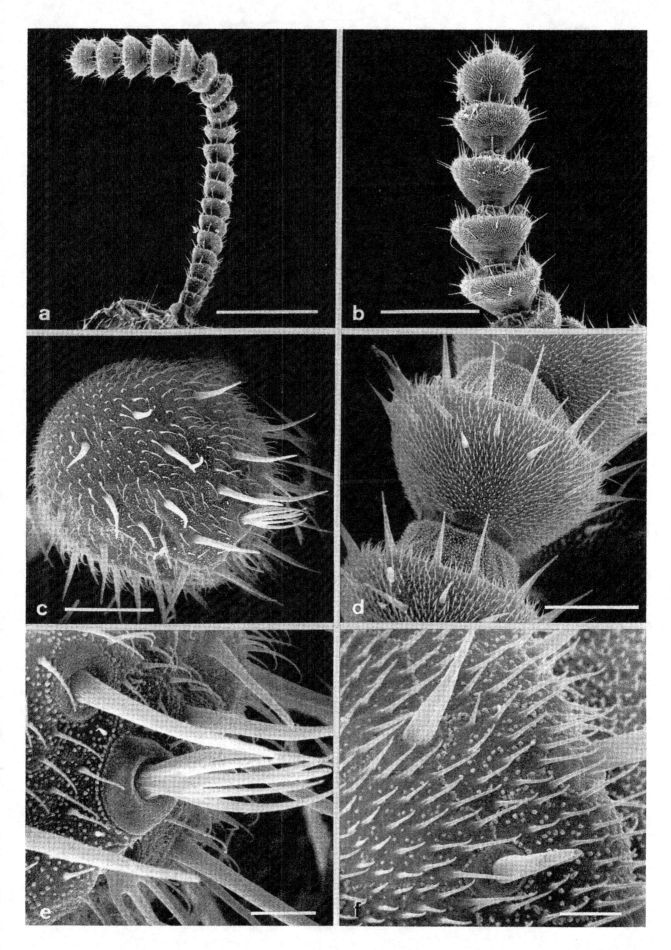

177

2.9.5 Schutz vor Feinden – Spinngriffel

Euedaphische Bodentiere sind im Lückensystem des Bodens in ihren Bewegungsfreiheiten weitgehend eingeschränkt. Dieser Mangel macht sie leicht zur Beute ihrer Feinde. Zum Schutz verfügen sie daher oft über Wehrdrüsen, deren Gifte oder unangenehmen Sekrete räuberische Tiere abhalten sollen. Dazu haben Symphylen Spinndrüsen, die an den Spitzen der abdominalen Spinngriffel münden (Tafel 79). Die paarigen Spinngriffel, die sich von Beinanlagen des 13. Rumpfsegmentes ableiten, enden mit je einem Spinnhaar, an deren Basis sich ein kleines Drüsenfeld befindet. Bei Gefahr und Verfolgung durch den Feind stoßen sie Spinnfäden aus, die den Verfolger behindern und dem Verfolgten offenbar auch die Möglichkeit geben, sich schnell in eine andere Bodenspalte ‹abzuseilen›.

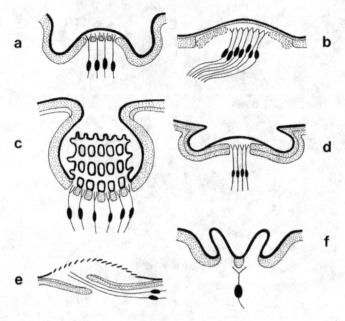

Abb. 105: Zum Bau der Schläfensinnesorgane verschiedener Bodenarthropoden (verändert nach HAUPT, 1979). Die Sinneszellen dringen mit ihren Ausläufern >——— unter die dünne Epicuticula (schwarze Schicht) vor. Neben der Variation der Außenstrukturen im Sinne einer Oberflächenvergrößerung ändert sich die Zahl der Sinneszellen und Cilien. Die Mikromorphologie dieser Sinnesorgane spricht für eine chemorezeptive Funktion im weiteren Sinne.

a *Glomeris* (Diplopoda) b *Allopauropus* (Pauropoda)
c *Scutigerella* (Symphyla) d *Lithobius* (Chilopoda)
e *Eosentomon* (Protura) f *Onychiurus* (Collembola)

Tafel 79: *Scutigerella immaculata* – Scutigerellidae
    a Rumpf, kaudal, lateral, mit den Cerci. An der Cercusbasis steht laterad je ein Trichobothrium, das als langer, feiner Faden zu erkennen ist. 100 µm.
    b Cerci, terminal, mit Spinngriffeln und Drüsenfeldern. 30 µm.
    c Cercus, terminal, mit Drüsenfeld. 10 µm.
    d Cercus, terminal, Drüsenfeld. 3 µm.
    e Bein, distal, mit Klaue. 10 µm.
    f Beinoberfläche mit Schuppen- und Haartextur. 20 µm.

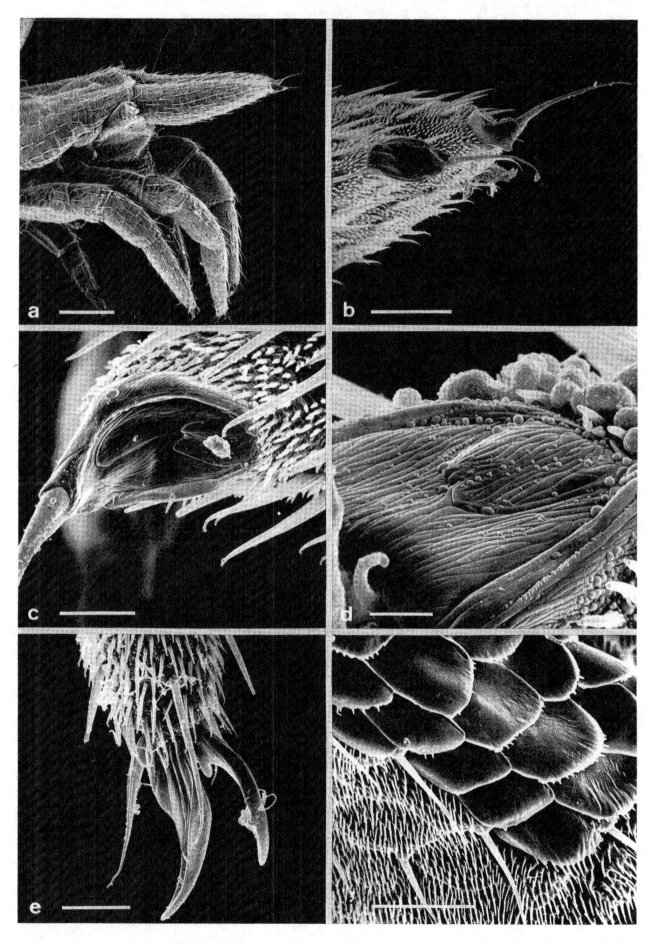

2.10 Ordnung: Diplura – Doppelschwänze (Insecta)

Allgemeine Literatur: Paclt 1956, Palissa 1964

2.10.1 Kennzeichen der Diplura

Die Dipluren oder Doppelschwänze wurden früher mit den Protura, Collembola und Thysanura zu den Apterygota zusammengefaßt und standen als Urinsekten am Anfang der Klasse Insecta. Sie bilden aber keine natürliche systematische Einheit. Die phylogenetische Systematik faßt die primär flügellosen Insekten der Ordnungen Diplura, Protura und Collembola in der Unterklasse Entognatha zusammen.

Der Boden ist der bevorzugte Lebensraum der Entognatha. Die blinden, reichlich mit Sinneshaa-

ren ausgestatteten, 3–6 mm langgestreckten Dipluren leben im Moos, unter Steinen, im tieferen Laub, unter Rinde, aber auch tief im feuchten Lückensystem der unteren Bodenschichten. Oft finden sie sich mit Symphylen vergesellschaftet. Die Dipluren-Familie Campodeidae ist mit wenig mehr als 10 Arten bis weit in den Norden des gemäßigten Klimas Nord- und Mitteleuropas verbreitet. Die Familie Japygidae bevorzugt die wärmeren Zonen Südeuropas und das subtropische und tropische Klima (Paclt, 1956; Palissa, 1964).

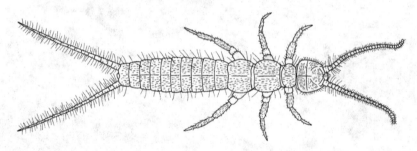

Abb. 106: Habitus einer *Campodea,* von dorsal, mit ihren stark gegliederten Antennen und Cerci. Beide Anhangspaare werden in ständig oszillierender Bewegung getragen. Augen fehlen (verändert nach Handschin, 1929).

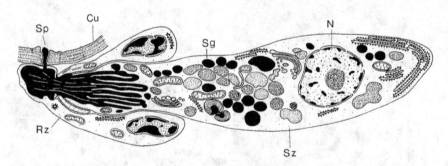

Abb. 107: Organisation der Hautdrüsen bei *Campodea* (verändert nach Juberthie-Jupeau und Bareth, 1980a). Die mit Dictyosomen und granulärem ER gut ausgestattete Drüsenzelle (Sz) sezerniert Sekretgrana in eine Reservoir, aus dem das Sekret über einen Porus (Sp) durch die Cuticula (Cu) austritt. Rz – Reservoirzelle. (vgl. auch Tafel 84f).

Tafel 80: *Campodea* spec. – Campodeidae

    a Übersicht, lateral. 1 mm.
    b Kopf mit Antennen, dorsal. 0,5 mm.
    c Kopf, Pro- und Mesothorax, dorsal. 200 μm.
    d Cerci, proximal, dorsal. 200 μm.
    e Kopfkapsel und Antennenbasen, dorsal. Augen fehlen. 100 μm.
    f Kopf, Pro- und Mesothorax, ventral. 200 μm.

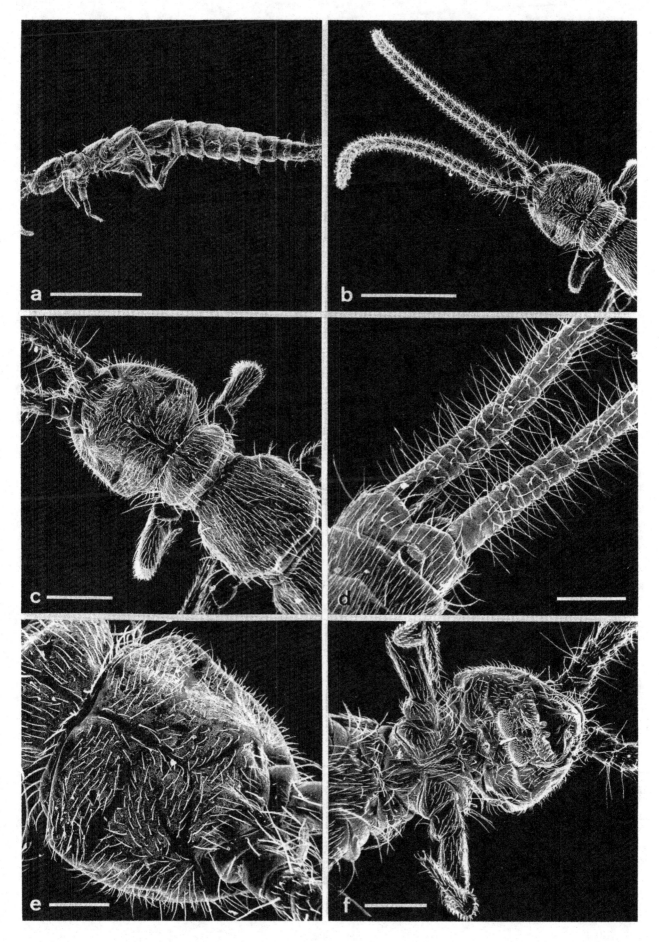

2.10.2 Sinnesorgane der Antenne von *Campodea*

Entsprechend der thigmotaktischen Lebensweise der Campodeiden sind ihre Antennen mit einer hohen Zahl von Sensillen ausgerüstet. Auf den durchschnittlich 25 Gliedern einer Antenne wurden insgesamt rund 2800 Sensillen ermittelt (ENDRES, 1980).

Relativ sensillenarm sind die Grundglieder der Antenne, Scapus und Pedicellus. Für die mittleren Glieder ergibt sich ein einheitliches Muster, während das Endglied durch das Grubenorgan mit den cupuliformen Sensillen besonders auffällt (Tafel 81). Unter Einbeziehung von Größe, Oberflächenstrukturierung, Gestalt und Einlenkung können neben den Trichobothrien und Makrochaeten im Bereich der Antennenbasis und den cupuliformen Sensillen des Grubenorgans 12 weitere Sensillentypen unterschieden werden (Abb. 108). Etwa 90% davon werden als Sensilla trichodea eingestuft mit vermutlich mechanorezeptiver oder multimodaler Funktion. Für den Rest kann rein chemorezeptive Funktion angenommen werden. Nach den feinstrukturellen Befunden ist das cupuliforme Grubenorgan (Tafel 81f, g) vermutlich ein olfaktorischer Rezeptor (JUBERTHIE-JUPEAU und BARETH, 1980b; BARETH, 1983). Die fein gefiederten Trichobothrien an der Antennenbasis (Tafel 81 b–d) werden als Rezeptoren zur Perzeption feiner Luftbewegungen bewertet. Erschütterungen der Luft lösen bei *Campodea* sofort Fluchtreaktionen aus.

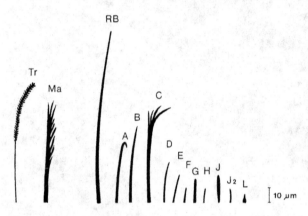

Abb. 108: Haar- und Sensillenformen auf der Antenne von *Campodea* – Campodeidae (nach ENDRES, 1980). Tr – Trichobothrien, Ma – Makrochaeten (auf den Grundgliedern der Antenne, vermutlich Schwingungs- und Tast-(Mechano-)rezeptoren), RB (Riesenborsten), Typen A, B, C, D (über die Antenne verteilte Sensilla trichodea, vermutlich Mechanorezeptoren), E, F (kleine Sensilla trichodea an Gelenkübergängen, vermutlich Stellungsrezeptoren), G, J, J₂, L (Sensilla basiconica, in geringer Zahl an exponierten Stellen, vermutlich Chemorezeptoren), H (Sensilla trichodea auf Scapus und Pedicellus, vermutlich identisch mit Typ D s. o.). Das apikale Grubenorgan wurde nicht einbezogen.

Tafel 81: *Campodea* spec. – Campodeidae
  a Antennenbasen, dorsal. 50 µm.
  b Antennenglieder 4–6. Die Pfeile markieren die Trichobothrien. 50 µm.
  c Trichobothrium, distal. 2 µm.
  d Trichobothrium, proximal. 2 µm.
  e Sensillum trichodeum (Fadenhaar), proximal, von der Cercusbasis. Der Borstenbecher erlaubt eine gerichtete Haarbewegung. Neben der Haarbasis eine typische Hautdrüse (Pfeil). 5 µm.
  f Antenne, distal, mit Grubenorgan. 20 µm.
  g Grubenorgan mit 4 cupuliformen Sensillen. 3 µm.

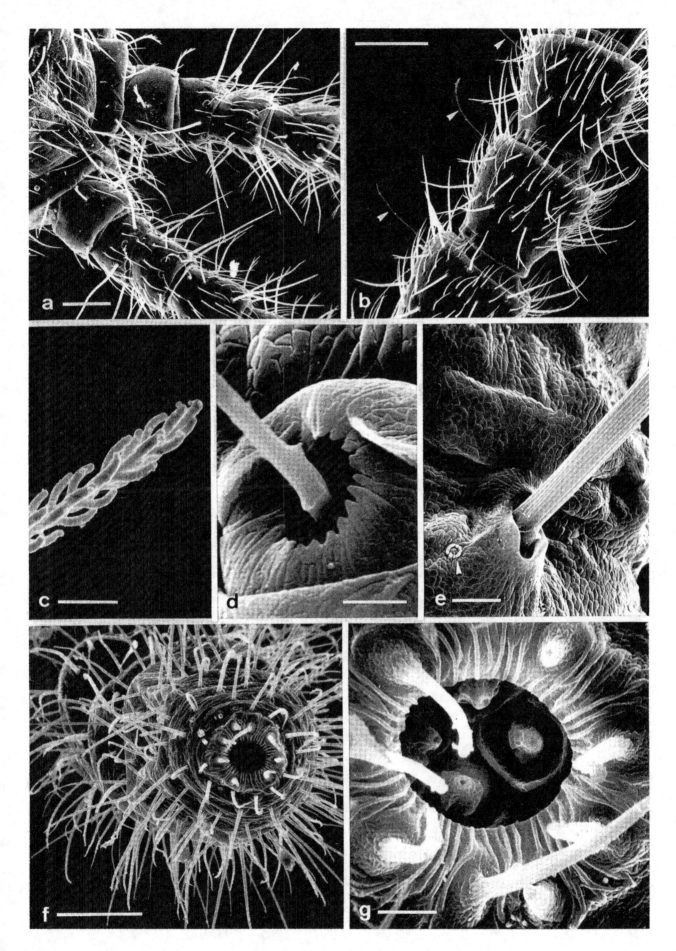

183

2.10.3 Kopfmorphologie von *Campodea*

An der augenlosen Kopfkapsel sind die Mandibeln und Maxillen wie bei den Collembolen und Proturen in buccalen Taschen versenkt und ragen meist nur mit dem apikalen Teil heraus (Tafel 82). Dazwischen liegt als zungenartiges Gebilde die Lingua, die als Teil des Hypopharynx betrachtet wird (FRANCOIS, 1970). Ihre apikale Fläche ist mit Cuticularschuppen besetzt, was an das Bild der Schneckenradula erinnert.

Von den Mundwerkzeugen bleibt die Unterlippe (Labium) frei. Sie verbindet die Oralfalten der Kopf-

seiten miteinander, welche die Mundhöhlentaschen bilden (Abb. 109). Die Unterlippe ist mehrfach gegliedert und stark modifiziert. Auffallendster Bereich sind zwei bürstenartig behaarte Areale, die sehr flach sind und als Labialpalpen gedeutet werden (Tafel 82). Die Feinstruktur dieser Palpenhaare wurde von BARETH und JUBERTHIE-JUPEAU (1977) beschrieben. Jedes Haar wird von 7–10 Neuronen versorgt, wobei Strukturelemente, wie sie für Mechano- und Kontaktchemorezeptoren typisch sind, in einem Haar vereinigt werden.

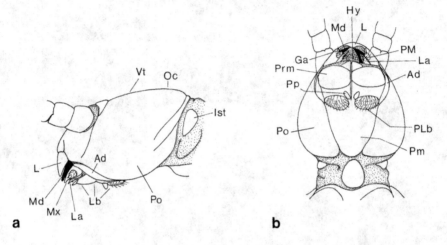

Abb. 109: Zur Morphologie der Kopfkapsel von *Campodea chardardi* – Campodeidae (verändert nach FRANCOIS, 1970).
a Seitenansicht. **b** Ventralansicht.
Ad – Admentum, Ga – Galea, Ist – Intersternit, L – Labrum, La – Lacinia, Lb – Labium, Md – Mandibel, Mx – Maxille, Oc – Occiput (Hinterhaupt), Po – Plica oralis (Oralfalte), PLb – Palpus labialis, Pm – Postmentum, PM – Palpus maxillaris, Pp – Processus palpiforme, Prm – Praementum, Vt – Vertex (Scheitel), Hy – Lingua des Hypopharynx.

Tafel 82: *Campodea* spec. – Campodeidae
    a Mundkegel, frontal. Der Pfeil markiert die Lingua des Hypopharynx. Daneben liegen die Maxillen, darüber die Oberlippe (Labrum). 50 µm.
    b Mundkegel, schräg ventral. Die gezähnten Laciniae (Pfeil) sind gut zu erkennen. 50 µm.
    c Mundkegel mit stilettförmigen Laciniae. 50 µm.
    d Lingua des Hypopharynx, distal, mit Putzschuppen. 5 µm.
    e Pinselorgan des Processus palpiforme an der Unterlippe (Labium) zwischen den Labialpalpen. 25 µm.
    f Labialpalpenoberfläche mit Sinneshaaren und Hautdrüse (Pfeil) (vgl. Abb. 107). 5 µm.

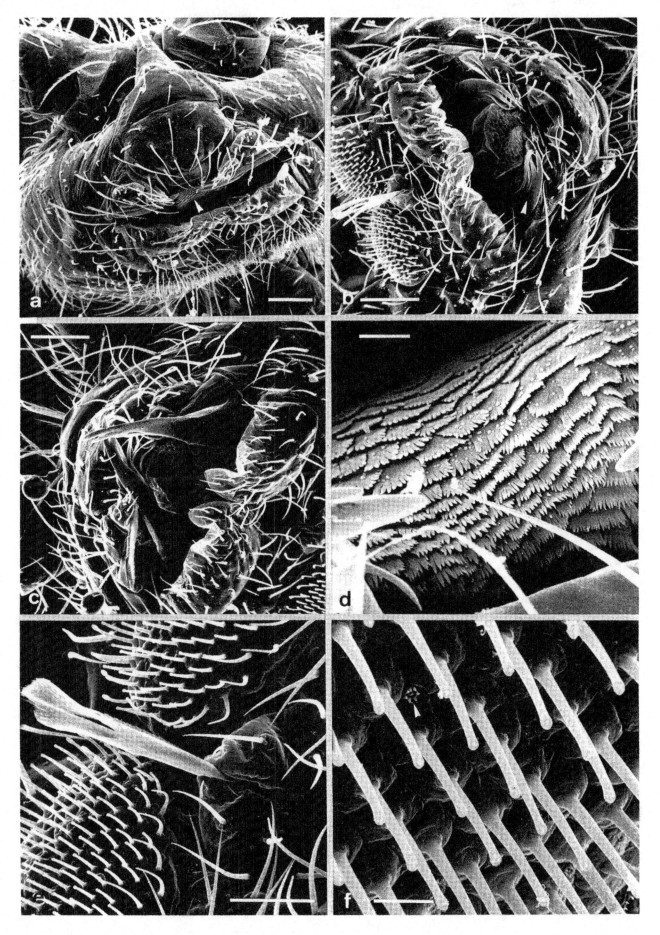

185

2.10.4 Zur Atmung der Diplura

Das Atemmedium der im Boden lebenden Tiere ist die Luft. Wird das Porensystem des Bodens zeitweise mit Wasser überflutet, so müssen die luftatmenden Bodenarthropoden ihren Lebensraum verlassen oder sie sind durch hydrophobe Strukturen angepaßt, die bei Benetzung mit Wasser ein Plastron bilden, welches das Wasser von den Stigmen des offenen Tracheensystems abhält und zeitweise den Gasaustausch an der Grenzschicht zwischen Luft und Wasser ermöglicht. Die Körperoberfläche der euedaphischen Bodenarthropoden ist häufig ganz oder teilweise mit hydrophoben Strukturen, mit emergenzartigen Mikrostrukturen, zur Bildung eines solchen Plastrons ausgestattet.

Die Diplura haben offene Tracheensysteme, die bei *Campodea* drei thorakale Stigmenpaare, bei *Japyx* vier Stigmenpaare am Thorax und sieben abdominale Stigmenpaare besitzen (Abb. 110). Die Tracheation der längsverlaufenden Tracheen zeigt primitive Merkmale mit ersten und einfachen Anastomosen, bei *Campodea* im Kopf, bei *Japyx* zwischen den Abdominalsegmenten 8 und 9 (PACLT, 1956).

Die geringere Zahl an Stigmen kompensiert *Campodea* vermutlich durch einen höheren Anteil der Hautatmung. Aufgrund ihrer hohen Transpirationsrate wird sie als extrem hygrisch eingestuft (durchschnittlicher Verlust der Wassermasse 77,4%/h bei 0% r. h./22 °C; Turnover-Rate für den Austausch der Wassermasse in hoher Umgebungsfeuchte 6–7 Stunden) (EISENBEIS, 1983a, b), was mit einer hohen Permeabilität der Haut verbunden ist, während die Japygiden als thermophile, mesische Trockenlufttiere gelten.

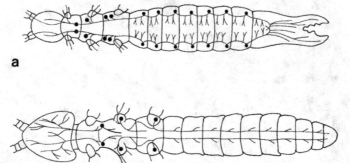

Abb. 110: Die Tracheensysteme von *Japyx* (a) und *Campodea* (b) (verändert nach PACLT, 1956).

Tafel 83: *Campodea* spec. – Campodeidae
  a Thoraxflanke zwischen Pro- und Mesothorax mit Stigma (Pfeil). Die ventralen Sklerite sind mit Makrochaeten besetzt. 100 µm.
  b Ventro-laterale Thoraxsklerite mit Makrochaeten und normalen Fadenhaaren, dazwischen Hautdrüsen. 25 µm.
  c Stigma am Mesothorax. 25 µm.
  d Thorax, ventral. 100 µm.
  e Offenes Stigma mit Blick auf die Tracheenintima. Dem Stigmenrand nahe liegt eine Hautdrüse. 5 µm.
  f Klaue. 10 µm.

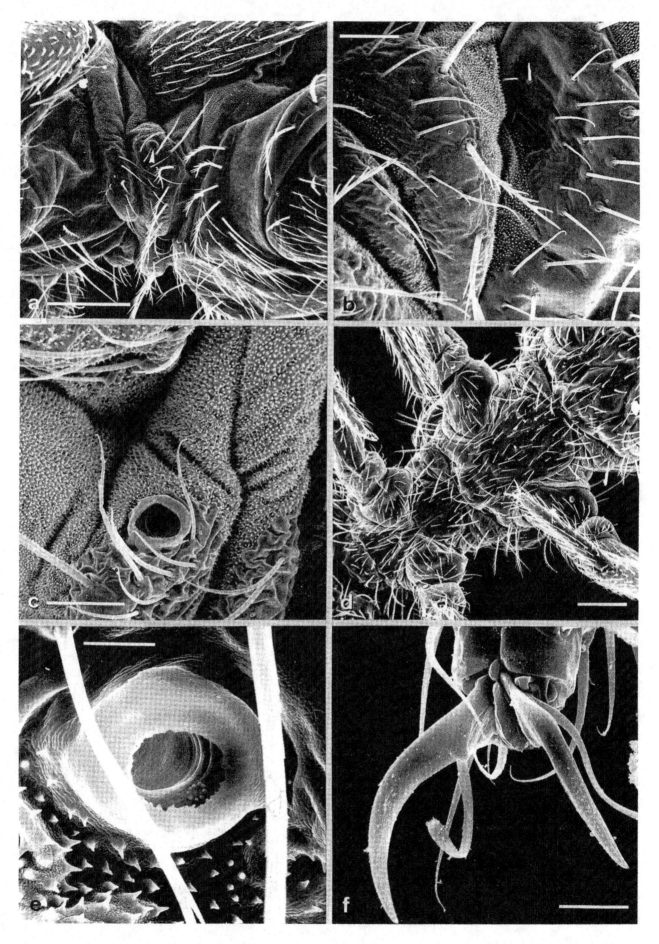

187

2.10.5 Zur Osmoregulation der Diplura

Ähnlich den Symphylen, Collembolen, Proturen und Thysanuren sind auch bei den Dipluren wasserabsorbierende Strukturen vorhanden, mit denen Feuchtigkeit von Oberflächen aufgenommen werden kann. Es handelt sich um zarte Bläschen, die am Segmenthinterrand der Bauchseite herausgepreßt werden (Tafel 84).

Der Feinbau des in den Blasen vorhandenen Transportepithels stimmt prinzipiell mit den Strukturen der oben erwähnten Gruppen überein, hervorzuheben wäre jedoch eine stufenweise Abwandlung des Epithels. EISENBEIS (1976) beschreibt 3 Epithelregionen für *Campodea staphylinus* (Abb. 111), wobei die Zellen der Region A und B dem üblichen Transportzellen-Schema nahekommen, die Region C an der Blasenbasis bereits zur normalen Epidermis überleitet. Zu ähnlichen Befunden kommt WEYDA (1976, 1980) für *Campodea silvestrii* und *C. franzi*. Die innere Gliederung deckt sich nahezu mit der in Tafel 84b gezeigten äußeren Zonierung der Cuticula.

Der histochemische Nachweis von Chlorid-Ionen im Transportepithel spricht auch hier für eine enge Verbindung zwischen Wasser- und Ionentransport (EISENBEIS, 1976). Quantitative Messungen zur Netto-Absorptionsleistung durch die Coxalblasen, wie sie bereits für Collembolen und Machiliden gewonnen werden konnten, fehlen jedoch bisher.

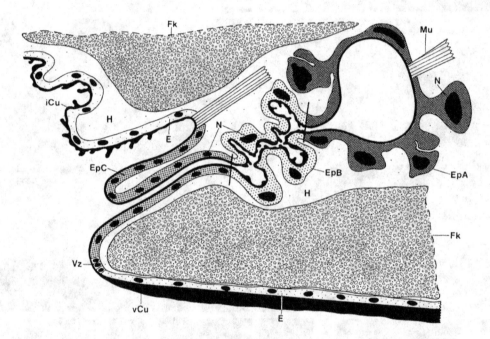

Abb. 111: Sagittalschema durch ein in die Körperhöhle (H) retrahiertes Coxalbläschen von *Campodea* (EISENBEIS, 1976). Das Bläschen wird von 3 Epitheltypen – Ep A, B, C – aufgebaut. Zu Ep A und B gehören typische Transportzellen, wobei bei Ep A die Perykarya frei in der Hämolymphe flottieren. Das Epithel C leitet zur normalen Epidermis über. E – Epidermis, Fk – Fettkörper, iCu – intersegmentale Cuticula, vCu – ventrale, sternale Cuticula, Mu – Retraktormuskel für das Bläschen, N – Zellkerne, Vz – Verbindungszellen.

Tafel 84: *Campodea* spec. – Campodeidae
a Abdomen, ventral, mit evertierten Coxalbläschen und Styli. 100 µm.
b Coxalblase mit differenzierter Cuticula. Das Transportepithel befindet sich im distalen Bereich unter der glatten und gekörnten Oberfläche. 20 µm.
c Genitalpapille eines Männchens am Hinterrand des 8. Sternites. 25 µm.
d Cuticulastruktur der Intersegmentalhäute. 5 µm.
e Abdomen, mit lateraler Segmentgliederung. Die Styli inserieren ventral. 100 µm.
f Skleritoberfläche mit typischer Hautdrüse (Feinstruktur Abb. 107). 1 µm.

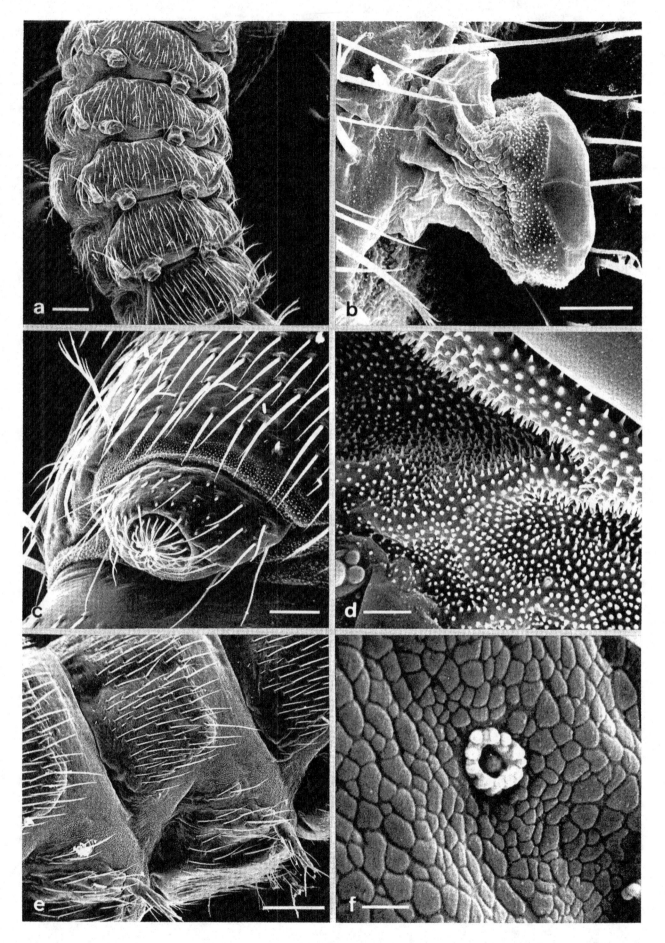

189

2.10.6. Körperanpassungen der euedaphischen Diplura

Die Dipluren lassen vom Bau her typische Anpassungserscheinungen an das Leben im Boden erkennen. Den abiotischen Faktoren des Porenvolumens, der Feuchte und der Luft im Boden sind sie in funktionsmorphologischer Hinsicht angepaßt.

Charakteristisch ist der wurmförmige, homonom gegliedert erscheinende Körper der 3–6 mm gestreckten und im Durchmesser weniger als 0,5 mm breiten Tiere (Abb. 106, 112; Tafel 80, 85). Diese Körperform gestattet es den Dipluren, 10–20 cm tief in das feine Lücken- und Röhrensystem des Bodens einzudringen. Die gegliederten Extremitä-

ten können, wenn notwendig, eng an den Körper angewinkelt werden. Die langen, perlschnurartig gegliederten Antennen unterstreichen die dem Lebensraum angepaßte Form. Auch die Cerci der Campodeiden sind den Antennen ähnlich gebaut. Sie sind mit zahlreichen Sensilla trichodea mit Richtcharakteristik (Tafel 81e) besetzt und erweitern den Nahorientierungsradius der augenlosen Tiere beträchtlich. Nur bei den Japygiden sind sie zu kräftigen Zangen umgebildet, aber dennoch der wurmförmigen Gestalt der Tiere angepaßt.

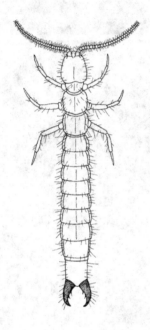

Abb. 112: Habitus eines Japygiden mit gegliederten Antennen und zangenförmigen Cerci (verändert nach PALISSA, 1964).

Tafel 85: Japygidae
    a Habitus, dorsal. 1 mm.
    b Kopf und Thorax, dorsal. 1 mm.
    c Kopfkapsel, lateral. 250 µm.
    d Antennenbasen, dorsal. Augen fehlen. 250 µm.
    e Kopf und Prothorax, ventral. 0,5 mm.
    f Mundkegel und Labium. 100 µm.

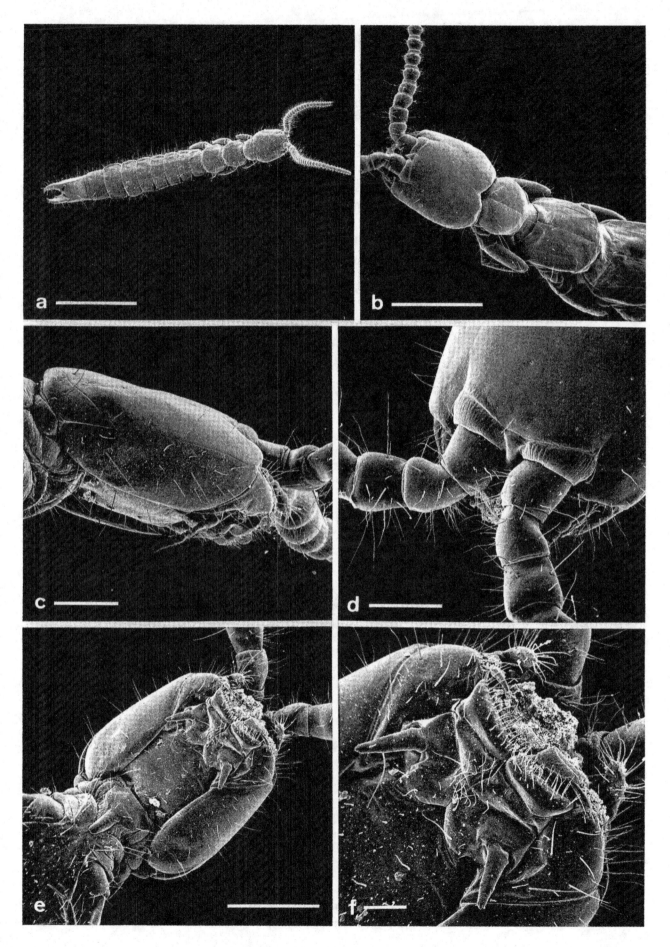

2.10.7 Räuberische Lebensweise der Diplura

Nur wenige Entognathen führen eine räuberische Lebensweise; doch einige Dipluren zählen zu den Räubern und ernähren sich von kleinsten Bodenarthropoden und Oligochaeten. *Campodea lankestri* wurde beim Verzehr von Mückenlarven beobachtet (MARTEN, 1939), obwohl Campodeiden vorwiegend saprophyto- und mikrophytophag sind. Ausgesprochen räuberisch verhalten sich die Japygiden. Sie bevorzugen neben Symphylen die Collembolen (SIMON, 1964) und schrecken auch vor den ätzenden Sekreten aus den Pseudocellen der euedaphischen Onychiuridae nicht zurück. Auch Campodeiden werden von den Japygiden erbeutet (KOSAROFF,

1935). Die blinden Japygiden nehmen ihre Beute durch Berührung mit den zahlreichen Sinneshaaren auf den langgestreckten Antennen wahr. Sie kriechen dabei unruhig hin und her und versuchen, die Beute im Porensystem des Bodens zu ertasten. Dann packen sie mit den Mundwerkzeugen schnell zu, krümmen den Hinterleib nach vorne und ergreifen die Beute mit den zu kräftigen Zangen umgebildeten Cerci. Zum Fressen wird der Hinterleib wieder nach vorne gekrümmt und die mit den Zangen gehaltene Beute den Mundwerkzeugen zugeführt (Abb. 113) (SCHALLER, 1949, 1962).

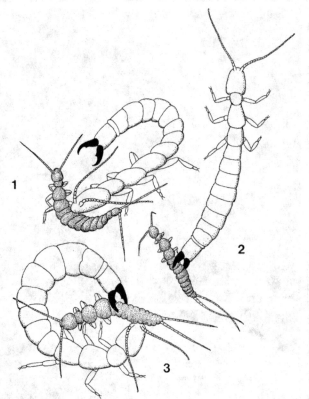

Abb. 113: Räuberisches Verhalten eines Japygiden (verändert nach KOSAROFF, 1935).
1 Angriff auf eine *Campodea* mit aufgebogenem Abdomen.
2 Ergreifen der Beute mit den Zangen.
3 Führen der Beute zum Mund und Verzehr.

Tafel 86: Japygidae
    a Abdomen, ventral, mit Coxalbläschen und Styli. 0,5 mm.
    b Abdomen, terminal, dorsal, mit Cerci. 1 mm.
    c Stylus und Coxalblase. 50 µm.
    d Cerci (Zangen), dorsal. 250 µm.
    e Abdomen, kaudal. 100 µm.
    f Abdomen, kaudal, mit medialer Zangenbasis. Dorsal liegt die Afterklappe (Pfeil). 25 µm.

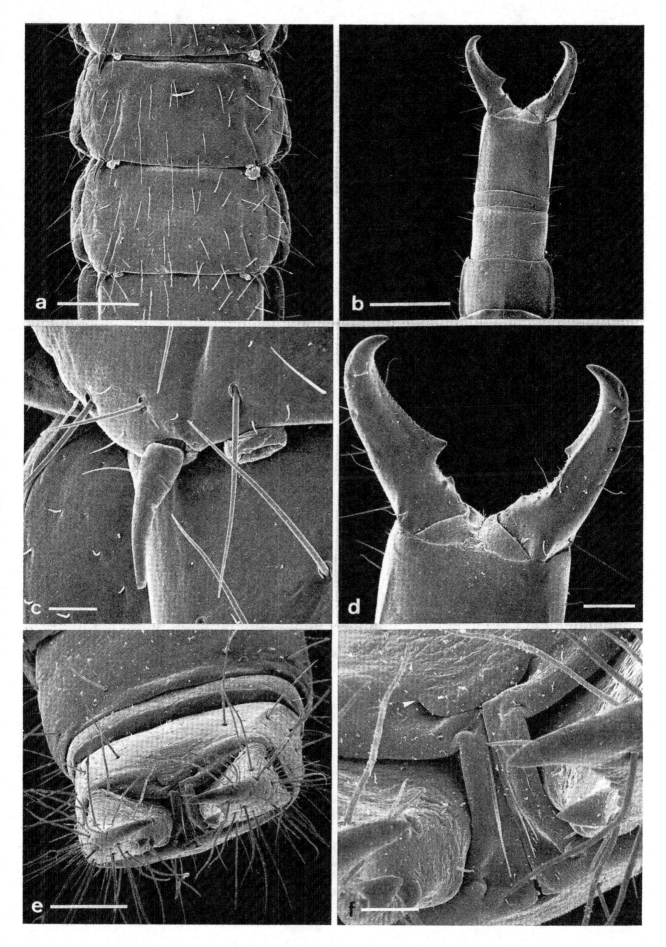

2.10.8 Zur Biologie der Japygidae

Unsere Kenntnisse über die Lebensweise der Japygiden verdanken wir vor allem den Arbeiten von PAGES (1967a, b, 1978). Darin werden sie als xerophile Insekten eingestuft. Für *Dipljapyx humberti* wurde ein Feuchtepreferendum von 85% r.h. ermittelt, wobei 50% nicht unterschritten werden darf. Nach diesen Daten ist eher eine Klassifizierung als mesophile Trockenlufttiere gerechtfertigt. Eindeutig sind die Japygiden an relativ hohe Temperaturen gebunden. Sie leben bevorzugt dort, wo die Temperatur an der Bodenoberfläche im Sommer 30°C übersteigt und im Boden während des Jahres nicht unter 10°C fällt. Aus diesem Grunde konnten sie in Mitteleuropa bisher nur an klimatisch begünstigten Orten nachgewiesen werden (SIMON, 1963).

Der Boden selbst muß locker und gut durchlüftet, aber noch stabil sein, denn die vorhandenen Risse und Galerien werden weiter ausgehöhlt und zu Gängen und Wohnhöhlen ausgebaut. Die Japygiden zeigen ein ausgeprägtes Territorialverhalten und grenzen ihr Revier durch die Errichtung von Barrieren ab. Ihre normale Aktivität der Zwischenhäutungsphase (6 Monate) ist gekennzeichnet durch zwei Hauptbeschäftigungen: Schlaf- oder Ruhephasen und Nahrungserwerb. Einen Monat vor der Häutung ziehen sie sich in eine Kammer zurück und verfallen langsam in einen Zustand der Apathie. Auch die Weibchen zeigen eine Reduktion ihrer Aktivität vor und nach der Eiablage. Sie isolieren sich in einer Kammer, wo sie die Eier freihängend an einem Stiel ankleben und sauberhalten (Abb. 114). In dieser Zeit nehmen sie keine Nahrung auf. Nach dem Schlüpfen der Larven werden diese ständig betreut und gepflegt.

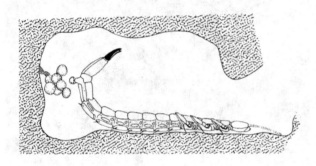

Abb. 114: Weibchen von *Dipljapyx humberti* – Japygidae bei der Eiablage. Der Eiballen wird mit Sekret an der Höhlenwand festgeheftet (verändert nach PAGES, 1967).

Tafel 87: Japygidae
 a Zangenbasis, medial. 250 µm.
 b Zange, distal, mit leicht eingesenkten, konischen Sensillen. 25 µm.
 c Zangenbasis, medial, mit Höckerfläche. 100 µm.
 d Zangenoberfläche mit Sensillum. 3 µm.
 e Höckerfläche einer Zange mit Sensillen. 20 µm.
 f Zangenoberfläche mit Sensillum. Die Cuticula ist stark mit Poren durchsetzt. 3 µm.

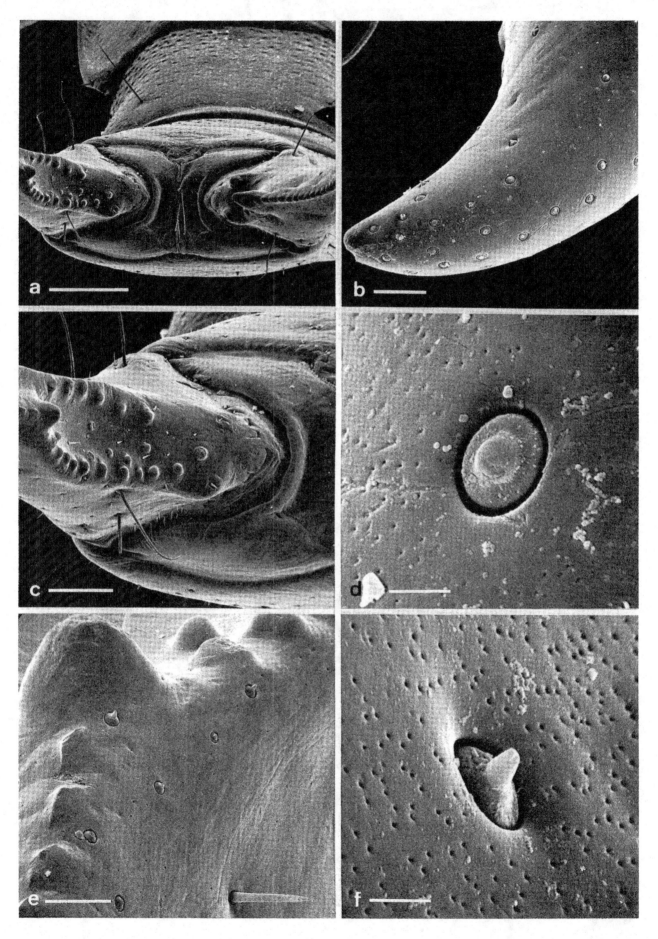

2.11 Ordnung: Protura – Beintastler (Insecta)

Allgemeine Literatur: TUXEN 1964, JANETSCHEK 1970, NOSEK 1973

2.11.1 Kennzeichen der Protura

Die Proturen gehören zu den primär flügellosen Insekten. Erwachsene Tiere sind nur 0,5–2,5 mm lang. Während der postembryonalen Entwicklung wächst der gegliederte Körper von 9 auf 12 Abdominalsegmente an.

Dem birnenförmigen Kopf fehlen Augen und Antennen (Tafel 88). Die Mundwerkzeuge sind kratzend-saugend bis stechend-saugend (Tafel 89). Auf der Kopfkapsel befindet sich ein Paar Sinnesorgane, die Pseudoculi (Abb. 105), die bei den Pauropoden (Myriapoda) ebenfalls beschrieben wurden und den Tömösváryschen Organen der Myriapoden entsprechen (BEDINI und TONGIORGI, 1971; HAUPT, 1972); sie sind den Postantennalorganen der Collembolen homolog (TUXEN, 1931) und nicht mit den Pseudocelli der Collembolen zu verwechseln (FRANCOIS, 1959, 1969; HAUPT, 1979).

Von den kurzen drei Beinpaaren werden die längeren Vorderbeine wie Fühler über den Kopf getragen. Sie sind deutlich dichter mit Sinneshaaren besetzt als der übrige Körper. Die Beintastler bewegen sich also mit den mittleren und hinteren Beinpaaren und unterscheiden sich so in der Bewegungsweise von anderen Insekten.

Der Hinterleib weist für das Leben im Boden zwei wichtige Strukturen auf. Die ersten drei Abdominalsegmente tragen rudimentäre Anhänge mit ausstülpbaren Bläschen (Abb. 116; Tafel 89), vergleichbar in funktionsmorphologischer Hinsicht mit den Coxalbläschen der Felsenspringer und Dipluren oder mit den Bläschen am Ventraltubus der Springschwänze, die durch Wasseraufnahme am Wasserhaushalt der Tiere beteiligt sind. Am 8. Segment befinden sich schließlich paarige Ausführgänge von Wehrdrüsen, die vor angreifenden Feinden schützen sollen.

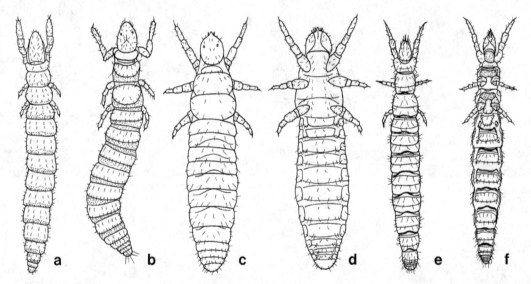

Abb. 115: Habitus von Proturen (verändert nach JANETSCHEK, 1970).
Eosentomoidea: **a** *Sinentomon erythranum* – Sinentomidae, dorsal; **b** *Eosentomon tuxeanum* – Eosentomidae, dorsal.
Acerentomoidea: **c, d** *Fujientomon primum* – Protentomidae, dorsal und ventral; **e, f** *Acerentomon maius* – Acerentomidae, dorsal und ventral.

Tafel 88: Acerentomoidea
    a Übersicht, lateral. 250 µm.
    b Übersicht, ventral. 0,5 mm.
    c Thorax und Kopf mit dem Beintasterpaar. 100 µm.
    d Kopf mit Beintastern, ventral. 100 µm.
    e Kopf mit Beintastern, dorsal. Die Kopfstellung ist prognath. 100 µm.
    f Tastbein, distal, mit der Endklaue und langen Tasthaaren. 20 µm.

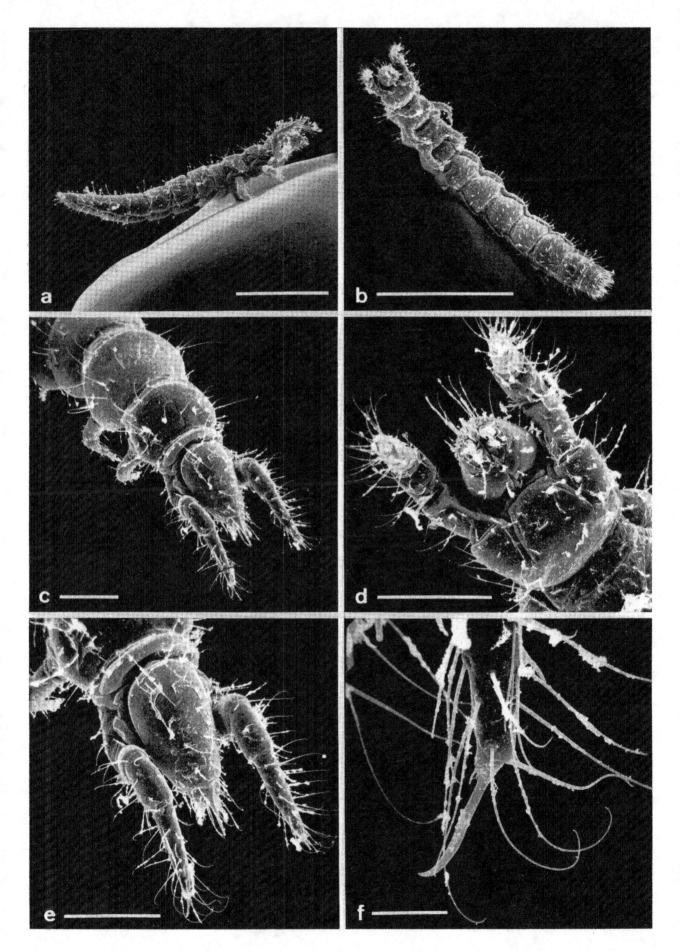

2.11.2 Bodenbiologische Aspekte

Die euedaphischen Proturen bevorzugen die hohe Luftfeuchtigkeit und die mäßig warme Temperatur des Porensystems im Boden. Sie haben zwischen 3–10 cm Bodentiefe ihr Dichtemaximum. Die Individuendichte schwankt mit dem Lebensraum und erreicht Werte von 2100 Individuen/m² Bodenoberfläche in feuchten Wiesen Ostholsteins (STRENZKE, 1942), 3500 Ind/m² im Eichenwald Südwest-Schwedens (GUNNARSSON, 1980), 4500 Ind/m² im Fichtenwald der niederen Tatra (NOSEK und AMBROŽ, 1964) und 9500 Ind/m² im Tannenwald in Dänemark (TUXEN, 1931). Trotz dieser hohen Abundanzen ist die Bedeutung der kleinen Proturen ihrer geringen Biomasse wegen gering für die Bodenbiologie und beim Abbau von Bestandsabfall im Boden. Nicht zu unterschätzen ist allerdings die Katalysatorwirkung kleiner Bodentiere bezüglich Kontaminierung mit Mikroorganismen und als mikrophytophage Konsumenten (Mycel- und Bakterienfresser), wodurch der Abbau insgesamt gesteuert wird.

In der Anpassung der Proturen an das Leben im Boden bestehen auffallende Anpassungen, die sie teilweise mit euedaphischen Collembolen gemeinsam haben. Der langgestreckte Körper mit seinen verkürzten Beinen, das Fehlen von Augen und Antennen, die pigmentlose Körperoberfläche, besetzt mit Tastsinneshaaren, die mit Sinneshaaren ausgestatteten und zu Antennen umfunktionierten Vorderbeine und die Abwehrdrüsen am 8. Abdominalsegment sind Anpassungserscheinungen und Voraussetzungen für das enge Poren- und Röhrensystem im dunklen Lebensraum des Bodens.

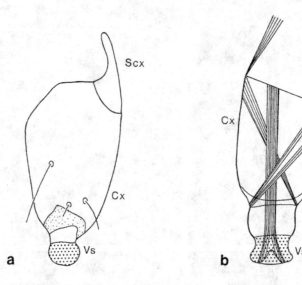

Abb. 116: Abdominalanhänge der Proturen (verändert nach SNODGRASS, 1935).
a Abdominalanhang von *Eosentomon germanicum*. Cx – Coxa, Scx – Subcoxa, Vs – Vesikel (Coxalbläschen).
b Abdominalanhang von *Acerentomon doderoi* mit interner und externer Muskulatur (Mi, Me). Vs – Vesikel, Cx – Coxa.

Tafel 89: Acerentomoidea
    a Mundkegel mit Stilett, Maxillar- und Labialpalpen und der Linea ventralis (Pfeil). 20 µm.
    b Abdomen, ventral. 75 µm.
    c Stilett (Pfeil), flankiert von Sinnesborsten. Das Stilett wird vom Labrum, den Mandibeln und den Laden der Maxille, Galea und Lacinia, zusammengesetzt. 5 µm.
    d Abdominalsegment 1, ventral, mit zweigliedrigem Abdominalanhang. Distal ein evertiertes Coxalbläschen (Pfeil). 10 µm.
    e Beingliederung am Beispiel eines mesothorakalen Beines. Medio-laterad folgen: Subcoxa (Pfeil), Coxa, Trochanter, Femur, Tibia, Tarsus und Unguis. 25 µm.
    f Abdominalsegmente 1 und 2, lateral, mit Abdominalanhängen. 25 µm.

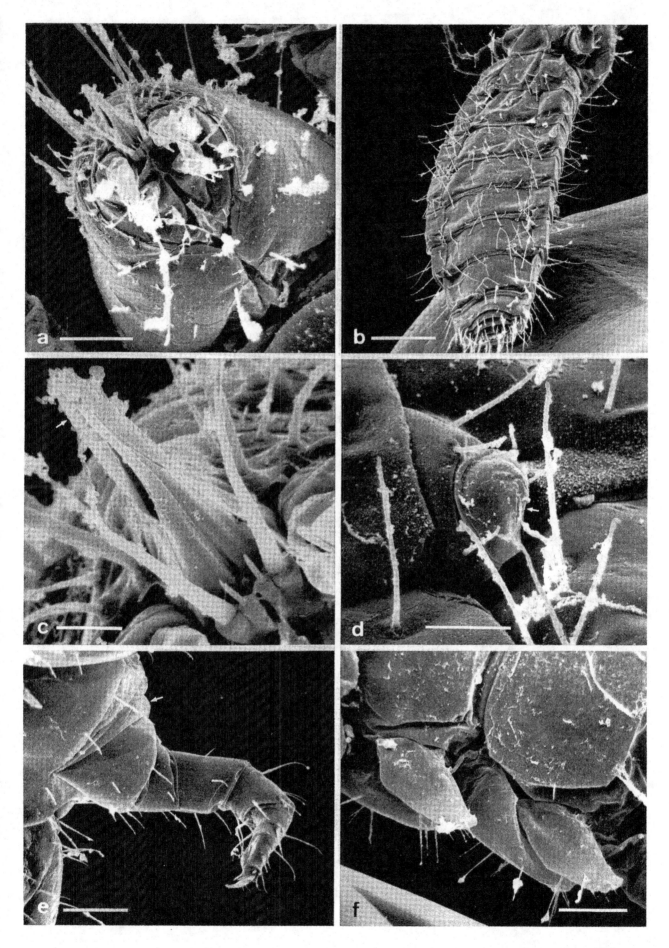

2.12 Ordnung: Collembola – Springschwänze (Insecta)

Allgemeine Literatur: HANDSCHIN 1926, STACH 1947–1960, PACLT 1956, GISIN 1960, CHRISTIANSEN 1964, PALISSA 1964, SCHALLER 1970, BUTCHER et al. 1971, JOOSSE 1983

2.12.1 Körperbau der Collembola

Die Collembolen gehören zu den primär flügellosen Insekten. Sie sind weltweit bis in die Antarktis verbreitet und besiedeln verschiedene Lebensräume in oft großen Populationen. Ihre hohe Anzahl macht sie bodenbiologisch trotz ihrer geringen Größe von nur 0,2–9 mm zu wichtigen Bodenorganismen, die wesentlich an der Zersetzung im Boden beteiligt sind.

Der Körper der Springschwänze gliedert sich deutlich in Kopf, Brust und Hinterleib. Das Abdomen ist sechsgliedrig mit dem Ventraltubus am 1., mit der Sprunggabel oder Furca am 4. und dem Retinaculum am 3. Segment. Das 5. Segment trägt die Geschlechtsöffnung ohne äußere Geschlechtsanhänge, das 6. den After. Die Brust ist dreigliedrig mit je einem Beinpaar mit der Gliederung in Subcoxa, Coxa, Trochanter, Tibiotarsus und Praetarsus mit Klaue. Vorn am Kopf inserieren die primär viergliedrigen Antennen. Nahe ihrer Basis liegen einfache Komplexaugen mit maximal 8 Ommatidien und, beschränkt auf wenige Familien, die Schläfenorgane, die hier Postantennalorgane genannt werden. Auffallend sind die entognathen Mundwerkzeuge, die an der Kopfunterseite zu einem Mundkegel vereinigt sind.

Nach dem Körperbau lassen sich zwei Typen von Collembolen unterscheiden: die langgestreckten, zylindrisch gebauten Arthropleona und die rundlich-kugeligen Symphypleona, deren Körpersegmente weitgehend verschmolzen sind (Abb. 117, 118). Die Ökologie der Collembolen steht seit AGRELL (1941) und GISIN (1943) zunehmend im Mittelpunkt der Forschung.

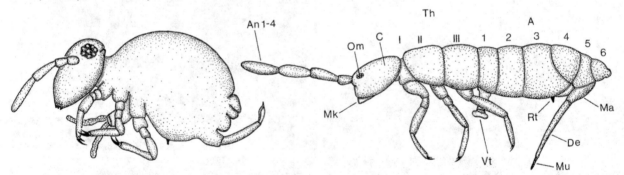

Abb. 117: Habitus eines symphypleonen Collembolen (nach PALISSA, 1964).

Abb. 118: Körpergliederung eines arthropleonen Collembolen, *Isotoma viridis* – Isotomidae (nach PALISSA, 1964). A – Abdominalsegmente 1–6, An – Antenne 1–4, C – Kopf, De – Dens, Ma – Manubrium, Mu – Mucro, Mk – Mundkegel, Om – Augenfleck (bis zu 8 Ommatidien), Rt – Retinaculum, Th – Thorax I–III, Vt – Ventraltubus (Coxalblasen evertiert).

Tafel 90: *Tomocerus flavescens* – Tomoceridae
   a Habitus, lateral, mit eingeklappter Furca. 1 mm.
   b Kopf, ventral, mit Mundkegel und Ventralrinne (Pfeile). 200 µm.
   c Mundkegel, frontal. Der Pfeil markiert den Beginn der Ventralrinne. 100 µm.
   d Mundwerkzeuge mit Labrum (1), Mandibel (2), Maxille (3), Maxillarpalpus (5) und dem Hypopharynx (4). 50 µm.
   e Ventralrinne an der Thoraxunterseite. Sie verläuft nicht kontinuierlich bis zum Ventraltubus. Im Bereich von Sehnenplatten öffnet sie sich. 20 µm.
   f Abdomen, kaudal, mit dreiklappiger Analregion, der Genitalpapille (Pfeil) und der Sprunggabelbasis (Manubrium, Pfeilköpfe). 200 µm.

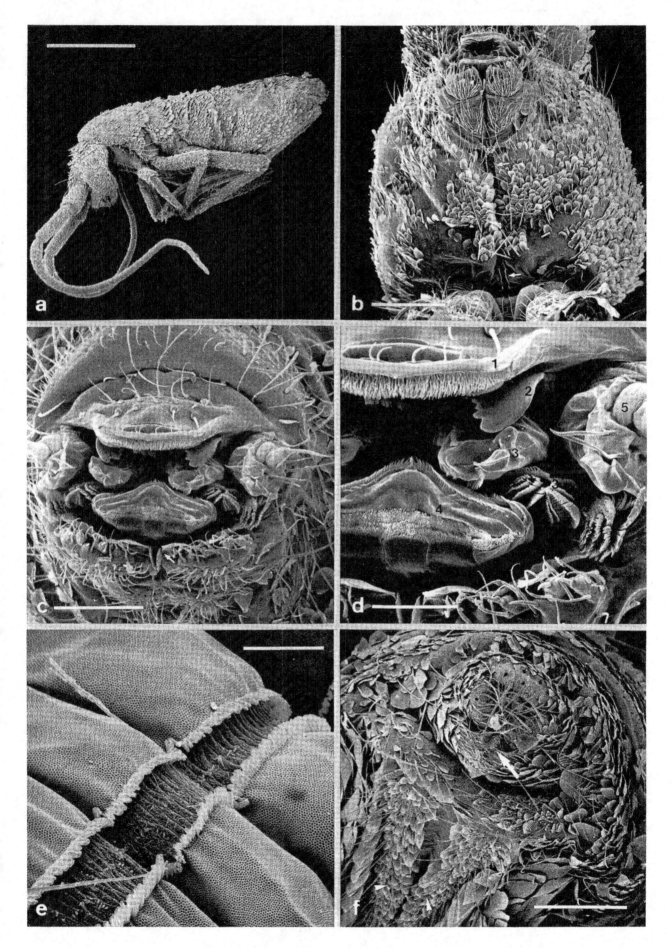

2.12.2 Lebensformtypen der Collembola

Die Collembolen sind verschiedenen Lebensformtypen zuzuordnen. GISIN (1943) unterscheidet drei Lebensformtypen, die später modifiziert wurden (BOCKEMÜHL, 1956; CHRISTIANSEN, 1964): atmobiotische, hemiedaphische und euedaphische Lebensformtypen. Unter Berücksichtigung aller Bodenarthropoden schlagen wir eine Einteilung in Lebensformtypen vor (siehe Kap. 1.2), die von der Klassifizierung nach GISIN (1943) abweicht und die Collembolen des Bodens in epedaphische und euedaphische Lebensformtypen unterteilt.

Die epedaphischen Arten leben auf dem Boden und in der Streuschicht. Sie sind auffallend groß, dicht behaart oder beschuppt und tragen pigmentreiche Muster auf der Körperoberfläche. Von den Sinnesorganen sind die Komplexaugen mit oft acht Ommatidien gut entwickelt. Die viergliedrigen Antennen sind lang und oft im vierten Antennenglied sekundär gegliedert. Das Postantennalorgan aber fehlt meist. Gut ausgebildet ist die lange Sprunggabel. Die Mehrzahl der Entomobryomorpha und Sminthuridae gehört zum epedaphischen Lebensformtypus. Diese Arten kommen oft auch atmobiotisch in der Kraut- und Strauchschicht und an Baumstämmen vor, wenn die mikroklimatischen Bedingungen (z.B. Feuchtigkeit) im Tagesverlauf rhythmische Vertikalwanderungen erlauben (GISIN, 1943; BAUER, 1979).

Zu den epedaphischen Collembolen, die sich zunehmend an das Leben im Boden anpassen und sich in ihrer Anpassung den euedaphischen Arten nähern, zählen vor allem Arten der Isotomidae. Sie haben zwar Komplexaugen, aber mit oft reduzierter Ommatidienzahl und besitzen nur mäßig lange Antennen. Pigmente sind nur selten vollständig auf der Körperoberfläche vorhanden. Die Postantennalorgane, die den epedaphischen Arten meist fehlen, sind vorhanden, aber mit oft einfacher Gliederung (Abb. 128; Tafel 103).

Die euedaphischen Arten sind die Bewohner der unteren Bodenschichten. Sie sind selten größer als 1 mm. Ihr Körper ist gestreckt und wurm- oder walzenförmig. Antennen und Beine sind kurz. Die Sprunggabel ist oft funktionslos oder vollkommen geschwunden. Die Pigmente und die Behaarung sind stark reduziert oder fehlen völlig; ebenso fehlen die Komplexaugen.

Dagegen sind das Postantennalorgan, das stark aufgegliedert ist (Abb. 122, 128; Tafel 96), das Antennalorgan am 3. Antennenglied (Tafel 96) und die antennalen Sinnesborsten gut entwickelt. Schließlich sind die als Drüsen tätigen Pseudocellen zu nennen, die vielfach über den ganzen Körper verteilt sind und der passiven Abwehr dienen. Typische Vertreter des Euedaphons sind die Onychiuridae.

Tafel 91: *Tomocerus flavescens* – Tomoceridae
    a Antenne, proximal. 200 µm.
    b Antenne, Mittelabschnitt, mit sekundärer Gliederung. 50 µm.
    c Rundschuppe. 10 µm.
    d Antenne, distal. Die sekundären Glieder sind nur noch mit Schlauchhaaren bedeckt. 20 µm.
    e Haarbasis aus dem Bereich eines Coxalorgans (Stellungsrezeptor). 3 µm.
    f Oberflächenstruktur einer Makrochaete auf dem Mesonotum. 3 µm.

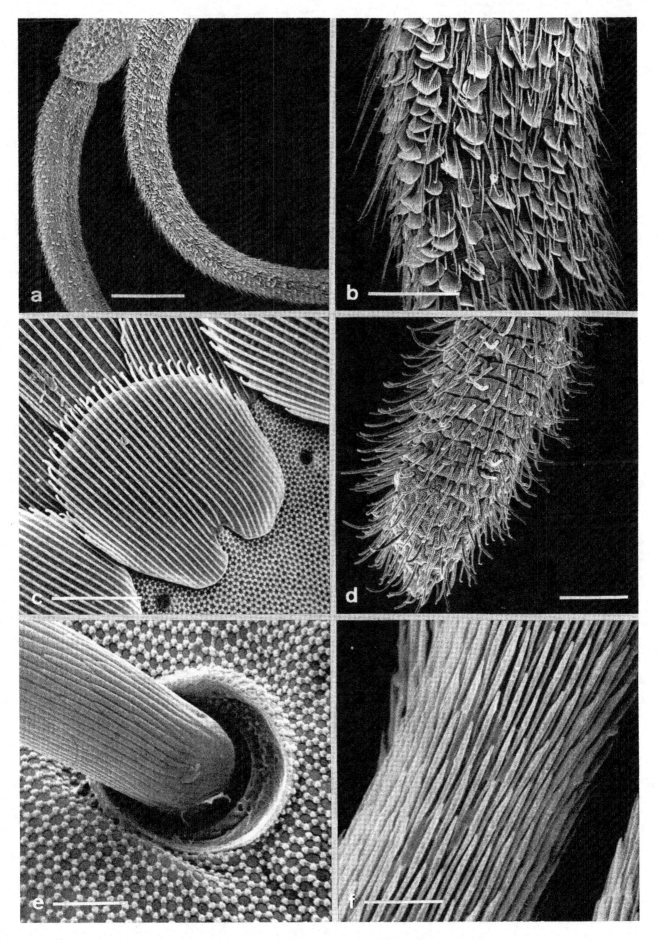

2.12.3 Komplexaugen der Collembola

Die Augen der Collembolen bilden mit maximal acht, nahezu kreisrunden Ommatidien einen funktionsmorphologischen Komplex. Bei einigen Arten, die in Höhlen leben oder zum Euedaphon zählen, fehlen die Ommatidien völlig (BARRA, 1973; STREBEL, 1963).

Die Sehleistung konzentriert sich bei den Collembolen – abgesehen von einigen Ausnahmen – auf die Hell-Dunkel-Reaktion. Die daraus resultierende Phototaxis ist bei den meisten bodenbewohnenden Tieren negativ, während viele atmobiotische Tiere und hydrophile Wasseroberflächenbewohner phototaktisch positiv reagieren.

PAULUS (1972, 1971) untersuchte den Feinbau der Komplexaugen. Danach haben die Collembolen Ommatidien mit einem Kristallkegel (euconer Augentyp). Echte Hauptpigmentzellen werden bei den Symphypleonen nachgewiesen, während die meisten arthropleonen Collembolen Corneagenzellen ohne Pigment besitzen. Bei *Tomocerus* wird der Pigmentmantel um den Kristallkegel von den benachbarten, peripheren Epidermiszellen gebildet. Die Pigmentabschirmung der Rhabdome wird von einem Pigmentmantel in den Retinulazellen selbst gebildet.

Die cuticulare Oberflächenstruktur der Cornea entspricht mit wenigen Ausnahmen der normalen Cuticulastruktur der Körperoberfläche. Je sechs in einem Kreis angeordnete, cuticulare Dreiecke bilden mit Querbrücken ein hexagonales Muster, das auf der Oberfläche ein Wabenmuster entstehen läßt. Dieses cuticulare Wabenmuster steht auf kleinen Pfeilern, die jeweils zwischen zwei benachbarten Dreiecken angeordnet sind. Bei *Tomocerus* ist diese cuticulare Normalstruktur nur im peripheren Bereich der Ommatidien voll ausgebildet, jedoch kleiner und flacher als auf der benachbarten Körperoberfläche. Die Kuppe der Cornea ist anders strukturiert, indem die Höcker zu einem völlig neuen Muster zusammenrücken (Tafel 92b, c).

Das Rhabdom der Ommatidien wird von acht Retinulazellen gebildet, die aber nicht acht Rhabdomeren zu tragen brauchen. Bei *Tomocerus* ist das Rhabdom, anders als bei den übrigen untersuchten Collembolen, radiärsymmetrisch angeordnet; doch ist die achte Retinulazelle reduziert und ohne Rhabdomer.

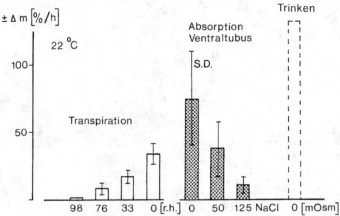

Abb. 119: Zum Wasserhaushalt von *Tomocerus flavescens* – Tomoceridae. Vergleich der Transpiration bei variabler Feuchte, der Absorption von Wasser durch den Ventraltubus bei variabler Salinität (Kochsalzlösung) und der Aufnahme durch Trinken reinen Wassers. Die Raten beziehen sich auf die prozentuale Änderung der Gesamtwassermasse m_0 (verändert nach EISENBEIS, 1982) (siehe Kap. 2.12.4).

Tafel 92: *Tomocerus flavescens* – Tomoceridae
  a Antennenbasis mit einfachem Komplexauge. 100 μm.
  b Ommatidium mit Cornea. 10 μm.
  c Differenzierte Corneaoberfläche. 2 μm.
  d Grundmuster der Collembolen-Cuticula aus hexagonalen Tuberkelringen (Mikrotuberkel, primary grains). Es wird angenommen, daß sie maßgeblich zur Unbenetzbarkeit der Haut beitragen. 1 μm.
  e Tibiotarsus, distal, mit langer Haupt- und kleinerer Nebenklaue (Empodium) (Pfeil). Dorsal inseriert ein langes Spatelhaar. 50 μm.
  f Tarsales Spatelhaar, distal. Im Inneren befinden sich sekretleitende Strukturen. 10 μm.

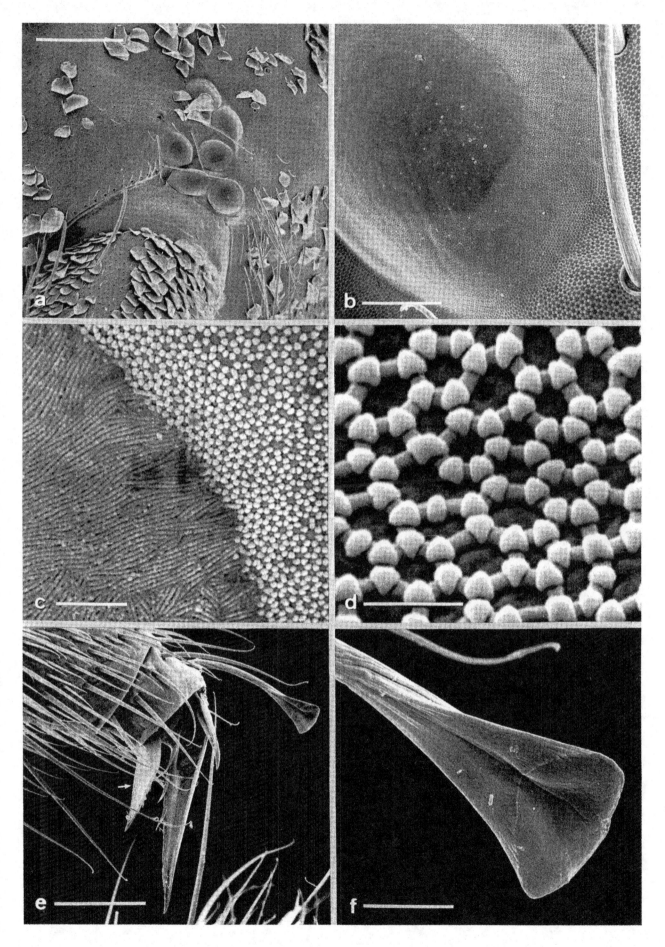

2.12.4 Ventraltubus der Collembola

Der Ventraltubus inseriert als stempelartiges Organ auf der Bauchseite des 1. Abdominalsegments und setzt sich aus den Teilen Basalplatte, Zylinder, Tubusklappen und Tubusblasen (Coxalblasen) zusammen. Die Blasen werden durch Druckerhöhung der Hämolymphe ausgestülpt und mit Hilfe von 12 Retraktormuskeln *(Tomocerus)* in das Zylinderinnere eingezogen (Tafel 93) (EISENBEIS, 1976b, 1978). Sie sind mit Sinnesorganen ausgerüstet (Abb. 124), welche meßfühlerartig in das Blasenepithel eindringen. Diese werden als Hygro- bzw. Osmorezeptoren (neuerdings auch als Azido-) interpretiert, da die Tiere auf Substratfeuchte, auf erhöhten Salzgehalt und pH-Wert Erniedrigung mit den Blasen reagieren (EISENBEIS, 1976a; EISENBEIS, 1982; JAEGER und EISENBEIS, 1984).

Innerhalb der Collembolen variert die Gestalt der einzelnen Teile. Vor allem die Blasen entwickeln sich bei den Kugelspringern zu langen Schläuchen, die mit warzenartigen Papillen besetzt sein können

(Tafel 102). Der Ventraltubus ist sicherlich ein Multifunktionsorgan. Als Hauptfunktionen müssen Wasser- und Ionentransport von außen in die Hämolymphe gelten, während Respiration und Adhaesion an Oberflächen als Hilfsfunktionen betrachtet werden.

Das Blasenepithel ist ein typisches Transportepithel, vergleichbar mit dem Enddarmepithel der Insekten (EISENBEIS, 1974; EISENBEIS und WICHARD, 1975a, b, 1977). Temperatur, Salinität und der pH-Wert im feuchten Außenmedium (Substrat) beeinflussen die Absorptionsleistung (Abb. 119, 120). Bei Wassermangel pressen die Tiere ihre Blasen heraus und reduzieren das Defizit innerhalb weniger Minuten (EISENBEIS, 1982). Bedeutsam für die Anpassungsstrategie dieser Tiere dürfte das Organ vor allem dann sein, wenn kein Wasser in trinkbarer Form vorhanden ist und nur als Restfeuchte von der Blattoberfläche oder aus dem Boden aufgenommen werden kann.

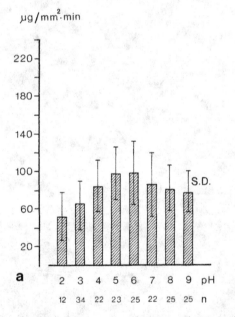
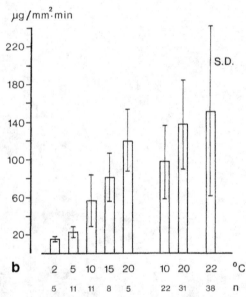

Abb. 120: Die Beeinflussung der Absorptionsleistung des Ventraltubus von *Tomocerus flavescens* – Tomoceridae.
a Absorption von Citrat-Phosphat-Puffer (50 mOsm) mit unterschiedlichem pH.
b Absorption reinen Wassers bei variabler Temperatur (Daten aus 3 Versuchsreihen).
(kombiniert nach Daten von BLEICHER (1981), EISENBEIS (1982), JAEGER (1983) und WEISSGERBER (1983)).

Tafel 93: *Tomocerus flavescens* – Tomoceridae
a Ventraltubus mit Tubuszylinder, -klappen und teilweise evertierten Tubusblasen (Coxalblasen). 100 µm.
b Evertierte Tubusblasen, distal. Die beiden Blasenhemisphären werden durch die Medianrinne getrennt. Unter der Cuticula liegt ein aus 20 Zellen aufgebautes Transportepithel. 100 µm.
c Retinaculum, bestehend aus dem Corpus tenaculi (Pfeil) und den beiden Rami als Halteapparat für die Furca. 50 µm.
d Cuticula der Tubusblasen. 3 µm.
e Hakenpaar (Rami) des Retinaculum, distal. 10 µm.
f Furca, distal, mit den Dentes (Pfeilkopf) und gezähnten Mucrones (Pfeile). 100 µm.

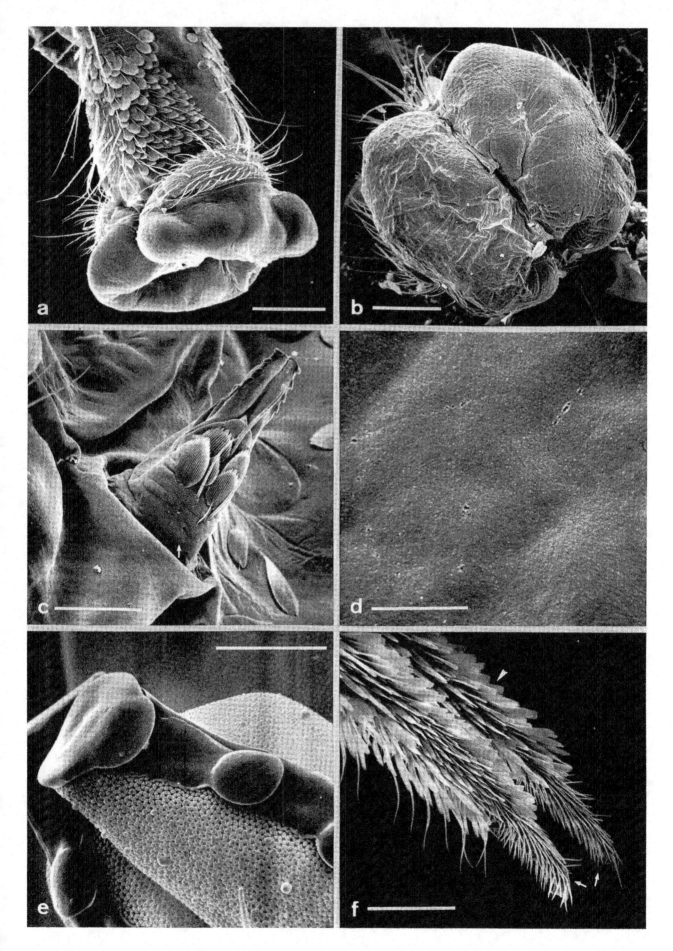

2.12.5 Sprungapparat der Collembola

Viele Collembolen führen nach Reizung oder spontan große Sprünge aus. Aber anders als die übrigen Insekten werden sie nicht mit den Beinen ausgeübt, sondern mit einer Sprunggabel oder Furca, die den Tieren auch zu ihrem Namen Springschwänze verholfen hat. Die Furca sitzt ventral am 4. Abdominalsegment und besteht aus dem unpaaren Manubrium und den paarigen Dentes und Mucronen (Tafel 93, 94). Die Mucronen sind oft verschiedenartig gestaltet, mit Zähnen und Lamellen. Bei dem Wasseroberflächenbewohner *Sminthurides aquaticus* sind sie flügelartig differenziert, um den Aufschlagwiderstand zu verbessern (Tafel 100).

In der Ruhelage wird die Furca eingeklappt, nach vorne gerichtet und vom Retinaculum (Tafel 93) gehalten. Das Retinaculum befindet sich ventral am 3. Abdominalsegment. Es besteht aus einem unpaaren Grundglied (Corpus) und zwei kurzen, gezähnten Ästen (Rami), um die Furca zwischen den paarigen Dentes besser festzuhalten. Sprünge können aber auch durchgeführt werden, wenn die Furca nicht am Retinaculum eingeklinkt ist (EISENBEIS und ULMER, 1978).

Beim Sprung drückt das Tier die Furca mit Hilfe des kräftigen Extensorsystems der Muskulatur und eines hydraulischen Mechanismus gegen die Unterlage und erzielt dabei beachtliche Sprungweiten von oft mehreren Zentimetern. Die Sprünge erfolgen katapultartig innerhalb von Millisekunden. Die Hochgeschwindigkeitskinematographie offenbarte schließlich, daß sich die Tiere in der Luft mit einem Salto drehen (Abb. 121) (CHRISTIAN, 1978). Bei den bodenbewohnenden Tieren nimmt die Sprungbereitschaft rasch ab. Die euedaphischen Collembolen haben stark verkümmerte Sprungapparate, bei *Onychiurus* fehlt die Furca vollkommen.

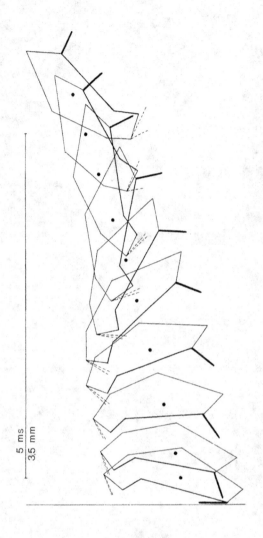

Abb. 121: Sprungphasen eines Collembolen mit Körperdrehung unmittelbar nach dem Absprung, schematisiert. Der Punkt markiert die Lage des Schwerpunkts. (nach CHRISTIAN, 1978).

Tafel 94: *Orchesella villosa* – Entomobryidae
   a Habitus, lateral. 1 mm.
   b Sprungapparat, lateral. 0,5 mm.
   c Antennenbasis mit einfachem Komplexauge und Makrochaeten. 100 µm.
   d Endglied der Furca: der Mucro. 10 µm.
   e Behaarung der Antenne dicht unter dem Apex. 10 µm.
   f Makrochaeten, distal, mit fein gefiederter Oberfläche. 10 µm.

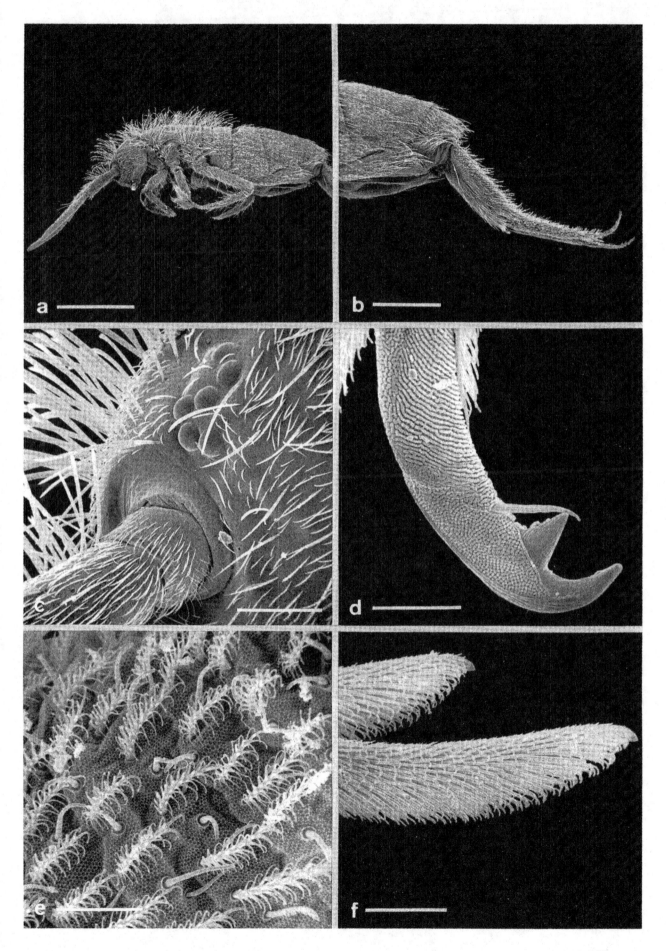

209

2.12.6 Euedaphische Collembola (Onychiuridae)

Onychiuriden gelten als charakteristische Vertreter des Euedaphons. Dementsprechend sind sie angepaßt durch das Fehlen der Komplexaugen, durch kurze Antennen, zurückgebildete oder fehlende Furca, sind sie mit Ausnahmen *(Tetrodontophora)* pigmentlos und nicht oder kaum behaart. Stattdessen besitzen sie auf dem Körper verteilt Pseudocellen, ein gut entwickeltes Antennalorgan am 3. Antennenglied und Postantennalorgane mit zahlreichen sensorischen Untereinheiten. Die Körpergröße bleibt meist unter 1 mm.

Ein wichtiges Zeichen der strukturellen Anpassung an das Tiefenleben ist die Reduktion der Extremitäten. *Onychiurus* konzentriert z. B. 70% seiner Gesamtoberfläche auf den Rumpf (Thorax und Abdomen), der epedaphische *Tomocerus* beansprucht hingegen mehr als 50% der Oberfläche für Kopf und Extremitäten (Tab. 5). Dieser mehr qualitative Aspekt läßt sich noch quantitativ untermauern. Die gewichtsbezogene Flächenkonstante k_s für die Flächenformel $S = k_s \times w_o^{2/3}$ (S = Oberfläche, w_o = Frischgewicht) beträgt für *Onychiurus* 8,84, für *Tomocerus* 10,53. Daraus resultiert eine Verminderung der absoluten Körperoberfläche bei gleichem Gewicht. Das ohnehin durch die Kleinheit der Tiere schon relativ hohe Oberflächen-/Volumenverhältnis für *Onychiurus* wird durch den walzenförmigen Körper und Reduktion der Extremitäten gemindert. Dieser Minimierungseffekt für die Körperoberfläche ist sinnvoll, da *Onychiurus* eine extrem hygrische Feuchtluftform ist und sogar in 100% Feuchte ständig stark transpiriert (Tab. 1). Ein ähnlicher Minimierungseffekt ergibt sich durch Abkugelung bei den Kugelspringern (k_s für *Allacma fusca* 7,46, *Sminthurides aquaticus* 8,24; Tab. 5).

Tab. 5: Oberflächenmorphometrie bei Collembolen mit prozentualer Verteilung der Körperoberfläche und artspezifischer Flächenkonstante k_s.

| Spezies | Durchschnittlicher prozentualer Flächenanteil in % | | | | | | | | |
	Kopf	Ant.	Rumpf	Beine	Furca	Ret.	V-Tubus	k_s	
Onychiurus spec. n = 40	10,38	4,05	70,56	14,97	–	–	–	8,84	euedaphisch
Tomocerus flavescens n = 30	7,46	10,59	46,50	25,93	7,17	–	2,31	10,53	epedaphisch-atmobiotisch
Orchesella villosa n = 32	7,26	8,16	50,90	23,44	8,97	–	2,12	10,70	epedaphisch-atmobiotisch
Allacma fusca n = 24	11,72	2,22	62,01	15,44	5,53	0,34	2,68	7,46	epedaphisch-atmobiotisch
Sminthurides aquaticus n = 19	15,88	3,91	55,73	18,44	5,95	–	–	8,24	atmobiotisch (epineustisch)

Tafel 95: *Onychiurus* spec. – Onychiuridae

a Habitus, lateral. Links liegt terminal die Afterplatte mit Analdornen. Ein Sprungsystem ist nicht mehr ausgebildet. An der Antennenbasis liegt das Postantennalorgan. Der Pfeil markiert den Ventraltubus. 200 μm.

b Analplatte mit dreibuchtigem Anus und den Analdornen. Davor liegt die Genitalpapille mit der für Weibchen querliegenden Öffnung. 50 μm.

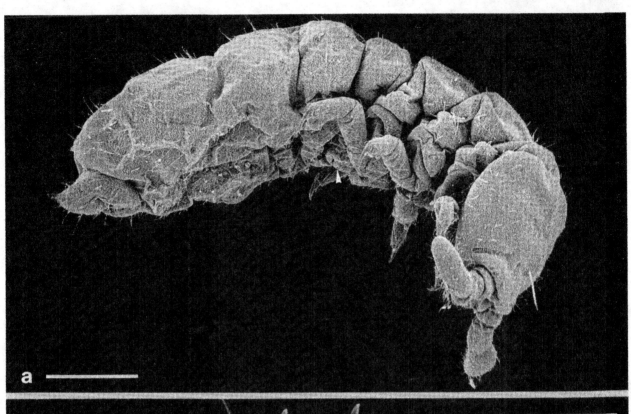

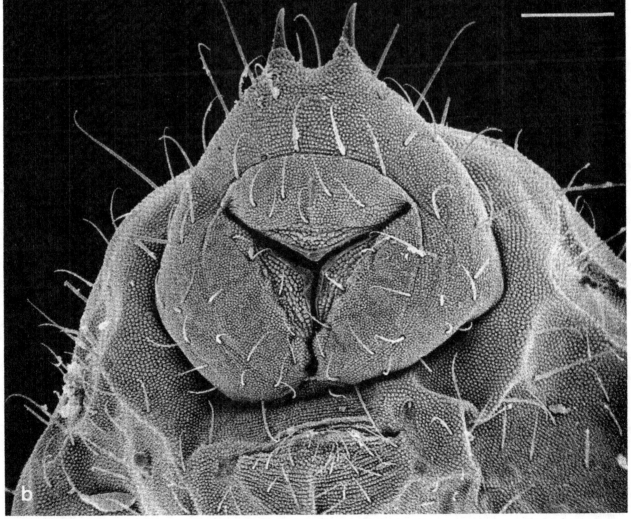

2.12.7 Sinnesorgane euedaphischer Collembola (Onychiuridae)

Blinde, euedaphische Collembolen verfügen über mechanosensitive Sensillen, die die räumliche Orientierung und Wahrnehmung übernehmen. Sinnesborsten auf dem 4. Antennenglied, wie sie von *Hypogastrura* beschrieben werden (ALTNER und ERNST, 1974), sind als Mechanorezeptoren an das Leben im Lückensystem des Bodens angepaßt.

Euedaphische Formen haben daneben gut entwickelte, spezielle Sinnesorgane am 3. Antennenglied (Antennalorgane). Hier befinden sich in einer Grube zwischen fünf cuticularen Fächern (Tafel 96) zwei Typen von Sensillen mit Wandporen: zwei basiconische und zwei lorchelförmige Sensillen. Ihrer Funktion nach dürften es Chemorezeptoren

sein. Vor der Grube befinden sich zusätzlich vier Mechanorezeptoren (ALTNER und THIES, 1972).

Die Postantennalorgane, die nahe der Antennenbasis in der Kopfoberfläche liegen, fehlen bei den epedaphischen Formen (Entomobryomorpha, Symphypleona), kommen aber bei den euedaphischen Formen vor. Bei den Onychiuriden sind sie in eine Grube der Kopfcuticula eingelassen und bestehen aus serial aufgereihten, meist rundlich bis ovalen Wülsten mit fein perforierter Cuticula (Abb. 122; Tafel 96). Bei den Isotomiden liegt an der Oberfläche ein ungegliederter Lappen, ebenfalls fein perforiert (Tafel 103). Darunter befinden sich Sinneszellen, die mit dem Nervensystem verbunden sind (Abb. 128) (KARUHIZE, 1971; ALTNER und THIES, 1976, 1978; ALTNER et al., 1970).

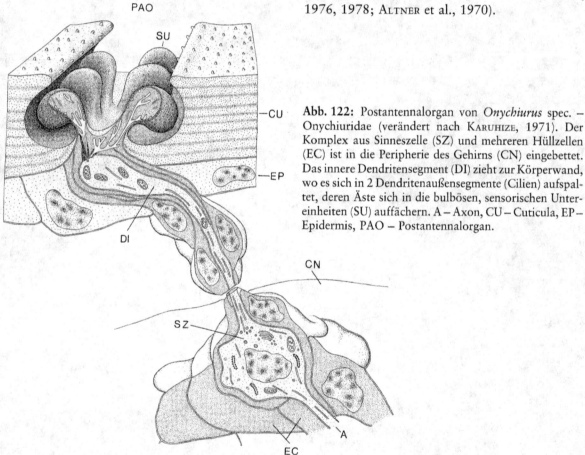

Abb. 122: Postantennalorgan von *Onychiurus* spec. – Onychiuridae (verändert nach KARUHIZE, 1971). Der Komplex aus Sinneszelle (SZ) und mehreren Hüllzellen (EC) ist in die Peripherie des Gehirns (CN) eingebettet. Das innere Dendritensegment (DI) zieht zur Körperwand, wo es sich in 2 Dendritenaußensegmente (Cilien) aufspaltet, deren Äste sich in die bulbösen, sensorischen Untereinheiten (SU) auffächern. A – Axon, CU – Cuticula, EP – Epidermis, PAO – Postantennalorgan.

Tafel 96: *Onychiurus* spec. – Onychiuridae

a Kopf, frontal, mit Oberlippe, Antennenbasen, Pseudocellen und Postantennalorgan (Pfeile). 50 µm.

b Antennenbasis mit Pseudocellen und Postantennalorgan. 25 µm.

c Antenne, distal, mit Antennalorgan. 25 µm.

d Sensorische Untereinheiten des Postantennalorgans. 1 µm.

e Antennalorgan mit kammartiger Unterteilung. Zwischen den Rippen stehen modifizierte Sensillen (Pfeile). 4 µm.

f Pseudocellus. 3 µm.

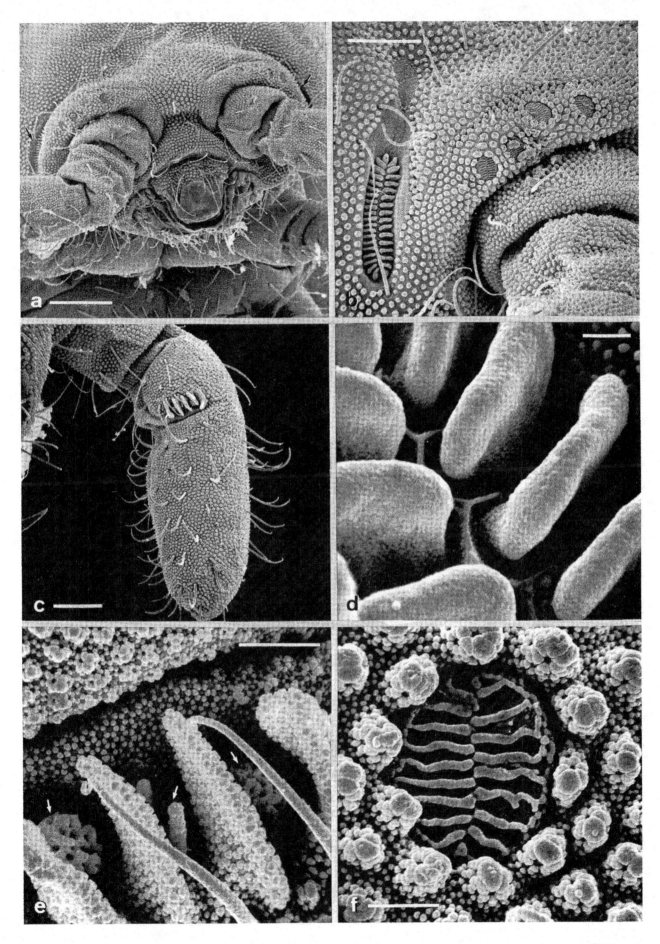

213

2.12.8 *Tetrodontophora bielanensis* (Onychiuridae)

Tetrodontophora bielanensis bildet eine Ausnahme unter den Onychiuriden. Die erwachsenen Tiere sind 9 mm lang und gehören zu den größten Collembolen. Ferner sind sie gut pigmentiert und von blauvioletter Farbe. Die Furca ist gut ausgebildet, wirkt aber an dem mächtigen Rumpf sehr klein (Tafel 97). Sie ist funktionstüchtig und bei kräftiger Reizung vollführen die Tiere kurze Sprünge. Die Tiere leben im Gebirge unter Steinen und in der Streu und haben in einer Höhe von 1200–1400 m die größte Besiedlungsdichte. Das Hauptverbreitungsgebiet sind die Karpaten und Sudeten (STACH, 1954). Die Bionomie von *Tetrodontophora bielanensis* haben DUNGER (1961), VANNIER (1974, 1975), JURA und KRZYSTOFOWICZ (1977) und KOLEDIN et al. (1981) untersucht.

Obwohl *T. bielanensis* etwa 40–80 mal schwerer als die euedaphischen *Onychiurus*-Arten ist, ergibt die morphometrische Oberflächenanalyse eine identische Oberflächenkonstante (*Tetrodontophora bielanensis* 8,78, *Onychiurus* 8,84), was nach der verwendeten Oberflächen-Gewichtsbeziehung ($S = k_s \times w_o^{2/3}$) auch zu erwarten ist. Geringfügig ist bei *T. bielanensis* der Oberflächenanteil der Extremitäten durch das Vorhandensein der Furca erhöht, so daß bei *T. bielanensis* nur etwa 65% der Gesamtoberfläche auf den Rumpf entfallen (*Onychiurus* 70%, Tab. 5). Der Anteil von Kopf, Antennen und Beinen ist bei beiden nahezu gleich.

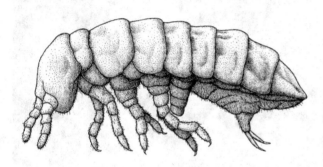

Abb. 123: *Tetrodontophora bielanensis* – Onychiuridae, lateral, mit evertierter Furca. Die ca. 7 mm großen Tiere sind in der Lage, kurze Fluchtsprünge durchzuführen. Hinter den Beinen inseriert der Ventraltubus (verändert nach VANNIER, 1975).

Tafel 97: *Tetrodontophora bielanensis* – Onychiuridae
a Übersicht, lateral. 1 mm.
b Übersicht, schräg kaudal. 0,5 mm.
c Genitalpapille, mit der querliegenden Geschlechtsöffnung eines Weibchens. 100 μm.
d Abdomen, Segmentübersicht schräg dorsal, mit Pseudocellen am Hinterrand der Segmente. In den Vertiefungen liegen Muskelinsertionen. 200 μm.
e Furca und Retinaculum (Pfeil). Die ca. 10 mg schweren Tiere führen bei Reizung kleinere Sprünge damit aus. 200 μm.

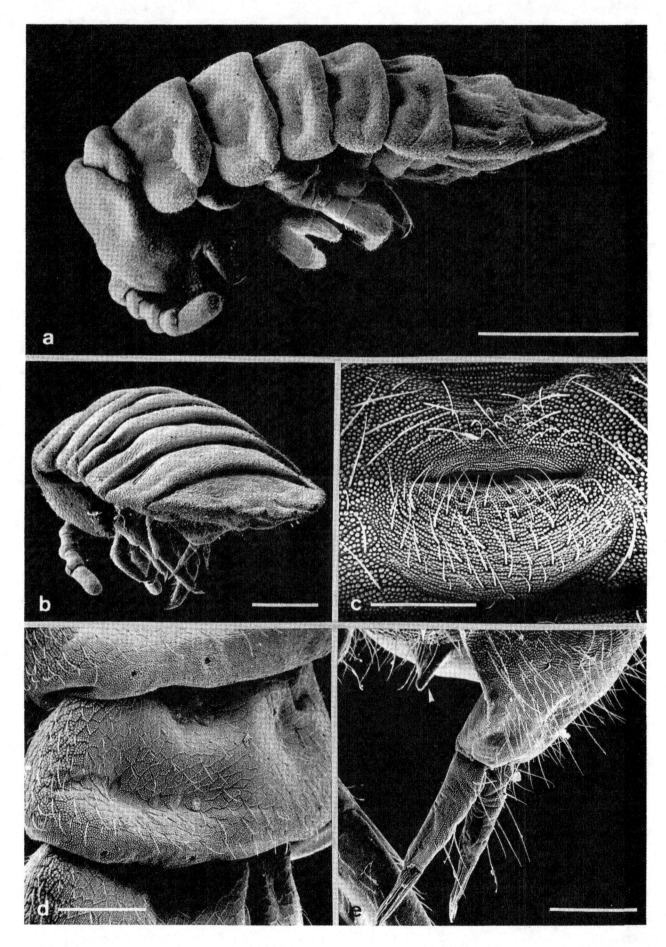

2.12.9 Pseudocellen euedaphischer Collembola

Die Pseudocellen sind familienspezifische Organe im Integument der Onychiuridae (Tafel 96–98). Sie befinden sich auf dem Kopf, auf den thorakalen und abdominalen Segmenten und gelegentlich an den Beinen. Ihrer Form nach sind sie rund bis oval mit einem Durchmesser von ca. 4–8 μm. Die Oberflächenstruktur ihrer Cuticula ist von der umgebenden, meist warzigen Cuticulastruktur unterschieden und weist eine fast glatte Fläche mit feinen Rippen auf, die in zwei Reihen, eine Mittellinie freilassend, zur Stabilisierung der dünnen Platte beitragen. Darunter befinden sich sekretorisch aktive Zellen, die sich von den umgebenden Epidermiszellen unterscheiden und mit der Zellbasis unmittelbar an den Hämolymphraum grenzen (RUSEK und WEYDA, 1981).

Die ersten Untersuchungen zu diesem Thema wurden an *Tetrodontophora bielanensis* gemacht (KONČEK, 1924). Man glaubte, aus den Pseudocellen herausfließendes Blut zu beobachten, das durch Erhöhung des Hämolymphdrucks ausgepreßt würde (Autohämorrhagie). Die weißen bis gelblichen Tröpfchen erweisen sich abschreckend für Feinde, sobald diese mit dem Sekret in Berührung kommen. Berücksichtigt man, daß die meisten Onychiuriden zum euedaphischen Lebensformtyp gehören und die Fähigkeit zu springen als Reaktion vor Feinden verloren haben, so erscheinen diese Strukturen der Haut als notwendige Waffe. MAYER (1957) und USHER und BALOGUN (1966) halten die Pseudocellen für Abwehrdrüsen.

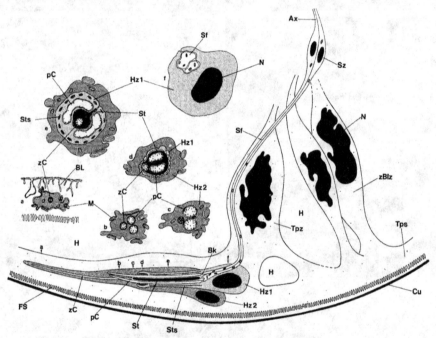

Abb. 124: Hygro- bzw. Osmorezeptoren im Transportepithel des Ventraltubus von *Tomocerus* (nach EEISENBEIS, 1976a). In das Transportepithel (Tpz, Tps) dringen 3 Dendriten (Sf) ein, die distal in Cilien enden. Im zentralen Teil werden sie von einem Stift (St) umfaßt (Querschnitte d, e). Bei *Tomocerus* kommen 2 verschiedene Sensillenpaare in den Tubusblasen vor, bei *Orchesella* sind beide gleich, weichen aber wiederum von *Tomocerus* ab. Sie sind dort ohne Stift und dringen bis dicht unter die Epicuticula vor. Ax – Axon, BK – Basalkörper, BL – Basales Labyrinth, zBlz – zentrale Blasenzelle, FS – Faltensaum, pC, zC – periphere und zentrales Cilium, H – Hämolymphraum, Hz 1, 2 Hüllzellen, M – Mitochondrien, N – Zellkerne, Sts – Stützstrukturen. Die Lage der Querschnitte a–e ist durch Pfeile markiert (siehe Kap. 2.12.4).

Tafel 98: *Tetrodontophora bielanensis* – Onychiuridae
  a Kopf und Thorax, schräg lateral. 0,5 mm.
  b Antennenbasis mit Pseudocellen und Bereich des Postantennalorgans. 200 μm.
  c Abdomen, Segmenthinterrand mit Pseudocellen. 200 μm.
  d Antenne, Mittelabschnitt. 100 μm.
  e Bereich des Postantennalorgans. 25 μm.
  f Pseudocellus an der Antennenbasis. 10 μm.

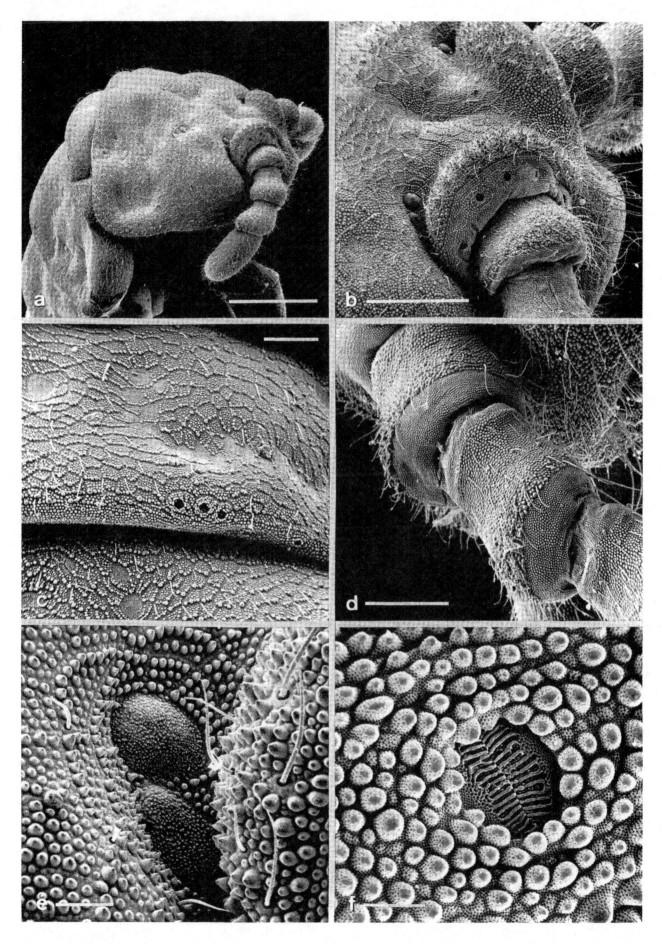

2.12.10 Oberflächenstruktur der Collembola

Das Grundmuster der Collembolencuticula ist ein Wabenmuster, das schematisch in Abb. 125 dargestellt ist und bereits am Beispiel von *Tomocerus* oben beschrieben wurde. Dieses Wabenmuster erfährt bei den verschiedenen Collembolen art- und individualspezifische Variationen, oft bis zur Unkenntlichkeit des Grundmusters (LAWRENCE und MASSOUD, 1973; MASSOUD, 1969). An seine Stelle treten häufig, wie bei *Tetrodontophora*, warzige Erhebungen (Makrotuberkel) unterschiedlicher Größe, die gleichförmig und regelmäßig oder in Feldern verteilt die Oberfläche strukturieren (Tafel 98, 99). Diese Erhebungen bestehen wiederum aus granulären Untereinheiten (Mikrotuberkel, ‹primary grains›, ‹graines primaires›), die zur Kuppe der warzigen Erhebungen hin oft zu einer unregelmäßig geformten, kleinen Platte verschmelzen.

Auch die Oberflächenstrukturierung muß im Zusammenhang mit den Lebenformtypen gesehen werden. Euedaphische Formen besitzen meist eine relativ nackte, unbehaarte Cuticula *(Onychiurus)*, deren hydrophobe Eigenschaften durch die Bildung von Makrotuberkeln verstärkt wird (HALE und SMITH, 1966; Tafel 95, 96). Dennoch sind sie gegen Wasserverluste ungeschützt und müssen als extreme Feuchtlufttiere betrachtet werden. Bei epedaphischen und atmobionten Formen kommt es vor allem auf freien Körperpartien zu einer Verdichtung der Mikrotuberkel, wahrscheinlich begleitet von einer Reduktion der Permeabilität der Cuticula (LAWRENCE und MASSOUD, 1973; GHIRADELLA und RADIGAN, 1974). *Tomocerus* als hygrische Feuchtluftform schützt sich darüberhinaus durch das dichte Schuppenkleid, andere *(Orchesella villosa)* durch das dichte Haarkleid. Alle diese Anpassungen können aber bestenfalls als transpirationsmindernd wirken. Erst durch Auflagerung weiterer Lipid- und Wachsschichten kommt es zu einer deutlichen Veränderung der Oberflächenstrukturen und ihrer Eigenschaften bis zu völligem Schwund der Grundstruktur. Ein überzeugendes Beispiel hierfür ergibt sich aus dem Vergleich der Oberflächen und der Transpirationsraten für *Allacma fusca* und *Sminthurides aquaticus* (Tafel 100, 101, Tab. 1).

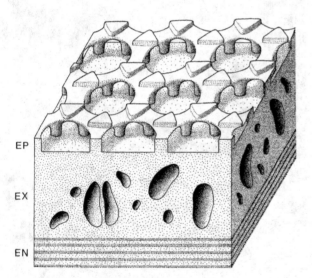

Abb. 125: Collembolen-Cuticula, schematisch (verändert nach PAULUS, 1971). Epi-, Exo- und Endocuticula (EP, EX, EN). Die Cuticula ist kaum sklerotisiert, oft fehlt die Exocuticula. Von der Epicuticula wird das Grundmuster aus Mikrotuberkeln gebildet, das durch Zusammenrücken und Umordnung der Tuberkel beträchtlich variieren kann.

Tafel 99: *Tetrodontophora bielanensis* – Onychiuridae

    a Cuticula der Antennenbasis, bestehend aus Makro- und Mikrotuberkeln. 5 µm.
    b Abdomen, Tergum, Cuticula mit Makro- und Mikrotuberkeln. 2 µm.
    c Makrotuberkelmuster auf dem Tergum des Abdomens. 50 µm.
    d Abdomen, Segmenthinterrand. 50 µm.
    e Muskelansatz auf dem Tergum des Thorax. 20 µm.
    f Variation der Mikrotuberkel an einer Muskelinsertion. 2 µm.

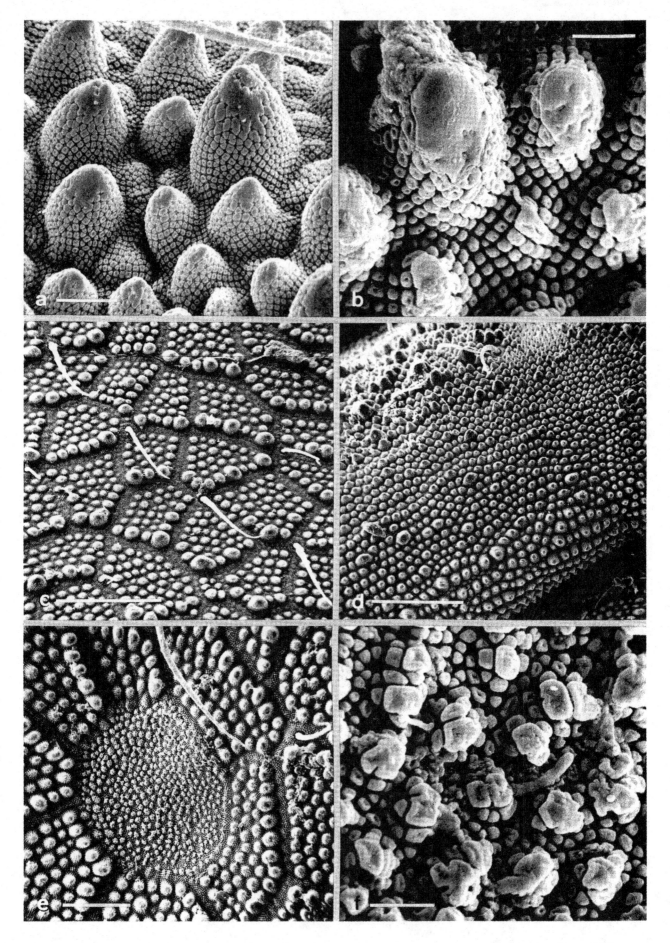

2.12.11 Zur Paarungsbiologie der Collembola

Die meisten arthropleonen Collembolen kennen ihre Geschlechtspartner nicht. Die Männchen setzen gestielte Samentröpfchen auf den Boden ab (Spermatophoren); die Weibchen streifen diese ab und nehmen sie durch die Geschlechtsöffnung auf. Diese Aufnahme der Spermatophoren erfolgt zufällig und in Abhängigkeit zur Größe und Dichte des Spermatophorenrasens. Der Ort des Geschehens ist in bevorzugter Weise der Lebensraum des Bodens, weil die gleichmäßig hohe Feuchtigkeit im Interstitium des Bodens das Eintrocknen der Spermatröpfchen verhindert und die Übertragung erst ermöglicht (SCHALLER, 1970).

Bei anderen Arten betrillern die Männchen paarungswillige Weibchen, setzen in der Nähe Spermatophoren ab und drängen die Weibchen zu den Spermatophoren. Feste Paarbildung ist von Symphypleonen bekannt (MAYER, 1957; STREBEL, 1932)

und ausgeprägt bei *Sminthurides aquaticus.* Auffallend ist der Sexualdimorphismus dieses Kugelspringers. Neben den primären Geschlechtsmerkmalen unterscheiden sich die Geschlechtspartner vor allem der Größe nach. Die deutlich kleineren Männchen tragen zu Klammerantennen differenzierte Fühler, mit denen sie sich an den Fühlern der großen Weibchen festhalten, um sich von ihnen herumtragen zu lassen (Abb. 126; Tafel 100). Dann erst wird das Männchen aktiv, setzt Spermatophoren ab und führt das Weibchen zur Aufnahme von Sperma über die Ablagestelle hinweg. Dieses Paarungsverhalten der umklammerten Partner geht einher mit oft tanzartigen Bewegungen, die die Spermatophorenübertragung, das Auffinden und die Aufnahme der Spermatophoren erleichtern sollen (FALKENHAN, 1932; SCHALLER, 1970).

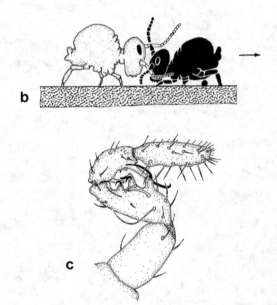

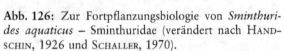

Abb. 126: Zur Fortpflanzungsbiologie von *Sminthurides aquaticus* – Sminthuridae (verändert nach HANDSCHIN, 1926 und SCHALLER, 1970).
a Paarbildung auf der Wasseroberfläche: das Weibchen trägt das kleinere Männchen hoch erhoben.
b Vom Männchen wurde eine Spermatophore abgesetzt. Das Weibchen wird anschließend zur Aufnahme derselben darübergezerrt.
c Modifizierte Klammerantenne des Männchens.

Tafel 100: *Sminthurides aquaticus* – Sminthuridae
    a   Paar in Klammerhaltung, lateral. Links das große Weibchen, rechts das Männchen. 250 µm.
    b   Paar in Klammerhaltung, frontal. Das kleine Männchen hält sich mit seinen modifizierten Antennen an den Antennen des Weibchens fest. 100 µm.
    c   Paar in Klammerhaltung, lateral. 200 µm.
    d   Klammerantenne des Männchens (Pfeil) in Halteposition. Das 3. Antennenglied ist mit verstärkten Borsten ausgerüstet, die als Riegel wirken. 25 µm.
    e, f   Furca, lateral und kaudal, mit den flügelartig verbreiterten Endgliedern, den Mucrones, als Anpassung an die epineustische Lebensweise. 10 µm, 20 µm.

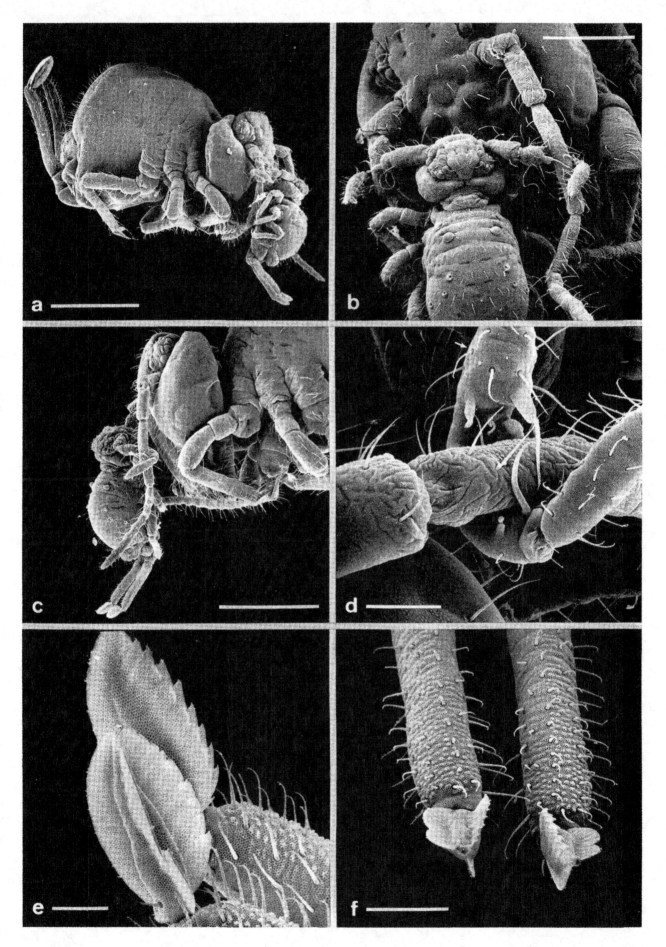

2.12.12 Zur Vertikalverteilung und Aggregation der Collembola

Die Lebensformtypen (GISIN, 1943) sind im Boden in vertikaler Richtung auf die verschiedenen Horizonte verteilt. Die epedaphischen Collembolen bevorzugen die Streuschicht (L-Schicht) und euedaphische leben ständig in tieferen Schichten. Bei ausreichender Feuchtigkeit der oberen Auflagehorizonte (L- und F-Schicht) dringen euedaphische Formen wie z.B. *Onychiurus* auch am Tage zwischen die Blattstapel der F-Schicht vor. Die größte Besiedlungsdichte wird in den L- und F-Schichten beobachtet. Nach WOLTERS (1983) befinden sich oft zwei Drittel aller Collembolen in den oberen 3 cm eines untersuchten Buchenwaldbodens (Melico-Fagetum). Hier ernähren sich die Collembolen als Microphytophage von Algen, Pilzen und saprophytophag von mikrobiell zersetzten Pflanzenteilen (RUSEK, 1975; HANLON und ANDERSON, 1979), sichtbar in der Skelettierung des Blattmaterials.

Schwankungen der Populationen und der Besiedlungsdichte stehen in Zusammenhang mit ökologischen Faktoren und den rhythmischen Aktivitäten der Tiere. Die Aggregationen der Collembolen sind primär durch Eigenaktivitäten verursacht und werden offensichtlich durch Aggregationspheromone ausgelöst (VERHOEF et al., 1977; MERTENS und BOURGOIGNIE, 1977; MERTENS et al., 1979); sie werden erst sekundär durch ökologische Faktoren beeinflußt (CHRISTIANSEN, 1970; JOOSSE, 1970, 1971, 1981; PETERSON, 1980; POOLE, 1964; USHER, 1969; WOLTERS, 1983). So leitet sich die Dynamik der Aggregationen ab von Aktivitätsschwankungen, die beispielsweise von Häutungszyklen und Freßphasen bestimmt werden und als ‹periodische Aggregationen› bezeichnet werden können (JOOSSE und VERHOEF, 1974; VERHOEF und NAGELKERKE, 1977). Zu den wirksamen ökologischen Faktoren, die Aggregationen beeinflussen und vertikale Wanderungen der Collembolen auslösen, zählen Feuchtigkeit und Temperatur (MILNE, 1962; USHER, 1970; TAKEDA, 1978).

Tafel 101: *Allacma fusca* – Sminthuridae
  a Übersicht, lateral. Neben der aufgeklappten Sprunggabel das kleine Abdomen. 0,5 mm.
  b Kopf, schräg frontal. 200 μm.
  c Antenne. 100 μm.
  d Antenne, distal, mit sekundärer Gliederung. Hier zeigt die Cuticula das hexagonale Grundmuster der Cuticula, proximal werden die Mikrotuberkel überlagert. 20 μm.
  e Antenne, distal, mit Schlauchhaaren und normaler Cuticulastruktur. 5 μm.
  f Antenne, proximal mit überlagerter Cuticula. 2 μm.
  g Cuticula des Rumpfes, lateral, mit überlagertem und modifiziertem Cuticula-Muster. 5 μm.

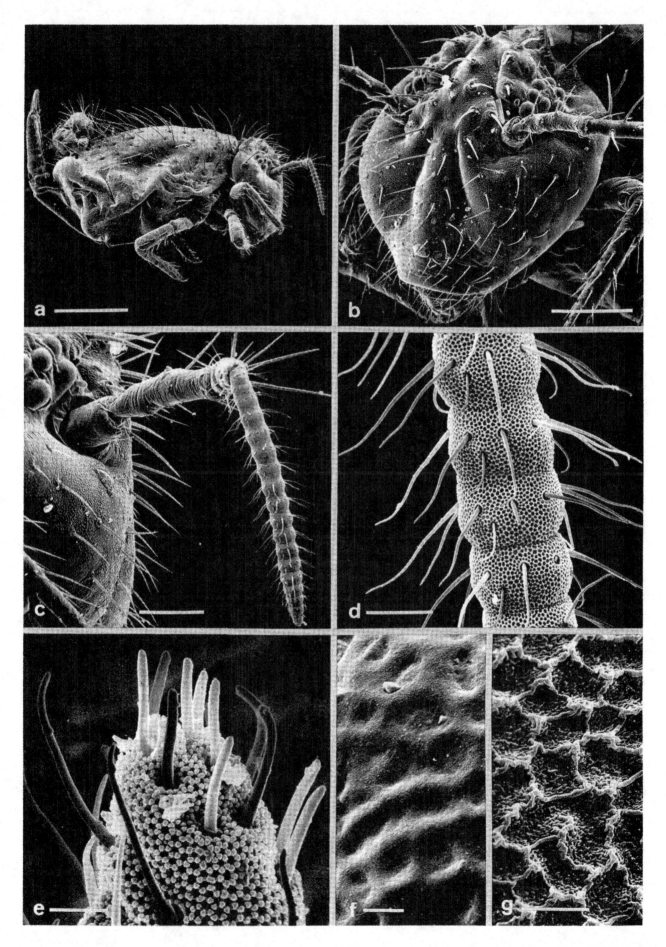

2.12.13 Zur Atmung der Collembola

Die arthropleonen Collembolen atmen durch die Haut; ihre Körperzellen werden passiv auf dem Wege der Diffusion mit Sauerstoff versorgt. Dieser Mechanismus bedingt die geringe Größe der Tiere. Größere Formen werden schlechter mit Sauerstoff versorgt als kleinere. Die 9 mm lange *Tetrodontophora bielanensis* reagiert empfindlicher auf Sauerstoffmangel als die kleinen euedaphischen *Onychiurus*, weil bei der großen Diffusionsstrecke nicht alle Zellen ausreichend versorgt werden können, wenn der O_2-Partialdruck im Außenmedium sinkt (ZINKLER, 1966). Dies schlägt sich auch in der Permeabilität für Wasser nieder. *Onychiurus* transpiriert etwa zehnmal so schnell wie *Tetrodontophora*.

Die kleinen euedaphischen Formen, die einen deutlich höheren O_2-Verbrauch als die epedaphischen Formen haben und CO_2-resistenter als diese

sind (ZINKLER, 1966), wären im Lückensystem des Bodens bedroht, wären sie nicht für eine zeitweilige Überflutung ihres Lebensraumes mit Regenwasser in besonderer Weise angepaßt. Die cuticuläre Oberfläche dieser Tiere ist über das cuticulare Grundmuster der Collembolen-Cuticula hinaus so differenziert, daß sie stark hydrophob reagiert. Im Falle der Überflutung bildet sich über der Körperoberfläche ein Plastron, das die Atmung aufrecht erhält und funktionell mit der Gaskieme mancher Wasserinsekten vergleichbar ist.

Die Symphypleonen haben ein einfach gebautes Tracheensystem. Über nur ein Paar Stigmen, die sich lateral am Kopf nahe der Halsregion befinden und offenbar nicht verschließbar sind, wird das Tracheensystem mit Sauerstoff versorgt. Die Tracheation ist einfach, ohne Anastomosen; ihre Genese im Verlauf der frühen Larvalentwicklung wurde von BETSCH und VANNIER (1977) am Beispiel von *Allacma fusca* untersucht (Abb. 127).

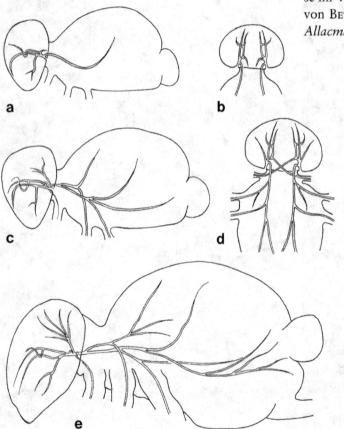

a

b

c

d

e

Abb. 127: Zur Genese des Tracheensystems für die Juvenilstadien I und II des Kugelspringers *Allacma fusca* – Sminthuridae (verändert nach BETSCH und VANNIER, 1977).
a, b Juvenilstadium I (1. Zwischenhäutungsstadium)
c, d Juvenilstadium II (2. Zwischenhäutungsstadium)
e Juvenilstadium II (3. Zwischenhäutungsstadium)
Im ersten Zwischenhäutungsstadium ist die Cuticula nach dem normalen Collembolenmuster aus Mikrotuberkeln strukturiert, begleitet von einer hohen Permeabilität. Ab dem 2. Stadium verändert sie sich vor allem durch Auflagerung weiterer Schichten und Variation des Tuberkelmusters. Parallel dazu vergrößert sich das Tracheensystem, um den schwindenden Anteil der Hautatmung zu ersetzen.

Tafel 102: *Allacma fusca* – Sminthuridae
  a Großes Abdomen, kaudal, mit kleinem Abdomen (Pfeil) und Sprunggabel (Furca), lateral. 250 µm.
  b Abdomen, kaudal, mit evertierter Furca. 125 µm.
  c Bein, distal. Die Klaue wird rostral von einer Haube, der Tunica, bedeckt. 50 µm.
  d Retinaculum. 50 µm.
  e Ventraltubusschläuche. 200 µm.
  f Ventraltubusschlauch mit papillenartiger Oberfläche. 25 µm.

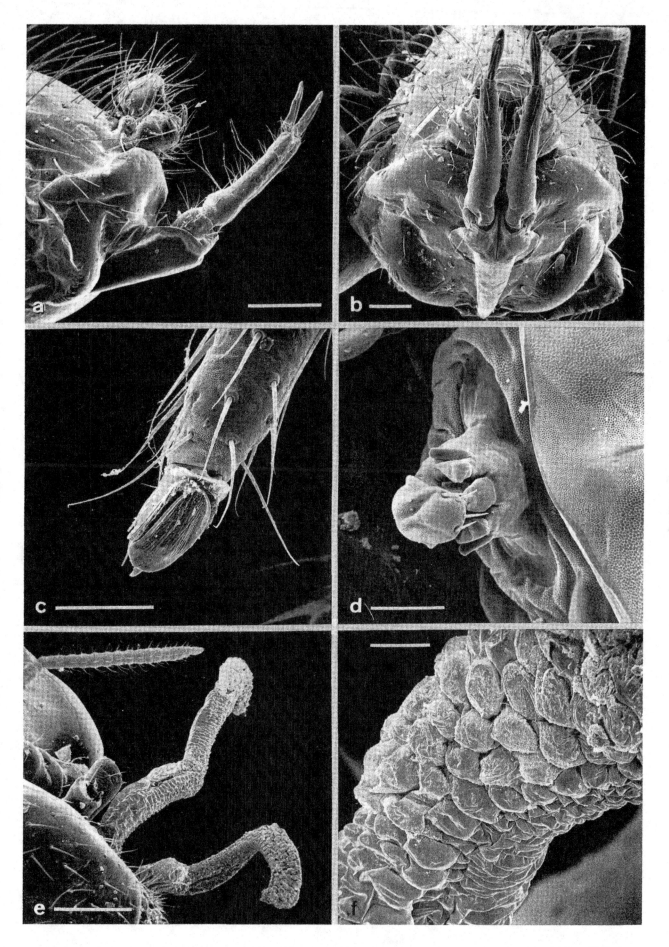

225

2.12.14 Bewohner auf Eis und Schnee: Gletscherflöhe

Die bekannteste und auffallendste Collembolenart auf dem Eis unserer Hochgebirgsregionen ist *Isotoma saltans,* der gewöhnliche Gletscherfloh (STEINBÖCK (1939), AN DER LAN (1963) und SCHALLER (1960, 1963). Ihr Habitat ist das Spaltensystem der Gletscher- und Firnoberfläche. Besonders auf letzterer und auf Neuschnee soll es häufig zu Massenansammlungen kommen mit einem ‹rußartigen› Überzug der weißen Fläche; aber auch im Eis selbst bis in 30 cm Tiefe konnte STEINBÖCK (1939) Gletscherflohnester finden.

Die Vorzugstemperatur liegt nach übereinstimmenden Angaben um 0 °C (ca. −4 bis +5 °C). Bei Störungen, z. B. Luftbewegung, reagieren sie positiv geotaktisch. Zwar werden sie bei starker Insolation an die Oberfläche gelockt, kehren aber immer schnell wieder in die Tiefe zurück. Die Nahrung der Gletscherflöhe ist eine Mischung aus Detritus, Pollen und Staub (Kryokonit), die im Bereich der Oberfläche reichlich vorhanden ist.

Neben der tief blauschwarzen *Isotoma saltans* sind mehrere ähnlich gebaute Isotomiden zur Glazial- bzw. Nivalfauna zu rechnen, so daß eine sorgfältige Determination notwendig ist. Neuere Untersuchungen befassen sich mit dem Mikroklima im Lebensraum der Gletscherflöhe, dem Wasserhaushalt und der Feinstruktur dieser interessanten Collembolen (EISENBEIS und MEYER, 1984). Arbeiten zur Kälteanpassung und Überwinterungsstrategie von Collembolen, Milben und anderen Bodenarthropoden stammen von AITCHISON (1979, 1983), BLOCK (1983), BLOCK und ZETTEL (1980), JOOSSE, 1983, LEINAAS (1983) und SØMME (1976/77, 1979).

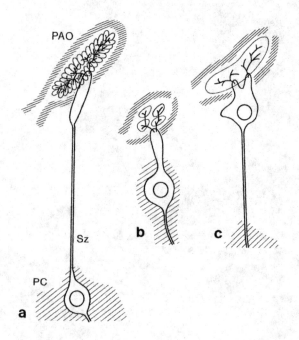

Abb. 128: Struktureigentümlichkeiten von Postantennalorganen (PAO) der Collembolen (nach ALTNER und THIES, 1976). Die familienspezifischen Unterschiede betreffen die Zahl der äußeren sensorischen Einheiten und die Lagebeziehung der Sinneszelle (Sz) zum Protocerebrum (PC) (siehe Kap. 2.12.2).
a *Onychiurus,* b *Hypogastrura,* c *Isotoma*

Tafel 103: *Isotoma* aff. *saltans* – Isotomidae, Gletscherfloh
    a Übersicht, lateral. 0,5 mm.
    b Abdomen, schräg kaudal, mit dreiklappiger Analregion und extendierter Furca. 100 µm.
    c Kopf, dorsal, mit Antennenbasen, Postantennalorganen und Augenflecken. Zu jedem Auge gehören 6 große und 2 reduzierte Ommatatidien. 100 µm.
    d Abdomen, ventral, mit Retinaculum (Pfeil), Ventralskleriten und Manubrium (Pfeil). Die großen Platten erfüllen durch Hebung und Senkung eine wichtige Funktion für die Drehung der Furca. 50 µm.
    e Ommatidien. 5 µm.
    f Postantennalorgan. 5 µm.
    g Postantennalorgan, perforierte Cuticula. 1 µm.

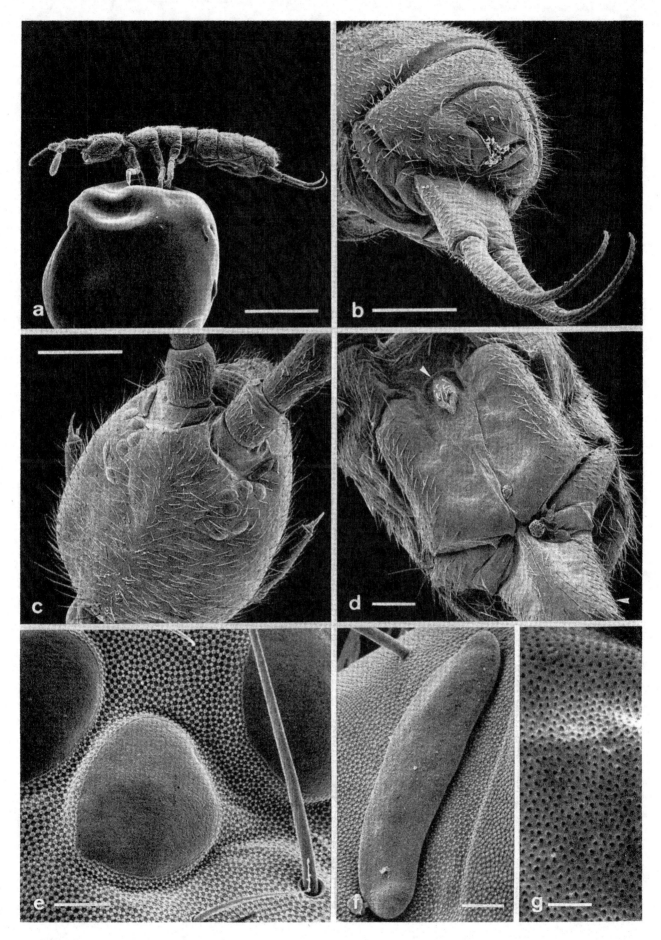

227

2.12.15 Bewohner auf Eis und Schnee: Firnflöhe

Bereits HANDSCHIN (1919) berichtet von der reichhaltigen Nivalfauna der Collembolen. Von damals 90 bekannten Collembolen-Arten der Schweiz wurden 27 Arten als dazugehörig betrachtet. Auch die Firnflöhe, *Isotoma nivalis* und *Isotomurus palliceps,* halten sich auf Gletschern und ihren Randgebieten auf. Bei dem Vergleich einer Glazial- und einer Firnpopulation (Lawinenfirn aus der Gletscherrandzone) im Ötztal bei Obergurgl/Österreich (August 1983, 2500 m) erwies es sich, daß die Isotomiden aus dem Firn sämtlich *Isotomurus palliceps* zugehörten (Tafel 104), während die reinen Glazialbewohner *(Isotoma* aff. *saltans)* (Tafel 103) bei oberflächlicher Betrachtung ähnlich, bei genauerem Hinsehen aber deutlich verschieden waren.

Auffallendster Unterschied zum Gletscherfloh, welcher tiefschwarz pigmentiert ist, ist die Weißfärbung der Beine, Antennen und der Dentes. Ferner ergeben sich Unterschiede in der Grundgestalt und Proportion der Segmente. Eine erste rasterelektronenmikroskopische Analyse enthüllte ferner, daß sich die Ornamentierung des Labrum als ausgezeichnetes Diagnose-Merkmal erweist (Abb. 129) (EISENBEIS und MEYER, 1984).

Isotomurus palliceps verschwindet bei Störungen blitzschnell im Firn, vor allem nach dem Abheben von Steinen. Andere Individuen, welche möglicherweise durch das Licht angelockt werden, tauchen dann plötzlich aus der Tiefe auf, um ebenfalls sofort wieder zu verschwinden.

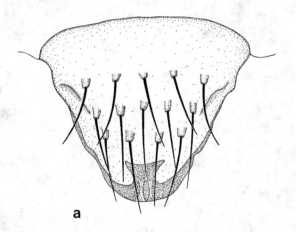 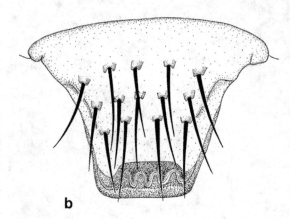

a   b

Abb. 129: Bau der Oberlippe (Labrum).
a Gletscherfloh, *Isotoma* aff. *saltans.*
b Firnfloh, *Isotomurus palliceps.*

Tafel 104: *Isotomurus palliceps* – Isotomidae, Firnfloh
a Übersicht, schräg kaudal, mit extendierter Furca. 100 µm.
b Übersicht, ventral, mit flexierter Furca. 250 µm.
c Kopf, mit Mundkegel, schräg ventral. 100 µm.
d Augenfleck mit wohlausgebildeten 8 Ommatidien. In der linken, unteren Bildecke das Postantennalorgan (Pfeil). 25 µm.
e Die Oberlippe (Labrum), distal, mit typischem Ornament. 10 µm.
f Ventraltubus mit Ventralrinne (Pfeil) und Tubusklappen. In dem Spalt liegen die retrahierten Tubusblasen. 25 µm.

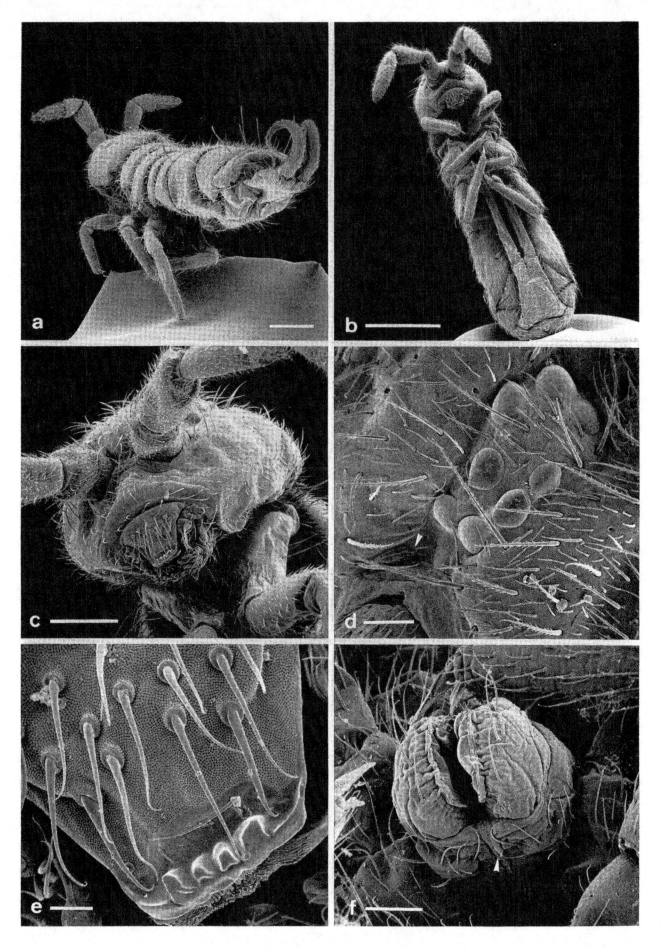

2.13 Ordnung: Archaeognatha – Felsenspringer (Insecta)

Allgemeine Literatur: PALISSA 1964, HANDSCHIN 1929

2.13.1 Kennzeichen der Archaeognatha

Die Felsenspringer gehören zur Ordnung der Archaeognatha und sind in der Familie Machilidae mit mehr als 150 Arten vertreten. Die 10–15 mm langen Tiere tragen am Kopf lange Fühler und am Hinterleib einen mittleren Terminalfaden, der die paarigen Cerci weit überragt (Abb. 130; Tafel 105–108). Auf der Körperoberfläche, den Extremitäten, Antennen, Cerci und Terminalfäden sind die Felsenspringer dicht beschuppt (LARINK, 1976) und passen sich oft artspezifisch durch Körperzeichnung ihrer Umgebung völlig an. Der Lebensraum umfaßt einerseits das felsige Supralitoral am Meer (DELANY, 1959; LARINK, 1968; JOOSSE, 1976), andererseits die steinig felsigen Hänge und Gerölle warmer Mittel- und Hochgebirge (WYGODZINSKY, 1941; JANETSCHEK, 1951; STURM, 1980). Sie bevorzugen Licht und Wärme, vertragen geringe bis mittlere Luftfeuchtigkeit und sind daher an den Boden mit oft hoher Luftfeuchtigkeit, wenig Licht und niedrigen Temperaturen nur oberflächlich angepaßt. Bei Gefahr springen die Felsenspringer einige Zentimeter weit, indem sie den Hinterleib mit den starken Styli des 9. Abdominalsegments aufschlagen und zum Sprung nutzen.

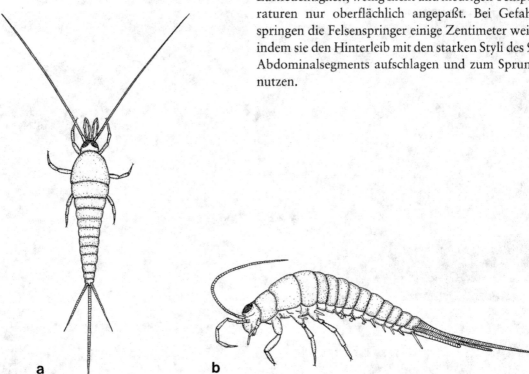

Abb. 130: Habitus von Felsenspringern (Machilidae) (verändert nach HANDSCHIN, 1929).
a *Machilis polypoda*, dorsal.
b *Machilis* spec., lateral.

Tafel 105: *Trigoniophthalmus alternatus* – Machilidae (Felsenspringer)
    a Übersicht, frontal, mit den medial verschmolzenen Komplexaugen, Antennen, Maxillar-, Labialpalpen und Beinen. 250 µm.
    b Komplexauge mit Sinneshaaren und Drüsenausgängen. 25 µm.
    c Komplexauge, Ommatidienoberfläche mit Sinneshaar und Drüsenmündung. Die Corneaoberfläche wird durch Mikrohöcker gebildet (Anti-Reflexionsschicht). 5 µm.
    d Drüsenmündung. 2 µm.

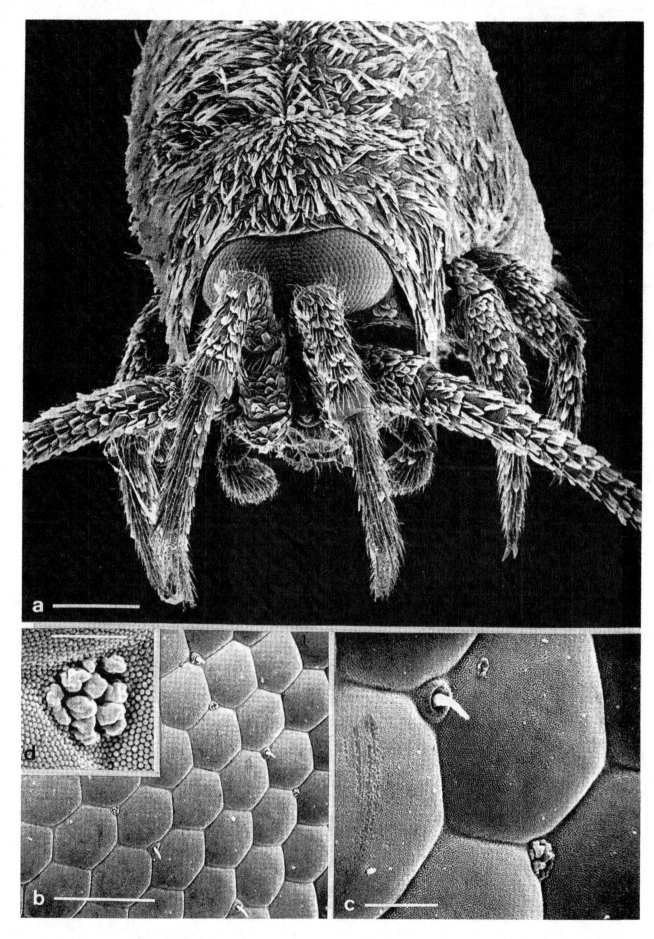

2.13.2 Sinnesorgane an den Mundwerkzeugen der Felsenspringer

Die Nahrung der Felsenspringer besteht aus Algen und Flechten. Ihre Mundwerkzeuge (LARINK, 1971) sind aber von hoher Sensibilität. 13 verschiedene Sensillentypen wurden auf den Mundwerkzeugen nachgewiesen (KRÜGER, 1975). Einige Sensillen sind auf allen Mundwerkzeugen verteilt, andere befinden sich nur auf distinkten Sensillenfeldern einzelner Anhänge.

Zu den Sensillentypen, die sich nicht einer bekannten Klassifikation der Sensillen zuordnen lassen, gehören die 17–34 Sensillenkomplexe (Superhaare) am distalen Ende der Labialpalpen von *Trigoniophthalmus alternatus* (Tafel 106). Sie leiten sich wahrscheinlich nicht von echten Haaren ab, sondern sind Emergenzen der Cuticula und des darunterliegenden Epithels. Diese herausragenden Gebilde sind an der Basis rundlich, zur Kuppe hin schräg abgeplattet und auf dem Plateau mit 4–17 kleinen Papillen und an den Flanken mit Trichomen oder kleinen, echten Haaren besetzt. Vorläufige feinstrukturelle Untersuchungen deuten an, daß es sich möglicherweise um Kontaktchemorezeptoren handelt. Die Komplexe werden von etwa 100 Dendriten mit ciliären Außengliedern innerviert, wobei ca. 10 Cilien, mit einer eigenen cuticularen Scheide umgeben, einer Papille zugeordnet sind.

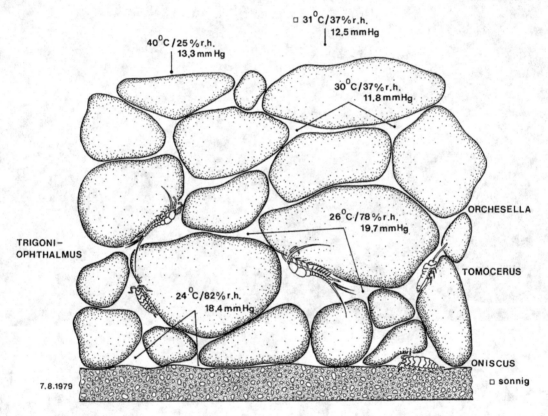

Abb. 131: Zum Mikroklima – Temperatur und Feuchte – im Habitat des Felsenspringers *Trigoniophthalmus alternatus* – Machilidae, bei starker Insolation (nach EISENBEIS, 1983). *T. alternatus* bevorzugt bei den gezeigten Bedingungen die 3. Steinschicht (ca. 20 cm tief), wo die Umgebungsfeuchte etwa 80% beträgt. Bei sonst gleichen Bedingungen, aber mit beschatteter Steinoberfläche, führen die Tiere eine Vertikalwanderung zur Unterseite der 1. Steinschicht durch. Als Begleitfauna wurden regelmäßig Collembolen und Isopoden beobachtet.

Tafel 106: *Trigoniophthalmus alternatus* – Machilidae (Felsenspringer)

    a Vorderkörper, ventral, mit Antennen, Maxillar- und Labialpalpen (Pfeile). 0,5 mm.

    b Labialpalpus, distal. 25 µm.

    c Sensillenkomplexe (Superhaare) (Pfeil) auf der apikalen Labialpalpusoberfläche. 20 µm.

    d Sensillenkomplexe (Superhaare) mit kleineren Borsten oder Emergenzen im Schaftbereich. 5 µm.

    e Sensillenkomplex (Superhaar) apikal mit Papillenpolstern. 2 µm.

    f Papillenpolster eines Sensillenkomplexes. 1 µm.

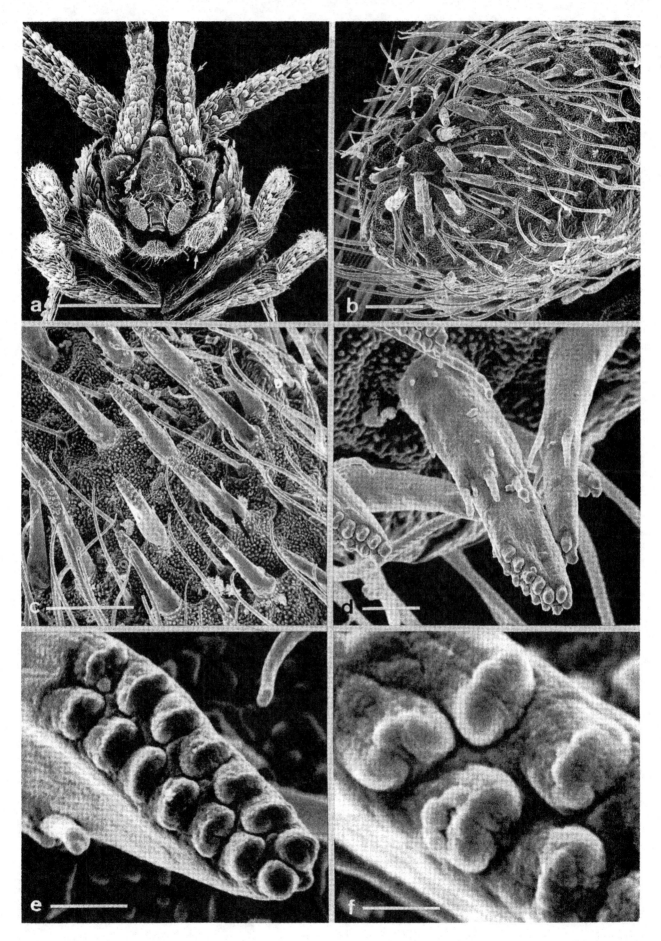

233

2.13.3 Wasserhaushalt der Felsenspringer

Die Machiliden verfügen über eine wechselnde Zahl von Coxalblasen, die in die Körperwand des Hinterleibs ventral integriert sind. Maximal können pro Segment 4 Bläschen vorhanden sein. Sie werden durch Hämolymphdruck evertiert und durch Muskeln retrahiert. Die Cuticula der Blasenoberfläche wird von einem feinen Kapillar- und Porensystem durchzogen (Tafel 107). Nach BITSCH und PALEVODY (1973), BITSCH (1974) und WEYDA (1974) erweist sich das Epithel der Blasen als typisches Transportepithel mit basalen und apikalen Oberflächenvergrößerungen und zahlreichen Membran-Mitochondrien-Komplexen.

Die Blasen werden von den Tieren zur Wasseraufnahme eingesetzt. Ein Defizit von 20% des normalen Wassergehaltes wird von *Trigoniophthalmus alternatus* in wenigen Minuten durch die Absorption von Wasser mit den Blasen ausgeglichen (Abb. 132) (EISENBEIS, 1983). Während des Saugaktes kommt eine wechselnde Zahl der Blasen zum Einsatz; sie werden unabhängig voneinander evertiert und retrahiert. HOULIHAN (1976) erhielt für *Petrobius brevistylis* noch höhere Aufnahmeraten.

Die Coxalblasen werden als akzessorische Organe der Wasser- und Ionenaufnahme betrachtet, vor allem wenn das Substrat (Blätter, Rinde, Steine) nur von einem dünnen Wasserfilm benetzt wird: 1. im Sinne einer Anpassungsstrategie zur Erhöhung des Migrationsbereiches, 2. zur Erhöhung der Verweildauer bei ungünstigen Feuchtebedingungen und 3. zur besseren Überbrückung der feuchte-sensiblen Häutungsphase. Auch während der Häutung sind die Organe verwendbar, allerdings mit einer reduzierten Absorptionsrate.

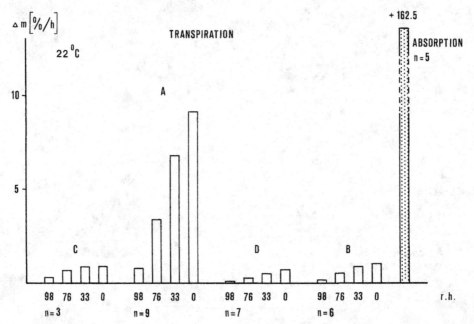

Abb. 132: Zum Wasserhaushalt von *Trigoniophthalmus alternatus* – Machilidae (nach EISENBEIS, 1983). Daten zur Transpiration in variabler Umgebungsfeuchte und zur Absorption reinen Wassers durch die Coxalblasen. Die Raten beziehen sich auf die prozentuale Änderung der Gesamtwassermasse m_0.
A Jungtiere, ½–1 d nach dem Schlüpfen.
B Imagines
C Eier
D Jungtiere, 60 d nach dem Schlüpfen.

Tafel 107: *Trigoniophthalmus alternatus* – Machilidae (Felsenspringer)
    a Übersicht, lateral. 1 mm.
    b Übersicht, ventral, mit Coxalblasen. 1 mm.
    c Abdomen, ventral, mit evertierten Coxalblasen und Styli. 0,5 mm.
    d Coxalblasenpaar. 100 µm.
    e Coxalblasen-Cuticula, distal. 50 µm.
    f Coxalblasen-Cuticula mit Mikrokapillaren. 2 µm.

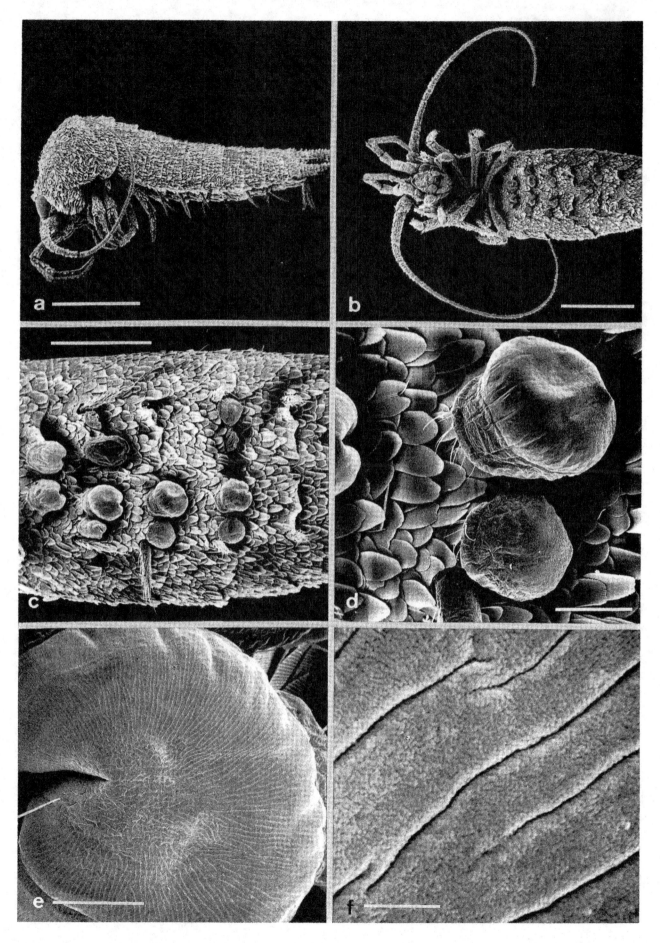

2.13.4 Äußere Genitalanhänge der Archaeognatha

Die Kenntnis der äußeren Genitalanhänge der Felsenspringer dient 1. zu Bestimmung der Arten und 2. zum besseren Verständnis der Paarungsbiologie.

Am Abdomenende des Weibchens von *Petrobius* befindet sich eine Legeröhre oder Ovipositor, die von vier gegliederten Gonapophysen, je ein Paar des 8. und 9. Segmentes, gebildet wird (Abb. 133). Sie sind miteinander verfalzt und gegeneinander verschiebbar. Bei den Weibchen von *Machilis* bilden die Gonapophysen eine kurze, kräftige Legeröhre mit dornartigen Grabklauen, die die Ablage der Eier erleichtern sollen.

Am Abdomenende des Männchen von *Petrobius* befindet sich ein zylindrischer, kolbenartig erweiterter, zweiteiliger Penis (Abb. 133). Dem 9. Segment entspringen ferner die ungegliederten Parameren, die beweglich sind und Sinnesborsten tragen. Bei anderen Felsenspringern werden die gegliederten Parameren vom 8. und 9. Segment ausgebildet, können aber auch fehlen (LARINK, 1970).

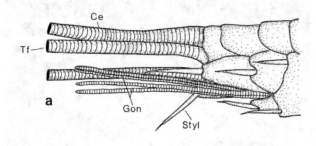

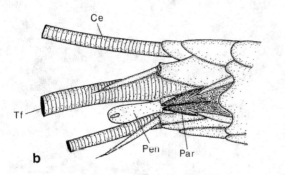

Abb. 133: Äußere Geschlechtsanhänge von *Petrobius brevistylis* – Machilidae (verändert nach LARINK, 1970).

a Weibchen mit gegliederten Gonapophysen (Gon), die die eigentliche Legeröhre bilden. Sie nehmen auch die vom Männchen abgesetzten Spermatröpfchen auf. Ce – Cercus, Styl – Stylus, Tf – Terminalfilum.

b Männchen mit dem aus den paarigen Parameren (Par) und dem zweiteiligen Penis (Pen) bestehenden äußeren Geschlechtsapparat. Der Penis setzt die Spermatröpfchen auf einem am Boden festgehefteten Faden ab, wo sie vom Weibchen mit der Legeröhre aufgetupft werden (Indirekte Spermaübertragung) (vgl. auch Abb. 134).

Tafel 108: *Trigoniophthalmus alternatus* – Machilidae (Felsenspringer)
- a Antenne, Mittelabschnitt. 100 µm.
- b Abdomen, kaudal, lateral. 0,5 mm.
- c Antenne, distal, ohne Schuppen. 25 µm.
- d Cerci und Terminalfilum. 200 µm.
- e Apex eines Antennenhaares. 2 µm.
- f Cercus, distal. 25 µm.

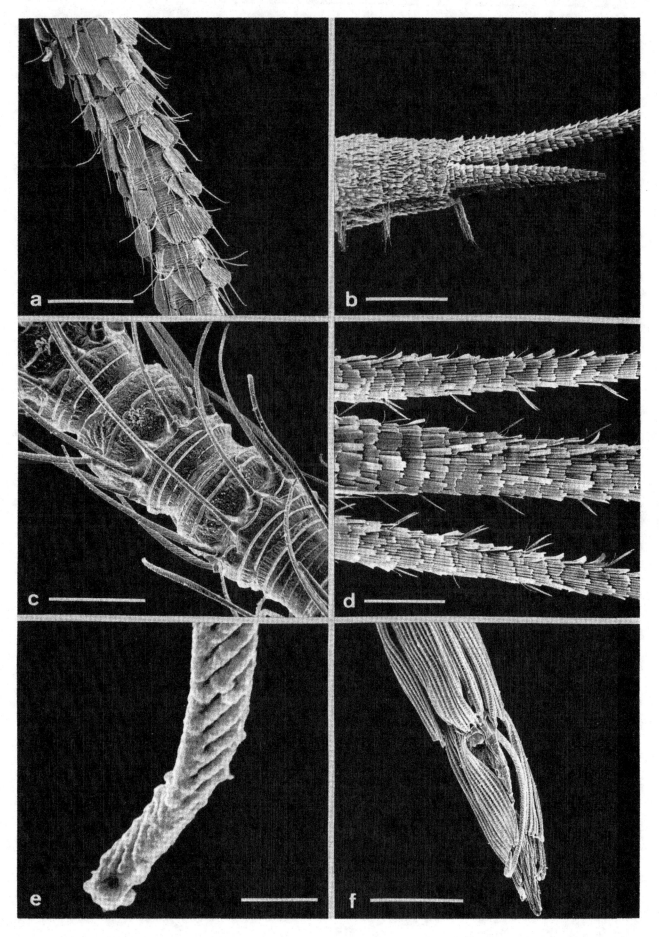

237

2.13.5 Paarungsbiologie

Bei den Felsenspringern erfolgt die Paarung und Samenübertragung – wie bei vielen Bodenarthropoden – indirekt ohne Kopulation. Die Paarungsbiologie wurde von STURM (1952, 1955, 1960) beschrieben.

Zu Beginn des Paarungsspiels betasten sich Männchen und Weibchen mit den Fühlern. Ist das Weibchen paarungswillig, so richtet es das Abdomen aufwärts. Das Männchen drängt das gegenüberstehende Weibchen seitlich herum und führt es tänzelnd vor und zurück. Dabei drückt das Männchen mit dem Penis auf den Boden, heftet einen Spinnfaden an und zieht durch Anheben des Hinterleibs und durch Vorwärtsschreiten den Faden aus, auf dem sich 1–5 Spermatröpfchen befinden. Durch erneutes Betrillern mit Fühlern und Kiefertastern drängt das Männchen das Weibchen im Halbkreis, bis es parallel zum hochgehaltenen Faden steht. Das Weibchen öffnet den Ovipositor, indem die Gonapophysen auseinanderweichen, ertastet mit den Cerci den Faden und nimmt die Spermatröpfchen durch den geöffneten Ovipositor in die dahinterliegende Geschlechtsöffnung auf (Abb. 134).

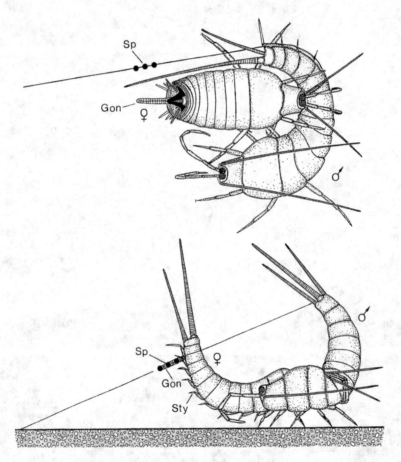

Abb. 134: Endphase im Liebesspiel der Felsenspringer (verändert nach STURM, 1955). Das Männchen hat oben auf einem mit der Geschlechtsöffnung am Boden festgehefteten Spinnfaden Spermatröpfchen (Sp) abgesetzt und dirigiert das Weibchen durch heftige Antennenbewegungen und Palpentrillern in die Aufnahmeposition (unten), wo das Weibchen mit den Gonapophysen der Legeröhre (Gon) die Spermatröpfchen von unten aufnimmt. Sty – Styli.

Tafel 109: *Trigoniophthalmus alternatus* – Machilidae (Felsenspringer)
a Abdominalsegment, lateral, mit Schuppenbalgmuster. 50 µm.
b Abdominale Cuticula mit Mikroleisten. Zwischen den Schuppenbälgen finden sich kleine Borsten, die möglicherweise wie die Schuppen innerviert sind. 5 µm.
c Rundschuppen. 10 µm.
d–f Variation der Schuppencuticula. 2 µm.

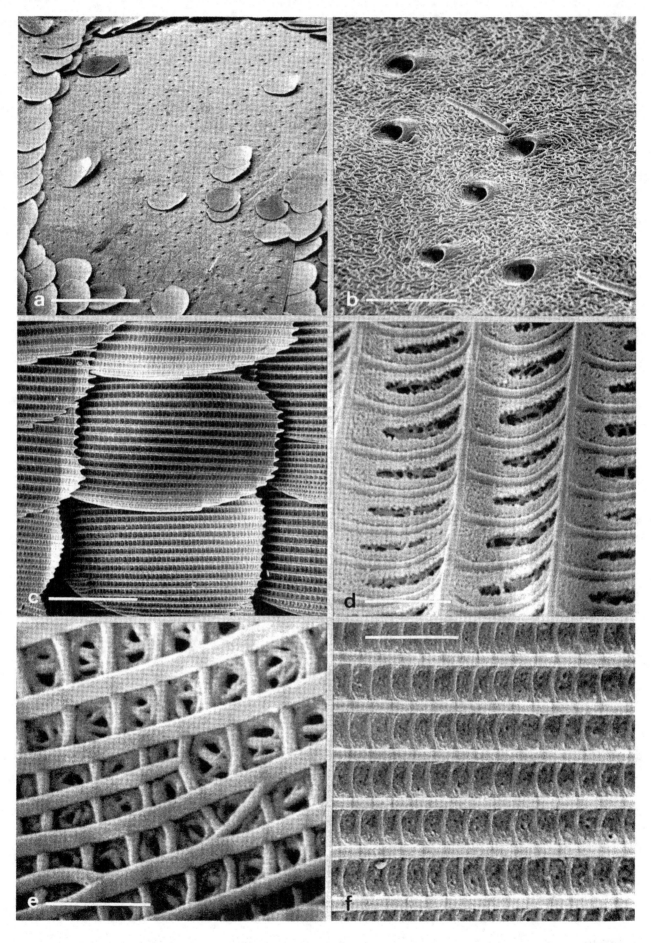

239

2.13.6 Eier der Felsenspringer

Die Eier von *Trigoniophthalmus alternatus* werden in Vertiefungen der Steinoberfläche einzeln oder in kleinen Gruppen abgelegt (Abb. 135). Da die embryonale Entwicklung der mehr als 2–4 Jahre alt werdenden Tiere über 400 Tage dauert, müssen die Eier der langen Embryogenese im Lebensraum angepaßt sein. Bereits wenige Tage nach der Eiablage wird vom Blastoderm eine Cuticula abgeschieden, um das Ei zusätzlich zum Chorion auf Dauer zu schützen. Das Chorion reißt einige Tage vor dem Schlüpfen auf und exponiert die Eioberseite mit der Blastoderm-Cuticula der Umgebung.

Der Feinbau der Blastoderm-Cuticula ist über die gesamte Oberfläche, vor allem aber im Zentrum der abgeflachten Oberseite von bizarrer Struktur. Ein feinverzweigtes, fädiges Netzwerk auf der Oberfläche wird von einer gröberen, polygonalen Felderung überlagert, da in fast regelmäßigen Abständen zueinander knotenartige Verdichtungen der zulaufenden fadenförmigen Strukturen auftreten (Tafel 110). Im Zentrum der Oberseite ist das bizarre Netzwerk tief eingesenkt und von cuticularen Pfeilern und Wänden gehalten, die in einem sternförmig fortziehenden Gitter miteinander verbunden sind (LARINK, 1972, 1979).

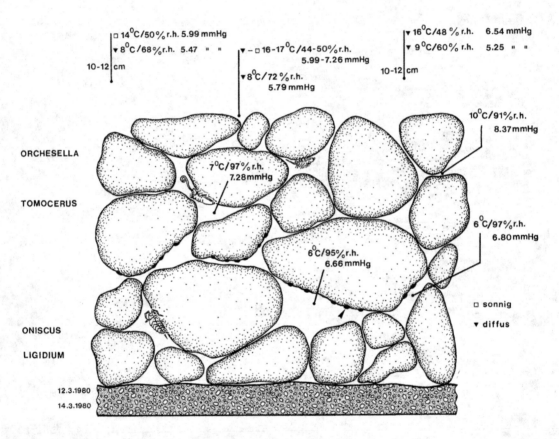

Abb. 135: Zum Mikroklima – Temperatur und Feuchte – im Habitat des Felsenspringers *Trigoniophthalmus alternatus* – Machilidae am Ort der Eiablage (nach EISENBEIS, 1983). Die Eier (Pfeil) sind linsenförmige, schwarze Gebilde, welche mit Sekret in Vertiefungen der Steinoberfläche bevorzugt in der 3. Steinschicht (vgl. auch Abb. 131) angeheftet wurden. Über den Winter und im Frühjahr sind die Steine mit einem feinen Wasserfilm überzogen, so daß keine Gefahr der Austrocknung besteht. Die jungen Felsenspringer schlüpfen etwa ab April/Mai.

Tafel 110: *Trigoniophthalmus alternatus* – Machilidae (Felsenspringer)
    a Eioberseite mit Anheftungsring. 0,5 mm.
    b Ei im Profil mit aufgeplatzter Eihaut. 0,5 mm.
    c Eioberseite mit geöffneter Eihaut. Sie platzt bereits einige Zeit vor dem Schlüpfen auf, und es wird die Blastoderm-Cuticula sichtbar. 200 μm.
    d Blastoderm-Cuticula mit Vernetzungsstrukturen. 3 μm.

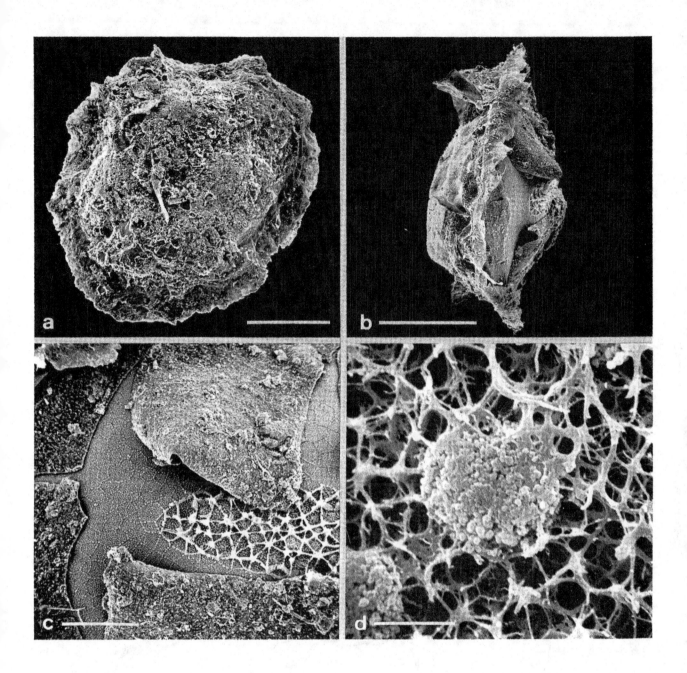

241

2.14 Ordnung: Zygentoma – (Insecta)

Allgemeine Literatur: PALISSA 1964, HANDSCHIN 1929

2.14.1 Kennzeichen der Zygentoma

Die Silberfischchen oder Lepismatiden wurden früher mit den Felsenspingern oder Machiliden in der Ordnung Thysanura zusammengestellt. Nach den Kriterien der phylogenetischen Systematik wurde für die Felsenspringer die Ordnung Archaeognatha und für die Silberfischchen die Ordnung Zygentoma geschaffen. Zu den Zygentoma, die den Pterygota bereits nahe stehen, zählen über 240 Arten, die ursprünglich und in der Mehrzahl in den subtropischen und tropischen Regionen leben. Im europäischen Raum meiden die meist wärmeliebenden Formen, wie *Lepisma saccharina*, den Lebensraum des Bodens und leben vorwiegend synanthrop in Häusern, in denen sie sich polyphag von vielen organischen Substanzen ernähren und gelegentlich massenhaft auftreten können (LAIBACH, 1952).

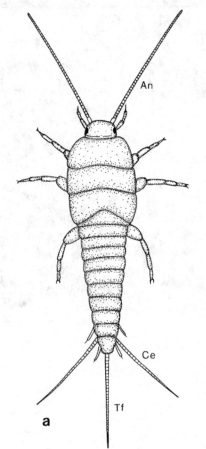

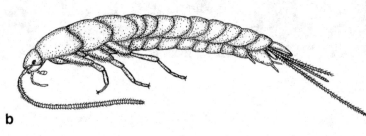

Abb. 136: Habitus von *Lepisma saccharina* – Lepismatidae (verändert nach HANDSCHIN, 1929).
a Ansicht, dorsal, mit Antennen (An), Cerci (Ce) und Terminalfilum (Tf).
b Ansicht, lateral.

Tafel 111: *Lepisma saccharina* – Lepismatidae, Silberfischchen, Jungtier
   a Jungtier, frisch geschlüpft und schuppenfrei, lateral. In diesem Zustand sind die Tiere weiß, die Körpergliederung tritt deutlich hervor. 0,5 mm.
   b Kopf, schräg lateral, mit Komplexauge und Mandibelgelenk (Pfeil). 100 μm.
   c Abdominalsegmente, schräg lateral, mit Tergiten und Sterniten. 50 μm.
   d Komplexauge und Mandibelgelenk (Pfeil). 20 μm.
   e Abdominalsegment, Hinterrand. Die Cuticula zeigt zwar eine Schuppentextur, ist aber noch nicht von den späteren echten Schuppen bedeckt. 10 μm.
   f Terminalfilum. 25 μm.

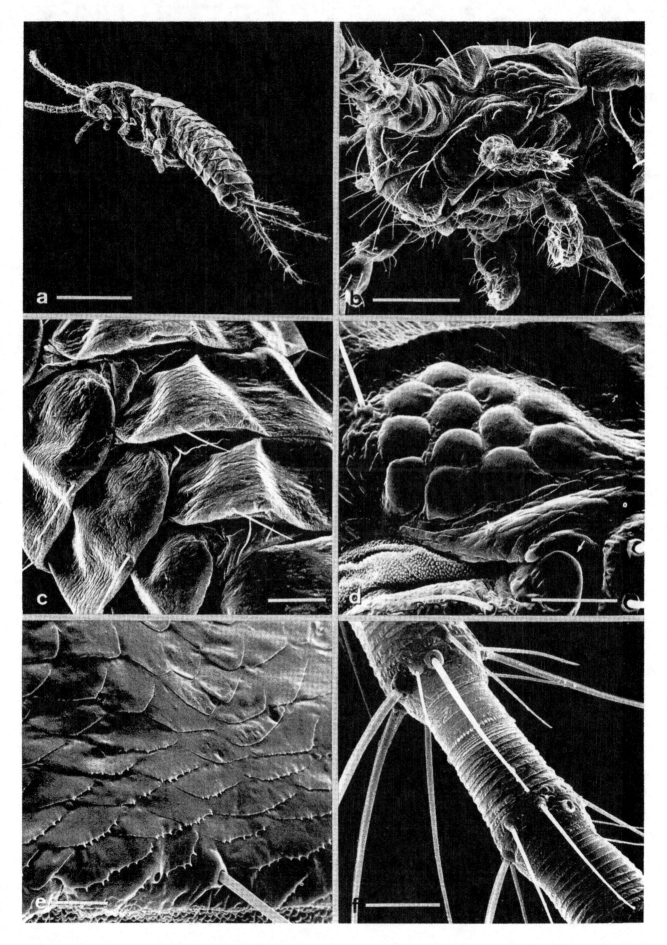

2.14.2 Bau und Funktion der Schuppen

Wie die Felsenspringer besitzt das Silberfischchen – *Lepisma saccharina* – ein dichtes Schuppenkleid (Tafel 112), das von der 3. Larvenhäutung an ausgebildet ist und nur die Intersegmentalhäute, den Ovipositor und die Spitzen der Extremitäten freiläßt. Bei ausgewachsenen Tieren beträgt die Zahl der Schuppen rund 40 000. Diese liegen in undeutlichen Reihen dachziegelartig übereinander. Die großen Deckschuppen auf der Körperoberfläche sind 100–250 μm lang und 90–125 μm breit. Feinstrukturell bestehen die Schuppen aus einer geschlossenen Membran mit versteifenden Längsrippen, die auf der Oberseite der Schuppen parallel zur Längsachse verlaufen. In dieser massiven Bauweise unterscheiden sich die Schuppen der Zygentoma deutlich von denen der Archaeognatha, deren Schuppen aus Ober- und Unterlamelle bestehen, somit ein Schuppenlumen ausbilden, das über Poren nach außen offen ist und durch Säulen und Wände zwischen den Lamellen gehalten wird (Tafel 109) (LARINK, 1976).

Die Schuppen von *Lepisma saccharina* werden von der trichogenen Zelle gebildet, sind innerviert und funktionieren als mechanorezeptive Sensillen (Abb. 137) (LARINK, 1976).

Die sehr schön beschuppten Silberfischchen (Abb. 136; Tafel 112) haben eine Lebenserwartung von 2–3 Jahren. Die postembryonale Entwicklung der zunächst schuppenlosen Larven (Tafel 111) wird begleitet von zahlreichen Häutungen, die sich auch bei Adulten im Intervall von bis zu 100 Tagen fortsetzen. Etwa ab der 10. Häutung sind die Tiere geschlechtsreif. Daten über Wachstum und Entwicklung innerhalb der ersten 5 Larvenstadien nennt SAHRHAGE (1953) in folgender Tabelle (6):

Tab. 6: Wachstum und Entwicklung beim Silberfischchen, *Lepisma saccharina* – Lepismatidae (nach SAHRHAGE, 1953).

Larven-stadium	Alter in Tagen	Körperlänge (mm)	Gewicht (mg)
1	0– 4	1,89	0,20
2	4–12	1,99	0,25
3	12–31	2,44	0,31
4	31–65	2,64	0,48
5	85	4,07	1,00

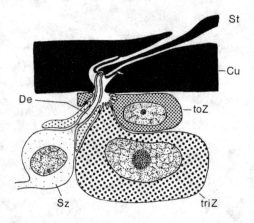

Abb. 137: *Lepisma saccharina* – Lepismatidae, Mikromorphologie eines Schuppensensillum (verändert nach LARINK, 1976). Der Schuppenschaft (St) durchdringt die Cuticula durch den Schuppenbelag und ist mittels einer feinen Aufhängung (Pfeil) mit der Cuticula verbunden. Der Dendrit (De) einer Sinneszelle (Sz) steht mit der Schuppenbasis in Verbindung. Die tormogene und trichogene Zelle sowie eine weitere Hüllzelle umgeben die Sinnesstruktur im fertigen Zustand.

Tafel 112: *Lepisma saccharina* – Lepismatidae, Silberfischchen
    a Habitus, lateral. 1 mm.
    b Übersicht, frontal. 0,5 mm.
    c Vorderkörper, ventral, mit den typischen Plattbeinen. 1 mm.
    d Vorderkörper, lateral. 1 mm.
    e Abdomen, Schuppenmuster. 50 μm.
    f Thorax, Schuppenmuster. 50 μm.

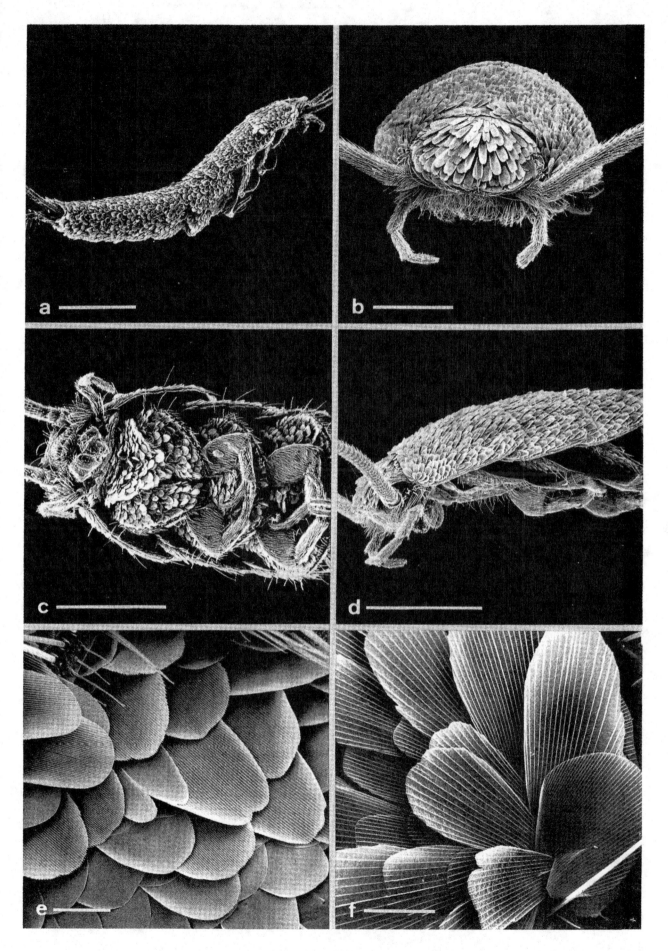

2.14.3 Labialniere des Silberfischchens

Das exkretorische Organ befindet sich im Labium und wird als Labialniere bezeichnet. Sie besteht aus drei hintereinander folgenden Abschnitten: dem blind endenden Sacculus, einem nahezu geraden und röhrenförmigen Labyrinth und dem Ausführgang (Abb. 138). Die paarigen Labialdrüsen haben einen gemeinsamen, unpaaren Ausführgang, der auch die Ausführgänge der Speicheldrüsen aufnimmt und sich in die Mundhöhle öffnet.

Der Sacculus ist mit Podocyten ausgekleidet, die bei einer Druckdifferenz zwischen Hämolymphe und Sacculuslumen durch Druckfiltration die Aufnahme des Primärharns im Sacculuslumen ermöglichen. Die Wand des Labyrinths besteht aus Zellen, die apikal durch einen dichten Besatz an Mikrovilli und basal durch labyrinthartige Einfaltungen der Zellmembran gekennzeichnet sind, so daß hier im Labyrinth sekretorische und reabsorbierende Aufgaben angenommen werden (Abb. 138). Die Ausführgänge werden wiederum von Transportzellen ausgekleidet, die ebenfalls die Rückresorption wahrscheinlich machen. Es wird also ein Primärharn durch Druckfiltration im Sacculus gebildet und während der Passage durch Labyrinth und Ausführgänge nach Rückresorption physiologisch lebenswichtiger Stoffe in die Hämolymphe als Endharn ausgeschieden (HAUPT, 1965).

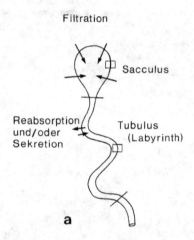

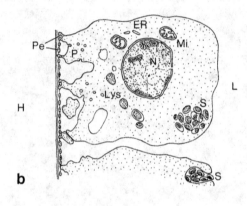

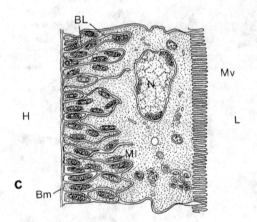

Abb. 138: Zum Bau der Labialniere eines Silberfischchens (nach BERRIDGE und OSCHMAN, 1972 und HAUPT, 1965).

a Gliederung der Labialniere in Sacculus und Tubulus. Die Rechtecke markieren die Ausschnitte für b und c.

b Ausschnitt aus dem Sacculus-Epithel. Die lumenseitig einer Basalmembran aufsitzenden Zellen werden Podocyten genannt. ER – Endoplasmatisches Reticulum, H – Hämolymphraum, L – Lumen, Lys – Lysosomen, Mi – Mitochondrien, N – Zellkern, Pe – Pedicellen, S – Akkumulierung und Exocytose von Lysosomenresten.

c Tubulus-Epithelzelle mit typischen Transportstrukturen. Mv – apikaler Faltensaum, BL – basales Labyrinth, Bm – Basalmembran (sonstige Abkürz. siehe b).

Tafel 113: *Lepisma saccharina* – Lepismatidae, Silberfischchen

    a Kopf, lateral, mit Antennen, Maxillar- und Labialpalpen. 250 µm.

    b Kopf, ventral, mit Oberlippe (Pfeil), Mandibeln und Palpen. 250 µm.

    c Antennenbasis (Pfeil) mit Komplexauge. 50 µm.

    d Beinpaar mit abgeplatteten Gliedern. 0,5 mm.

    e Borstenhaare in Augennähe. 10 µm.

    f Tarsus, distal, mit Krallen (Ungues). 50 µm.

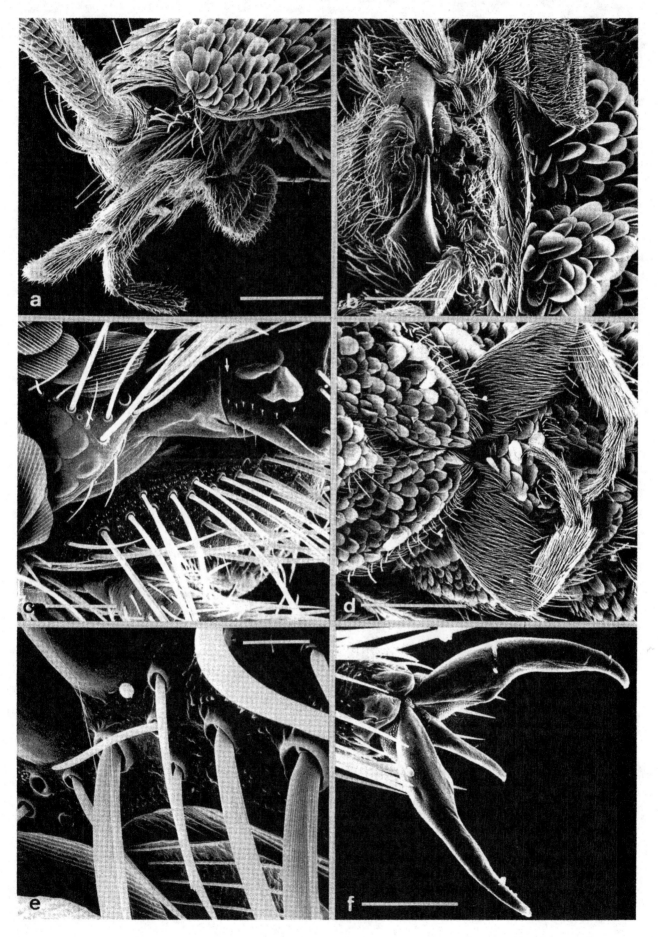

2.14.4 Äußere Genitalanhänge der Zygentoma

Die äußeren Genitalanhänge sind bei den Archaeognathen und den Zygentoma sehr ähnlich. Das Weibchen von *Lepisma saccharina* hat einen leicht gebogenen, stabförmigen Ovipositor, der von vier Gonapophysen gebildet wird (Tafel 114). Die Gonapophysen sind sekundär 20-gliedrig, nicht mit Schuppen besetzt, aber terminal mit Borstenhaaren. Der Penis des Männchen ist offensichtlich eingliedrig, am distalen Ende aber gespalten und an der Öffnung von kurzen Sensillen umstellt, die auf kleinen Papillen stehen. Die Parameren sind nach distal ampullenartig erweitert, mit Borstenhaaren besetzt und ventrolateral mit einem Drüsenfeld ausgestattet. Hier sitzen dicht beieinander Drüsenpapillen, aus denen ein vermutlich spinnseidenartiges Sekret abgegeben wird (Tafel 114). Möglicherweise werden daraus vom Männchen die Spinnfäden hergestellt, die es im Verlaufe der indirekten Spermatophorenübertragung vor dem Weibchen als Sperre zieht, um dieses zur Aufnahme der Spermatophore zu bewegen (STURM, 1956a, b,).

Tafel 114: *Lepisma saccharina* – Lepismatidae, Silberfischchen
    a Männchen, Abdomen kaudal, ventral, mit Cerci, Terminalfilum, Styli und den zu den Geschlechtsanhängen gehörenden Parameren. 0,5 mm.
    b Drüsenfeld auf der Ventralseite der Parameren. 50 µm.
    c Parameren. 100 µm.
    d Ausschnitt aus dem Drüsenfeld der Parameren. Bei den tütenartigen Gebilden auf den Drüsenpapillen handelt es sich vermutlich um Sekret (Spinnseide). 10 µm.
    e Weibchen, Legebohrer mit 4 Gonapophysen. 50 µm.
    f Legebohrer, terminal. 25 µm.

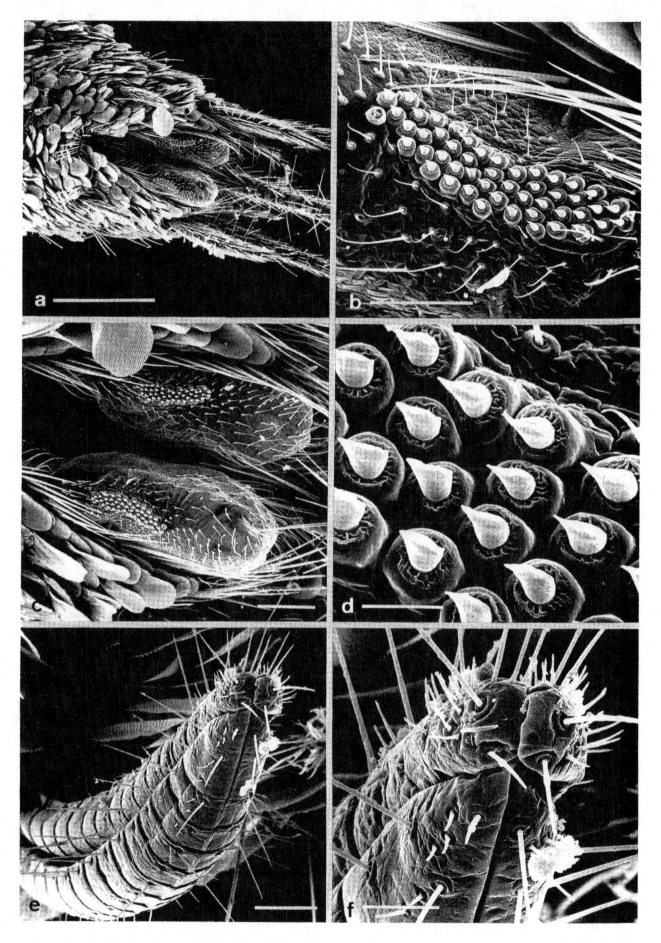

2.14.5 Sensillen der abdominalen Anhänge

Rasterelektronenmikroskopisch haben KRÄNZLER und LARINK (1980) und LARINK (1982) das Sensillenmuster der kaudalen Anhänge untersucht und Vorkommen und Verteilung verschiedener Sensillentypen beschrieben. Kurze, gerade Borsten stehen auf den Gelenkmembranen der Cerci. Trichobothrien oder Fadenhaare befinden sich auf der Dorsalseite des Terminalfilum und vereinzelt am kaudalen Rand der Cerci (Tafel 115). Auf der Ventralseite der Styli, auf den Cerci und auf dem Terminalfilum sitzen kurze, ca. 12 µm lange Hakenborsten. Die glatten Borsten ohne seitliche Fieder kommen sehr häufig auf den Styli vor, aber auch auf den Cerci und dem Terminalfilum. Stützborsten sind besonders starke Borsten mit Längsrippung, die sich in einer Doppelreihe auf dem ventralen Außenrand der Styli befinden. Fiederborsten sind lange, lateral gefiederte Borsten mit kräftiger Längsrippung und kleinen Querrippen. Sie sitzen auf der Ventralseite des Terminalfilum und sind meist parallel zur Körperlängsachse ausgerichtet.

Auch wenn Feinstruktur und elektrophysiologische Untersuchungen noch ausstehen, so lassen sie sich doch den bekannten Sensillenformen zuordnen: Sensilla trichodea (kurze, gerade Borsten), Sensilla chaetica (Hakenborsten, glatte Borsten, Stützborsten und Fiederborsten). Trichobothrien sind schließlich Mechanorezeptoren, die für Schall- und Schwingungsperzeption geeignet sind.

Tafel 115: *Lepisma saccharina* – Lepismatidae, Silberfischchen
- **a** Abdomen, kaudal, dorsal, mit Cerci und Terminalfilum. 0,5 mm.
- **b** Terminalfilum, Mittelabschnitt. 50 µm.
- **c** Cercus, Mittelabschnitt. 100 µm.
- **d** Terminalfilum, proximal, mit kräftigen Borstenhaaren. 25 µm.
- **e, f** Cercus und Terminalfilum mit Borstenhaaren, Trichobothrien und kleinen Drüsengruben. 20 µm.

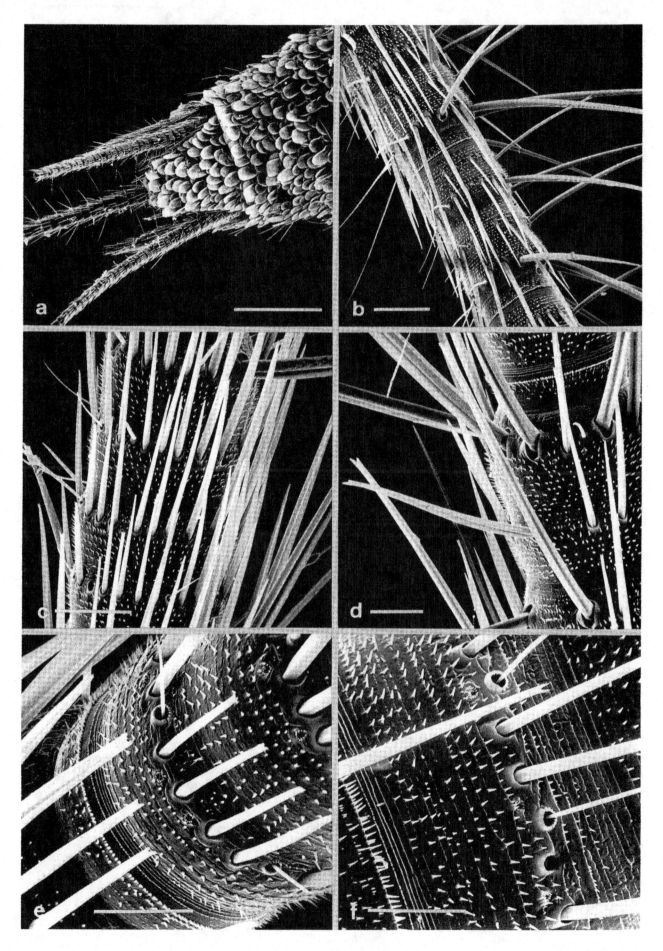

251

2.15 Ordnung: Dermaptera – Ohrwürmer (Insecta)

Allgemeine Literatur: BEIER 1953, 1959, HARZ 1957, 1960, GÜNTHER und HERTER 1974

2.15.1 Bodenbewohnende Ohrwürmer

Ohrwürmer, die bodenbiologisch von Bedeutung sind, weil sie oft im Fallaub leben und frische Pflanzenteile und Pilzhyphen fressen, aber auch tierische Nahrung zu sich nehmen, gehören in die Familie Forficulidae. Hier sind der weltweit verbreitete, 11–15 mm große Gemeine Ohrwurm *(Forficula auricularia)* (HERTER, 1965, 1967) und der flügellose, 6–13 mm große Waldohrwurm *(Chelidurella acanthopygia)* (Abb. 139; Tafel 116–118) zu nennen, der in Laub- und Mischwäldern Europas vorkommt. Es sind nachtaktive Tiere, die sich tagsüber in sehr enge Spalten und Höhlen verbergen, wo sie allseitig Körperkontakt mit der Wandung haben (Thigmotaxie).

Der Sandohrwurm – *Labidura riparia* (Labiduridae) (WEIDNER, 1941; HERTER, 1963) –, der mit Vorliebe in feuchten Sandböden lebt, dringt tiefer als andere Ohrwürmer in den Boden ein. Sie lockern mit den Vorderbeinen den Sand, den sie mit den Mandibeln forttragen, und graben so 10–40 cm tiefe Röhren, in denen sie offensichtlich tagsüber ruhen, während sie nachts nach kleinen Insekten und Spinnen jagen (DUNGER, 1974; MESSNER, 1963), in denen sie auch überwintern, um im Mai des nächsten Jahres wieder hervorzukommen. Im Sommer bauen sie Bruthöhlen in den Boden (Abb. 140), in denen die Weibchen ihre Eier ablegen und wo sie während der ca. 9-tägigen Embryonalzeit bei den Eiern in der Bruthöhle verbleiben (CAUSSANEL, 1966, 1970).

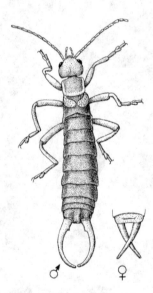

Abb. 139: Waldohrwurm, *Chelidurella acanthopygia*, Männchen von dorsal. Nebenfigur: Cerci eines Weibchens (nach BRAUNS, 1964).

Abb. 140: Sandohrwurm, *Labidura riparia*, Weibchen bei der Brutpflege. Die Höhle ist mit Nahrungsvorräten versehen: Fliegenpuppen und -Imagines (verändert nach CAUSSANEL, 1966 aus GÜNTHER und HERTER, 1974).

Tafel 116: *Chelidurella acanthopygia* – Forficulidae, Waldohrwurm, Weibchen a, f und Männchen b–e
- **a** Kopf, lateral. 0,5 mm.
- **b** Prothorax und Kopf, ventral. 0,5 mm.
- **c** Kopf, dorsal. 0,5 mm.
- **d** Mundwerkzeuge, ventral. 100 µm.
- **e** Ommatidienoberfläche. 10 µm.
- **f** Mesothorax, lateral. 0,5 mm.

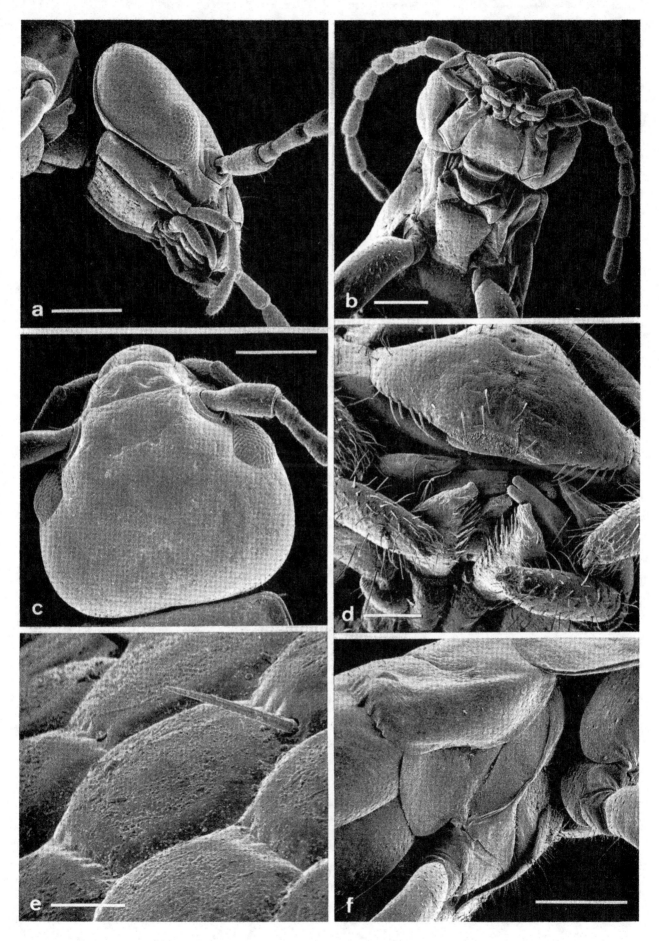

2.15.2 Sinneswahrnehmung und Thigmotaxie bei Ohrwürmern

Besonders bei Ohrwürmern fällt eine positive Thigmotaxie im Verhalten der Tiere auf, sobald sie sich zur Ruhe in engen Spalten verbergen. Mit möglichst der gesamten Körperoberfläche und selbst mit den vorgestreckten Antennen haben die Tiere unmittelbaren und fast allseitigen Berührungskontakt mit dem umgebenden Substrat. Bei Beunruhigung schmiegen sie sich thigmotaktisch noch fester in die sie bergende Bodenspalte.

So scheinen die Mechanorezeptoren und taktilen Sinneshaare, die auf der Körperoberfläche und den Antennen unterschiedlich dicht verteilt sind, eine große Bedeutung für dieses Verhalten der Tiere zu haben. Für die Orientierung der Ohrwürmer in ihrer Umwelt stehen auf den Antennen neben den Tastsinnesorganen auch Chemorezeptoren. Es ist deshalb nicht verwunderlich, daß sich vorwärts tastende Ohrwürmer fortwährend mit schwingenden Antennen bewegen und das Substrat einer ständigen Prüfung unterziehen. SLIFER (1967) hat die Sinnesorgane auf den Antennen von *Forficula auricularia* beschrieben (Abb. 141).

Abb. 141: Sensillenformen auf der Antenne von *Forficula auricularia,* dem Gemeinen Ohrwurm (verändert nach SLIFER, 1967 aus GÜNTHER und HERTER, 1974). 1 Tasthaar, 2 Langer, dickwandiger Chemorezeptor, 3 Kurzer, dickwandiger Chemorezeptor, 4 Dünnwandiger Chemorezeptor, 5 Coeloconischer Chemorezeptor.

Tafel 117: *Chelidurella acanthopygia* – Forficulidae, Waldohrwurm
    a Komplexauge. 100 µm.
    b Antenne, proximal, Scapus-Pedicellus-Gelenk. 50 µm.
    c Tarsus mit Sohlenbürsten. 100 µm.
    d Antennenglied aus dem Mittelabschnitt der Geißel. 25 µm.
    e Tarsus, distal, mit den Klauen (Ungues). 100 µm.
    f Antenne, distal. 50 µm.

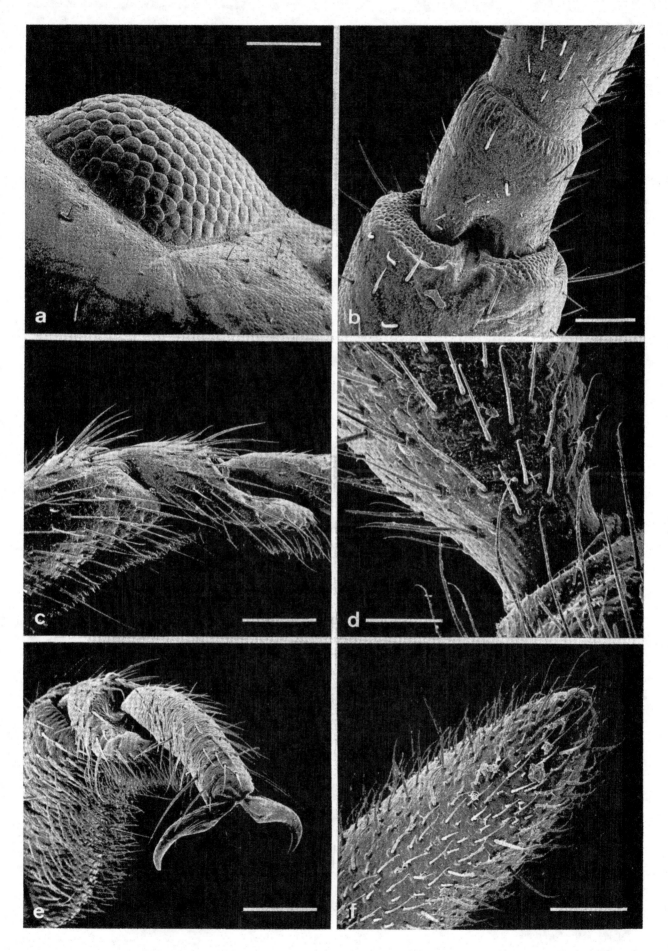

2.15.3 Nahrungserwerb und Verteidigung der Ohrwürmer

Die Ohrwürmer ernähren sich von tierischer und pflanzlicher Kost, allerdings scheinen die Präferenzen familienspezifisch zu sein, was mit der Ausbildung der Mundwerkzeuge in Verbindung gebracht wird (POPHAM, 1959). So bevorzugen die Labiduridae tierische Nahrung. *Labidura riparia*, der Sandohrwurm, erbeutet in Strandnähe kleine Krebse, Käfer, Fliegen und andere Insekten; in trockeneren Biotopen erjagt er Tausendfüßer, Spinnen und nackte Raupen. Anders die meisten Forficulidae, die pflanzliche Nahrung vorziehen. *Forficula auricularia* ernährt sich von Pilzsporen, Grünalgen, Flechten und Moosen, vom Detritus höherer Pflanzen, aber auch frischen Teilen von Blütenpflanzen. Zusätzlich werden kleine Insekten wie Blattläuse, Ameisenbrut und Raupen gefressen. Magenuntersuchungen ergaben einen Anteil von 30,5% tierischer Nahrung. Eine ähnliche Lebensweise zeigt der Waldohrwurm, *Chelidurella acanthopygia*.

Zur Verteidigung werden die zangenförmigen Cerci (Tafel 118) eingesetzt, die zum Austeilen von Schlägen, zum Drohklopfen auf den Boden und zum Kneifen und Festhalten dienen können. Aber trotz des Einsatzes ihrer mechanischen und chemischen Waffen sind die Ohrwürmer dem Angriff vieler Feinde ausgesetzt. So werden sie zur Beute für Fang- und Laubheuschrecken, Grillen, Raubwanzen, Laufkäfer, Kurzflügler (Staphylinidae) und andere Käfer, räuberische Spinnen und Chilopoden sowie Kröten, Eidechsen, Vögel und Insectivoren (GÜNTHER und HERTER, 1974).

Tafel 118: *Chelidurella acanthopygia* – Forficulidae, Waldohrwurm, Weibchen a–e, Männchen f
    a, b Abdomen, terminal, dorsal (a) und lateral (b), mit Zangen. 1 mm, 1 mm.
    c   Weibliche Zange, ventral, mit Pygidium (Pfeil). 0,5 mm.
    d   Abdominalsegmente, lateral. 0,5 mm.
    e   Weibliche Zange, proximal, lateral. 200 µm.
    f   Abdomen eines Männchens, kaudal, mit Zangenbasis und Pygidium (Pfeil). 0,5 mm.

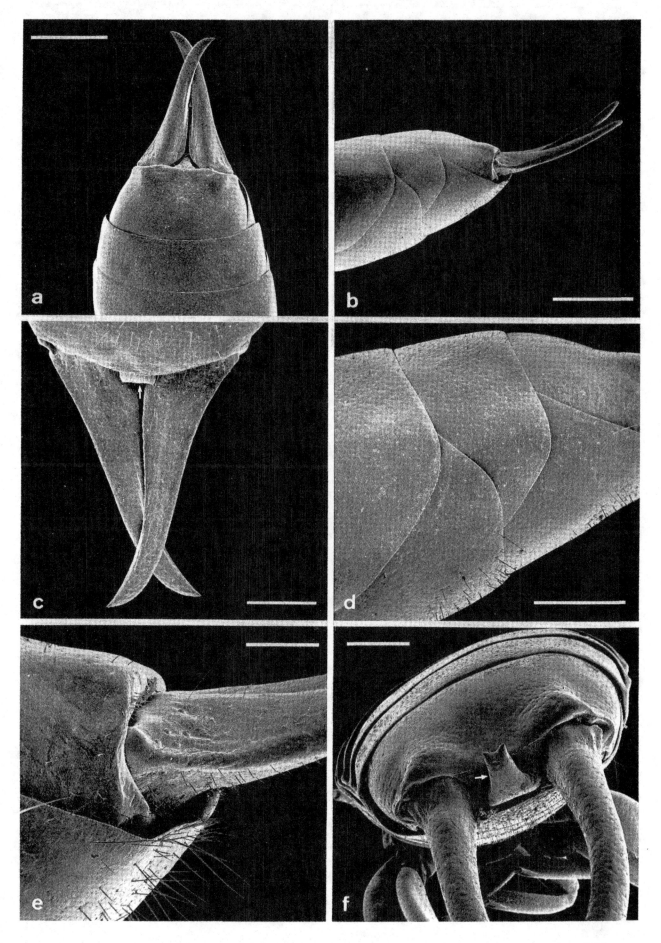

2.16 Ordnung: Blattodea – Schaben (Insecta)

Allgemeine Literatur: CHOPARD 1938, HARZ 1957, 1960, PRINCIS 1965, BEIER 1974

2.16.1 Kennzeichen der bodenbewohnenden Schaben

Die bodenbewohnenden Geradflügler (Orthopteromorpha), zu denen einige Ohrwürmer (Dermaptera), Schaben (Blattodea) und Grillen (Ensifera) gehören, besiedeln die oberen Bodenschichten. Nur zeitweilig leben einige Geradflügler hemiedaphisch. Die epedaphischen Schaben, die in die Familie Ectobiidae (Waldschaben) gehören und in Mitteleuropa durch *Ectobius lapponicus, E. silvestris* und *E. panzeri* vertreten sind (BROWN, 1952; ROTH und WILLIS, 1952; HARZ, 1972), sind mit ihren dorsoventral abgeflachten und breitovalen Körpern, mit flachen, der Körperunterseite anschmiegbaren Laufbeinen und langen, sensiblen Antennen ihrer Lebensweise angepaßt (Abb. 142, 143; Tafel 119, 120).

Besonders die Weibchen sind lichtscheu und verbergen sich tagsüber im Laub der Bodenstreu, während die aktiven Männchen auch am Tage herumfliegen. Sie ernähren sich von modernden Pflanzen; ihre bodenbiologische Bedeutung ist aber bei der relativ kleinen Populationsdichte gering.

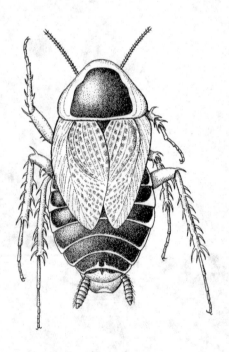

Abb. 142: Weibchen von *Ectobius silvestris* – Ectobiidae, dorsal, Podas Waldschabe (verändert nach HARZ, 1960).

Tafel 119: Larve der Ectobiidae (Waldschaben)
    a,b Übersicht, lateral und ventral. 1 mm, 1 mm.
    c Kopf und Thorax, ventral. 250 µm.
    d Kopf und Thorax, lateral. Beachte die nach hinten gerichtete, hypognathe Kopfstellung. 250 µm.
    e Kaudalansicht. 1 mm.
    f ‹Putzbürste› an der Maxille. 25 µm.

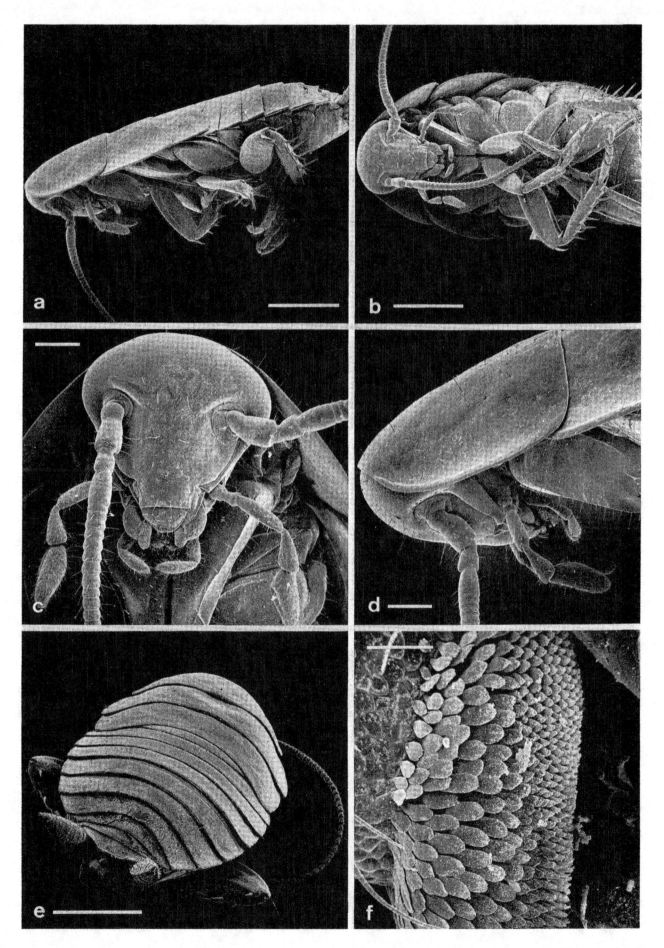

259

2.16.2 Antennen der epedaphischen Schaben

Zu den Kennzeichen epedaphischer Arthropoden gehören lang gestreckte Antennen. Sie erfüllen sinnesphysiologische Aufgaben, die den Tieren die Orientierung im Raum ermöglichen. Die Antennen tragen eine Vielzahl unterschiedlicher Sinnesorgane, die nach Struktur und Funktion verschieden sind und eine vielfältige Sinneswahrnehmung ermöglichen. Im Maße der Verlängerung der Antennen verbunden mit hoher Flexibilität wird ein entsprechend großer Raum vor den Tieren und in unmittelbarer Umgebung der Tiere erfaßt und durch beständige, meist kreisende Bewegungen der Antennen abgetastet.

Die Antennen der epedaphischen Schaben gehören zu diesem Typus. Sie sind fadenförmig (Abb. 143), mindestens halb, meist aber so lang wie der Körper oder länger. Sie sind homonom gegliedert. Dem langen Scapus und dem etwas kurzen Pedicellus folgt die vielgliedrige Antennengeißel, die sich zur Spitze ständig verjüngt (Tafel 120). Zu den Sinnesorganen, die noch weiterer Untersuchungen bedürfen, zählen Tastsinnesorgane, olfaktorische Rezeptoren sowie solche, die die Luftfeuchtigkeit und Temperatur wahrnehmen (BEIER, 1974; EGGERS, 1924; LOFTUS, 1966, 1969; SLIFER, 1968; WINSTON und GREEN, 1967).

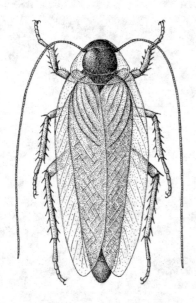

Abb. 143: Männchen von *Ectobius lapponicus* – Ectobiidae, dorsal, Gemeine Waldschabe (verändert nach BRAUNS, 1964).

Tafel 120: *Ectobius lapponicus* – Ectobiidae (Waldschaben), Gemeine Waldschabe, Männchen
    a Übersicht, frontal. Der Pfeil markiert die großen Vorderhüften. 0,5 mm.
    b Kopf und Thorax, lateral. 1 mm.
    c Halsschild, Schildchen und proximaler Teil der Deckflügel, dorsal. 0,5 mm.
    d Ommatidienoberfläche. 25 µm.
    e Antenne, Geißel im Mittelabschnitt. 25 µm.
    f Antenne, proximal, mit Scapus, Pedicellus und Flagellumansatz. 50 µm.

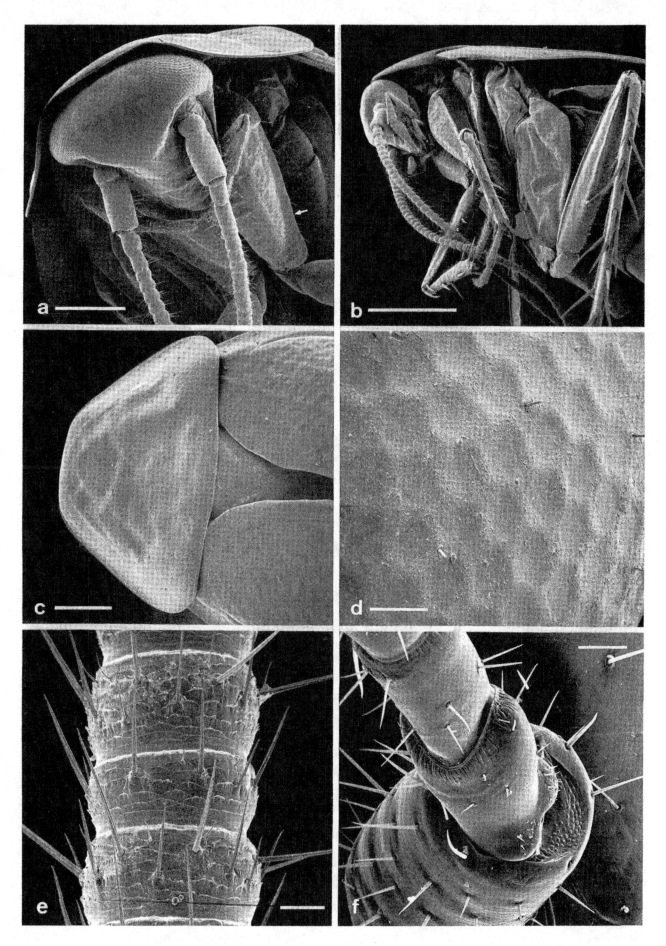

261

2.16.3 Die Beine der epedaphischen Schaben

Die Schaben bewegen sich auf der Bodenoberfläche und zeichnen sich ähnlich den Ohrwürmern durch thigmotaktisches Verhalten aus. Dementsprechend sind Laufbeine mit abgeplatteten Hüften entwickelt, die dem Körper eng angewinkelt getragen werden können und deren Tibien stark bedornt sind (Tafel 121). Die Tarsen sind fünfgliedrig. Das 1. Tarsalglied ist am Tibiotarsalgelenk von einer elastischen Hautfalte der Tibia überdeckt und dient als Bremsvorrichtung, die den aufwärtsbiegenden Tarsus elastisch abfängt (KUPKA, 1946; BEIER, 1974). Das 5. Tarsalglied trägt zwei Klauen, die auf rauher Bodenoberfläche greifen. Zwischen den Klauen befindet sich ein Haftlappen (Arolium) (Tafel 121), der zusammen mit den kleinen Haftlappen der ersten vier Tarsalglieder (Euplantulae) auf glatter Oberfläche aufgesetzt wird (Abb. 144).

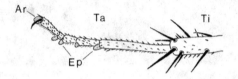

Abb. 144: Tarsus von *Blattella germanica* mit Haftlappen (verändert nach BEIER, 1974). Ar – Arolium, Ep – Euplantulae, Ta – Tarsus, Ti – Tibia.

Tafel 121: *Ectobius lapponicus* – Ectobiidae (Waldschaben), Gemeine Waldschabe, Männchen a–d, f und Larve der Ectobiidae e

   a Femur-Tibiagelenk mit Kammhaaren. 100 µm.
   b Kammhaar, lateral. 10 µm.
   c Tarsus, distal, mit Klauen (Ungues) und Haftlappen (Arolium). 50 µm.
   d Abdomen, dorsal, mit Drüsengrube. 250 µm.
   e Abdomen einer Larve, kaudal. 250 µm.
   f Abdomen, Drüsengrube mit Haarpinsel. Letzterer verstärkt die Evaporation der Sekrete. 50 µm.

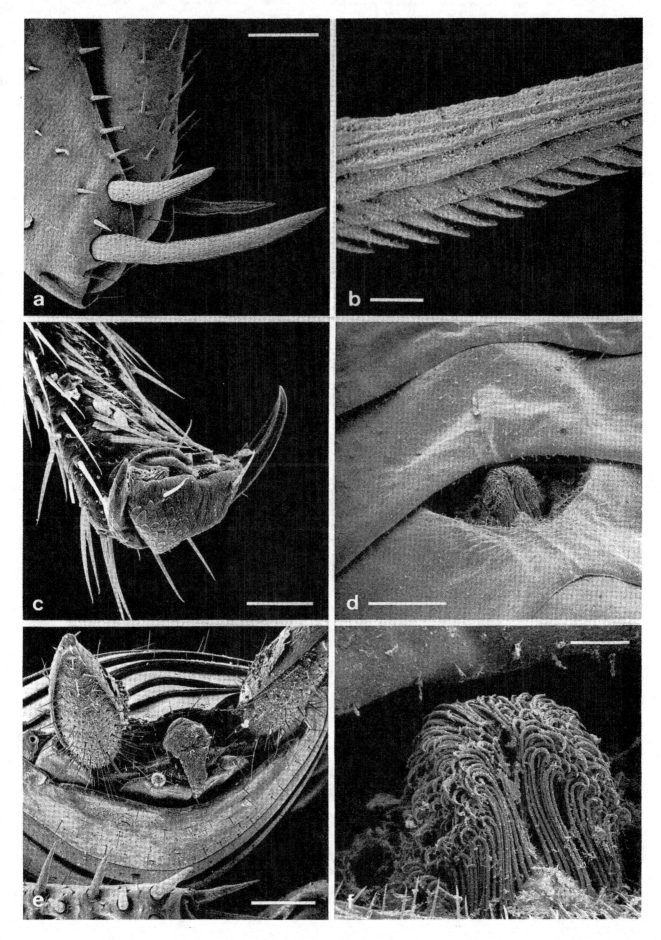

263

2.17 Ordnung: Ensifera – Lang-fühlerschrecken (Insecta)

Allgemeine Literatur: CHOPARD 1951, BEIER 1954, 1972, HARZ 1957, 1960

2.17.1 Wald- und Feldgrillen

Die dunkelbraune, nur 9–10 mm große Waldgrille, *Nemobius silvestris* (Tafel 122–124), gehört zur artenreichen Familie Gryllidae, wie auch die 20–26 mm große Feldgrille, *Gryllus campestris*. Beide Arten (Abb. 145) bewohnen den Boden (RÖBER, 1970).

Die wärmeliebende Feldgrille hat mit der Maulwurfsgrille, *Gryllotalpa*, mindestens zeitweise die hemiedaphische Lebensführung gemeinsam. Die Imagines der Feldgrille graben nämlich auf trockenen Wiesen, Sandböden und lichten Kiefernheiden Erdlöcher, in denen sie vorwiegend phytophag

leben und frische Pflanzen und Gräser hineinziehen, um sie zu verzehren, sobald sie welken (HARZ, 1957).

Die lebhafte Waldgrille, die ebenso schnell zu laufen wie zu springen vermag, lebt epedaphisch, vorzugsweise im Fallaub lichter Laubwälder. Unter dem Einfluß des Mikroklimas in verschiedenen Wald-, Wiesen- und Kahlschlagarealen des Siebengebirges erweist sich die Waldgrille als weitgehend eurypotente Art, die lediglich feuchtkühle und sehr schattige Areale zu meiden sucht (BROCKSIEPER, 1978).

 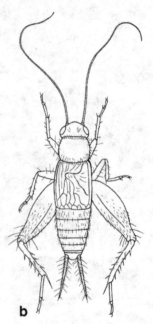

a   b

Abb. 145: Feldgrille *(Gryllus campestris)* (a) und Waldgrille *(Nemobius sylvestris)* (b) – Gryllidae, in Dorsalansicht (verändert nach BRAUNS, 1964 und HARZ, 1957).

Tafel 122: *Nemobius silvestris* – Gryllidae (Grillen), Waldgrille, Larve und Imago
   a Larve, lateral, mit dem mächtig entwickelten Sprungbein. Die kaudalen Anhänge sind die Cerci (Pfeil). 1 mm.
   b Kopf, lateral. Die Kopfbewegung wird durch Stellungshaare am Halsschildvorderrand kontrolliert. 0,5 mm.
   c Mundwerkzeuge, ventral. 0,5 mm.
   d Antennenbasis. Am 2. Antennenglied, dem Pedicellus (Pfeilkopf), befindet sich apikal ein Ring aus narbenartigen Grübchen (Pfeile). Sie markieren die Lage der stiftführenden Sinnesorgane im Inneren, der Scolopidien. 100 μm.
   e Glieder der Antennengeißel mit Sinneshaaren. 25 μm.

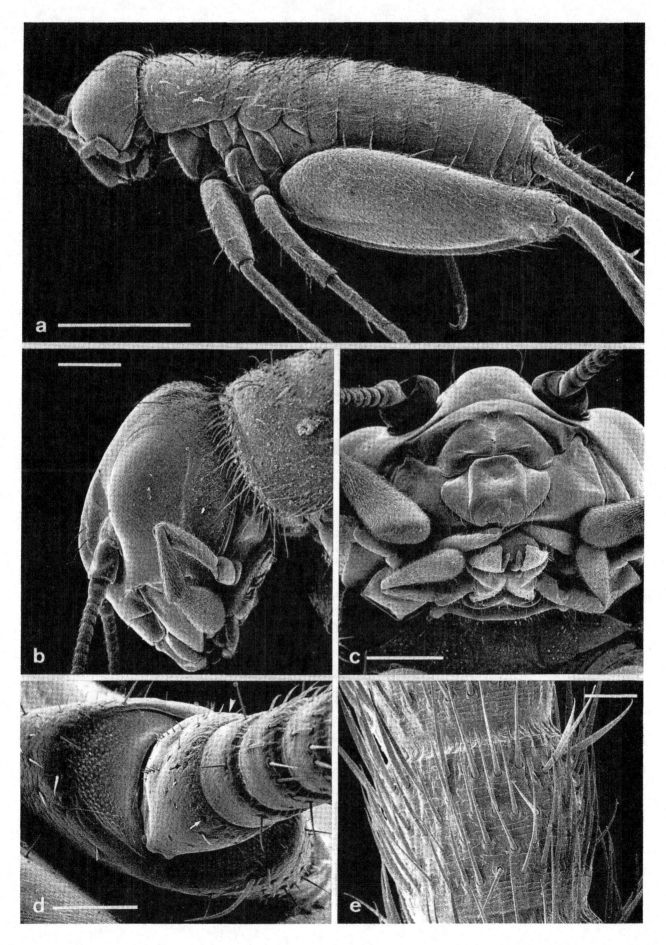

2.17.2 Hemiedaphische Lebensweise der Grillen

Zu den Geradflüglern, die hemiedaphisch in selbstgebauten Röhren leben, gehört der Sandohrwurm (*Labidura riparia* – Dermaptera) und unter den Grillen die Feldgrille *(Gryllus campestris)* und die Maulwurfsgrille *(Gryllotalpa gryllotalpa).*

Vorzüglich angepaßt an die hemiedaphische Lebensweise ist die bis zu 50 mm große, bräunliche Maulwurfsgrille (Abb. 146), die am Kopf fein behaart und mit nur kurzen Fühlern ausgestattet ist. Die Vorderbeine sind zu kräftigen und breiten Grabbeinen differenziert, indem die Beinglieder verkürzt, die Tibia zur Grabschaufel mit vier klauenförmigen Dornen umgewandelt und der lateral aufsitzende Tarsus mit zwei deutlichen Fortsätzen angefügt sind.

Die fingerdicken Gänge, die zur Suche nach Nahrung (Insekten und Regenwürmer) entsprechend unregelmäßig im Boden verlaufen, werden von der Maulwurfsgrille die meiste Zeit bewohnt. Doch mindestens zur Zeit der Paarung verlassen sie die Wohnröhre und laufen überraschend geschickt auf der Bodenoberfläche. Während dieser Zeit werden sie auch im Fluge beobachtet (HALM, 1958; GODAN, 1961).

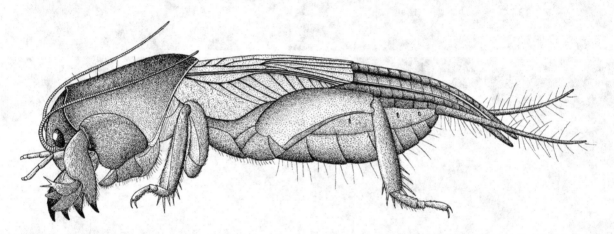

Abb. 146: *Gryllotalpa gryllotalpa* – Gryllotalpidae, Maulwurfsgrille. Seitenansicht mit den zu Grabschaufeln umgebildeten Vorderbeinen (Original). Die Hinterflügel ragen als lange Zipfel weit über das Abdomen hinaus. Die Tiere wühlen sich innerhalb von Sekunden in den Sandboden hinein. Die stromlinienförmige Einheit aus Kopf und Halsschild wirkt dabei wie ein Pflug.

Tafel 123: *Nemobius silvestris* – Gryllidae (Grillen), Waldgrille, adultes Weibchen
  a Kopf und Thorax, dorsal. 1 mm.
  b Metathorax mit Stummelflügeln. 0,5 mm.
  c Femur-Tibiagelenk des Vorderbeines, frontal. Der Pfeil markiert das Trommelfell des tibialen Gehörorgans. 250 μm.
  d Femur-Tibiagelenk des Vorderbeines, lateral. 200 μm.
  e Trommelfell. 50 μm.
  f Tibio-Tarsalgelenk des Vorderbeines. 100 μm.

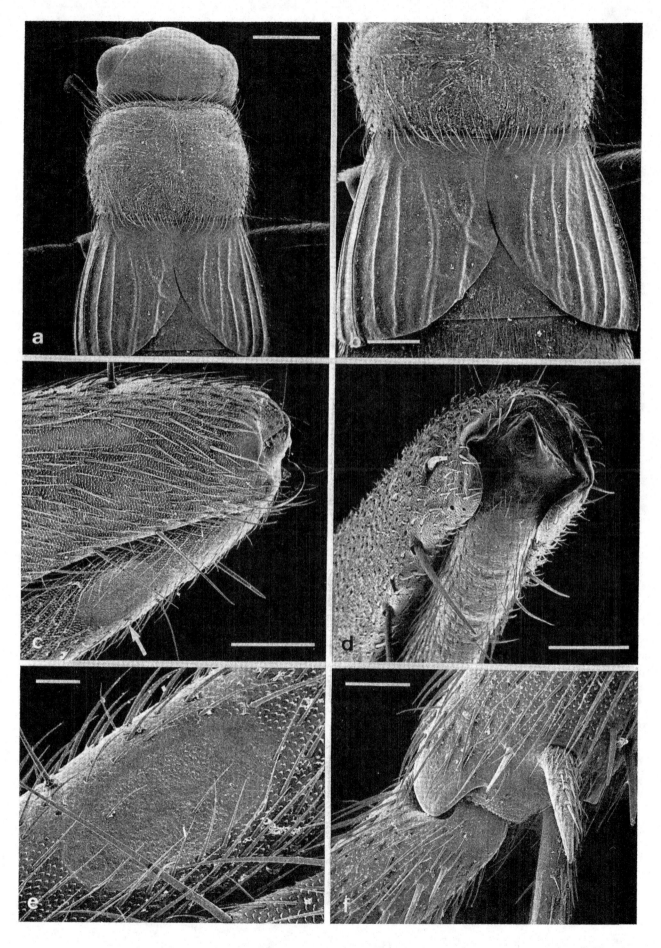

2.17.3 Sinneshaare auf den Cerci der Grillen

Auf den Cerci der mediterranen Grille, *Gryllus bimaculatus*, befinden sich drei verschiedene Sinneshaartypen: lange Fadenhaare, Keulenhaare und kurze Borstenhaare (GNATZY und SCHMIDT, 1971, 1972a, b; SCHMIDT und GNATZY, 1971, 1972), die auch bei anderen Grillen zu beobachten sind, etwa bei der Feldgrille *Gryllus campestris* (SIHLER, 1924) und bei der Waldgrille *Nemobius silvestris* (Tafel 124).

Die Faden- und Keulenhaare stimmen feinstrukturell im Aufbau überein und haben außen am Becherrand unter der Cuticula campaniforme Sensillen: die Fadenhaare 1–5 und die Keulenhaare 1–2 Sensillen. Beide Haare sind Mechanorezeptoren. Die langen Fadenhaare nehmen feinste Luftbewegungen wahr. Sie schwingen bei Reizung sehr wahr-

scheinlich nach der dem Häutungskanal zugewandten Becherwand (Abb. 147). Durch die Verformung des Bechers wird die Schwingungsrichtung der Haare auf die campaniformen Sensillen – zur Wahrnehmung der Richtung – übertragen (GNATZY und SCHMIDT, 1971; GNATZY und TAUTZ, 1980). Die Keulenhaare, die ihrem Bau entsprechend ähnlich funktionieren, werden als Schweresinnesorgane interpretiert (NICKLAUS, 1969). Die kurzen Borstenhaare haben an der Spitze einen Porus, über den die dendritische Ciliarstruktur nach außen Kontakt hat. Sie werden deshalb als Kontaktchemorezeptoren interpretiert, die gleichzeitig mechanische Reize wahrnehmen können (SCHMIDT und GNATZY, 1972).

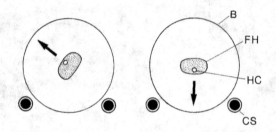

Abb. 147: *Gryllus bimaculatus* – Gryllidae. Vermutliche Schwingungsrichtung zweier Fadenhaare (FH) (Pfeile) des Cercus nach der Lage des Häutungskanals (HC) und der campaniformen Sensillen (CS). Letztere sollen Deformationen des Haarbechers (B) wahrnehmen (verändert nach GNATZY und SCHMIDT, 1971).

Tafel 124: *Nemobius silvestris* – Gryllidae (Grillen), Waldgrille, Larve und adultes Weibchen
  a Abdomen einer weiblichen Larve, terminal, ventral, mit Cerci und Anlagen für den Legebohrer. 1 mm.
  b Abdomen eines adulten Weibchens, terminal, lateral, mit Cerci und Legebohrerbasis. 0,5 mm.
  c Cercus, proximal, mit Faden- und Keulenhaaren. 250 µm.
  d Cercus, Mittelabschnitt mit kurzen Borstenhaaren und langen Fadenhaaren. Letztere sind in Haarbechern eingelenkt und werden gemäß einer Richtcharakteristik gereizt (vgl. Abb. 147 und Text). 100 µm.
  e Abdomen, Flankenhaut mit Stigma. 100 µm.
  f Cercus, distal. 10 µm.
  g Keulenhaar von der Cercusbasis. 10 µm.

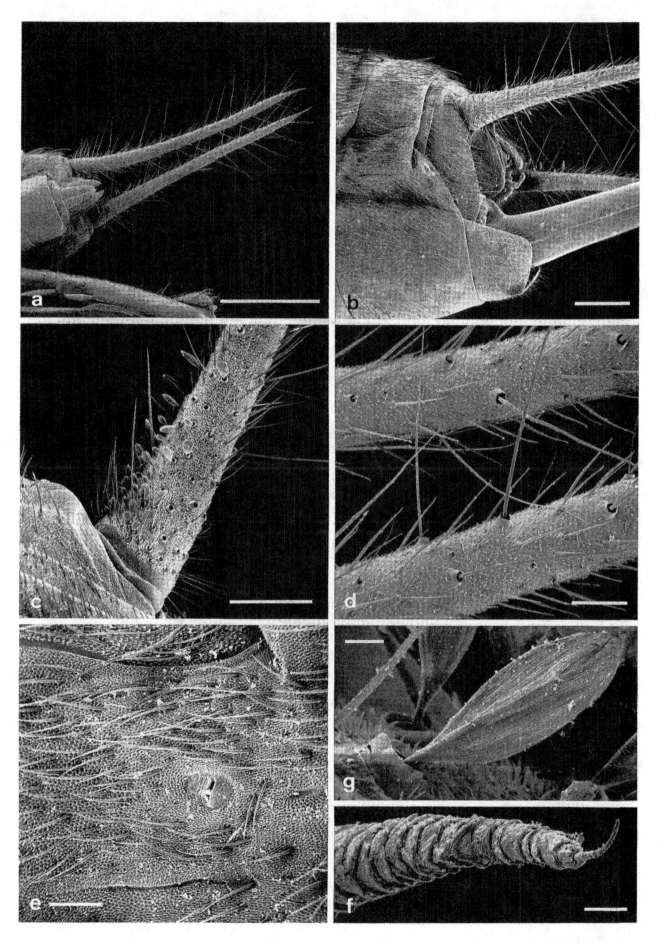

2.18 Ordnung: Hemiptera – Schnabelkerfe (Insecta)

Allgemeine Literatur: WEBER 1930, WAGNER 1966, JORDAN 1962, 1972

2.18.1 Erdwanzen (Cydnidae)

Die Schnabelkerfe gehören mit nur wenigen Arten zu den Bodenbewohnern. Zu ihnen zählen unter den Wanzen die Erdwanzen oder Cydnidae. Der Körper der meist dunklen Arten ist oval und mehr oder weniger gewölbt. Viele Arten vergraben sich in den oberen Bodenschichten, die mediterrane Gattung *Brysinus* bis zu 40 cm tief, und ernähren sich von Säften aus Pflanzenwurzeln. *Cydnus aterrimus* ist mit 8–12 mm die größte in Mitteleuropa vorkommende Art (Abb. 148; Tafel 125–127). Sie ist in der palaearktischen Region mit Ausnahme von Nordeuropa und Nordasien verbreitet (WAGNER, 1966).

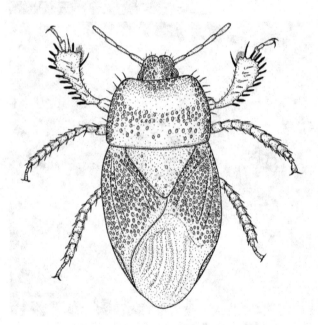

Abb. 148: *Cydnus aterrimus* – Cydnidae (Grabwanzen), Habitus von dorsal (Original).

Tafel 125: *Cydnus aterrimus* – Cydnidae (Grabwanzen)
   a Habitus, dorsal, mit Kopf, Halsschild (Scutum), Schildchen (Scutellum) und den Flügeldecken, gegliedert in einen lederartigen Teil (Corium) und die Membran. 1 mm.
   b Blick von kaudal auf die Flügelmembran, Corium und Scutellum. 0,5 mm.
   c Kopf und Halsschild, dorsal. Zwischen den Komplexaugen liegen kleinere Ocellen (Pfeil). 1 mm.
   d Komplexauge, dorsal. 100 µm.
   e Komplexauge, Ommatidien. 20 µm.

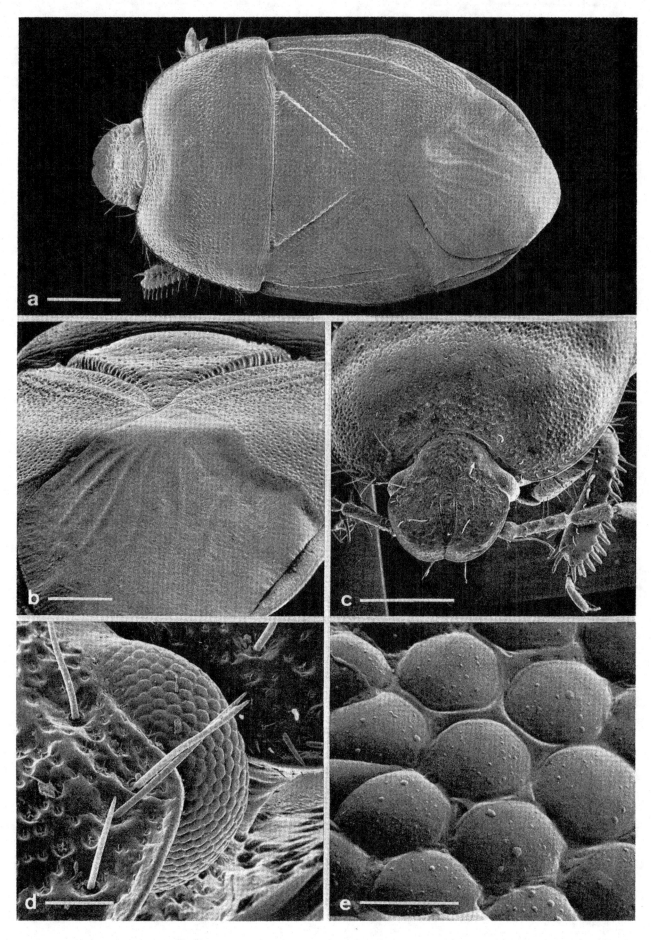

2.18.2 Grabende Lebensweise der Hemiptera

Die Schnabelkerfe ernähren sich mit ihren meist stechend-saugenden Mundwerkzeugen, bei denen Mandibeln und Maxillen als Stechborsten ausgebildet sind, häufig von Pflanzen. So bleiben die Hemipteren, abgesehen von einigen räuberischen Wanzen, die auch in der Streuschicht vorkommen, meist auf den atmobiotischen Lebensraum beschränkt. Dies gilt in erster Linie für Schildläuse und Blattläuse; doch auch unter diesen Sternorrhyncha befinden sich wurzelbohrende Arten (Coccinea, Margarodidae), die ihre Vorderextremitäten grabbeinähnlich umgebildet haben. Ebenso sind ausnahmsweise von

den Zikaden (Auchenorrhyncha) die Larven von Singzikaden (Cicadidae) dem Boden angepaßt. Sie verbringen die larvale Entwicklung fast ausschließlich unterirdisch, durchgraben den Boden mit gut entwickelten Grabbeinen und ernähren sich von den Wurzeln der Pflanzen. An den Wurzeln von *Euphorbia*-Arten saugen schließlich die adulten Erdwanzen (Cydnidae), die für ihre edaphische Lebensweise ebenfalls die abgeflachten Vorderextremitäten, die mit aufgereihten, kräftigen Borsten besetzt sind, als Grabbeine nutzen (Abb. 149) (WEBER, 1930; JORDAN, 1972).

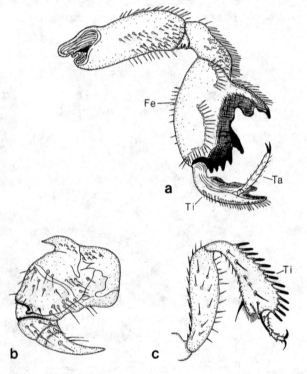

Abb. 149: Grabbeintypen der Hemiptera

a Grabbein einer Zikade, *Tibicen septendecim,* im 6. Larvenstadium. Die Grabschaufel wird vom Femur (Oberschenkel, Fe) gebildet. Ta – Tarsus, Ti – Tibia (verändert nach WEBER, 1930).

b Grabbein einer Schildlaus, *Margarodes meridionalis.* Das Bein wirkt als Grabschaufel (verändert nach WEBER, 1930).

c Grabbein einer Grabwanze, *Cydnus aterrimus.* Die Tibia ist zur Grabschaufel verbreitert und mit Dornen verstärkt (verändert nach SCHORR, 1957).

Tafel 126: *Cydnus aterrimus* – Cydnidae (Grabwanzen)

    a Kopf und Thorax, ventral, mit Saugrüssel (Rostrum) und den zu Grabbeinen umgebildeten Vorderbeinen. 1 mm.

    b Grabbein, dorsal, mit Tibia und Tarsus. 0,5 mm.

    c Saugrüsselbasis. 250 µm.

    d Grabbein (Tibia), ventral. 100 µm.

    e Rüsselspitze; das Stechborstenbündel wird von der Unterlippe (Labium) umhüllt. 200 µm.

    f Dreigliedriger Tarsus eines Grabbeines. 250 µm.

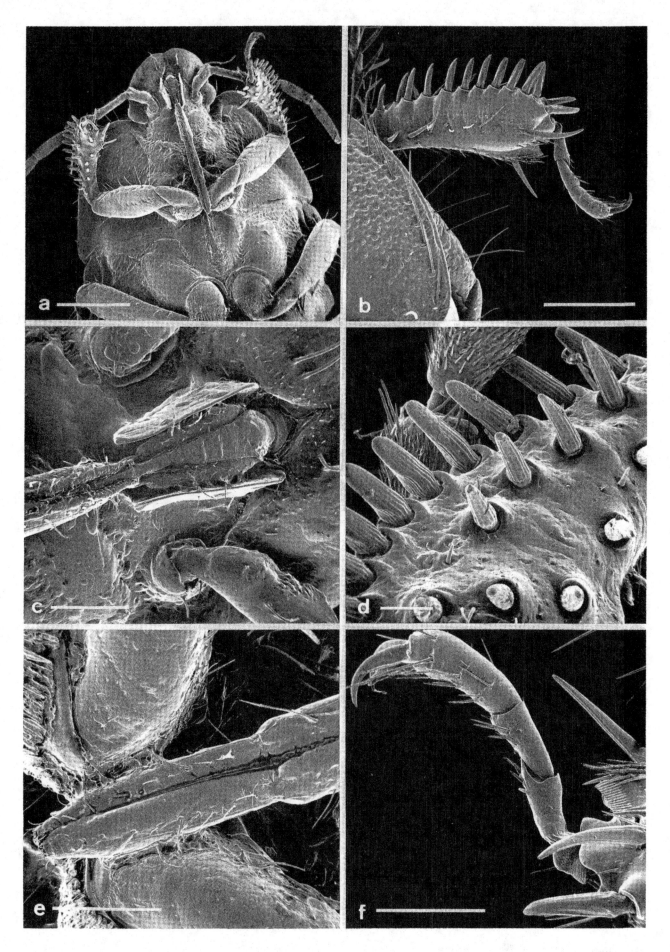

2.18.3 Stinkdrüsen als Wehrdrüsen

Wanzen verfügen über Stinkdrüsen, die ein Kontaktgift erzeugen, das Feinde lähmt, indem das Gift durch die Haut und über die Stigmen räuberischer Insekten eindringt, falls nicht bereits der üble Geruch Feinde abhält (REMOLD, 1963). Die meist paarigen Stinkdrüsen münden bei adulten Wanzen ventral am Thorax nahe den Coxen des 3. Beinpaares. Um die Mündung befindet sich dort oft ein Feld, dessen Cuticula bizarr differenziert ist und das austretende Sekret auf breiter Fläche aufnimmt. Durch die schnelle Verdunstung des Sekrets auf dieser, der Drüsenmündung gegenüber vergrößerten Fläche, wird die Wirkung des abwehrenden Geruchs intensiviert. Nach diesem Effekt wird das Feld um die Drüsenmündung als Evaporationsfeld bezeichnet (Tafel 127). Ähnlich gebaut sind die Dorsaldrüsen der Wanzen, deren innerer Bau in Abb. 150 für die Feuerwanze *Pyrrhocoris apterus* gezeigt wird.

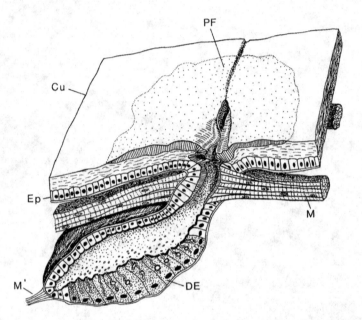

Abb. 150: *Pyrrhocoris apterus* – Pyrrhocoridae (Feuerwanzen), Anatomie einer Dorsaldrüse (verändert nach WEBER, 1930). Das mit einer dünnen Cuticula (Intima) bedeckte und versenkte Drüsenepithel (DE) produziert das Sekret, das durch einen muskulären Verschluß- und Preßmechanismus (M, M′) über den Drüsenspalt entleert wird. Das pigmentierte Feld (PF) ist vergleichbar mit dem Evaporationsfeld der thorakalen Stinkdrüsen. Ep – Epidermis, Cu – Cuticula.

Tafel 127: *Cydnus aterrimus* – Cydnidae (Grabwanzen)

    a Stinkdrüse, in die Thoraxwand integriert. 0,5 mm.
    b Evaporationsfeld mit Borstenhaar. 6 μm.
    c Stinkdrüse mit ohrförmiger Mündung und Evaporationsfeld. 250 μm.
    d Mikrostrukturen des Evaporationsfeldes. 6 μm.
    e Drüsenmündung. 25 μm.
    f Übergangsbereich des Evaporationsfeldes zur normalen Cuticula. 10 μm.

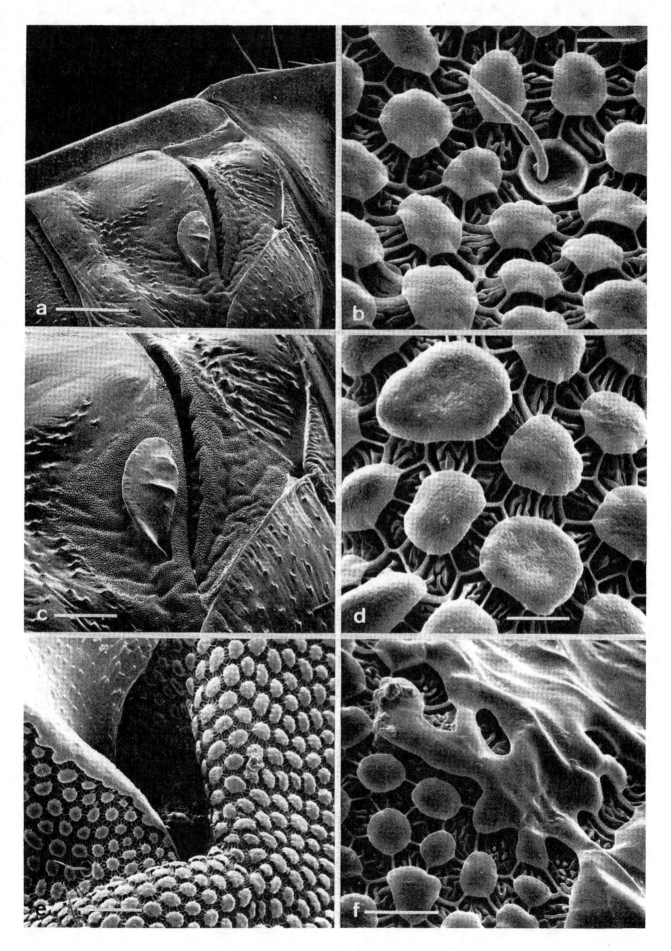

2.18.4 Brutfürsorge und Larven-entwicklung

Die Brutfürsorge der Weibchen von *Cydnus aterrimus*, die von SCHORR (1957) beschrieben wird, beginnt mit der Ablage von ca. 30–50 Eiern auf dem Boden in der Nähe der Nährpflanze *Euphorbium* und setzt sich fort im Schutz der Brut vor etwaigen Feinden. Nach dem Schlüpfen verbleiben die Larven 8–9 Tage bei der Mutter und saugen während dieser Zeit von kleinen Tröpfchen, welche die Mutter aus dem After ausscheidet. Mit dieser ersten Nahrung infizieren sich die Larven zugleich mit symbiontischen Darmbakterien, ohne die die Verdauung der Nahrung den Tieren nicht möglich wäre.

Die Entwicklung der Larven über fünf Larvenstadien verläuft paurometabol und läßt bereits mit dem ersten Larvenstadium die kontinuierliche Entwicklung zur Gestalt der Imago erkennen (SCHORR, 1957). Zunächst sind alle Thoraxsegmente gleichförmig. Später vergrößert sich das Mesonotum und die Anlagen der Deck- und Flügelscheiden entwickeln sich. Im letzten Larvenstadium sind das Scutellum und die Deckflügelanlagen deutlich ausgebildet und reichen kaudad auf das Abdomen.

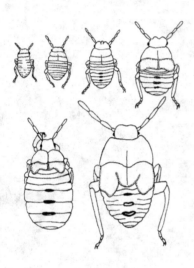

Abb. 151: *Cydnus aterrimus* – Cydnidae (Erdwanzen). Beispiele für eine stufenweise, von Häutungen begleitete Larvalentwicklung (Paurometabolie) mit sukzessiver Ausbildung der Flügelanlagen (verändert nach SCHORR, 1957).

Tafel 128: Larve einer Wanze aus der Bodenstreu
  a Habitus, lateral. Der Saugrüssel (Rostrum) führt vom Kopf an der Ventralseite des Thorax entlang. 0,5 mm.
  b Dorsalansicht. 250 µm.
  c Kopf mit Rüsselbasis, schräg dorsal. 250 µm.
  d Abdomen, kaudal, mit Anus. 100 µm.
  e Komplexauge, von kaudal. 50 µm.
  f Ommatidien des Komplexauges. 10 µm.

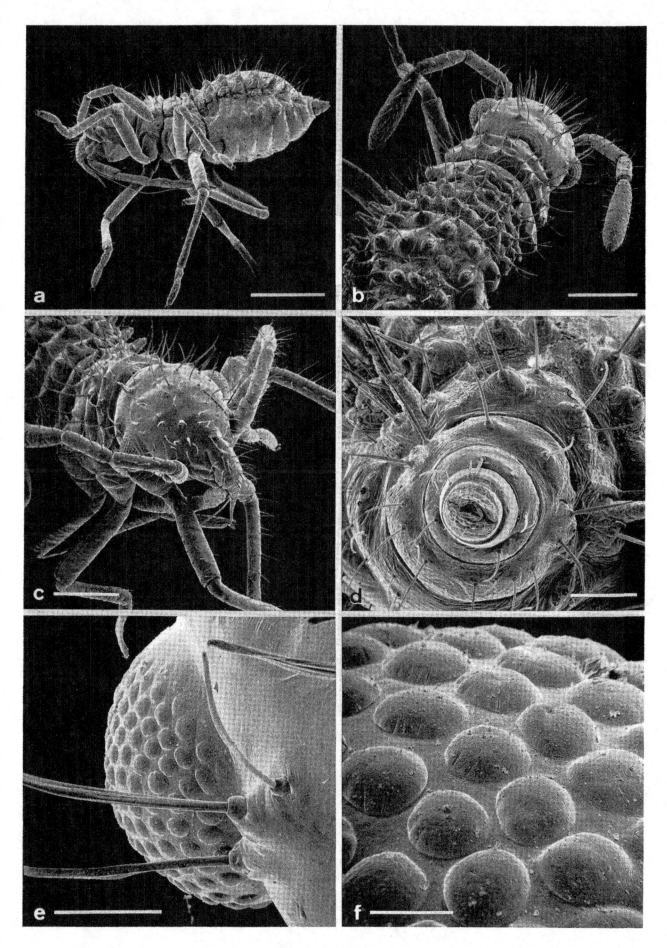

2.19 Ordnung: Planipennia – Hafte (Insecta)

Allgemeine Literatur: Aspöck et al. 1980

2.19.1 Ameisenlöwen (Myrmeleonidae)

Ameisenlöwen heißen die Larven aus der Familie Myrmeleonidae, die in ihrer Lebensweise besonders auffallen. Wie alle Larven der Planipennier ernähren sie sich räuberisch und leben meist verborgen im oberflächlichen Sand, um vorüberlaufende Arthropoden, oft Ameisen, zu ergreifen. Die berühmten Fangtrichter, die in den lockeren Sand gebaut werden, erstellen nur relativ wenige Larven. Arten, die diese Trichter zum Beutefang nutzen, gehören in Europa zu den Gattungen *Myrmeleon* (Abb. 152, 153; Tafel 129–131), *Euroleon, Solter* und *Cueta* (Aspöck et al., 1980). Ihre Larven sitzen am Grund der Sandtrichter bis zum Kopf im Sand verborgen und lauern mit ihren vorgestreckten, mächtigen Mundwerkzeugen auf Beutetiere, die den Trichterrand erreichen (Abb. 154). Beginnt nun der Sand die Trichterböschung herabzurutschen, so verlieren die Tiere den Halt und rutschen ebenfalls in den Trichter, wo sie blitzschnell mit den Zangen des Ameisenlöwens gepackt, durch Sekrete gelähmt, verdaut und anschließend ausgesaugt werden (Doflein, 1916; Eglin, 1939; Neboer, 1960; Plett, 1964; Steffan, 1975).

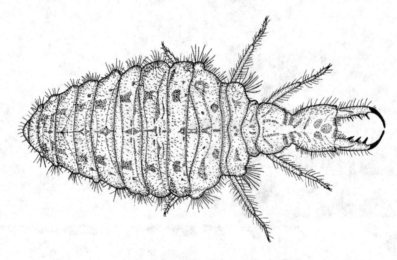

Abb. 152: Larve von *Myrmeleon inconspicuus* – Myrmeleonidae, dorsal (verändert nach Principi, 1943 aus Aspöck et al., 1980).

Tafel 129: *Myrmeleon formicarius* – Myrmeleonidae, Ameisenlöwe
    a Kopf und Thorax, schräg frontal. 1 mm.
    b Kopf mit Zangen, dorsal. 1 mm.
    c Zangen, ventral. Die stilettförmigen Maxillen sind in eine Rinne der Mandibeln eingelegt. 0,5 mm.
    d Zangen, dorsal. An der Zangenbasis befinden sich die Augenhügel und Antennen. 0,5 mm.
    e Zange, ventral. 150 µm.
    f Zange, distal, mit leicht eingesenkten, konischen Sensillen. Inset: Zangen-Sensillum. 25 µm, 5 µm.

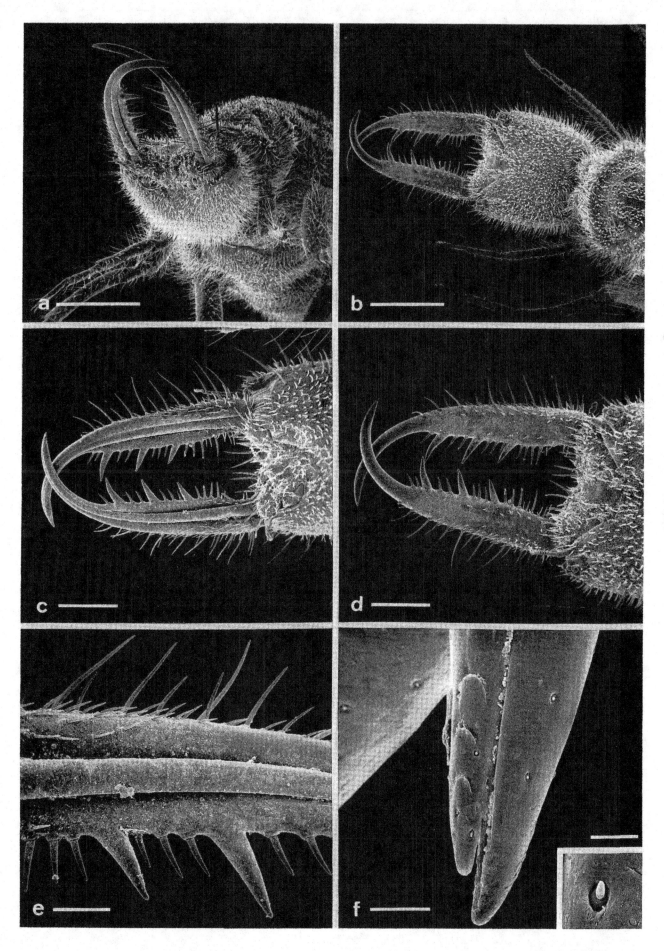

279

2.19.2 Zum Wahrnehmungsvermögen der Ameisenlöwen

Die am Grunde des Sandtrichters lauernde Larve reagiert empfindlich auf äußere Reize, vor allem auf Erschütterung. Antennen und Augen fallen zwar gegenüber den mächtigen Mundwerkzeugen klein aus und sind vergleichsweise unscheinbar (Abb. 153; Tafel 129, 130), doch insgesamt kommt den Sinnesorganen und speziell den Mechanorezeptoren bei der Wahrnehmung der Beutetiere eine entsprechende Bedeutung zu, wie den Mundwerkzeugen, die die Beute ergreifen.

Die Augen der Ameisenlöwen stehen in Gruppen auf jeder Seite des Kopfes auf einem Augenhügel (Tafel 130). Mit jeweils 6 Ocellen bilden sie einen funktionellen Komplex, der mit der Längsachse des Larvenkörpers einen Winkel von annähernd 30° bildet. Ein jeweils 7. Auge ist klein und verkümmert und bereits durch seine Lage an der Basis des Augenstiels von dem Ocellenkomplex auf dem Augenstiel getrennt. Während das rudimentäre 7. Auge nach unten blickt, erfassen die Ocellen auf dem Augenstiel mit einem Öffnungswinkel von ca. 47° den Aktionsraum des lauernden Ameisenlöwen (JOKUSCH, 1967).

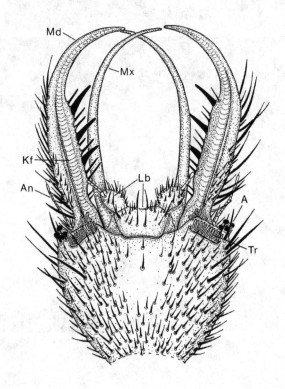

Abb. 153: Kopf der Larve von *Myrmeleon formicarius* (Ameisenlöwe) – Myrmeleonidae, in Ventralansicht (verändert nach DOFLEIN, 1916). Die stilettförmigen Maxillen (Mx) sind aus ihrer Rinne in der Mandibel (Md) herausgeklappt. A – Augenkegel, An – Antenne, Kf – Kieferrinne, Lb – Labium mit Tastern, Md – Mandibel, Mx – Maxille, Tr – Kamm aus Trichomen an der Zangenbasis (Palisadenhaare).

Tafel 130: *Myrmeleon formicarius* – Myrmeleonidae, Ameisenlöwe
    a Augenhügel und Antenne an der Zangenbasis, dorsal. 250 µm.
    b Teil der Unterlippe (Labium) mit Labialpalpus (Taster) an der Zangenbasis, ventral. Unter dem Taster eine Palisade aus Trichomen, welche durch die Zangenbewegung gereizt werden. 100 µm.
    c Augenhügel mit Antennenbasis und Palisadenhaaren an der Zangenbasis, dorsal. 100 µm.
    d Palisadenhaare (Trichome). 25 µm.
    e Oberfläche eines Einzelauges. 5 µm.
    f Augenhügel. 50 µm.

2.19.3 Der Temperatureffekt bei Ameisenlöwen

Noch bevor das Beutetier am Rand des Trichters erblickt wird, ist der lauernde Ameisenlöwe allein durch die Wahrnehmung von Erschütterungsreizen alarmiert, die Beute zu ergreifen. Den Augen kommt beim Beutefang eine nachgeordnete Aufgabe zu. Eine wichtige Aufgabe der Augen sieht JOKUSCH (1967) in der Wahrnehmung der Sonneneinstrahlung in den Trichter, im Zusammenhang mit der Wärmeempfindlichkeit der Ameisenlöwen.

Vor starker Wärmeeinstrahlung sind die Tiere geschützt, indem sie sich mit ihrem Hinterleib im Sand des Trichtergrundes verbergen. An wolkenlosen Tagen heizen allerdings die Böschungen des Sandtrichters nach dem Sonnenstand auf und beeinflussen das Fangverhalten der Ameisenlöwen (Abb. 155). Der Anstieg der Temperatur beginnt mit dem Sonnenaufgang an der Westböschung, erreicht zur Zeit des Sonnenhöchststandes Maximalwerte am Nordhang und endet nachmittags an der Ostböschung des Trichters. Diesem Gang der Temperaturerhöhung entspricht die Ortsbewegung der Ameisenlöwen, die sich morgens gerne im Sand der Ostböschung am Trichtergrund verbergen, im Laufe des Vormittags über Südost nach Süden orientieren, mittags die Südwestböschung und nachmittags die Westböschung bevorzugen. Stellen sich in den Mittagsstunden Temperaturen von mehr als 40 °C am Trichtergrund ein, so erlischt die Jagdaktivität der Larven, weil sie sich in kühlere Sandschichten zurückziehen. Nur hungernde Larven werden auch bei diesen Temperaturen in der Wartestellung mit fangbereiten, gespreizten Mundwerkzeugen beobachtet (GEILER, 1966).

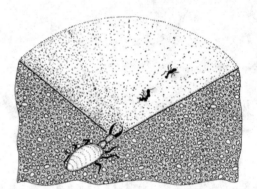

Abb. 154: Larve von *Myrmeleon formicarius* (Ameisenlöwe) – Myrmeleonidae am Grunde ihres Fangtrichters. Kopf und Zangen sind frei und erwarten die über den lockeren Sand haltlos herabfallenden Ameisen als Beute (verändert nach JACOBS und RENNER, 1974).

Abb. 155: Temperaturverhältnisse in zwei Fangtrichtern der Larve von *Euroleon* an zwei Tagen im August (2. 8. 1963 oben, 19. 8. 1963 unten) (verändert nach GEILER, 1966).
- - - - - - - - Bodenoberfläche
――――――― Trichtergrund
―·―·―·― Ostböschung
············· Westböschung

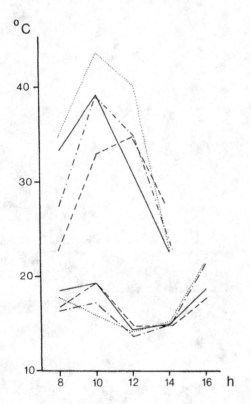

Tafel 131: *Myrmeleon formicarius* – Myrmeleonidae, Ameisenlöwe
  a Abdomen, kaudal, mit Stemmborstenreihen. 0,5 mm.
  b Abdomen, ventral, mit lateralen Borstenbündeln. 1 mm.
  c Analregion mit Stemmborsten und Sensillen. 200 µm.
  d Abdomen, lateral, Borstenhöcker. 100 µm.
  e Stemmborsten der Analregion. 50 µm.
  f Kolbenhaare der Analregion. 25 µm.

2.20 Ordnung: Coleoptera – Käfer (Insecta)

Allgemeine Literatur: Böving und Craighead 1931, Burmeister 1939, Crowson 1981, Evans 1975, Freude et al. 1965 ff., Klausnitzer 1982

2.20.1 Lebensformtypen der Bodenkäfer

In der überaus formenreichen Ordnung Coleoptera zählen viele Arten zu den Bodenkäfern. Sie gehören den euedaphischen, hemiedaphischen und epedaphischen Lebensformtypen an.

Euedaphische Lebensformtypen sind durch eine schmale, langgestreckte Körpergestalt, wie sie bei Staphyliniden, den Kurzflüglern, vorkommt, und durch die Verkürzung der Extremitäten, auch durch die Verringerung der Tarsalglieder, charakterisiert. Daneben ist eine Verkürzung der Flügeldecken (Elytren) zu beobachten, sowie die Rückbildung der häutigen Hinterflügel. Diese konsequente Gestaltsumwandlung, die manchmal einhergeht mit der

Reduktion von Augen und Pigmenten, ist nur bei wenigen, den typischen euedaphischen Käfern zu beobachten, so bei den Staphyliniden in der Unterfamilie: Leptotyphlinae (Abb. 172) (Coiffait, 1958, 1959).

Die Mehrzahl der Bodenkäfer, insbesondere in Mitteleuropa, führen eine epedaphische bis hemiedaphische Lebensweise, indem sie meist räuberisch den Erdboden bewohnen und als hemiedaphische Tiere zeitweise durch Graben mehr oder weniger tief in den Boden eindringen. Lediglich die Larven einiger Käfer erfüllen die morphologischen Voraussetzungen und leben euedaphisch im Boden.

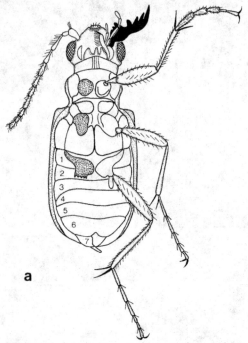

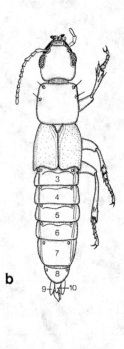

Abb. 156: Käferbau, schematisch (verändert nach Klausnitzer, 1982).
a Cicindelidae, ventral. Die Mundwerkzeuge sind stark vereinfacht (Mandibeln schwarz). Die Beine einer Körperhälfte sind mit den Grundgliedern entfernt. Die Zahlen bezeichnen die Bauchschilder (Sternite) der Abdominalsegmente.
b Staphylinidae (Kurzflügler), dorsal. Die flugfähigen Hinterflügel sind unter den verkürzten Flügeldecken (Elytren) zusammengefaltet. Zwischen Kopf und Flügeldecke der umfangreiche Halsschild. Die Zahlen bezeichnen die Rückenschilder (Tergite) der Abdominalsegmente.

Tafel 132: Larve von *Cicindela* spec. – Cicindelidae (Sandlaufkäfer)
    a Thorax und Kopf, schräg dorsal. 0,5 mm.
    b Thorax und Kopf, lateral. 1 mm.
    c Kopf, ventral. 1 mm.

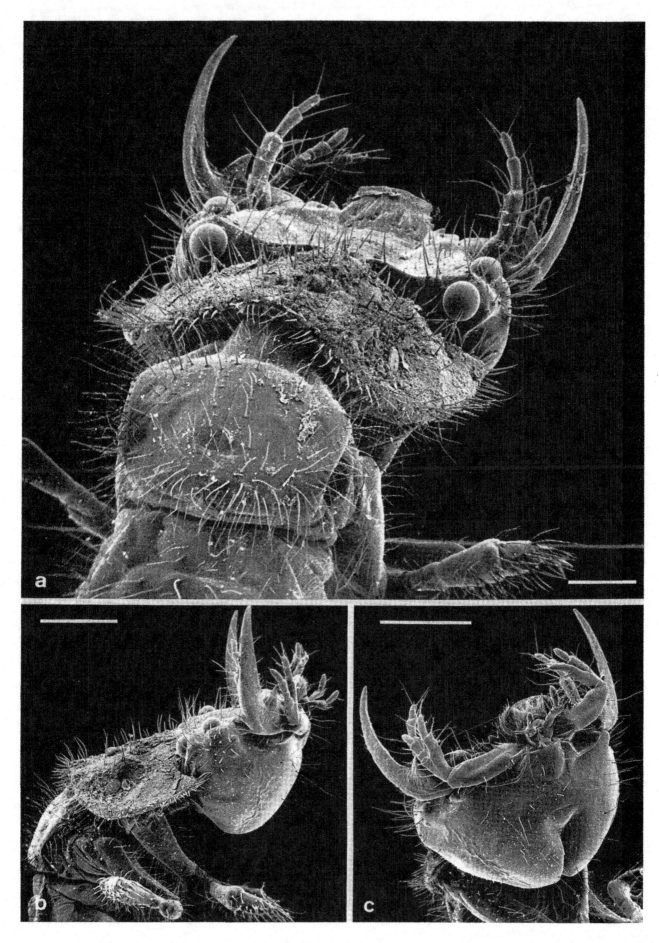

2.20.2 Larven der Sandlaufkäfer (Cicindelidae)

Die Larven der Sandlaufkäfer (Abb. 158; Tafel 132–134) führen eine hemiedaphische Lebensweise. Sie graben je nach Alter und Größe bis zu 40 cm tiefe Röhren in den lockeren Sandboden, um darin zu wohnen. Larven des 1. Stadiums von *Cicindela hybrida* und *C. campestris* graben 15–20 cm in die Tiefe, Larven des 3. Stadiums haben etwa 40 cm tiefe, senkrechte Wohnröhren, in denen sie sich stets in der Höhe des Eingangs aufhalten. Die kreisrunde Öffnung der Wohnröhre wird durch den breiten Kopf, der ventrad vorgebeugt ist, zusammen mit dem breiten Pronotum geschlossen (Abb. 157). Die Oberseite von Kopf und Pronotum ist abgeflacht.

Ferner tarnen sich die Tiere, indem sie auf dem Pronotum Sand-, Erd- und Detrituspartikel aufkleben und sich der Umgebung vollkommen anpassen (Tafel 132, 133).

Auf der Kopfoberseite treten die dorsad gerichteten und gespreizten, mächtigen Mundwerkzeuge, sowie die 6 Paar Einzelaugen (Stemmata), von denen 2 Paar sehr klein und unscheinbar sind, deutlich hervor. In dieser tückischen Wartehaltung lauert die Larve auf Beute, die sie nicht nur über Erschütterungsreize wahrnimmt, sondern auch mit den Augen in einem weiten Gesichtsfeld erblickt.

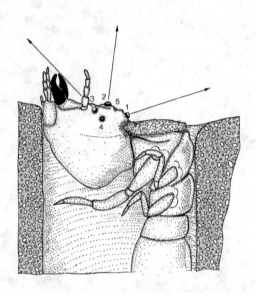

Abb. 157: Larve von *Cicindela* – Cicindelidae (Sandlaufkäfer), in Lauerstellung. Die Pfeile markieren die optischen Achsen der großen Stemmata (verändert nach WEBER, 1933 und FAASCH, 1968).

Tafel 133: *Cicindela* spec. – Cicindelidae (Sandlaufkäfer)
    a Kopf und Halsschild, dorsal. 1 mm.
    b Stemmata. 250 µm.
    c Mundwerkzeuge, lateral, mit den großen Mandibeln als Greiforgane, den Antennen (Pfeilkopf) und den Labial- (Pfeil) und Maxillartastern. 0,5 mm.
    d Mundwerkzeuge, ventral. Der Pfeil markiert die Oberlippe. 250 µm.
    e Maxillarpalpen, lateral. 250 µm.
    f Halsschild (Pronotum), mit Erd- und Steinpartikeln getarnt. 100 µm.

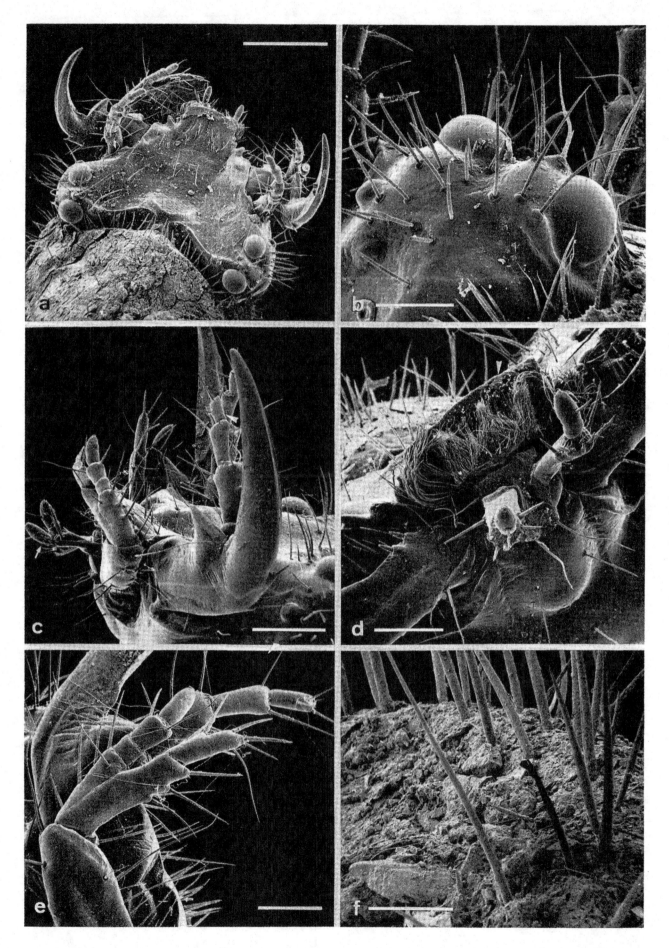

287

2.20.3 Räuberische Lebenweise der Sandlaufkäferlarven

In der Wartehaltung schließt die Sandlaufkäferlarve die Öffnung der Erdröhre mit Kopf und Pronotum (Abb. 158). Dabei stemmt sie sich mit dem Hinterleibsende und mit dem Hakenpaar des Stemmorgans, welches sich auf dem Rücken des 5. Abdominalsegments befindet, in der Röhre fest. Beobachtet die Larve ein herannahendes Insekt, so bereitet sie sich auf das Ergreifen der Beute vor, indem sie vorsorglich das Hinterende von der Röhrenwand löst und kurzzeitig allein mit dem Stemmorgan in der Röhre befestigt bleibt. Nähert sich das Insekt nun bis auf wenige Millimeter, so stemmt die Sandlaufkäferlarve unverzüglich das frei bewegliche Hinterende etwa in Höhe des Stemmorgans erneut in die Röhrenwand und löst zugleich den in der Wand verhakten Rückenhöcker, indem sie sich blitzschnell vorstreckt, gleichzeitig aus der Röhre vorschnellt und die Beute mit den ausgestreckten Mandibeln ergreift. Das erbeutete Insekt wird anschließend in die Röhre gezogen und am Grunde verzehrt (FAASCH, 1968; EVANS, 1965).

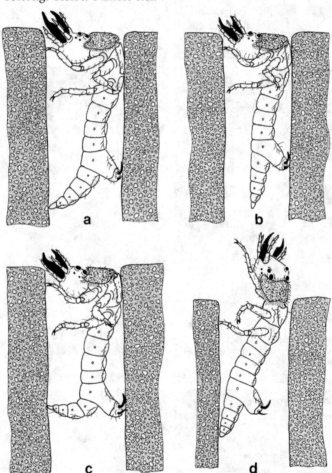

Abb. 158: Larve von *Cicindela* – Cicindelidae (Sandlaufkäfer) beim Beutefang (verändert nach FAASCH, 1968).
a Larve in Lauerstellung, das Abdomen in der Wohnröhre festgestemmt.
b Die Larve hat ein Objekt erspäht und streckt das Abdomen.
c Die Larve stemmt sich zum Sprung fest.
d Die Larve schleudert mit dem Vorderkörper aus der Wohnröhre und ergreift die Beute.

Tafel 134: Larve von *Cicindela* spec. – Cicindelidae (Sandlaufkäfer)
    a   Abdomen mit Stemmorgan, lateral. 1 mm.
    b   Stemmorgan, lateral. 0,5 mm.
    c   Stemmorgan, kaudal. 0,5 mm.
    d   Hakenpaar des Stemmorgans. 0,5 mm.
    e, f Hakenapparat des Stemmorgans. 250 µm, 250 µm.

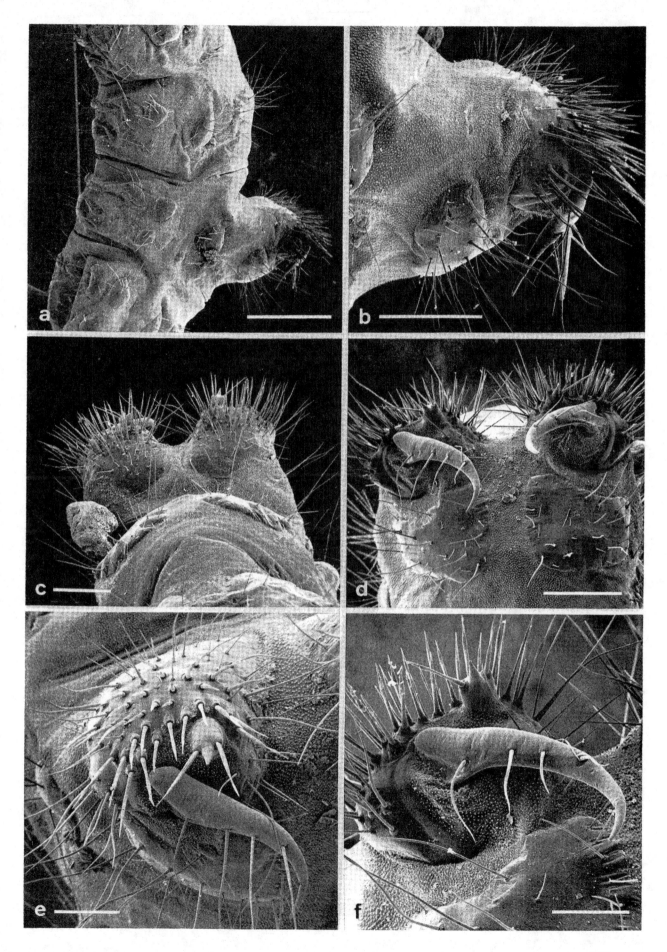

2.20.4 Die Ernährung der epedaphischen Laufkäfer (Carabidae)

Laufkäfer (Tafel 135–142) sind meist räuberische Bodentiere (LOREAU, 1982), die durch den Verlust oder die Reduktion der Hinterflügel und andererseits aber mit ihren langen Laufbeinen an den Boden gebunden sind. Am Tage verbergen sie sich in der Laubstreu oder unter Steinen und jagen nachts kleine Mitbewohner der Laubstreu (Insekten, Schnecken, Regenwürmer). Das Beutetier wird gewöhnlich von hinten oder von der Seite angegriffen. Nach dem blitzschnell erfolgten Zupacken mit den mächtigen, gezähnten Mandibeln wird die Beu-

te durch Zusammenschlagen der Mandibeln zertrümmert, mit Verdauungssäften (Mitteldarmsekrete) übergossen, extraintestinal vorverdaut und anschließend als Nahrungsbrei aufgesaugt. Die tägliche Nahrungsmenge übertrifft das eigene Körpergewicht der Carabiden. *Carabus auratus* (vgl. Tafel 135) kann täglich bis zum Zweieinhalbfachen des Eigengewichtes verzehren. Die durchschnittliche, tägliche Nahrung beträgt jedoch 0,875 g bei einem Eigengewicht von 0,640 g (SCHERNEY, 1959, 1961).

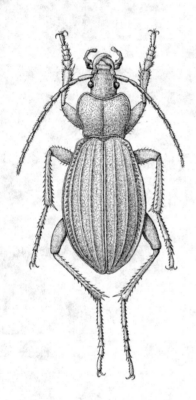

Abb. 159: *Carabus auronitens* – Carabidae (Laufkäfer), Habitus von dorsal (verändert nach ENGEL, 1961).

Tafel 135: *Carabus auronitens* – Carabidae (Laufkäfer).
    a Kopf, lateral. 1 mm.
    b Clypeolabrum (Pfeil), Mandibeln, Antennenbasen und Palpen, dorsal. 1 mm.
    c Maxillarpalpus, distal, mit Sensillenfeld. 100 µm.
    d Kopf, dorsal. 1 mm.
    e Deckflügel (Elytra), von kaudal. 1 mm.
    f Stellungshaare zwischen Kopf und Halsschild. 50 µm.

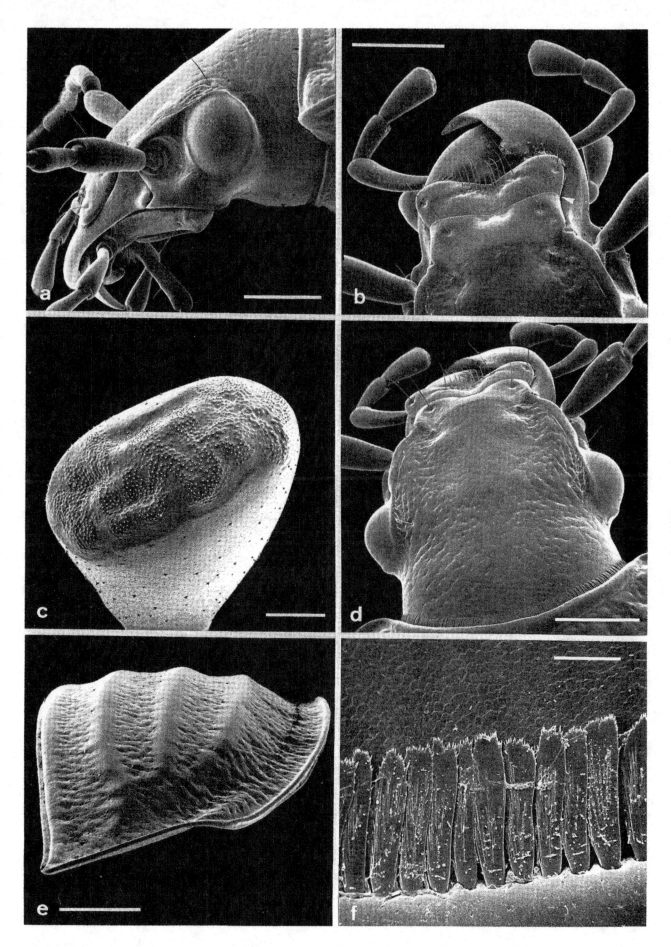

291

2.20.5 Die Laufkäfer-Fauna mitteleuropäischer Wälder

Zahlreiche faunistische Untersuchungen, die in verschiedenen Landschaften Mitteleuropas durchgeführt wurden, zeigen im Resümee (THIELE, 1977) eine signifikante Vergesellschaftung von Carabiden und einen engen Bezug dieser Vergesellschaftung mit Pflanzengesellschaften mitteleuropäischer Wälder auf. Die Vergesellschaftung von Carabiden des Waldes ordnet THIELE (1977) folgenden Pflanzengesellschaften (Assoziationen) aus zwei pflanzensoziologischen Ordnungen zu (Tab. 7):

Ordnung: Fagetalia Silvaticae (Buchen- und Edellaubmischwälder)

Assoziationen:
1. Fagetum – Buchenwald
2. Querco-Carpinetum – Eichen-Hainbuchenwald des Berglandes
3. Querco-Carpinetum – Eichen-Hainbuchenwald des Flachlandes
4. Fraxino-Ulmetum – Eschen-Ulmen-Auenwald

Ordnung: Quercetalia Robori-Petraeae (Eichen-Birkenwälder)

Assoziationen:
1. Querco-Betuletum – Stieleiche-Birkenwald
2. Fago-Quercetum – Buchen-Eichenwald

Tab. 7: Zum Vorkommen bedeutender Carabiden-Arten in den Waldgesellschaften Mitteleuropas (THIELE 1977).

	Fagetalia				Quercetalia	
	Fagetum des Berglandes	Querco-Carpinetum des Berglandes	Querco-Carpinetum des Flachlandes	Fraxino-Ulmetum des Flachlandes	Fago-Quercetum und Querco-Betuletum des Berglandes	Querco-Betuletum des Flachlandes
Molops elatus	+++	○	—	—	○	—
Carabus auronitens	++	—	○	—	+	○
Pterostichus metallicus	++	○	—	—	+	—
Harpalus latus	++	○	+	+	—	—
Pterostichus vulgaris	+++	++	+++	+++	+	○
Nebria brevicollis	++	++	++	++	+	○
Molops piceus	+++	+++	++	—	○	—
Abax parallelus	+++	+++	++	+	++	○
Abax ovalis	+++	++	—	—	++	+
Trichotichnus laevicollis incl. *T. nitens*	+++	++	—	—	++	—
Pterostichus cristatus	+	+	—	—	++	—
Pterostichus strenuus	+++	○	++	+++	+	+
Pterostichus madidus	+	++	++	○	○	+
Cychrus caraboides	+	+	+++	—	○	○

Tafel 136: *Notiophilus biguttatus* – Carabidae (Laufkäfer)
    a Übersicht, schräg lateral. 1 mm.
    b Kopf und Prothorax, lateral. 0,5 mm.
    c Deckflügeloberfläche. 100 μm.
    d Kopf, schräg frontal. 250 μm.
    e Stellungshaare zwischen Kopf und Prothorax. 25 μm.
    f Mundwerkzeuge, frontal. 100 μm.

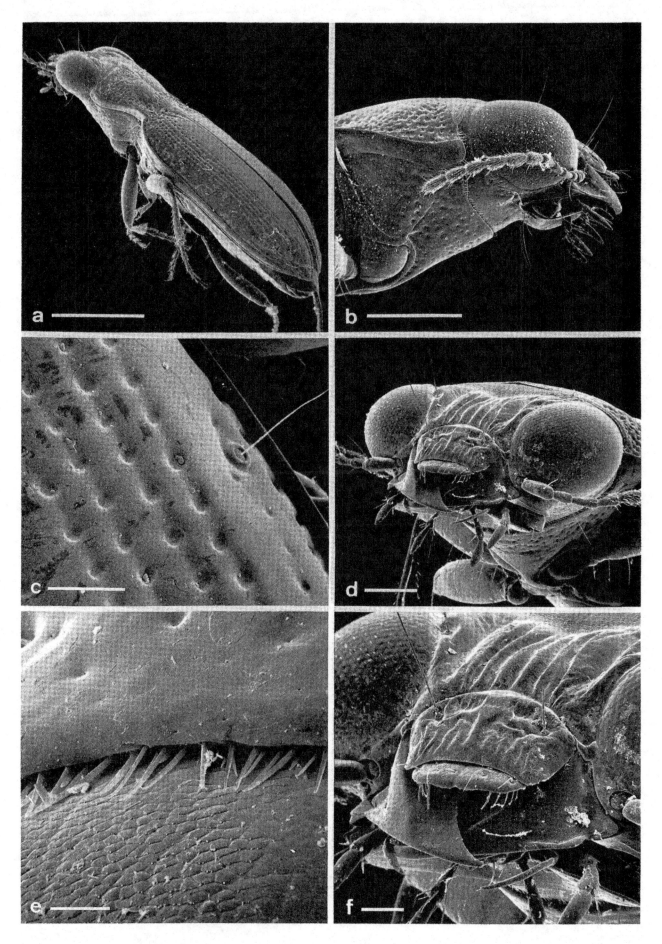

	Fagetalia				Quercetalia	
	Fagetum des Berglandes	Querco-Carpinetum des Berglandes	Querco-Carpinetum des Flachlandes	Fraxino-Ulmetum des Flachlandes	Fago-Quercetum und Querco-Betuletum des Berglandes	Querco-Betuletum des Flachlandes
Agonum assimile	+	+	++	+++	+	O
Carabus granulatus	O	O	+	+++	+	O
Leistus ferrugineus	–	O	–	+++	–	+
Clivina fossor	–	–	–	+++	–	–
Pterostichus anthracinus	–	–	–	+++	–	–
Agonum micans	–	–	–	+++	–	–
Pterostichus cupreus	O	O	O	++	O	–
Patrobus atrorufus	O	O	+	++	O	–
Trechus secalis	–	O	O	++	O	–
Asaphidion flavipes	O	–	O	++	O	–
Pterostichus vernalis	–	O	O	++	O	–
Agonum viduum incl. *A. moestum*	–	–	O	++	–	+
Bembidion tetracolum	–	–	–	++	–	+
Agonum fuliginosum	–	–	–	++	–	+
Agonum obscurum	–	–	–	++	–	O
Cychrus attenuatus	+	–	–	–	++	–
Notiophilus rufipes	O	+	O	–	O	++
Notiophilus palustris	–	O	+	+	O	+++
Calathus micropterus	O	–	O	O	–	++
Carabus problematicus	++	++	+	–	+++	++
Carabus coriaceus	++	+++	+	–	++	+
Abax ater	+++	+++	+++	++	+++	++
Carabus nemoralis	+++	+++	+++	++	+++	++
Pterostichus oblongopunctatus	+++	+++	+++	+	+++	+++
Pterostichus niger	++	++	+++	+++	++	++
Trechus quadristriatus	+	++	–	++	+++	O
Notiophilus biguttatus	++	O	O	+++	+	+++
Loricera pilicornis	+	+	O	++	O	++
Pterostichus nigrita	++	–	+	++	O	++
Carabus violaceus oder *C. purpurascens*	++	O	O	O	+	++
Artenzahl	33	32	30	31	32	28
Arten mit einem Vorkommen von ≥ 50%	20	14	12	25	12	12

Indizes zum Vorkommen: – fehlend,   O bis 24 %,   + 25–49 %,   ++ 50–74 %,   +++ 75–100 %   Aktivitäts-dominanz

Tafel 137: *Notiophilus biguttatus* – Carabidae (Laufkäfer)

    a Metathorax und Abdomen, ventral, mit der Basis der Hinterbeine. 250 µm.

    b Epipleura der Elytre. 100 µm.

    c Tibiotarsus-Gelenk am mittleren Laufbein. 25 µm.

    d Metatarsus mit Klauen (Ungues). 25 µm.

    e Abdomen eines Weibchens, kaudal. 250 µm.

    f Äußere Geschlechtsorgane eines Weibchens mit den Vaginalpalpen (Pfeile) und dem Supragenitalfeld. 50 µm.

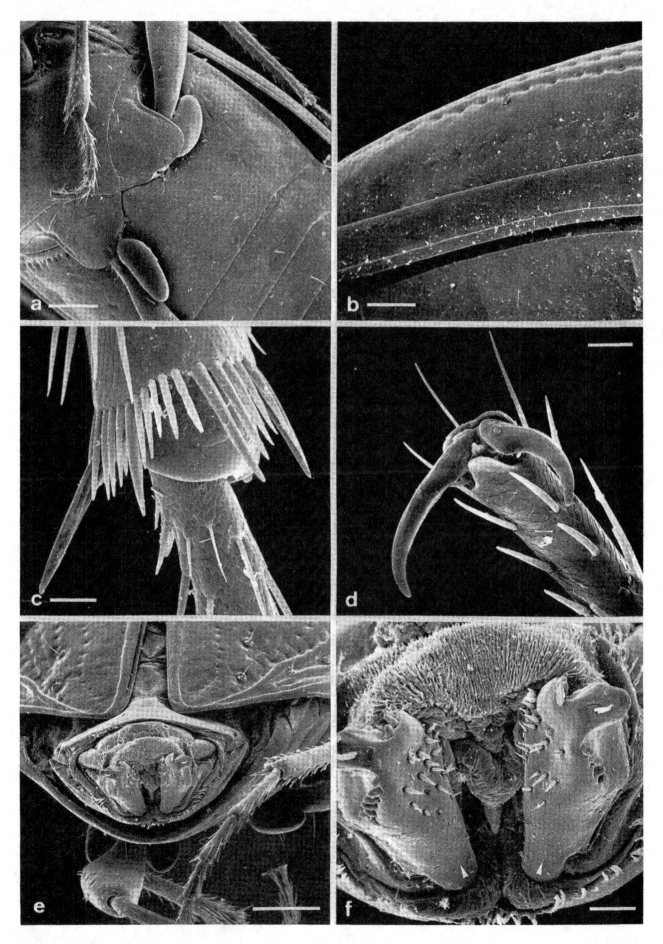

2.20.6 Habitatbindung stenöker Laufkäfer (Carabidae)

Die Habitatbindung der Carabiden und die Bindung von Vergesellschaftungen der Carabiden an Pflanzengesellschaften sind faktorenabhängig. Zu den ökologischen Faktoren, die nach biotischen und abiotischen Faktoren zu unterscheiden sind, zählen wichtige abiotische Klimafaktoren: Temperatur, Feuchtigkeit und Licht. Der Carabide *Agonum assimile* ist, im Vergleich zu euryöken *Pterostichus*-Arten (PAARMANN, 1966), ein stenöker Wald-Carabide, der in feucht-kühlen Buchen- und Edel-

laubmischwäldern (Fagetalia Silvaticae) und hier vor allem im Auenwald (Fraxino-Ulmetum) und im Eichen-Hainbuchenwald (Querco-Carpinetum) lebt (GERSDORF, 1937; THIELE, 1956; WILMS, 1961; THIELE, 1977). Die Präferenz und die ökologische Potenz der Art für Helligkeit und Temperatur veranschaulichen die Habitatbindung dieser stenöken Art (Abb. 160) (THIELE, 1964, 1967; NEUDECKER, 1974; NEUDECKER und THIELE, 1974; WASNER, 1977).

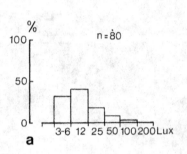
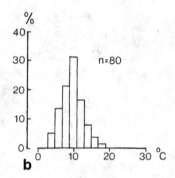

Abb. 160: Verhalten von *Agonum assimile* im (**a**) Helligkeits- und (**b**) Temperaturtest (verändert nach NEUDECKER, 1974).

Tafel 138: *Agonum marginatum* – Carabidae (Laufkäfer)
  a Vorderkörper, dorsal. 1 mm.
  b Kopf, schräg frontal. 0,5 mm.
  c Kopf, ventral. 250 µm.
  d Mundwerzeuge, frontal. 250 µm.
  e Halsschild, Schildchen und Elytren. 0,5 mm.
  f Cuticula der Elytren. 50 µm.

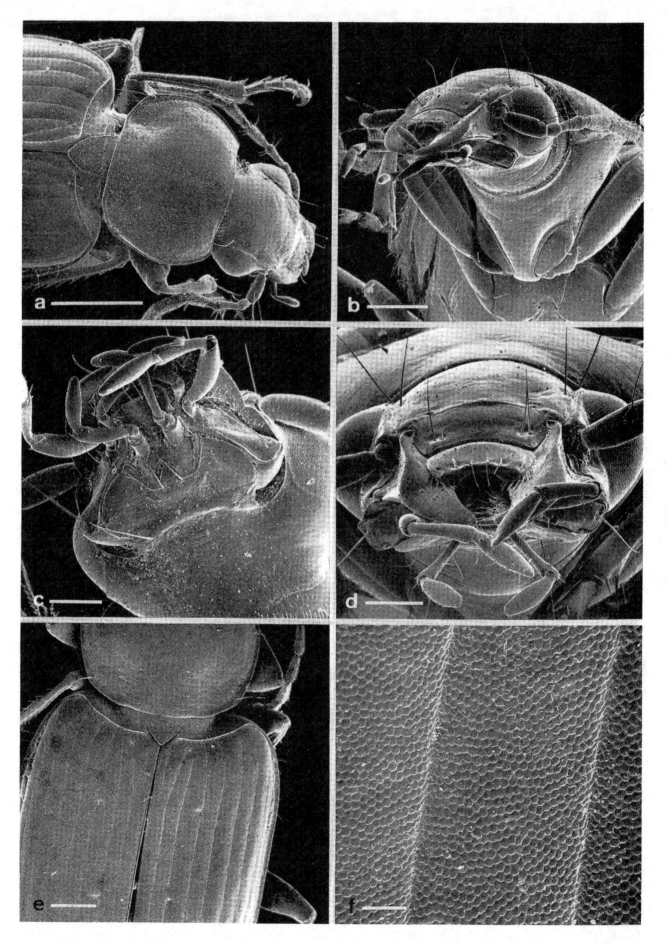

297

2.20.7 Die Ernährung der Laufkäfer-larven (Carabidae)

Die meisten Larven der Carabiden (Abb. 161; Tafel 139, 140) sind Bodenbewohner und leben ähnlich den Imagines überwiegend räuberisch mit extraintestinaler Verdauung. Zur Beute der räuberischen Larven zählen kleine Bodenarthropoden. Daneben bevorzugen einige Schnecken und Regenwürmer. Zu den Larven, die Regenwürmer fressen, gehören *Abax ater* und *A. parallelus* (LÖSER, 1972; LAMPE, 1975; THIELE, 1977). Einige Arten der Gat-

tungen *Carabus* und *Cychrus* sind auf Schnecken spezialisiert (STURANI, 1962). Die Larven dringen von der Seite in das Schneckengehäuse ein und bahnen sich einen Weg zwischen Schnecke und Gehäuse, indem sie sich bauchseitig entlang der Innenseite des Gehäuses bewegen, um der Gefahr zu entgehen, daß die Schnecke verstärkt Sekrete auf Stigmen und Extremitäten der Larve absondert (Abb. 162).

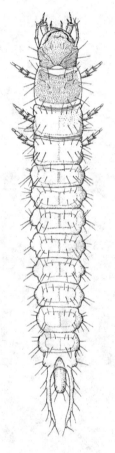

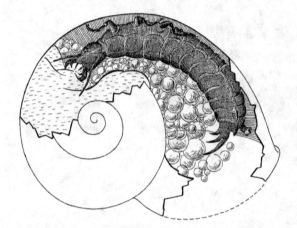

Abb. 162: Larve von *Carabus* beim Verzehren einer Schnecke. Die Larve schmiegt sich mit der Bauchseite eng dem Gehäuse an, um den Schleimmassen auszuweichen (verändert nach STURANI, 1962).

Abb. 161: Habitus einer Carabidenlarve, dorsal (verändert nach BÖVING und CRAIGHEAD, 1931).

Tafel 139: Larve der Carabidae (Laufkäfer)
  a Kopf und Halsschild, dorsal. 0,5 mm.
  b Kopf und Prothorax, lateral. 1 mm.
  c Kopf, dorsal. 0,5 mm.
  d Auge. 100 µm.
  e Labialpalpus, distal. Subapikal liegen mehrere digitiforme Sensillen (Pfeil). 50 µm.
  f Labialpalpus, distal, mit Sensillen. 10 µm.

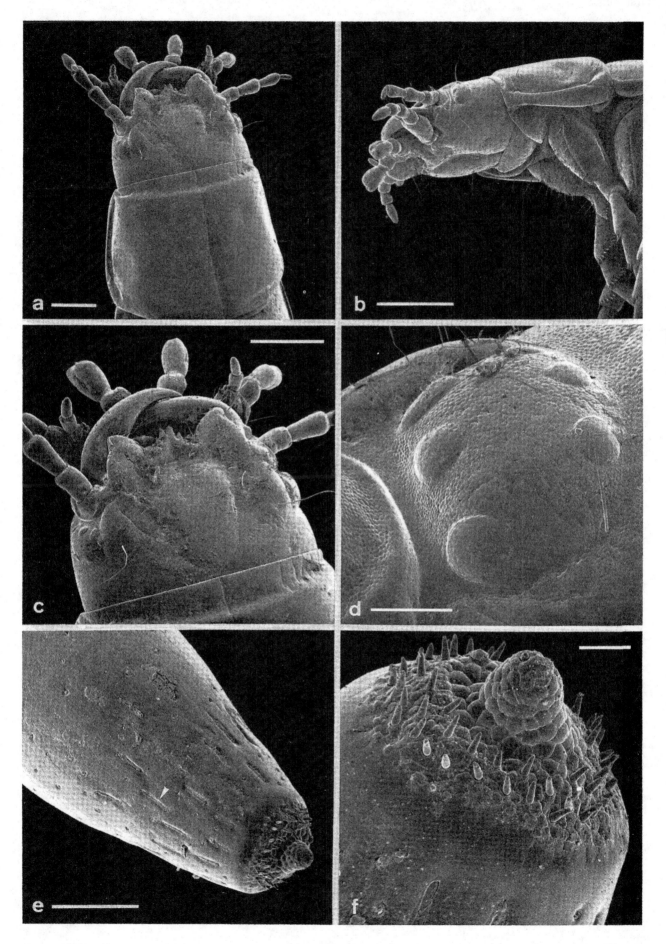

299

2.20.8 Lebensformtypen der Laufkäfer-larven (Carabidae)

Die Lebensweise und Gestalt vieler Carabidenlarven erlauben eine Charakterisierung in euedaphische, hemiedaphische und epedaphische Lebensformtypen. Bereits ŠAROVA (1960) unterscheidet 9 verschiedene morpho-ökologische Typen als Anpassung an das Leben im Boden (DUNGER, 1974).

Zu den räuberischen, epedaphischen Larven, die auf der Bodenoberfläche und in der Streuschicht jagen und sich nur gelegentlich in vorgefundene Erdhöhlen verbergen, gehören Larven der Gattungen *Trechus, Bembidion, Pterostichus, Nebria, Agonum* und *Abax.*

Eine nahezu hemiedaphische Lebensweise führen manche Larven der Gattungen *Carabus* und *Cychrus.* Die Larven jagen zwar oberirdisch, graben jedoch selbst Erdhöhlen, die als Unterschlupf und als Puppenkammer dienen (Abb. 163).

Ständig im Boden leben die räuberischen Larven der Unterfamilie Elaphrinae und Omophroninae. Der euedaphischen Lebensweise entsprechend haben sie einen mehr oder weniger keilförmigen Kopf und Grabbeine. Von den Sinnesorganen sind die Augen reduziert, während Tast- und Geruchsorgane offensichtlich gut entwickelt sind (DUNGER, 1974; RAYNAUD, 1974).

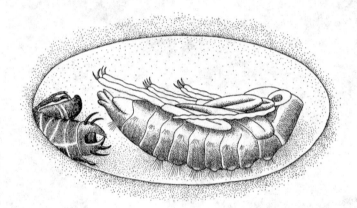

Abb. 163: Puppenwiege eines Laufkäfers (Carabidae). Die Puppe liegt auf stelzenartigen Borstenbündeln der Rückenseite. Am Rande der Höhle liegt die abgestreifte Larvenhaut (verändert nach KLAUSNITZER, 1982).

Tafel 140: Larve der Carabidae (Laufkäfer)
    a Palpen, unter den Mandibeln. 200 µm.
    b Mandibeloberfläche mit leicht eingesenkten, konischen Sensillen. 20 µm.
    c Abdomen, dorsal. 1 mm.
    d Abdomen, ventral. 1 mm.
    e Tarsus, distal, mit Klauen (Ungues). 100 µm.
    f Abdomen, kaudal. 250 µm.

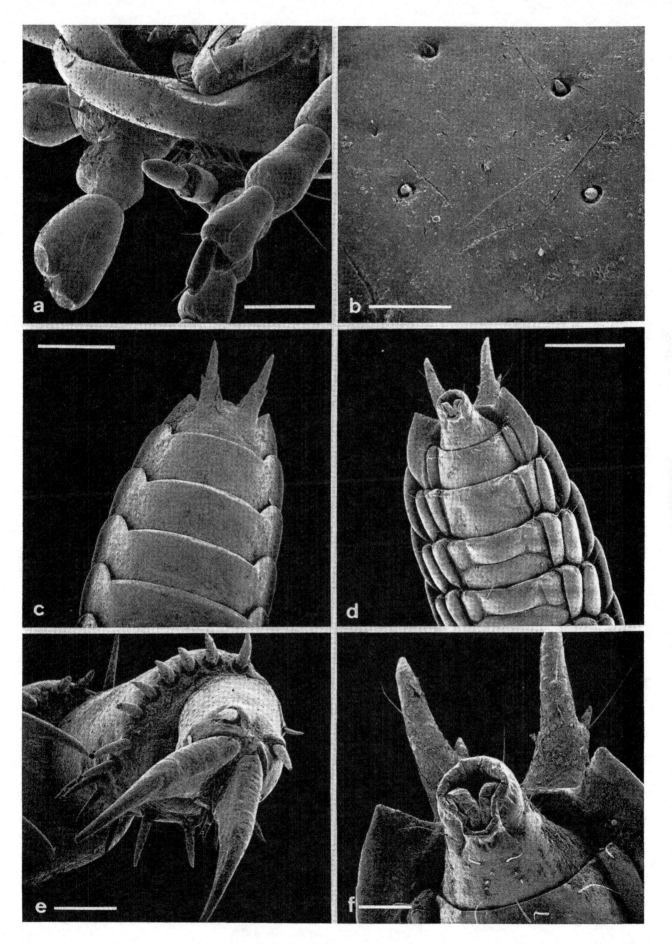

301

2.20.9 Der Bombardierkäfer:
Brachinus crepitans (Carabidae)

In Mitteleuropa zählen vier Arten zur Gattung *Brachinus* (Tafel 141). Zusammen mit der Gattung *Aptinus,* die mit einer Art vertreten ist, bilden sie die Unterfamilie Brachininae (Carabidae). Diese kleinen, epedaphischen Käfer besitzen die eigentümliche Fähigkeit, bei drohender Gefahr aus den paarigen Pygidialdrüsen am Anus Gas freizusetzen, das mit hörbarem Knall explodiert.

Die Drüsenzellen der Pygidialdrüse (Abb. 164) produzieren ein Sekretgemisch aus Wasserstoffperoxid, Hydrochinon und Toluhydrochinon, das in einer Sammelblase gespeichert wird. An der Wand der sich anschließenden Explosionskammer werden von enzymproduzierenden Drüsen Sekrete in das Lumen der Explosionskammer abgegeben, die als Katalasen und Peroxidasen den Explosionsmechanismus auslösen, sobald das Sekretgemisch aus der gefüllten Sammelblase unter Druck nach Öffnen eines Verschlußes in die Explosionskammer strömt. Die Katalase zersetzt das Wasserstoffperoxid in Wasser und Sauerstoff, die Peroxidase oxidiert die Hydrochinone in gelbe bis violette Benzo- und Toluchinone, die bei Temperaturen von 100 °C knallend herausgeschleudert werden und abwehrend auf kleine Feinde der Käfer wirken (SCHILDKNECHT et al., 1968; SCHNEPF et al., 1969).

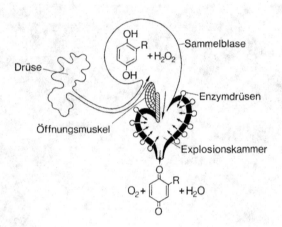

Abb. 164: Zur Funktion des Pygidialapparates beim Bombardierkäfer R = H;CH$_3$ (nach SCHILDKNECHT, et al., 1968).

Tafel 141: *Brachinus crepitans* – Carabidae (Laufkäfer), Bombardierkäfer
- a Habitus, dorsal. 1 mm.
- b Kopf und vorderer Halsschild, dorsal. 0,5 mm.
- c Abdomen, schräg kaudal. 0,5 mm.
- d Maxillarpalpus, distal, mit Sensillen. 20 µm.
- e Pygidialregion. 200 µm.

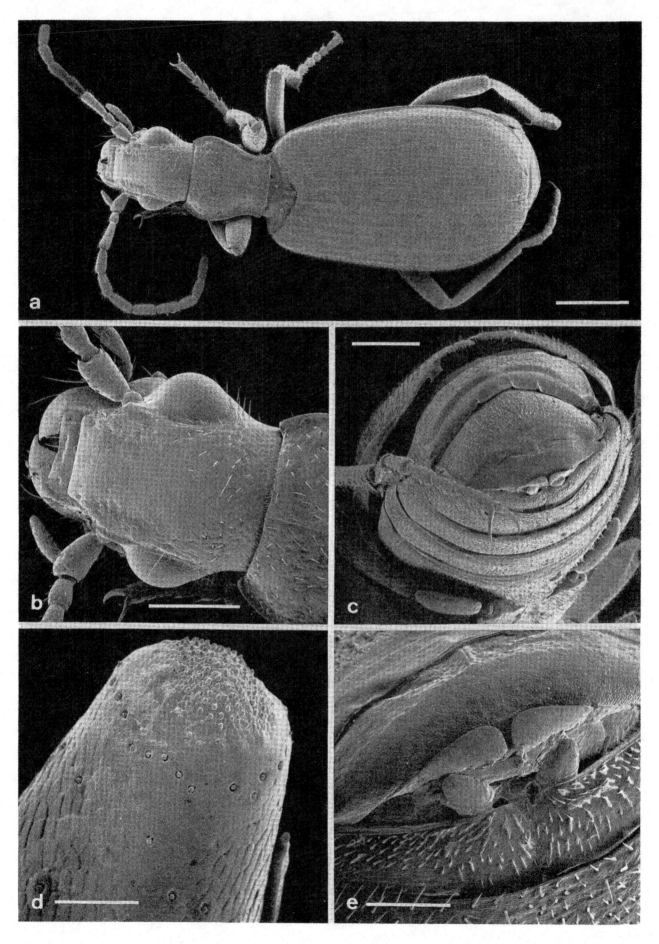

303

2.20.10 Der grabende Laufkäfer: *Dyschirius thoracicus* (Carabidae)

Laufkäfer gehören im allgemeinen zu den epedaphischen Bodenarthropoden, die mit ihren Laufbeinen in der lockeren Streuschicht geschickt ihrer Beute nachstellen. Doch zur Unterfamilie Scaritinae zählen Laufkäufer, deren Vorderbeine zu Grabbeinen umgestaltet sind, indem die Tibien verbreitert, nach vorn außen verlängert und seitlich oft mit Dornen und Putzeinrichtungen versehen sind (Tafel 142). Diese Grabläufer haben sich an die hemiedaphische Lebensweise angepaßt und können auch in tieferen Bodenschichten ihre Beute verfolgen. Arten der Gattung *Dyschirius* (Abb. 165, 166) sind nicht selten mit hemiedaphischen Staphyliniden und Heteroceriden vergesellschaftet, die ebenfalls Grabbeine besitzen *(Bledius, Heterocerus)* und in selbstgegrabenen Gängen gesellig leben. Die räuberischen *Dyschirius*-Arten sind auf diese Käfer spezialisiert und graben mit Mundwerkzeugen und Grabbeinen hinter ihnen her.

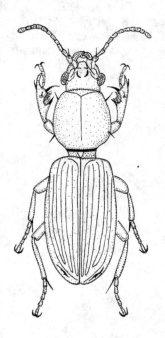

Abb. 165: Habitus von *Dyschirius*, dorsal (verändert nach BRUNNE, 1976).

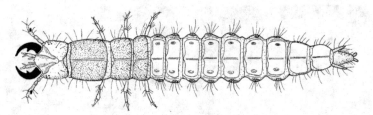

Abb. 166: Habitus der Larve von *Dyschirius thoracicus*, dorsal (nach REITTER, 1908).

Tafel 142: *Dyschirius thoracicus* – Carabidae (Laufkäfer)
- **a** Übersicht, lateral. 1 mm.
- **b** Übersicht, schräg frontal, mit Grabbeinen. 0,5 mm.
- **c** Pro- und Mesothorax, ventral, mit Beinbasen. 250 µm.
- **d** Grabbein, mit Putzkamm an der Tibia. 100 µm.
- **e** Putzkamm an der Vorderbeintibia. 50 µm.

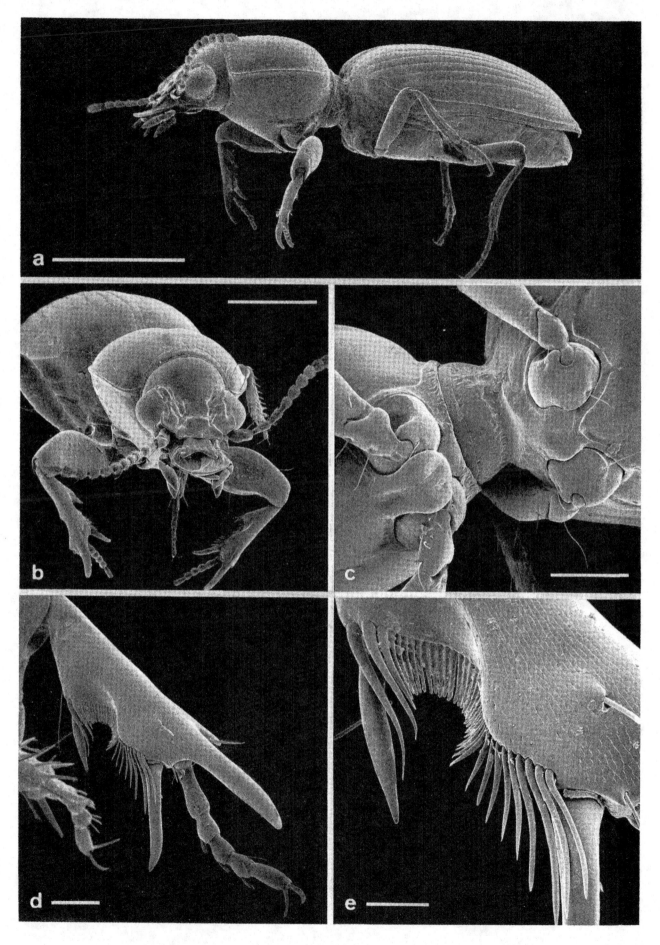

2.20.11 Nekrophage Aaskäfer (Silphidae)

Beim Abbau des tierischen Bestandsabfalles werden Spezialisten für Kot und Aas unter den Bodenarthropoden tätig (Kopro-, Nekrophagen). Im sukzessiven Abbau von Aas stellen sich hauptsächlich Silphiden (*Catops, Necrophorus, Oeceoptoma* u. a.) und Staphyliniden (*Omalium, Lathrimaeum, Proteinus, Atheta* u. a.) ein, die sich von Aas ernähren (TISCHLER, 1976; LUNDT, 1964; TOPP et al., 1982). Nur wenige Silphiden leben nicht nekrophag, sondern räuberisch, wie der schneckenfressende *Phosphuga atrata* (Tafel 143).

Der Totengräber, *Necrophorus vespillo* (Abb. 167), scharrt kleine Kadaver in den Boden, indem er in mehrstündiger Arbeit, an der sich Männchen und Weibchen beteiligen, das Aas allmählich abrundet und es über einen schräg geführten Gang in eine gegrabene Erdhöhle, die Krypta, legt (Abb. 168). Von dieser Krypta aus gräbt das Weibchen einen Gang, in dessen Wand es Eier absetzt. Die bald aus den Eiern schlüpfenden Larven werden durch den Aasgeruch angelockt und anfänglich noch vom Weibchen mit vorverdautem Aas ernährt. Bereits nach 7 Tagen haben die Larven drei Stadien durchlaufen und sind von 0,5 auf 2,8 mm angewachsen. Die Verpuppung erfolgt im Erdboden nahe der Krypta (PUKOWSKI, 1933; v. LENGERKEN, 1954).

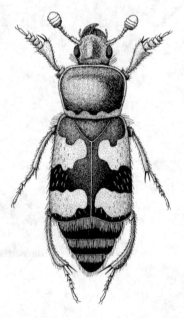

Abb. 167: Habitus von *Necrophorus vespillo* – Silphidae, dorsal, Aaskäfer, Totengräber (nach BECHYNĚ, 1954).

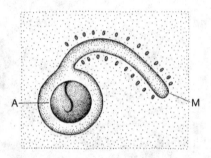

Abb. 168: Horizontalschnitt durch eine Krypta von *Necrophorus vespillo* – Silphidae (verändert nach v. LENGERKEN, 1954). Die Eikammern sind entlang des Mutterganges (M) angelegt. In der Nebenkammer ist eine Aaskugel (A) als Nahrung für die Larven vorbereitet.

Tafel 143: *Phosphuga atrata* – Silphidae (Aaskäfer), Schwarzer Schneckenjäger
   a Halsschild und Elytren, schräg dorsal. 2 mm.
   b Kopf, schräg frontal. 250 μm.

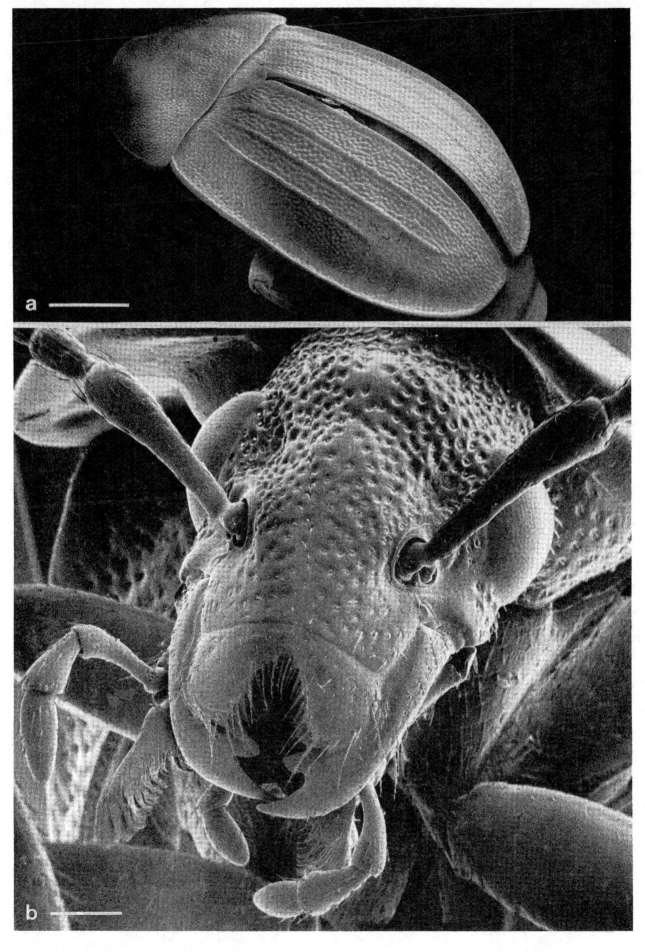

2.20.12 Larven der Scydmaenidae (Ameisenkäfer)

Die wenig bekannten Larven der Sydmaeniden (Abb. 169; Tafel 144, 145) leben wie die Imagines meist epedaphisch auf der Bodenoberfläche. Ihr dorsoventral abgeflachter, asselähnlicher Körper gestattet es ihnen, in der Laubstreu zwischen den modernden Blättern das flache Lückensystem zu bewohnen, oder sich unter Steinen und im Moospolster zu verbergen. Larven und Imagines ernähren sich räuberisch von Milben. Die Larve von *Cephennium thracicum* umrollt die erbeutete Milbe, tötet sie durch den Biß ihrer stilettartigen Mandibeln und läßt Verdauungssäfte einfließen, um sie anschließend auszusaugen.

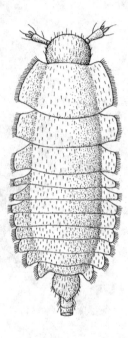

Abb. 169: Larve von *Scydmaenus tarsatus* – Scydmaenidae (Ameisenkäfer), Habitus von dorsal (nach KLAUSNITZER, 1978).

Tafel 144: Larve der Scydmaenidae (Ameisenkäfer)
    a Übersicht, lateral. 1 mm.
    b Vorderkörper, dorsal. 0,5 mm.
    c Kopf, lateral. 200 µm.
    d Kopf, dorsal. 100 µm.
    e Mundwerkzeuge, lateral. Der Pfeil markiert eine Antenne. 50 µm.
    f Cuticula des Kopfes. 10 µm.

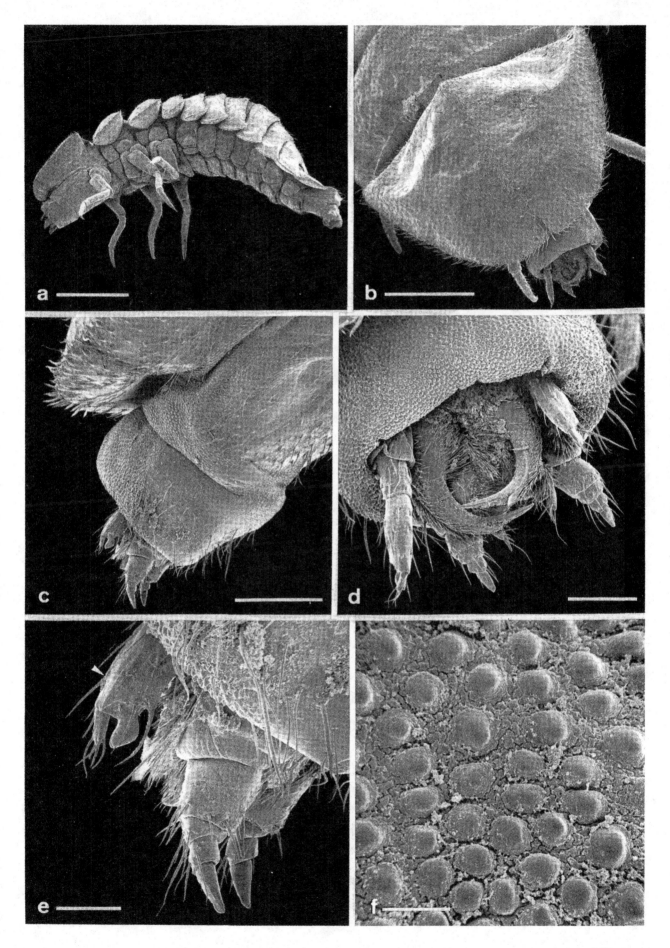

2.20.13 Analpapillen bei Käferlarven

Viele bodenbewohnende Coleopteren- und Dipterenlarven besitzen im Bereich der Analregion mehr oder weniger deutliche Analwülste, die oft mit Hämolymphdruck ausgestülpt und vergrößert werden können (Tafel 145). Sie ähneln den retraktilen Analpapillen vieler aquatischer und semiaquatischer Insektenlarven, die diese Organe zur Osmo- und Ionenregulation benutzen.

Da andererseits bei den bodenbewohnenden, primär flügellosen Insekten (Apterygota) zur Regulation des Wasserhaushaltes analoge Strukturen (Ventraltubus, Coxalbläschen) genutzt werden, bleibt zu vermuten, daß auch manche Analwülste, ähnlich den Analpapillen als Ausstülpung und Erweiterung des rektalen Transportepithels zur Resorption von Wasser und Ionen Verwendung finden (vgl. Tafel 158a, b).

Tafel 145: Larve der Scydmaenidae (Ameisenkäfer)
    a Übersicht, kaudal. 0,5 mm.
    b Abdomen, terminal, lateral mit evertierten Analpapillen. 0,5 mm.
    c Abdomen, dorsal. 100 μm.
    d Analregion, lateral, mit evertierten Analpapillen. 250 μm.
    e Analpapillen (Analwülste). 100 μm.
    f Cuticula der Analpapillen. 10 μm.

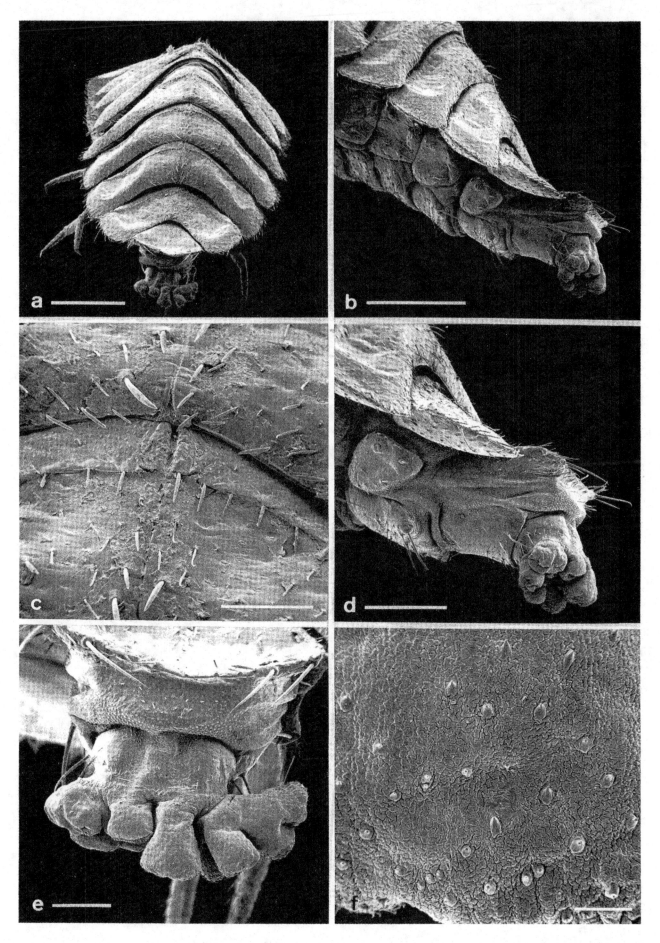

311

2.20.14 Federflügler (Ptiliidae)

Die Familie Ptiliidae vereinigt sehr kleine, oft unter 1 mm große Käfer (Abb. 170; Tafel 146), zu denen auch der in Nordamerika verbreitete und kleinste, bisher bekannte Käfer, *Nanosella fungi,* mit nur 0,25 mm Länge zählt. Larven und Imagines leben in morschem Holz, zerfallenen Pflanzenteilen und zerrottetem Laub. Sie ernähren sich von Pilzsporen.

Produktionsbiologisch haben diese Käfer keine nennenswerte Bedeutung, zumal sie sich nicht nur durch ihre geringe Größe, sondern auch durch kleine Populationen auszeichnen. In einem Buchenwaldboden wurden beispielsweise 6 Arten vereinzelt mit verschiedenen Methoden aufgesammelt. Lediglich *Acrotrichis intermedia* war stetig und konnte in den Fotoeklektoren etwas über 3% der Gesamtdichte der Bodenkäfer erreichen (FRIEBE, 1983). Das vereinzelt gesellige Auftreten dieser Art in der Laubstreu wird auf die Wirkung von Pheromonen zurückgeführt (TIPS et al., 1978a, b, c).

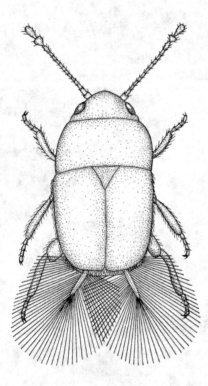

Abb. 170: *Acrotrichis sericans* – Ptiliidae (Federflügler), (verändert nach JACOBS und RENNER, 1974).

Tafel 146: *Acrotrichis* spec. – Ptiliidae (Federflügler)
  a Habitus, dorsal. 250 µm.
  b Frontalansicht mit aufgeklappten Flügeldecken (Elytren). 250 µm.
  c ‹Flugstellung›, lateral. 0,5 mm.

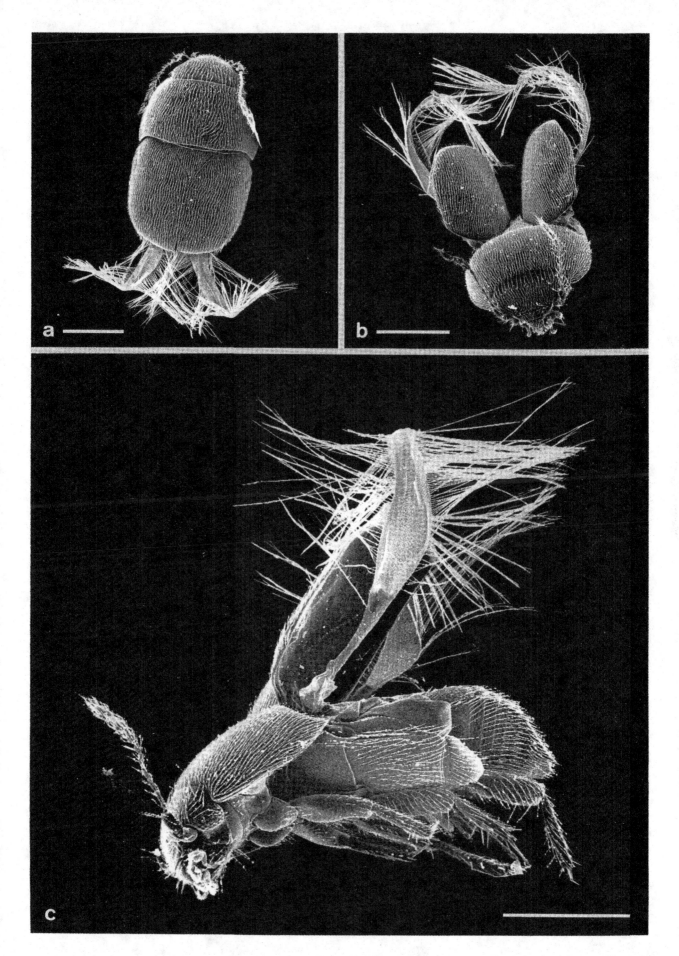

2.20.15 Bau der Hinterflügel der Ptiliidae

Die Federflügler sind nach ihren charakteristischen Hinterflügeln benannt, die im Bau den Flügeln der Fransenflügler (Thysanoptera) ähnlich sind (Abb. 171). Im Prinzip besteht ein Hinterflügel aus einem schmalen, gebogenen Schaft, der oberhalb einer kurzen Spule zu beiden Seiten dicht beieinander geordnete Äste trägt. Die Äste selbst sind lange, dünne, aber dornenreiche ‹Haare› (Tafel 147). Die Fläche der Hinterflügel wird durch diesen Haarbesatz beträchtlich erweitert, vor allem, wenn die Flügel, trotz der Winzigkeit der Käfer, oft mehr als die doppelte Körperlänge erreichen. In Ruhestellung werden die Hinterflügel doppelt gefaltet und liegen dreimal übereinander unter den kleinen Flügeldecken geborgen.

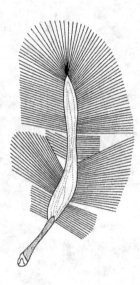

Abb. 171: Der Hinterflügel eines Ptiliiden (Federflüglers), schematisch (verändert nach Jacobs und Renner, 1974).

Tafel 147: *Acrotrichis* spec. – Ptiliidae (Federflügler)
    a Basis eines Hinterflügels. 100 µm.
    b Gelenkbereich des Hinterflügels. 25 µm.
    c Flügelspreite eines Hinterflügels, mittlerer Abschnitt. 100 µm.
    d Ästeeinlenkungen am Hinterflügel. 10 µm.
    e Hinterflügel, distal. 25 µm.
    f Oberfläche der Hinterflügeläste. 3 µm.

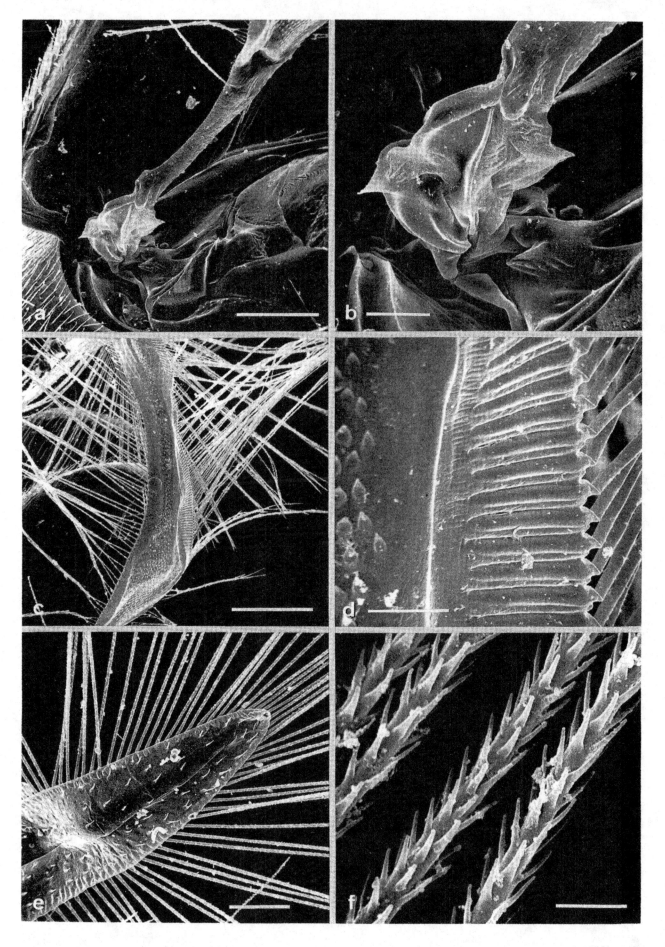

2.20.16 Lebensformtypen der Kurzflügler (Staphylinidae)

Die bodenbewohnenden Staphyliniden lassen bereits im äußeren Erscheinungsbild der Imagines die unterschiedliche Anpassung an das Leben im Boden erkennen (Abb. 172) (TOPP, 1981).

Käfer der Omaliinae, zu denen *Lathrimaeum* und andere epedaphische Bodenbewohner gehören, fallen durch vergleichsweise lange Flügeldecken auf. Sie leben in der Streuschicht und im Moos, kommen aber auch in der Krautschicht vor. Käfer der Tachyporinae, deren Flügeldecken verkürzt sind, bevorzugen zwar die Krautschicht, doch überwintern sie in der Streuschicht des Bodens.

Die Käfer der Staphylininae und Xantholininae sind von schlanker Gestalt mit stark verkürzten Elytren. Sie leben nicht nur auf der Bodenoberfläche, sondern ebenso hemiedaphisch im Lückensy-stem der oberen Bodenschichten. Die Verkürzung der Elytren und die dadurch größere passive und aktive Beweglichkeit des Abdomens begünstigt das Bewohnen des Lückensystems, das sonst allein den Larven vorbehalten bleibt (BLUM, 1979).

Den euedaphischen Lebensformtyp repräsentieren die Leptotyphlinae. Sie sind im Körperbau durch die völlige Reduktion der Elytren dem Lückensystem des Bodens am besten angepaßt. Sie leben ständig in der Dunkelheit der tieferen Bodenschichten; dementsprechend sind sie unpigmentiert und haben zurückgebildete Augen (COIFFAIT, 1958, 1959).

Zu den hemiedaphischen Staphyliniden, die in den Boden tiefe Gänge graben, gehören die Arten der Gattung *Bledius* (Oxytelinae).

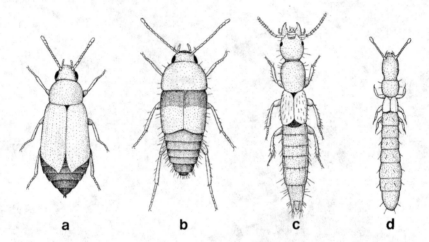

Abb. 172: Habitusformen der Kurzflügler (Staphylinidae) (verändert nach HANSEN, 1951, 1952 (a, b) und COIFFAIT, 1972 (c, d) aus TOPP, 1981).
a *Anthobium minutum* und
b *Tachyporus obtusus* sind Krautschichtbewohner.
c *Othius punctulatus*, eine epedaphische Art.
d *Entomoculia occidentalis*, eine euedaphische Art.

Tafel 148: *Oxytelus rugosus* – Staphylinidae (Kurzflügler)
    a Übersicht, dorsal. 1 mm.
    b Übersicht, schräg frontal. 1 mm.
    c Kopf und Prothorax, schräg frontal. 250 μm.
    d Labialpalpus, distal, mit Sensillen. 3 μm.
    e Mundwerkzeuge, schräg frontal. 100 μm.
    f Galea der Maxille, distal, mit Putzbürste. 25 μm.

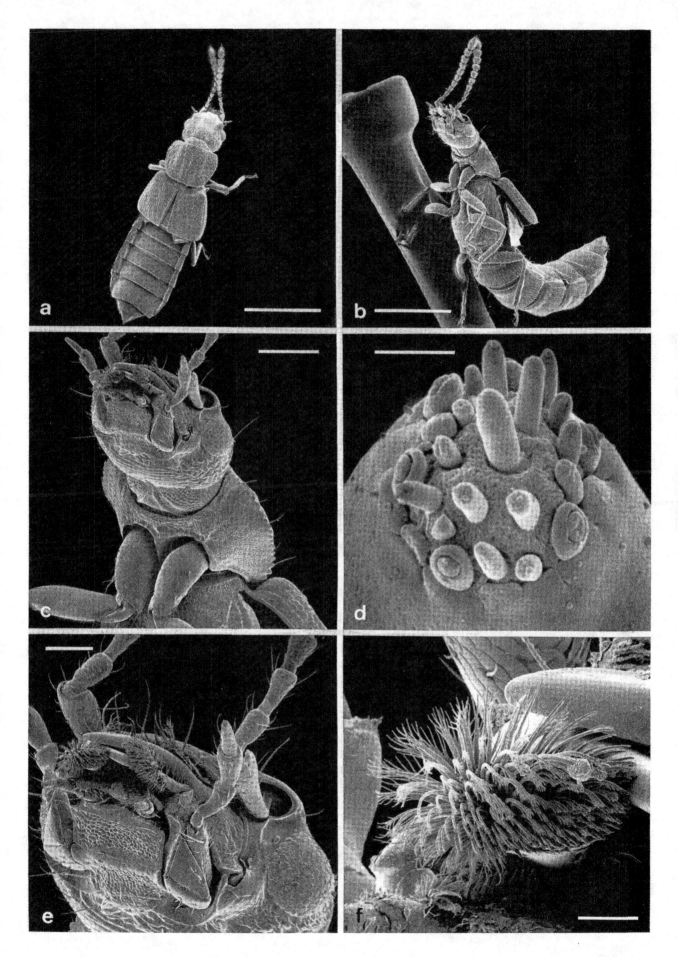

2.20.17 Staphylinidae in Waldkäfergesellschaften

Bei einem Jahresvergleich der Käfer aus 4 Waldtypen (Abb. 173) ergibt sich bezüglich der Schlüpfabundanz und Aktivitätsdichte die dominierende Rolle der Staphyliniden (Abb. 173a). Werden die entsprechenden Daten als ‹Produktion an Imagines› miteinander verglichen, kann sich der Anteil der Staphyliniden beträchtlich zugunsten anderer Käferfamilien verringern (Abb. 173b), ihr Anteil an der Käferbiomasse bleibt jedoch in jedem Fall hoch. Dies unterstreicht die bedeutende Rolle der meist räuberischen Kurzflügler im Konsumenten-Nahrungsnetz des Waldbodens (ROTH et al., 1983).

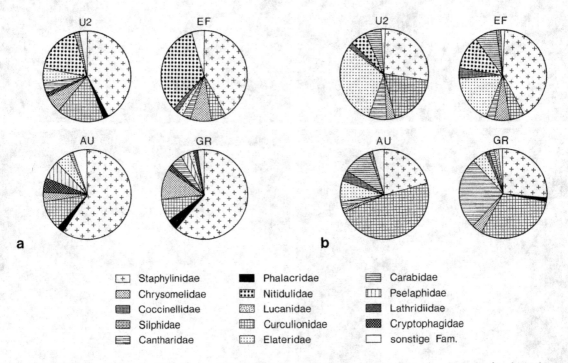

Abb. 173: Jahresvergleich der Käferfauna in 4 Waldtypen aus dem Raum Ulm–Günzburg (BRD) für das Jahr 1980 (ROTH et al., 1983).
a Schlüpfabundanz und Aktivitätsdichte erfaßt als Ind/m² × Jahr; prozentuale Anteile innerhalb der Coleoptera.
b ‹Produktion an Imagines› als Biomasse in mg TG/m² × Jahr; prozentuale Anteile innerhalb der Coleoptera.
EF – Kalkbuchenwald, Schwäbische Alb (Melico-Fagetum, 90 Jahre), U 2 – Sauerhumusbuchenwald, Ulm (Luzulo-Fagetum, 100 Jahre), AU – Auenwald an der Iller (Ulmo-Fraxinetum, 40 Jahre), GR – Auenwald an der Donau (Querco-Carpinetum, 60 Jahre).

Tafel 149: *Oxytelus rugosus* – Staphylinidae (Kurzflügler)
 a Antenne, proximaler Abschnitt der Geißel. 50 µm.
 b Antennenglieder aus dem Mittelabschnitt der Geißel. 25 µm.
 c Abdominalsegment mit Stigma, schräg lateral. 100 µm.
 d Abdomen, kaudal. 100 µm.
 e Stigma. 25 µm.
 f Tibiotarsal-Gelenk. 20 µm.

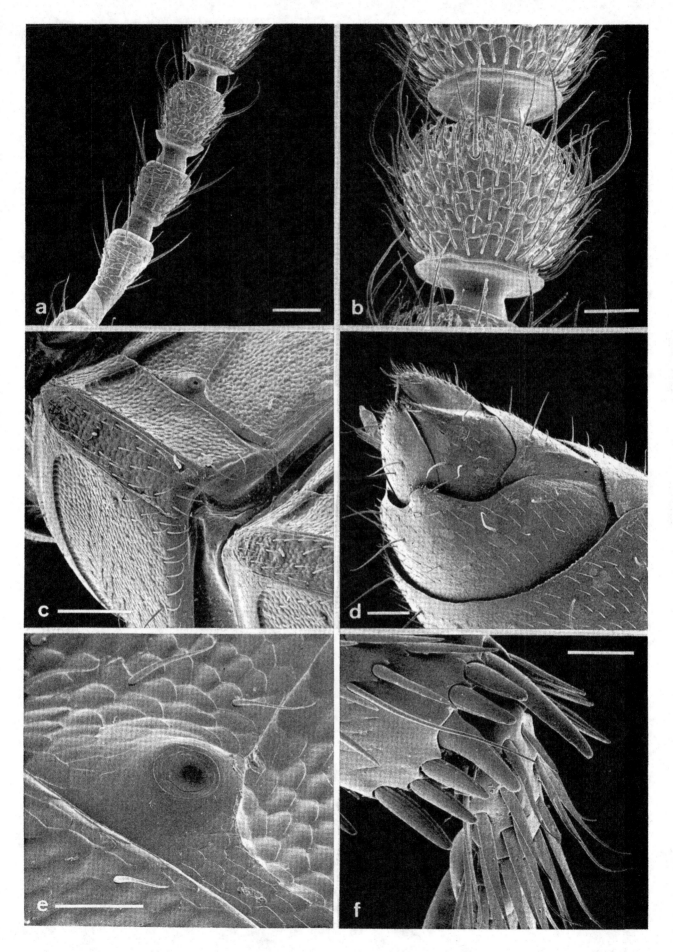

2.20.18 Der grabende Kurzflügler: *Bledius arenarius* (Staphylinidae)

Die 2–8 mm großen Arten der Staphyliniden-Gattung *Bledius* leben in sandigen und lehmigen Böden, vorwiegend im Uferbereich des Meeres (Topp, 1975), von Binnengewässern und der Flüsse. Mit ihren kräftigen Mandibeln und mit den zu Grabbeinen umgebildeten Vorderextremitäten (Tafel 150) graben sie tiefe Erdgänge, die als Wohnröhren und Brutbauten dienen. Sie ernähren sich von Algen.

Bledius arenarius gräbt eine senkrechte, bis zu 40 cm tiefe Wohnröhre mit zwei schräg zuführenden Gängen. In unmittelbarer Nähe zur Wohnröhre werden Eikammern angelegt, in denen die Eier auf Sockel kleiner Sandkörner gesetzt werden (ein Ei je Sockel und Kammer) (Abb. 174). Anders als bei den übrigen *Bledius*-Arten besteht keine Verbindung von den Eikammern zur Wohnröhre. Die ausgeschlüpften Larven müssen die Algen selbständig suchen, da das Weibchen keine Nahrungsvorräte anlegt (v. Lengerken, 1954).

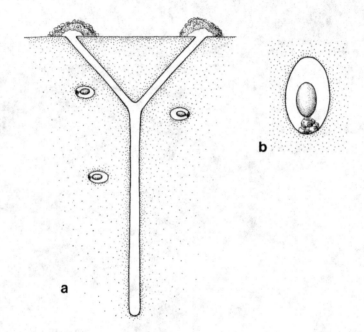

Abb. 174: Brutbau von *Bledius arenarius* – Staphylinidae (verändert nach v. Lengerken, 1954).
a Brutbau mit zentralem Wohngang. Die Verbindungen zu den Eikammern sind wieder geschlossen.
b Eikammer. Das Ei sitzt mit einem Fortsatz auf einem Sockel aus Sandkörnern.

Tafel 150: *Bledius arenarius* – Staphylinidae (Kurzflügler)
    a Vorderkörper, dorsal. 0,5 mm.
    b Vorderkörper, schräg ventral. 0,5 mm.
    c Kopf mit Antennen und Mundwerkzeugen, frontal, 200 µm.
    d Antenne, distal. 25 µm.
    e Teilansicht der Mundwerkzeuge, dorsal. 50 µm.
    f Grabbein. Der zum Graben effektivste Teil ist die stark bedornte Tibia. 100 µm.

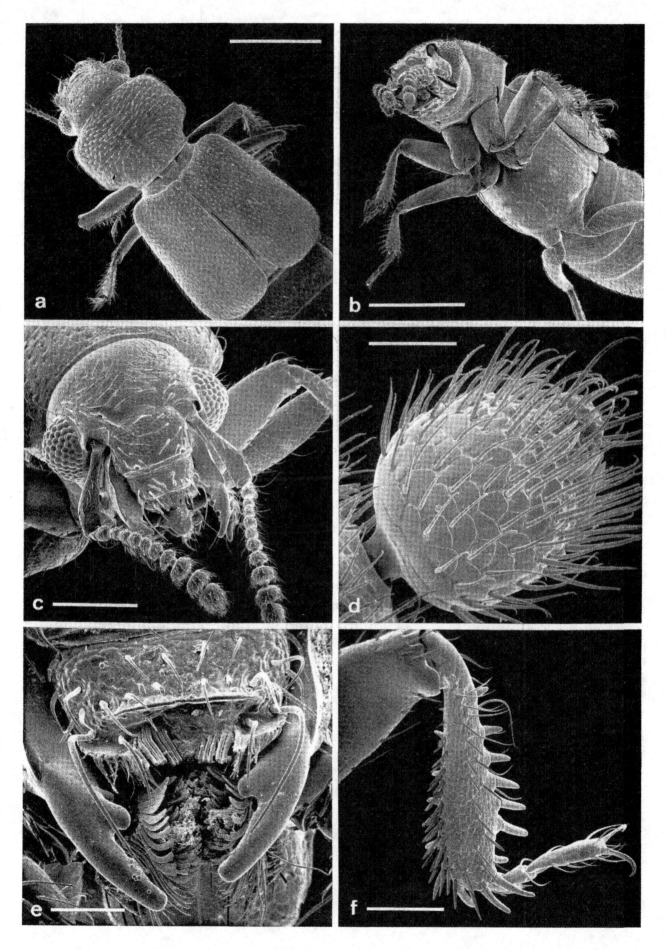

2.20.19 Phänologie der epedaphischen *Lathrimaeum atrocephalum*

Lathrimaeum atrocephalum (Abb. 175; Tafel 151) ist ein 3–3,5 mm großer Käfer. Er ist in der Paläarktis verbreitet und ein häufiger epedaphischer Vertreter der Unterfamilie Omaliinae. Er bevorzugt oft in größeren Populationen die feuchte Bodenstreu in Buchenwäldern und Erlenbrüchen (SPÄH, 1980; FRIEBE, 1983; HARTMANN, 1979; REHAGE und RENNER, 1981). *Lathrimaeum atrocephalum* ist ein winteraktiver Käfer; in Barberfallen werden die ersten Individuen im September gefangen. Ende November erreichen die Tiere ein Aktivitätsmaximum, das mit Unterbrechungen bis Mitte April gehalten wird, um dann langsam aber stetig abzusinken. In der warmen Jahreszeit (Juni bis August) (Abb. 176) fehlen sie in den Barberfallen. Die Phänologie dieser Art wird weitgehend durch die Diapause (Allopause) beeinflußt (TOPP, 1979).

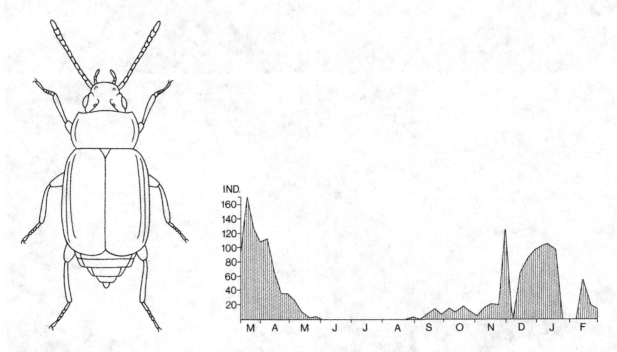

Abb. 175: Habitus von *Lathrimaeum atrocephalum* – Staphylinidae, von dorsal (LOHSE, 1964).

Abb. 176: Das Auftreten von *Lathrimaeum atrocephalum* – Staphylinidae – in einem Erlenbruch im Jahre 1975 (nach SPÄH, 1980).

Tafel 151: *Lathrimaeum atrocephalum* – Staphylinidae (Kurzflügler)
    a Habitus, dorsal. 0,5 mm.
    b Kopf und Prothorax, lateral. 250 µm.
    c Übersicht, frontal. Zwischen den lateralen Komplexaugen liegen zwei Ocellen. 250 µm.
    d Ocellus. 10 µm.
    e Abdomen eines Weibchens, kaudal, mit den teleskopartig ausgestülpten Endsegmenten und äußeren Geschlechtsanhängen. 250 µm.
    f Endsegmente mit äußeren weiblichen Geschlechtsanhängen. Der Pfeil markiert die Vaginalpalpen. 100 µm.

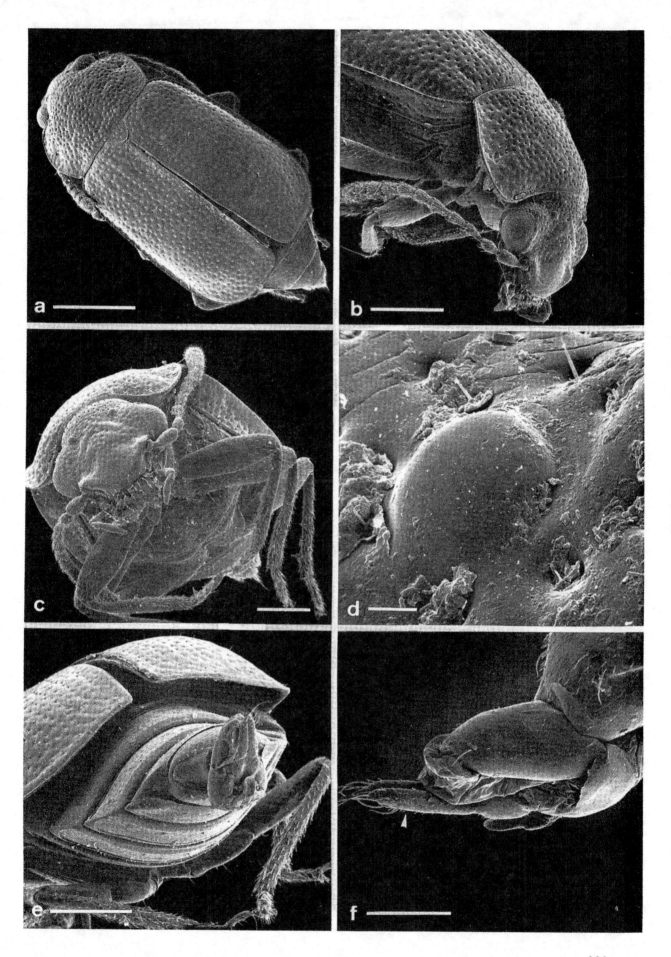

2.20.20 Phänologie der epedaphischen *Atheta fungi*

Viele Omaliinen sind typische Bodenkäfer mit epedaphischer Lebensweise. Auch einige Oxytelinen und Aleocharinen bewohnen die Streuschicht des Bodens. Zu ihnen gehört *Atheta fungi* (Abb. 177), die immer wieder in Barberfallen nachgewiesen wird. Die jahreszeitliche Aktivität von *Atheta fungi* liegt in den Sommermonaten. In einem Erlenbruch (Späh, 1980) beginnt die aktive Phase mit einem allmählichen Anstieg im April und erreicht in der zweiten Julihälfte und Anfang August ihr Maximum. Anschließend geht die Zahl der Individuen stark zurück; ab September sind nur wenige Tiere aktiv (Abb. 178).

Topp (1975) beobachtete in einem Eichenkrattwald das Aktivitätsmaximum von *Atheta fungi* erst im September. In dieser Zeit beginnt die (Ovarien-) Diapause, die durch die abnehmende Tageslänge ausgelöst wird, wenn die Käfer in der Bodenstreu ihr Winterlager aufsuchen. Die Diapause endet in der Regel, wiederum durch die Photoperiode gesteuert, wenn zugleich ein mittlerer Temperaturbereich von 16 °C erreicht wird.

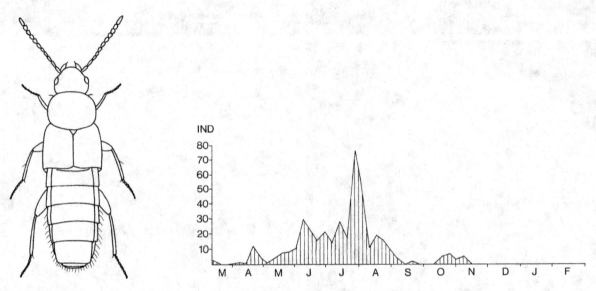

Abb. 177: Habitus von *Atheta fungi* – Staphylinidae, von dorsal (nach Lohse, 1964).

Abb. 178: Das Auftreten von *Atheta fungi* – Staphylinidae – in einem Erlenbruch im Jahre 1975 (nach Späh, 1980).

Tafel 152: *Atheta orbata* – Staphylinidae (Kurzflügler)
    a Habitus, schräg frontal. 0,5 mm.
    b Elytren mit darunter zusammengefalteten Hinterflügeln. Abdominalsegmente mit Stigmen, schräg dorsal. 200 µm.
    c Übersicht, schräg kaudal, mit teilweise entfalteten Hinterflügeln. 0,5 mm.
    d Hinterflügel, teilweise entfaltet. 0,5 mm.

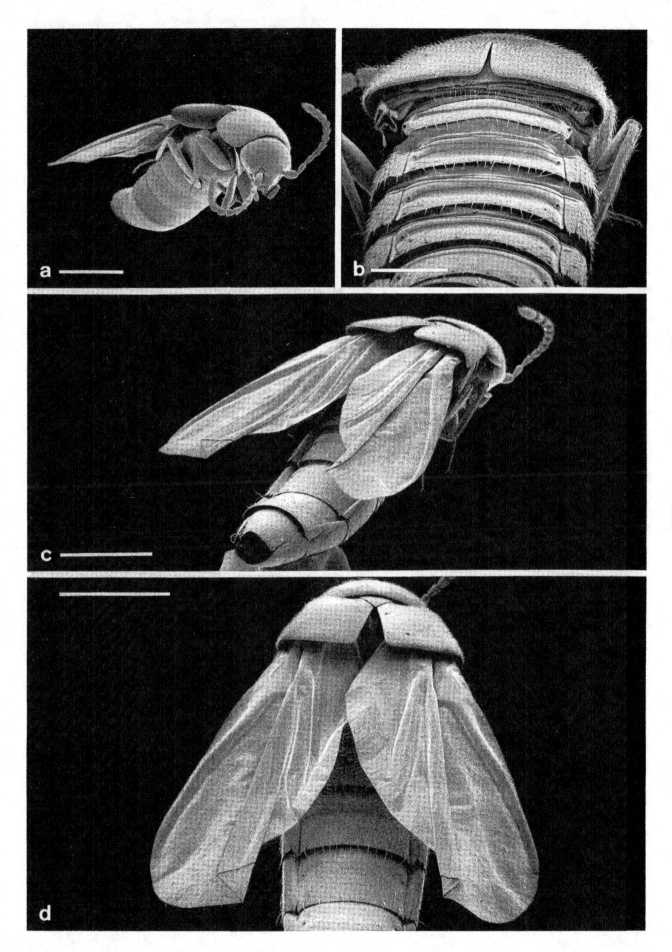

2.20.21 Larven der Kurzflügler (Staphylinidae)

Die Larven der Kurzflügler (Abb. 179; Tafel 153, 154) leben dort, wo auch die Imagines wohnen. Zu den bodenbewohnenden Larven gehören Vertreter der Omaliinae, Aleocharinae, sowie Staphylininae und Xantholininae u. a.. Sie ernähren sich wie die Imagines räuberisch.

Die Entwicklung vom Ei zur Imago findet bei den in Mitteleuropa meist univoltinen Staphyliniden im Frühling und Sommer statt, da viele Käferarten sommeraktiv sind. Die Larven durchlaufen in der Regel drei Stadien, wobei manche Staphylininen auch im dritten Stadium überwintern. Bei winteraktiven Käfern, zu denen manche Omaliinen und Aleocharinen gehören, werden auch ihre winteraktiven Larven in den kalten Monaten beobachtet.

Die Erforschung der Staphyliniden-Larven steht erst am Anfang mit KASULE (1966, 1968, 1970), STEEL (1966, 1970) und TOPP (1971, 1973, 1978).

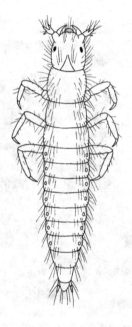

Abb. 179: Larve von *Atheta sordida* – Staphylinidae (Kurzflügler) (nach TOPP, 1971 aus KLAUSNITZER, 1978).

Tafel 153: Larve der Staphylinidae (Kurzflügler)
    a Kopf und Prothorax, lateral. 1 mm.
    b Abdomen, dorsal, mit einheitlichen Tergiten. Im intersegmentalen und lateralen Bereich ist die Cuticula membranös. Der Pfeil zeigt kaudad. 0,5 mm.
    c Kopf und Prothorax, ventral. 1 mm.
    d Abdominalsegment, lateral, mit dorsalem Tergit, lateralen Skleriten und ventralem Sternit. In die größtenteils membranöse Flankenhaut ist das Stigma eingelassen. Der Pfeil zeigt kaudad. 0,5 mm.
    e Labialpalpus, distal, mit digitiformen Sensillen. 10 µm.
    f Abdominalsegment, ventral, mit 1 Prae-, 2 Latero- und dem unterteilten Poststernit. Der Pfeil zeigt kaudad. 0,5 mm.

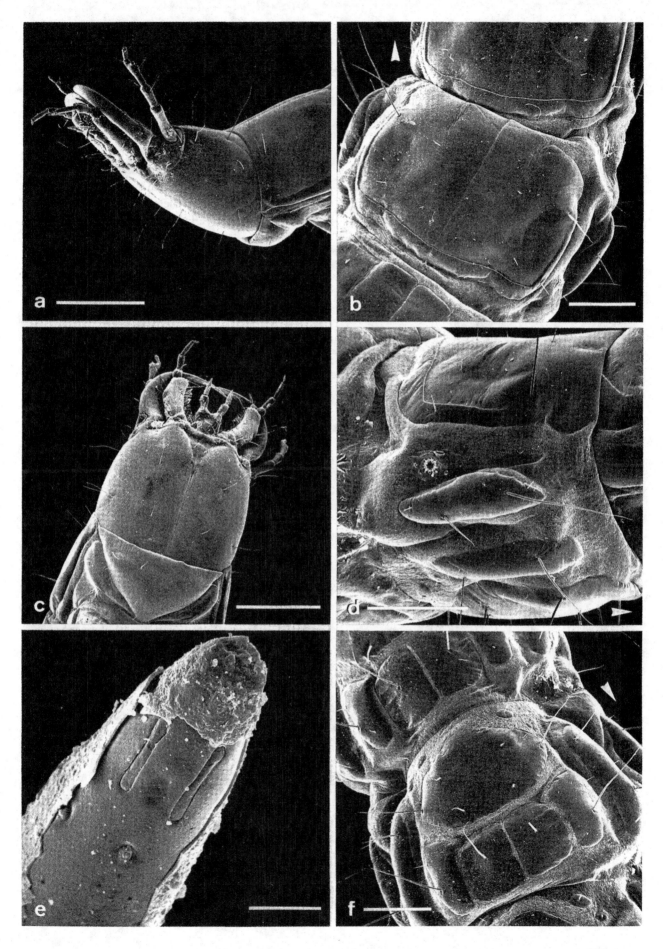

2.20.22 Digitiforme Sensillen bei Käfern und Käferlarven

Bei Insekten-Larven und -Imagines konzentrieren sich die Sensillen vielfach auf den Palpen der Mundwerkzeuge und auf Antennengliedern. Digitiforme Sensillen auf den Maxillar- und Labialpalpen sind bei Coleopteren weit verbreitet (HONOMICHL, 1980). Die Anzahl und Anordnung ist bei den einzelnen Arten sehr verschieden; doch gleichen sie sich formal, indem sie mit ganzer Länge ihrer Schäfte (20–30 µm) in schmale Cuticulargruben eingefügt oder sogar tief eingesenkt sind (Abb. 180).

Feinstrukturell wurden die digitiformen Sensillen, die auch bei Staphyliniden-Larven zu beobachten sind (Tafel 153), bei Elateriden-Larven (ZACHARUK et al., 1977) und bei den Imagines verschiedener Familien bearbeitet (GUSE und HONOMICHL 1980; HONOMICHL und GUSE, 1981; MANN und CROWSON, 1984). Ihrer Struktur nach werden sie weder als olfaktorische noch als chemorezeptive Sensillen gedeutet. Ihre sensitive Funktion bleibt vorerst unbekannt.

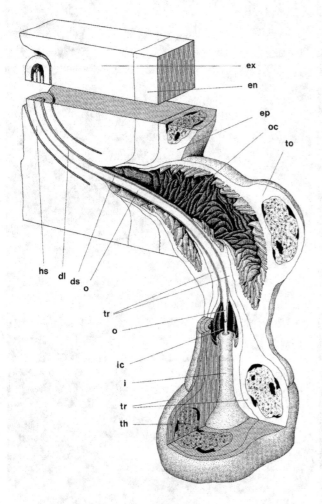

Abb. 180: Mikromorphologie eines für Käfer im Bereich der Mundwerkzeuge (Palpen) typischen digitiformen Sensillums am Beispiel von *Tenebrio molitor* – Dermestidae. Der Haarschaft ist dabei in eine cuticulare Grube versenkt (nach HONOMICHL und GUSE, 1981). dl – dendritenfreies Haarschaftlumen, ds – Dendritenscheide, en, ex – Endo-, Exocuticula, ep – Epidermis, hs – Haarschaft, i, o – inneres –, äußeres Dendritensegment, ic, oc – innerer –, äußerer Rezeptorlymphraum, th, to, tri – thecogene –, tormogene –, trichogene Hüllzelle.

Tafel 154: Larve der Staphylinidae (Kurzflügler)
  a Thorax, lateral. 1 mm.
  b Pro- und Mesothorax (links) mit Stigma. 0,5 mm.
  c Abdomen, kaudal, lateral, mit Analrohr und dorsalen Anhängen (Urogomphi). 100 µm.
  d Stigma. 25 µm.
  e Oberfläche des Metanotum mit Haarbasis. 10 µm.
  f,g Feinporige Cuticula des Tergum. 3 µm, 2 µm.

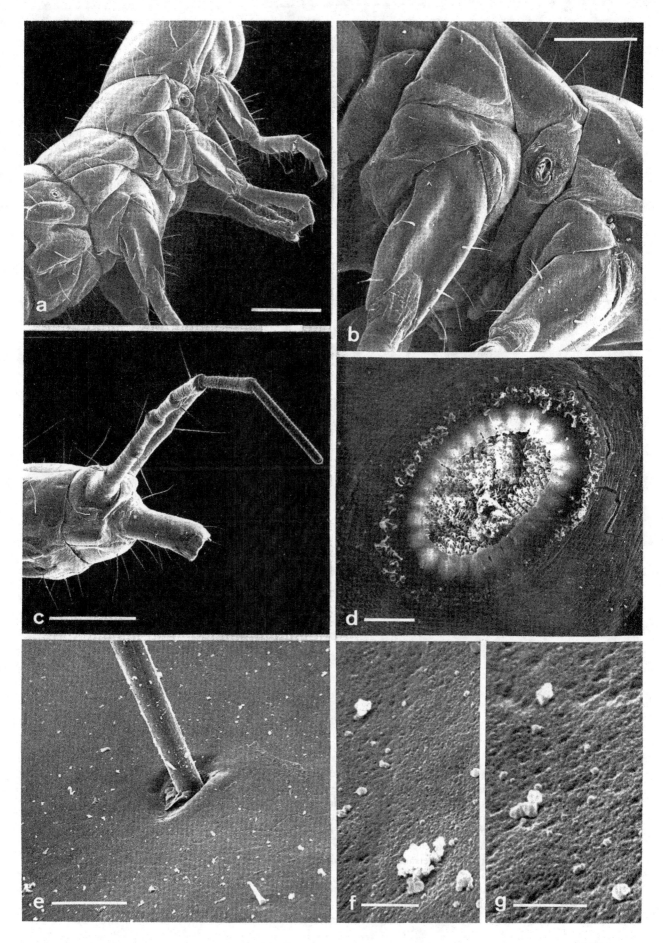

329

2.20.23 Der Leuchtkäfer *Lampyris noctiluca* (Lampyridae)

Lampyris noctiluca (Abb. 181; Tafel 155, 156) zählt zu den häufigsten Arten der Leuchtkäfer, die in die Familie Lampyridae gehören. Sie zeichnen sich durch zwei auffällige Merkmale aus:

1. Die adulten Käfer haben einen ausgeprägten Sexualdimorphismus (GEISTHARDT, 1974, 1977). Während die Männchen normal geflügelt und flugfähig sind, leben die Weibchen von *Lampyris noctiluca* flügellos, ohne Elytren und Alae. Diese Flügellosigkeit beschränkt die Weibchen auf den Boden als Lebensraum, dem auch die Larven angepaßt sind. Beide leben epedaphisch in der oberen Bodenschicht.

2. Das sexuelle Appetenzverhalten wird bestimmt durch das Leuchten des Weibchens, normalerweise in den aktiven Nachtstunden vor Mitternacht. Die Leuchtorgane der Weibchen von *L. noctiluca* befinden sich mit je einer Leuchtplatte ventral auf dem 6. und 7. Abdominalsegment und mit einem Paar Leuchtpunkten auf dem 8. Segment (Abb. 183). Das Licht des am Boden wartenden Weibchens wirkt als Auslöser für den Anflug des kopulationsbereiten Männchens. Die Männchen von *Lampyris noctiluca* haben anders als etwa der ebenfalls häufige Leuchtkäfer *Lamprohiza splendidula* (großer Leuchtapparat am 5. und 6. Sternit) nur zwei kleine Leuchtorgane am 7. Sternit (GEISTHARDT, 1979).

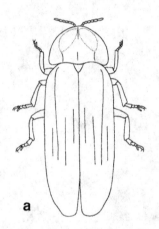 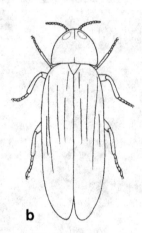

a   b

Abb. 181: Zum Habitus der Lampyridae (Leuchtkäfer) (nach GEISTHARDT, 1979).
a Männchen von *Lamprohiza splendidula*, dorsal. Im Halsschild befinden sich parasagittal zwei große, transparente Fensterflecken.
b Männchen von *Lampyris noctiluca*, dorsal. Im Halsschild befinden sich zwei kleine, transparente Fensterflecken, die auch fehlen können (verändert nach GEISTHARDT).

Tafel 155: *Lampyris noctiluca* – Lampyridae (Leuchtkäfer), Glühwürmchen, Männchen
    a Thorax und Kopf, ventral. Der Kopf wird in einer ventralen Halsschildgrube getragen. 1 mm.
    b Abdomen, ventral. Die Leuchtfelder sind nicht sichtbar. 1 mm.
    c Kopf mit reduzierten Mundwerkzeugen. Die Endglieder der Palpen sind beilförmig; sie sind mit zahlreichen papillenartigen Sensillen besetzt. 0,5 mm.
    d Frontalansicht. Am Vorderrand des Halsschildes befinden sind parasagittal die transparenten Fensterflecken, durch die Licht von dorsal auf die Augen trifft. 50 µm.
    e Mundwerkzeuge mit spitz zulaufenden Mandibeln (Pfeile). 100 µm.
    f Ommatidienoberfläche. 10 µm.

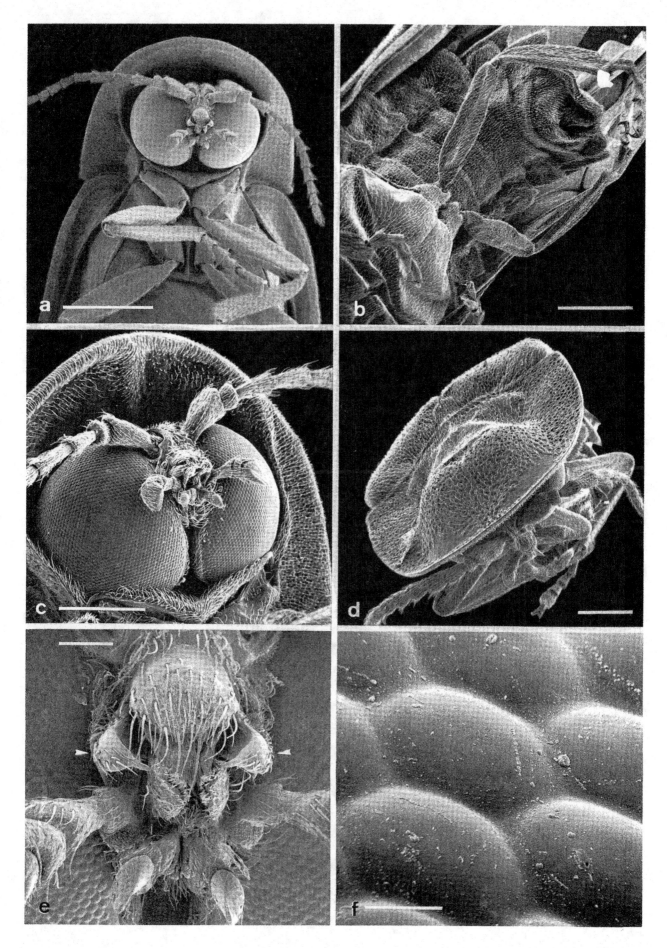

331

2.20.24 Larven der Leuchtkäfer (Lampyridae)

Die Entwicklungsdauer von *Lampyris noctiluca* beträgt ca. drei Jahre unterteilt in: 30 Tage Embryonalentwicklung, 2,6 Jahre Larvalentwicklung, 9 Tage Puppenstadium und 10–16 Tage Imaginalstadium. Während der larvalen Entwicklung durchlaufen die Larven jahres- und tageszeitliche Aktivitätsrhythmen. Eine (fakultative) winterliche Diapause wird dreimalig abgelöst von der aktiven Periode während der übrigen Jahreszeit. Im Tagesverlauf wechselt die aktive Phase bei Nacht mit der inaktiven bei Tage. Diesem circadianen Rhythmus ist der Leuchtrhythmus angepaßt. Bei Nacht leuchten die Larven von paarigen Leuchtfeldern am Abdomen.

Die epedaphischen Larven (Abb. 182; Tafel 156) ernähren sich hauptsächlich von Nackt- und Gehäuseschnecken. Sie finden ihre Beute, indem sie der Spur des Schleimbandes folgen, das die Schnecken hinterlassen. Die olfaktorischen Sinnesorgane, die noch 1–2 Tage alte Spuren wahrnehmen können, werden auf den Tastern der 1. Maxille vermutet. Sie töten ihre Beute durch den Biß mit den dolchförmigen Mandibeln, die zugleich Gift in die Beute spritzen. Im Gegensatz zu den räuberischen Larven, nehmen die Imagines keine Nahrung auf (SCHWALB, 1961).

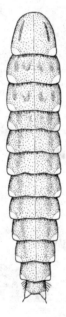

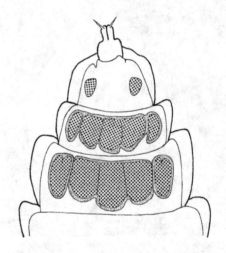

Abb. 182: Larve von *Lampyris noctiluca* – Lampyridae (Leuchtkäfer), dorsal (nach KORSCHEFSKY, 1951 aus KLAUSNITZER, 1978).

Abb. 183: Großer Leuchtapparat des Weibchens von *Lampyris noctiluca* – Lampyridae (Leuchtkäfer), schematisch. Auf den Sterniten 6 und 7 liegen komplexe Leuchtfelder, während sich auf dem 8. Sternit nur zwei kleinere Leuchtpunkte befinden (Original).

Tafel 156: *Lampyris noctiluca* – Lampyridae (Leuchtkäfer), Glühwürmchen, Weibchen (a, b) und Larve (c–f)
    a Vorderkörper, ventral. 0,5 mm.
    b Abdomen, kaudal, ventral. Die Leuchtfelder sind nicht deutlich sichtbar (Folge der Goldbedampfung des Präparates). 1 mm.
    c Pro- und Mesothorax, dorsal. 1 mm.
    d Prothorax, lateral. Der Kopf ist eingezogen. Im Leben wird er rüsselartig ausgestülpt und bei Störungen blitzschnell eingezogen. 1 mm.
    e Vorderkörper, ventral. Vom Kopf sind nur die Mandibelspitzen sichtbar (Pfeil). 1 mm.
    f Cuticula der Rückenregion. 100 µm.

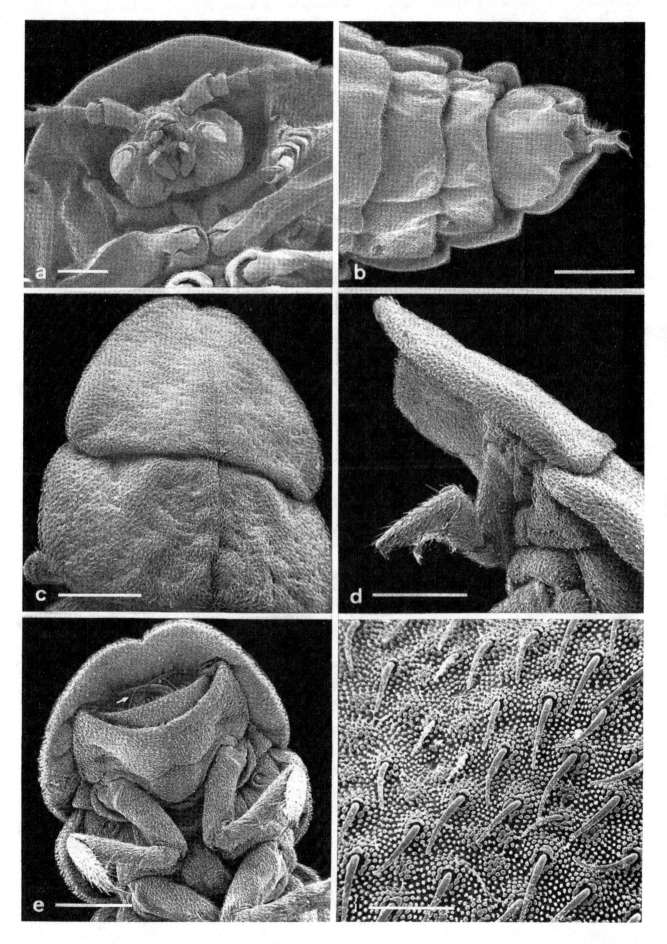

333

2.20.25 Larven der Weichkäfer (Cantharidae)

Im Vergleich zu den wohl bekannten adulten Weichkäfern ist über die Biologie und Ökologie der Larven, wie bei sehr vielen Käferlarven, überraschend wenig bekannt. Während die Käfer vorwiegend in der Kraut- und Strauchschicht auf Blüten und Blättern zu beobachten sind, leben die Larven (Abb. 184; Tafel 157, 158) in der oberen Bodenschicht unter Steinen, in der Streu und im Mulm. Hier ernähren sie sich offensichtlich räuberisch.

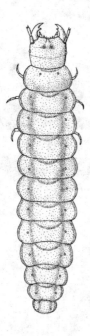

Abb. 184: Larve von *Cantharis* spec. – Cantharidae (Weichkäfer), Habitus dorsal (nach LARSSON, 1941 aus KLAUSNITZER, 1978).

Tafel 157: Larve der Cantharidae (Weichkäfer)
    a Vorderkörper, frontal. 0,5 mm.
    b Abdomen, lateral. 1 mm.
    c Mundwerkzeuge. 250 μm.
    d Kopf, ventral. 0,5 mm.
    e Antenne und Auge (Pfeil), dorsal. Oben rechts befindet sich die Basis der Mandibel. 100 μm.
    f Antenne, distal. 25 μm.

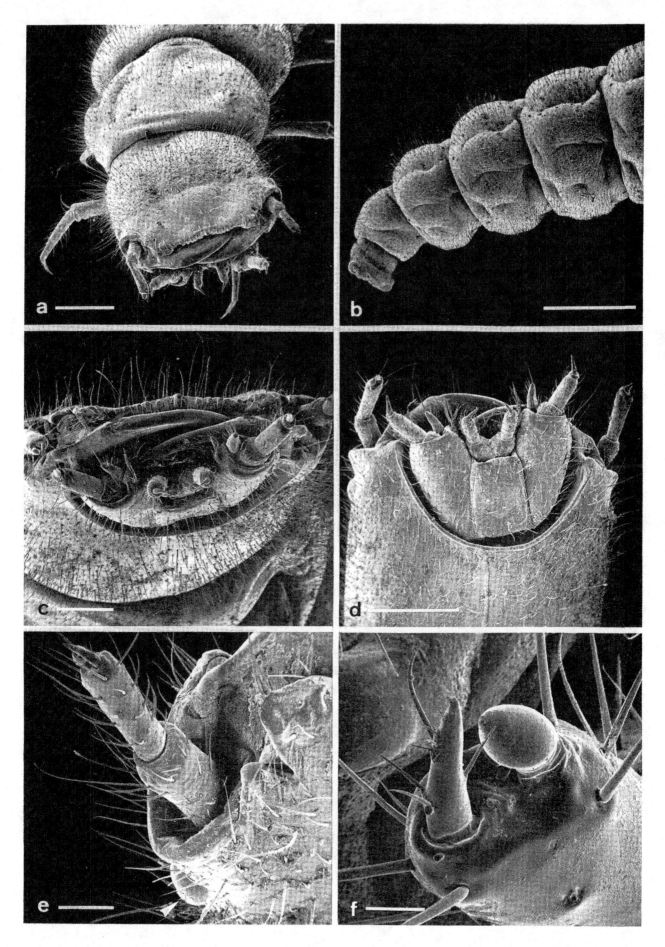

2.20.26 Körperbau der Weichkäferlarven (Cantharidae)

Der Körperbau der Larven entspricht der angepaßten Lebensweise im Boden. Der Kopf ist breit und nach vorne keilförmig zugespitzt (Tafel 157). Die vorstehenden, kräftigen Mundwerkzeuge haben mit den sichelförmigen Mandibeln eine kauend-beißende Funktion. Thorax und Abdomen bilden eine funktionsmorphologische Einheit in ihrer nahezu wurmförmigen Gestalt mit leicht dorsorventraler Abflachung. Die samtig weiche Haut erweist sich unter dem Mikroskop als ein dichter Rasen feiner cuticularer Trichome (unechte Härchen), die auf Thorax und Abdomen lediglich dort Aussparungen lassen, wo Stigmen für die Tracheenatmung, Wehrdrüsen zur Abwehr von Feinden und Sinneshaare zur Orientierung angelegt sind (Tafel 158).

Tafel 158: Larve der Cantharidae (Weichkäfer)
    a Abdomen, ventral, mit ausgestülpten Analwülsten. 0,5 mm.
    b Analwülste (Analpapillen). 200 µm.
    c Abdominalsegment, lateral. 250 µm.
    d Thoraxsegmente, ventral, mit Stigmata. 250 µm.
    e Stigma. 25 µm.
    f Cuticula mit Haarbasis. 5 µm.

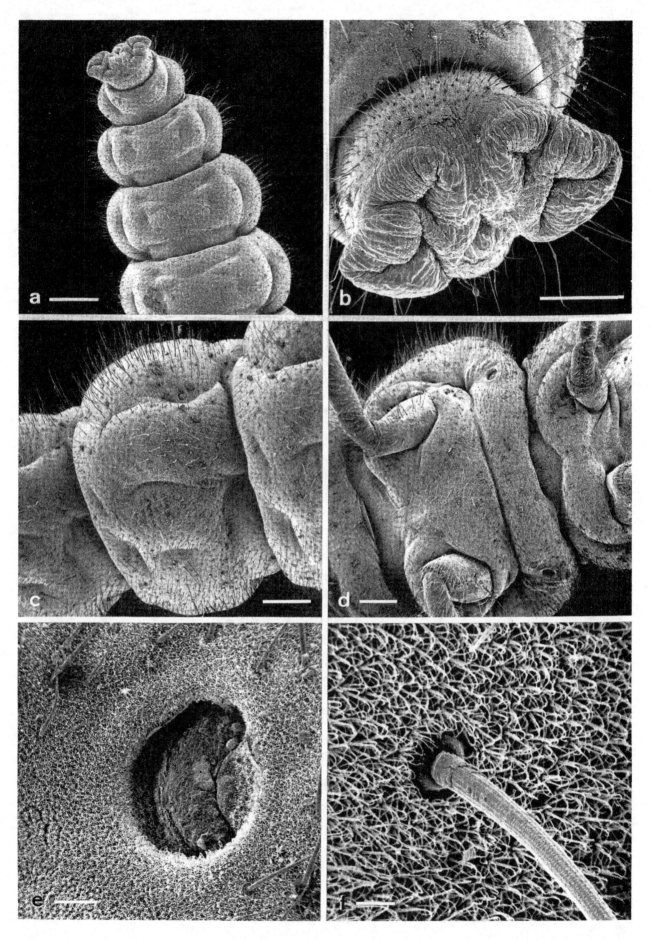

2.20.27 Larven der Schnellkäfer (Elateridae)

Elateriden-Larven haben eine dem Leben im Boden angepaßte Körperform. Der Körper ist langgezogen, oft zylindrisch oder dorsoventral abgeflacht (Abb. 185; Tafel 159, 160). Die drüsenreiche Körperoberfläche ist, abgesehen von Larven der Cardiophorinae, stark chitinisiert, glatt und seitlich mit abstehenden Sinneshaaren versehen. Die Beine sind kurz und zum Graben geeignet (RUDOLPH, 1970, 1974, 1978).

Die Entwicklung der Elateridae vom Ei bis zur Imago dauert oft fünf und manchmal bis zu sieben Jahren. Die Entwicklungsdauer ist von Art zu Art und selbst intraspezifisch sehr unterschiedlich und wird neben artspezifischen, endogenen Faktoren wahrscheinlich umweltbedingt von klimatischen und ernährungsphysiologischen Faktoren beeinflußt. Dementsprechend ist auch die Zahl der Larvenstadien sehr variabel. Gewöhnlich durchlaufen die Elateriden 9–15 Stadien (KOSMASCHEWSKI, 1958; STREY, 1972; RUDOLPH, 1974).

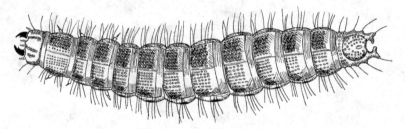

Abb. 185: Habitus einer Elateriden-Larve (*Athous* spec.), dorsal (verändert nach REITTER, 1911).

Tafel 159: Larven der Elateridae (Schnellkäfer)
- a Larve, dorsal. Der Kopf befindet sich am rechten Bildrand. 1 mm.
- b Vorderkörper, ventral. 1 mm.
- c Kopf, dorsal. 200 μm.
- d Kopf, schräg ventral. 200 μm.
- e Labialpalpen, distal, mit Sekret überzogen. 10 μm.
- f Antenne, dorsal. 25 μm.

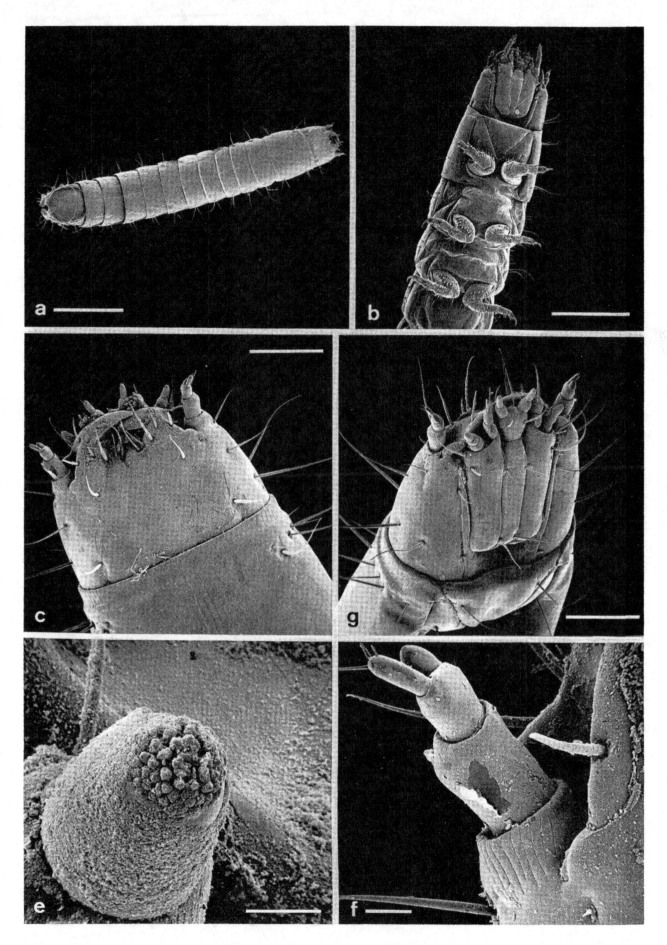

339

2.20.28 Zur bodenbiologischen Bedeutung der Elateridae-Larven

Drahtwürmer, wie Elateriden-Larven auch genannt werden, leben in Mulm, totem Holz, sowie epedaphisch in der Streuschicht der Wälder. Sie ernähren sich vielseitig: makrophytophag sowie saprophytophag und manche räuberisch von Insektenlarven und Puppen (SCHAERFFENBERG, 1942; SUBKEW, 1934). Auf die produktionsbiologische Bedeutung polyphager Larven, die ein besonders breites Nahrungsspektrum von Pflanzen bis zu kleinen Bodentieren haben, hat STREY (1972) am Beispiel von *Athous subfuscus* aufmerksam ge-

macht. Nach Untersuchungen in Buchenwäldern im Solling nehmen die Larven gegenüber anderen Bodenkäfern eine offensichtlich deutliche Vorrangstellung ein. Der Energieumsatz der Population dieser Larven wird mit 121 kcal $\times$ 10³/ha angegeben und ist gegenüber den phytophagen Käfern (GRIMM, 1973; SCHAUERMANN, 1973) um das drei- bis achtfache und gegenüber räuberischen Carabiden (WEIDEMANN, 1972) um das zwölf- bis fünfzehnfache höher.

Tafel 160: Larve der Elateridae (Schnellkäfer)
- a   Pygidium (Analsegment), dorsal. 250 µm.
- b   Abdomen, terminal, ventral, mit Pygidium und Analrohr. 400 µm.
- c   Pygidium, dorsal, mit Drüsenporen. 0,5 mm.
- d   Abdomen, terminal, lateral. 1 mm.
- e, f   Drüsenporen auf dem Pygidium. 50 µm, 20 µm.

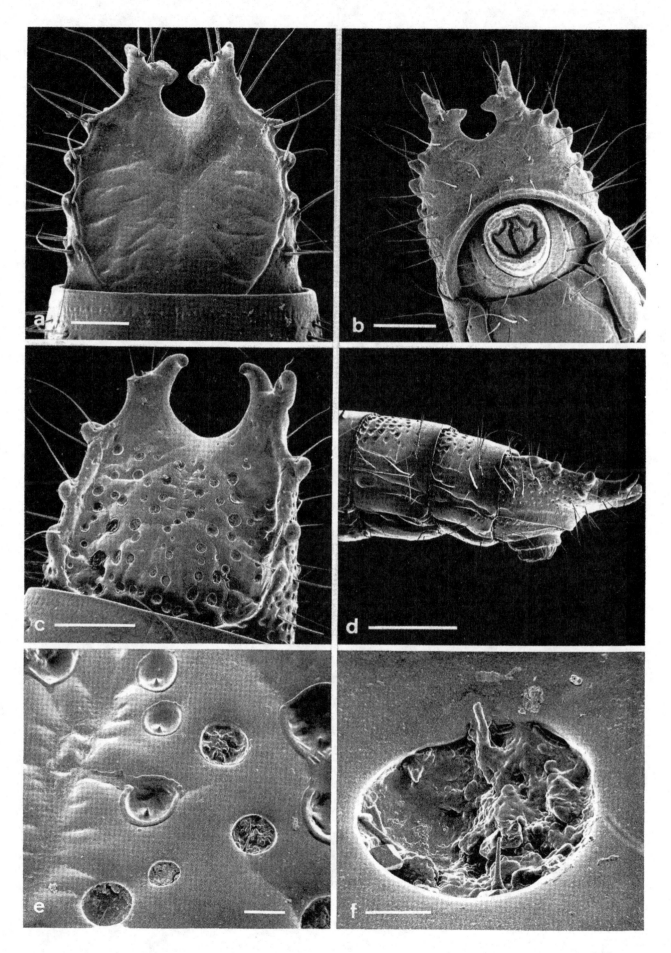

2.20.29 Grabende Sägekäfer (Heteroceridae)

Die wenigen, nur 3–8 mm großen Arten der Heteroceridae sind grabende Käfer, die als Grabwerkzeuge die kräftigen Mandibeln und die bedornten Grabbeine nutzen (Tafel 161). Sie leben mit den *Bledius*-Arten (Staphylinidae) vergesellschaftet am Meeresstrand und am Ufer von Binnengewässern und bauen, ähnlich jenen, ihre Erdröhren. Gemeinsame Feinde sind die räuberischen Grabläufer der Gattung *Dyschirius* (Carabidae) (vgl. Kap. 2.20.10, 2.20.18 und Tafel 142, 150).

Tafel 161: *Heterocerus flexuosus* – Heteroceridae (Sägekäfer)
    a Übersicht, lateral. 1 mm.
    b Kopf, frontal. 250 µm.
    c Kopf und Thorax mit Grabbeinen, schräg frontal. 0,5 mm.
    d Cuticulastruktur. 25 µm.
    e Grabbeine mit bedornten Tibien. 200 µm.

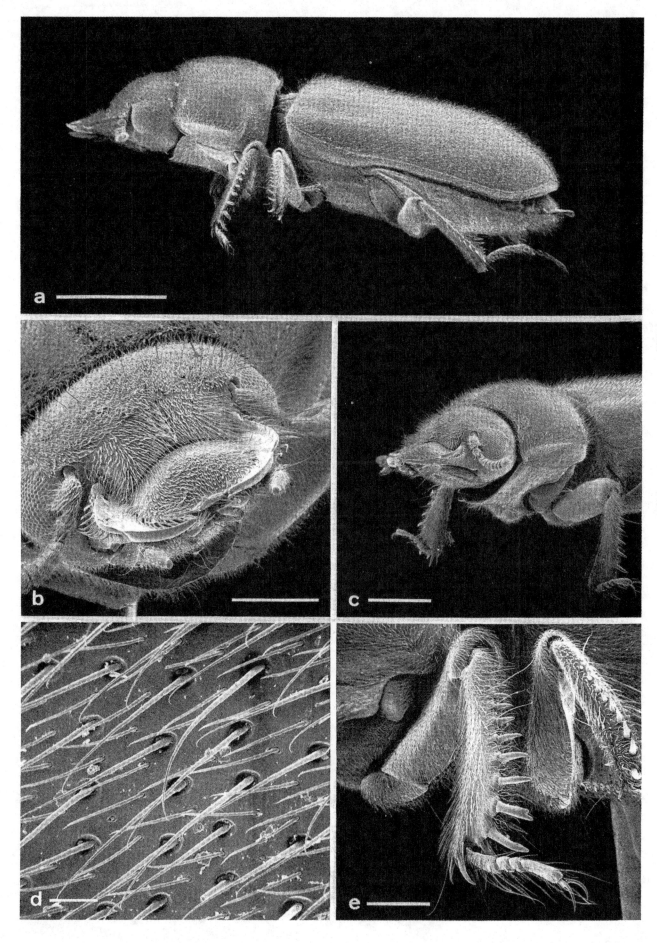

343

2.20.30 Koprophage Blatthornkäfer (Scarabaeidae)

Beim Abbau von Kot sind Zweiflügler und Käfer beteiligt; zunächst Hydrophiliden, dann koprophage Blatthornkäfer (*Aphodius, Copris, Geotrupes, Onthophagus* u. a.), die sich von Kot und den hier gut gedeihenden Pilzen ernähren.

Die metallisch blau oder grün glänzenden Mistkäfer der Gattung *Geotrupes* (Tafel 162) finden sich, angelockt durch den Duft (Anemotaxie), in unmittelbarer Nähe des Kotes ein und graben im Rahmen ihrer Brutfürsorge bis zu 60 cm tiefe Stollen in den Boden. Vom Hauptstollen aus fertigen die Käfer 15–20 cm tiefe Seitenstollen, die die Weibchen bis zu 10 cm dicht mit Mist füllen und in diesen Brutballen je ein Ei legen. Danach werden diese Stollen am Eingang zum Hauptstollen mit Sand oder Erde abgedichtet. In diesen geschlossenen, mit Nahrung angereicherten Brutstollen ernähren sich die schlüpfenden Larven, um sich im zeitigen Sommer zu verpuppen und anschließend als junge Käfer über den Hauptstollen aus dem Boden zu befreien (Abb. 186) (v. LENGERKEN, 1954).

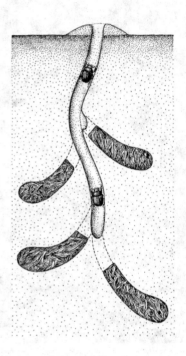

Abb. 186: Brutbau von *Geotrupes stercorarius* – Scarabaeidae (Blatthornkäfer) (verändert nach v. LENGERKEN, 1954). Nach Fertigstellung der Brutballen werden die Seitenstollen wieder verschlossen.

Tafel 162: *Geotrupes stercorarius* – Scarabaeidae (Blatthornkäfer), Mistkäfer
 a Vorderkörper, ventral. 3 mm.
 b Kopf, dorsal. 1 mm.
 c Antennenkeule, dorsal. 200 μm.
 d Kopf und Prothorax, lateral. 1 mm.
 e Tibia und Tarsus des Grabbeines (Vorderbein). 800 μm.
 f Ommatidienoberfläche. 10 μm.
 g Sinneshaare auf der Antennenkeule. 20 μm.

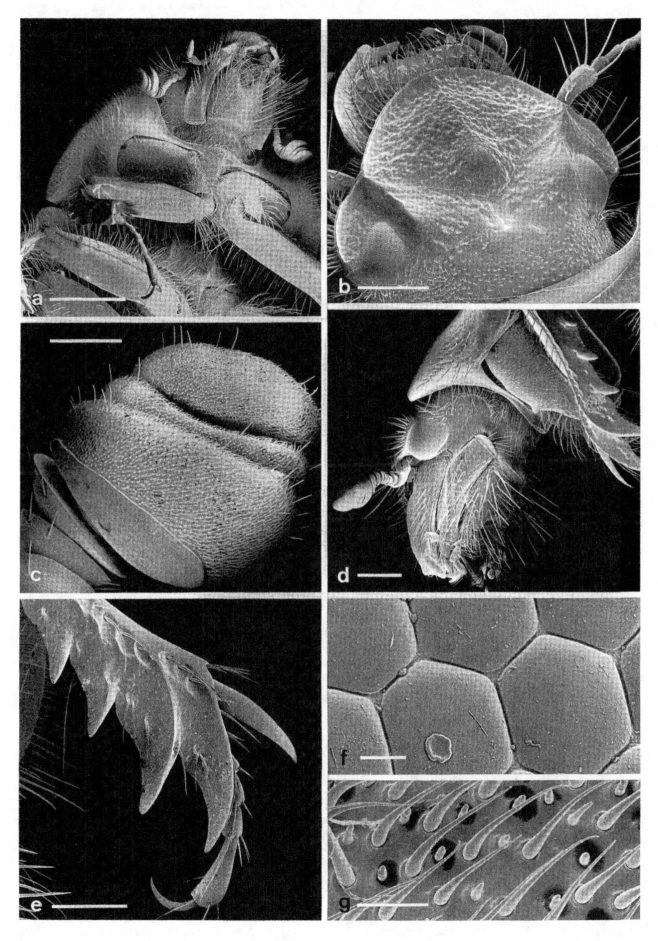

345

2.20.31 Rhizophage Rüsselkäfer (Curculionidae)

Die Larven der artenreichen Rüsselkäferfamilie leben von Pflanzen und sind oft eng an die Wirts- und Nährpflanze gebunden (SCHERF, 1964). Die Rüsselkäferlarven, die sich von Wurzeln ernähren und endophytisch, seltener ektophytisch leben, gehören nur indirekt zu den Bodenarthropoden, da sie nicht mit ihnen vergesellschaftet sind und als rhizophage Konsumenten in der Regel nicht am Abbau des pflanzlichen Bestandsabfalles im Boden beteiligt sind, sondern nur in ihrer Fraßtätigkeit in den Wurzeln dem Lebensraum Boden verbunden sind.

Doch spätestens unter Berücksichtigung des Ge-

samtenergieumsatzes und vor allem der gesamten Biomassendynamik im Boden und insbesondere unter Berücksichtigung der bodenschlüpfenden pterygoten Insekten ist auch die ‹Produktion an Imagines› (FUNKE, 1971), die Emergenz, bei den rhizophagen Curculioniden beachtlich. Mit einer Abundanz von 128–463 Ind/m^2 und einer Biomasse von 125–316 mg TG/m^2 sind sie mit 12,4% an den bodenschlüpfenden pterygoten Insekten eines Buchenwaldes im Solling beteiligt (Abb. 187) (GRIMM, 1973; SCHAUERMANN, 1973, 1977).

Bodenschlüpfende pterygote Insekten

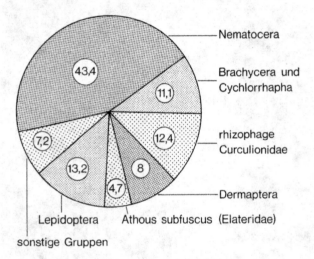

Nematocera

Brachycera und Cychlorrhapha

rhizophage Curculionidae

Dermaptera

Athous subfuscus (Elateridae)

Lepidoptera

sonstige Gruppen

Abb. 187: Der prozentuale Anteil bodenschlüpfender, pterygoter Insekten eines Sauerhumus-Buchenwaldes (Altbuchenbestand) errechnet aus der Biomasse von Photoeklektorfängen/m^2/Jahr als ‹Produktion an Imagines› (nach SCHAUERMANN, 1977).

Tafel 163: *Apion* spec. – Curculionidae (Rüsselkäfer)
    a Übersicht, lateral. 250 µm.
    b Übersicht, frontal. 250 µm.
    c Rüssel mit Mundwerkzeugen. 50 µm.
    d Antenne, distal. 25 µm.
    e Komplexauge. 50 µm.

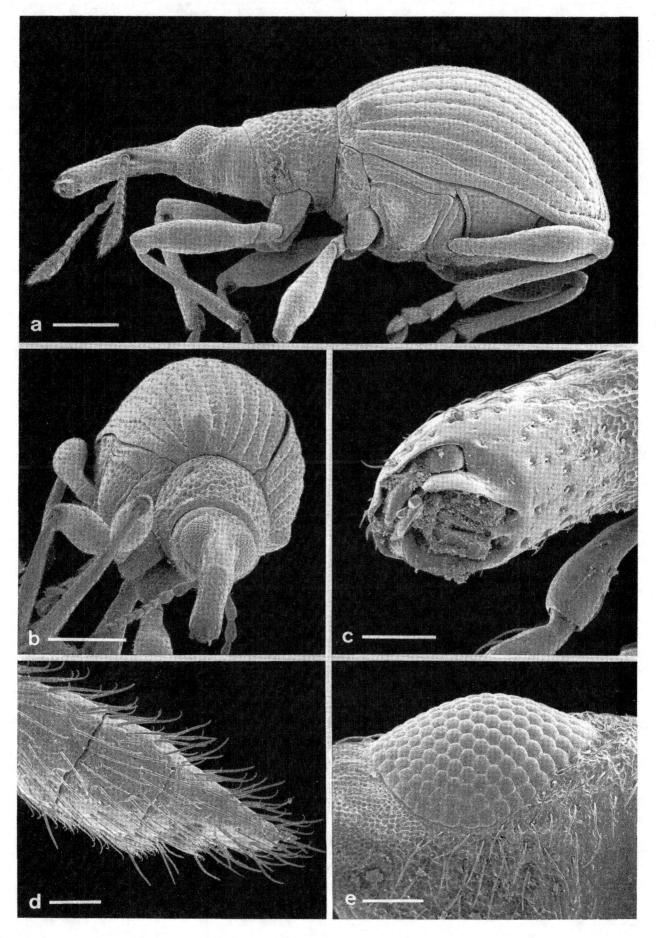

347

2.21 Ordnung: Hymenoptera – Hautflügler (Insecta)

Allgemeine Literatur: Forel 1874, Escherich 1917, Dornisthorpe 1927, Bischoff 1927, Stitz 1939, Gösswald 1951, Otto 1962, Bernard, 1968, Dumpert 1978

2.21.1 Bodenbewohnende Hautflügler

Von den Hymenopteren zählen vor allem solche Gruppen zu den Bodenbewohnern, die ihre Nester in die Erde bauen. Hierzu gehören Faltenwespen (Vespoidea), Wegwespen (Pompiloidea), Grabwespen (Sphecoidea), Bienen (Apoidea) und Ameisen (Formicoidea).

Von bodenbiologischer Bedeutung sind zweifellos die Ameisen, die staatenbildend ihr Nest mit einer hohen Individuenzahl bevölkern und schon deshalb konzentriert im Aktionsradius des Nestes für einen enormen Stoffumsatz im Boden sorgen.

Immer wieder hervorgehoben (Gösswald, 1951; Brauns, 1968; Dunger, 1974) wird der Nutzen der roten Waldameise *(Formica rufa* und *F. polyctena)* (Abb. 188; Tafel 164–166), die nicht unerheblich an der Dezimierung aufkommender Populationen von Schadinsekten beteiligt sind, wie bei dem Kiefernspinner *(Dendrolimus pini)*, dem Kiefernspanner *(Bupalus piniarius)*, der Forleule *(Panolis flammea)* und der Nonne *(Lymantria monacha)*. Daneben werden stets Blattwespen, Maikäfer, Rüsselkäfer, Borkenkäfer, Wickler u. a. als Beute ins Nest geschafft. Mindestens 100 000 Insekten werden in einem großen Nest der roten Waldameise täglich vertilgt (Escherich, 1917).

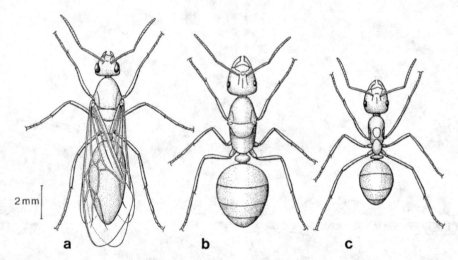

Abb. 188: Morphen der Waldameise *Formica polyctena* – Formicidae (nach Dumpert, 1978).
a Männchen, geflügelt.
b Weibchen, nach Abwurf der Flügel.
c Arbeiterin.

Tafel 164:   *Formica polyctena* – Formicidae, Waldameise, Arbeiterin
   a Vorderkörper mit Caput (Kopf), Thorax (Brust), Petiolus (Stiel) mit Schuppe und vorderem Abschnitt des Gaster (Hinterleib), lateral. 1 mm.
   b Vorderkörper, dorsal. 1 mm.
   c Epinotum (Pfeil), Petiolus mit Schuppe und vorderer Abschnitt des Gaster, dorsal. 250 μm.
   d Epinotum (Pfeil), Petiolus mit Schuppe und vorderer Abschnitt des Gaster, lateral. 250 μm.
   e Epinotum und Mesonotum (Pfeil) mit den Stigmata, dorsal. 250 μm.
   f Stigma am Hinterrand des Mesonotum. 25 μm.
   g Stigma auf dem Epinotum. 25 μm.

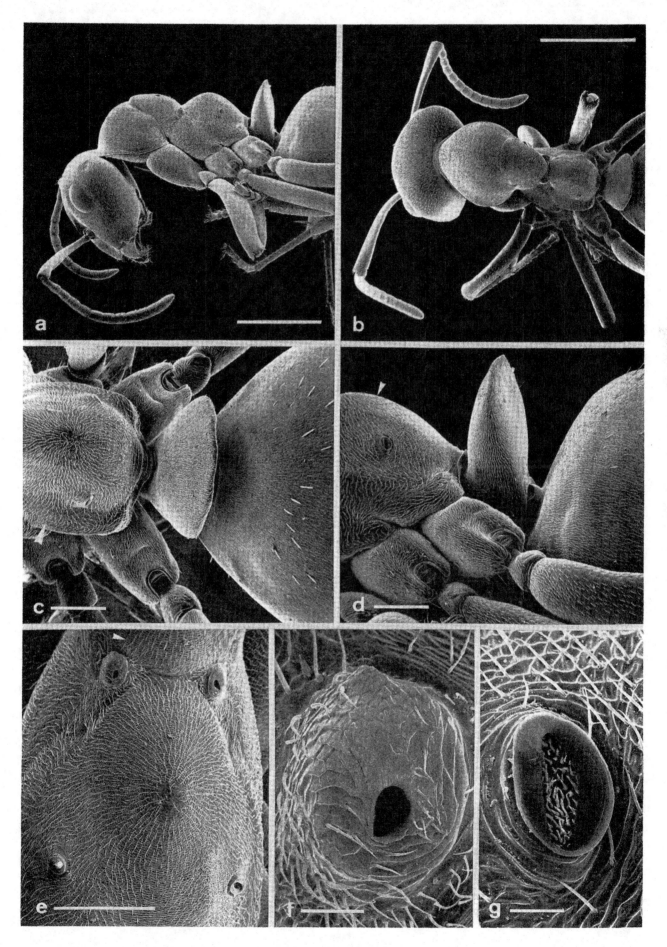

2.21.2 Die rote Waldameise im Wald- ökosystem

Im Rahmen des Stoffumsatzes im Ökosystem Wald nimmt die rote Waldameise eine oft zentrale Stellung ein. Die dichte Bevölkerung der Nester – ein mittelstarkes Volk enthält 500 000 bis 800 000 Individuen – konzentriert auf engem Raum einen erheblichen Anteil an organischer Substanz, die die Ameisen als Räuber oder Honigtausammler aus einem weitläufigen Areal in Form von Honigtau der Baum- und Rindenläuse (Lachniden) oder in Form tierischer Beute in ihr Nest einbringen. Aas, Kot und darüberhinaus der Bestandsabfall, der beim Bau und beständigen Umbau der Nester mit pflanzlichem Material anfällt und von den Ameisen mechanisch zerkleinert wird, sind das Konzentrat, das Bodenbakterien und -pilze unter den günstig erhöhten Temperaturen im Waldameisennest beschleunigt und vollständig mineralisieren (Abb. 189) (KLOFT, 1959, 1978: KNEITZ, 1974; OTTO, 1962).

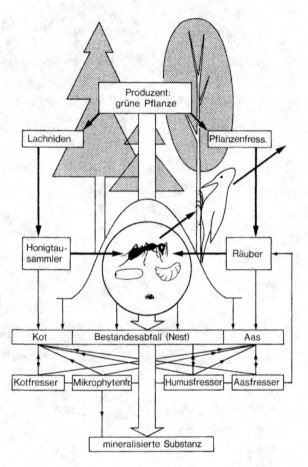

Abb. 189: Der Einfluß eines Waldameisenstaates im Stoffumsatz-Schema eines mitteleuropäischen Waldökosystems. Die von den Pflanzen produzierte organische Substanz wird zunächst von Primärkonsumenten verarbeitet. Die Ameisen wirken als Sekundärkonsumenten, z.B. als Produktsammler (Honigtau) oder als Räuber (verändert nach KLOFT, 1978).

Tafel 165: *Formica polyctena* – Formicidae, Waldameise, Arbeiterin
    a Antenne mit langem Scapus und mehrgliedriger Geißel (Funiculus). 0,5 mm.
    b Ausschnitt aus dem Mittelabschnitt des Funiculus. 50 µm.
    c Scapusgelenk zur Kopfkapsel mit Haarpolster zur Perzeption der Fühlerstellung. 50 µm.
    d Funiculus, distal. 100 µm.
    e Scapus-Funiculus-Gelenk. 100 µm.
    f Sensillenmuster mit Schuppen- und Haarsensillen am Funiculus, distal. 10 µm.

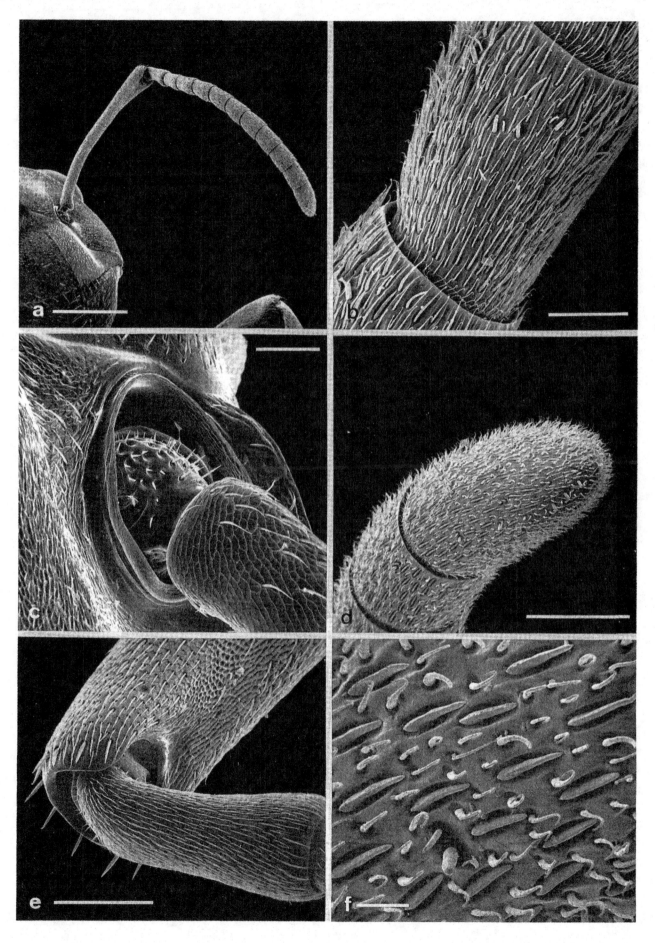

351

2.21.3 Die Erdnester der Ameisen

Bei den Nestformen ist eine kontinuierliche Entwicklung von einfach gebauten Erdnestern, über Kuppel- und Holznester zu Kartonnestern zu beobachten. Alle diese Nestformen sind dem Boden verbunden; doch können als höchstentwickelte Formen einige Kartonnester gelten, die frei an Zweigen hängen und auf Blättern sitzen (*Azteca* und *Crematogaster*).

Erdnester sind oft ohne erkennbaren Plan gebaut und bestehen aus mehr oder weniger unregelmäßigen Bodengängen, die mit der Außenwelt über mehrere Ausgänge verbunden sind. Gelegentlich sind die Gänge zu Kammern erweitert, in denen die Ameisen die Brut und Nahrung aufbewahren. So lebt die Ameise *Ponera coarctata* verborgen in engen Gängen tief im Boden und ernährt sich von kleinen Insekten und Milben .

Bei den Kuppelbauten sind die unterirdischen Nester über das Niveau der Bodenoberfläche vorgewölbt, indem mit Baumaterialien aus dem Boden und Pflanzenteilen, wie Grashalme, Holzstückchen, Blätter und Nadeln, Kuppeln (*Lasius niger*) oder die großen, bis zu 1,5 m hohen Hügel von *Formica rufa*

hergestellt werden (Abb. 191, 192). Die Größe und Gestalt der Hügel der roten Waldameise ist nicht nur von der Bevölkerung abhängig, sondern auch vom Mikroklima, insbesondere von der Feuchtigkeit und Wärme. Im Schatten der Bäume des Waldes nehmen spitzkegelige Ameisenhügel die Wärme leichter auf als abgeflachte Bauten (GÖSSWALD, 1951; KLOFT, 1959; OTTO, 1962).

Die Roßameise (*Camponotus herculeanus*) nagt Gänge und Kammern in lebende Nadelbäume, in Fichten- und Kieferstämme, indem sie das Frühjahrsholz zernagt und das Spätholz zur Wandung ihrer Kammern nutzt. Unterirdisch sind die Nester im Wurzelwerk der Bäume an den Kontaktstellen der Hauptwurzeln in einem ausgedehnten Areal miteinander verbunden (KLOFT et al., 1965).

Wieder andere Ameisen (*Lasius fuliginosus*) erweitern ihr Erdnest, das sie unter hohlen Baumstämmen zum Winternest umfunktionieren, indem sie in der Baumhöhle mit verklebten Holzspänen ein bizarres Kartonnest bauen (MASCHWITZ und HÖLLDOBLER, 1970).

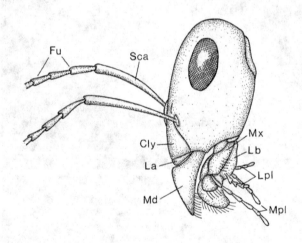

Abb. 190: Kopfgliederung bei *Formica lugubris* – Formicidae (verändert nach SUDD, 1967 aus DUMPERT, 1978). Kopf einer Arbeiterin, schematisch. Cly – Clypeus, Fu – Funiculus, La – Labrum, Lb – Labium, Lpl – Labialpalpen, Md – Mandibel, Mpl – Maxillarpalpen, Mx – Maxille, Sca – Scapus.

Tafel 166: *Formica polyctena* – Formicidae, Waldameise, Arbeiterin

    a Kopf, lateral. 250 μm.
    b Kopf von frontal mit den 3 Ocellen auf der Stirn. 250 μm.
    c Mandibeln und Palpen, lateral. 250 μm.
    d Mundwerkzeuge, ventral. 250 μm.
    e Komplexauge mit vereinzelten Haaren zwischen den Ommatidien. 100 μm.
    f Corneaoberfläche der Ommatidien. 5 μm.

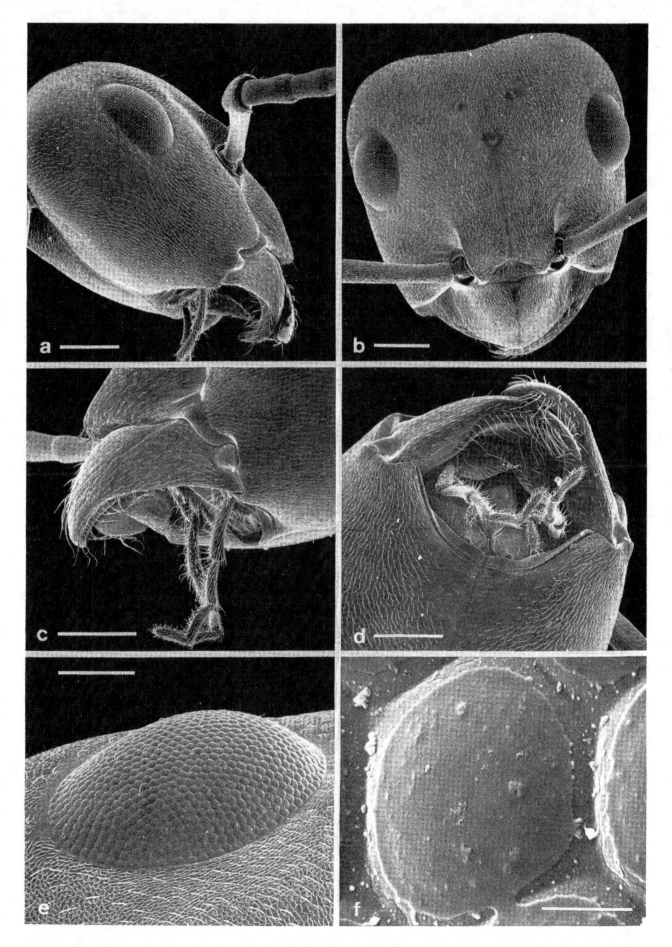

353

2.21.4 Die Rasenameise *Tetramorium caespitum*

Anders als die rote Waldameise bevorzugen Rasenameisen trockene und sonnige Biotope, meiden gelegentlich auch feuchte Böden nicht und finden sich auf Wiesen, Feldern und in Gärten ein (STITZ, 1939).

Rote Waldameisen und Rasenameisen haben im Prinzip dieselbe Nestform; doch sind ihre Kuppelnester ungleich prägnant. Das Kuppelnest der roten Waldameise ist eindrucksvoll zu einem hohen Erd-hügel aufgetrieben, das der Rasenameisen liegt überwiegend unterirdisch und erhebt sich unscheinbar, oft nur mit einer wenige Zentimeter hohen Kuppel über das Bodenniveau (Abb. 191, 192). Darüberhinaus sind die Nester den örtlichen Gegebenheiten entsprechend sehr anpassungsfähig und liegen auch häufig unter Steinen, die von der Sonne erwärmt werden. Oft ähneln die Nester der Rasenameise kleinen Nestern der Wegameise (Abb. 192).

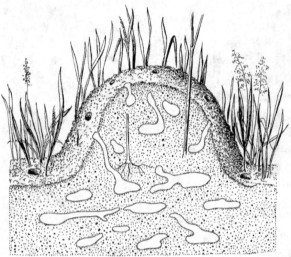

Abb. 191: Ausschnitt aus dem Bau der roten Waldameise. Es handelt sich um ein Erdhügelnest mit oberirdischem Hügel und unterirdischem Gangsystem (verändert nach DIRCKSEN und DIRCKSEN, 1968).
1 Exposition von Brut in der Sonne durch zwei Arbeiterinnen.
2 Zwei Arbeiterinnen betrillern sich mit den Antennen zur Übertragung von Mitteilungen.
3 Bewachte Eikammern.
4 Eintragen einer Heuschrecke als Beute.
5,6 Unterirdische Brutkammern mit madenförmigen Larven (5) und Puppen (6).

Abb. 192: Kuppelnest der Wegameise, *Lasius niger* – Formicidae, auf einer Wiese (verändert nach GOETSCH, 1953).

Tafel 167: *Tetramorium caespitum* – Mirmicidae (Knotenameisen), Rasenameise, Arbeiterin
    a Habitus, dorsal. Thorax und Gaster sind mit einem zweiknotigen Petiolus verbunden. 0,5 mm.
    b Übersicht, lateral. 0,5 mm.
    c Kopf, schräg frontal. 250 μm.
    d Kopf, dorsal. 250 μm.
    e Kopf mit Mandibeln und den Fühlergruben. 100 μm.
    f Petiolus mit Postpetiolus (Pfeil) und Gaster. 100 μm.

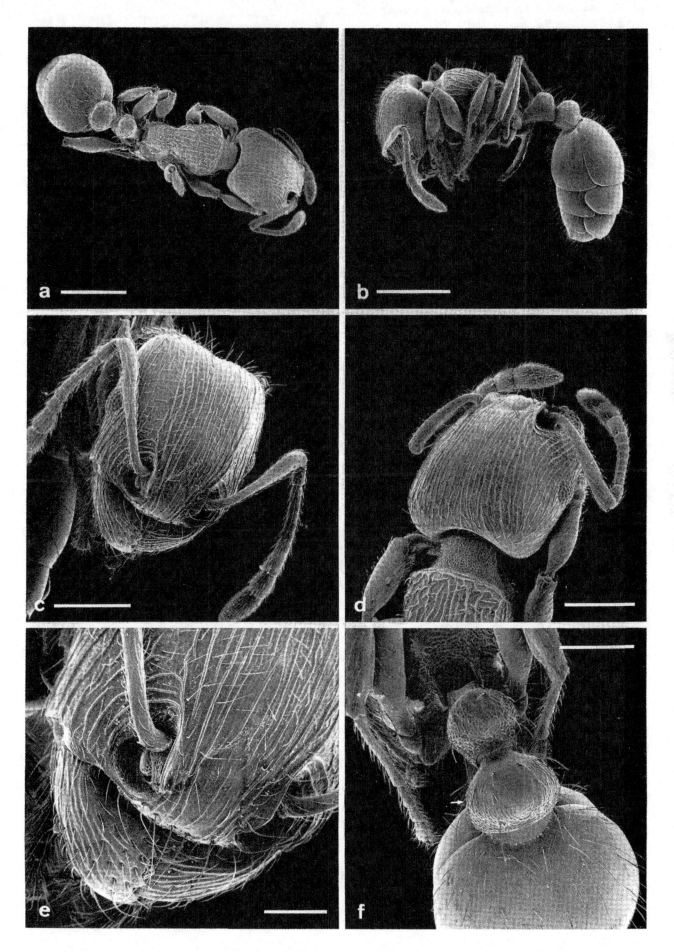

2.22 Ordnung: Trichoptera – Köcherfliegen (Insecta)

Allgemeine Literatur: MALICKY 1973, WICHARD 1978

2.22.1 Die terrestrische Köcherfliege: *Enoicyla pusilla* (Limnephilidae)

Nur wenige Köcherfliegenlarven haben eine terrestrische Lebensweise; die meisten Arten leben aquatisch. Die Köcherfliege *Enoicyla pusilla* (Tafel 168–170) ist eine bodenbewohnende Limnephilidae, die im westlichen Europa unter atlantischem Klimaeinfluß verbreitet ist und sich als Primärzersetzer am Abbau des pflanzlichen Bestandsabfalles beteiligt.

Neben ihrer terrestrischen Lebensweise kennzeichnet *Enoicyla pusilla* ein ausgeprägter Sexualdimorphismus (Abb. 193). Das Weibchen ist flügellos, mit unauffälligen Rudimenten, und bewegt sich – auf dem Boden laufend – wenig fort. Auch das Ausbreitungsvermögen der normal geflügelten Männchen ist gering. Dicht über dem Waldboden fliegen sie meist nur kurze Strecken, von einem Grashalm zum anderen (RATHJEN, 1939; KELNER-PILLAULT, 1960; MEY, 1983).

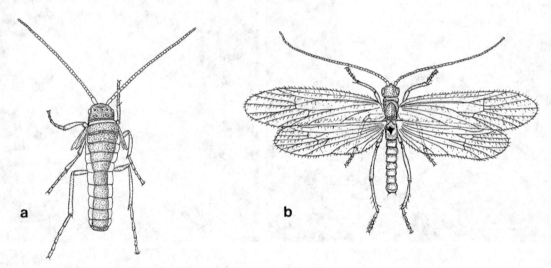

Abb. 193: *Enoicyla pusilla* – Limnephilidae (verändert nach RATHJEN, 1939 und BRAUNS, 1964).
a Weibchen, nach der Eiablage. b Männchen.

Tafel 168: *Enoicyla pusilla* – Limnephilidae, Larve
    a Köcher. 1 mm.
    b Larve im Köcher von frontal. 0,5 mm.
    c Kopf, schräg ventral, mit Larvalauge, Ober- und Unterlippe. 200 μm.
    d Oberlippe (Labrum, Pfeil) und Maxillo-Labium. 50 μm.
    e Larvalauge mit Stemmata. 25 μm.
    f Kolbensensillen des Maxillarpalpus. 1 μm.

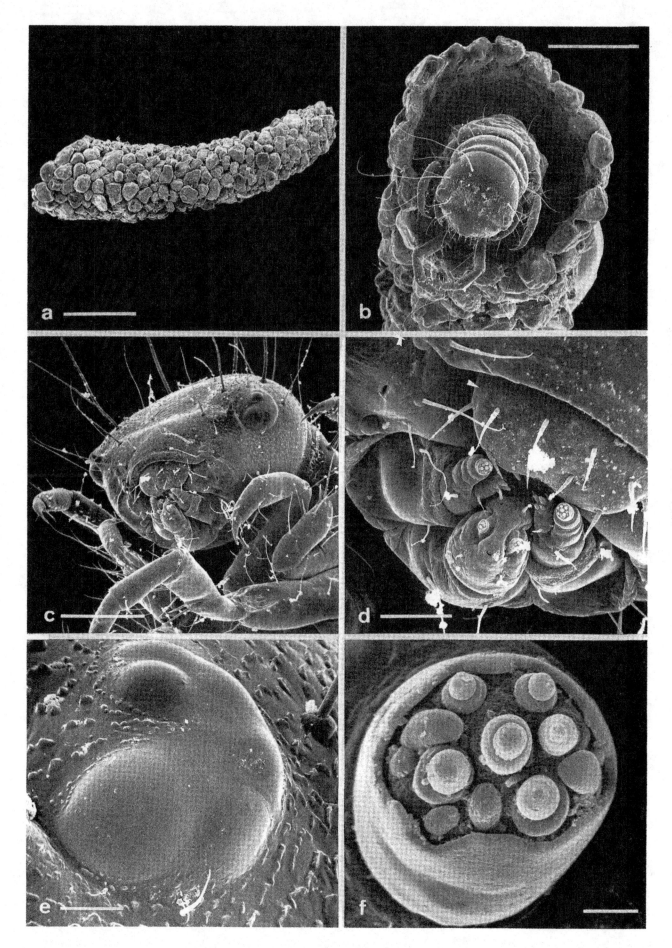

357

2.22.2 Bodenbiologische Bedeutung von *Enoicyla pusilla*

Die Weibchen legen im zeitigen Herbst den ‹Laich› an feuchten Stellen in der Laubstreu und zwischen Moos. Hier quillt die Gallerte zu etwa 5 mm großen Gelegen, die meist 30–50, gelegentlich auch bis 100 Eier beherbergen. Die Larven schlüpfen nach ca. 3 Wochen und beginnen mit dem Bau eines konischen Köchers, der aus kleinen Steinen besteht, die mit den Spinnfäden aus der Labial- und Spinndrüse verklebt werden und auch innen mit Gespinst ausgekleidet sind (Abb. 196; Tafel 168, 169).

Die Entwicklung der Larven verläuft über 5 Larvenstadien und dauert von Oktober bis Juli (Abb. 194). In dieser Zeit nimmt mit zunehmender Größe und fortschreitendem Larvenstadium die Aktivität (gemessen mit Barberfallen, SPÄH, 1978) und die Fraßtätigkeit beständig zu. Sie ernähren sich überwiegend von Fallaub und lassen an den Blättern Fraßspuren zurück (Abb. 195), ähnlich vielen anderen Primärzersetzern, die die weichen Teile verzehren und die Blattadern verschonen. Dabei ist die Abundanz der Larven in der Bodenstreu bemerkenswert. Nach SPÄH (1978) beträgt die durchschnittliche Abundanz lebender Larven in einem Erlenbruch in Westfalen 165 Ind./m^2 bei 720 leeren Köchern/m^2; DRIFT und WITKAMP (1960) geben für Eichenwälder in den Niederlanden Abundanzen von 200–1200 Larven/m^2 an.

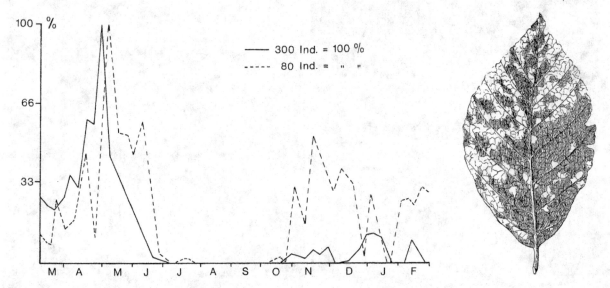

Abb. 194: *Enoicyla pusilla* – Limnephilidae. Phänologie einer Larvalpopulation (1975–1977) in der Streu eines Erlenbruches. Die Aktivität der Larven beschränkt sich auf den Zeitraum von Oktober bis Juli. Fangmethode: Barberfallen (verändert nach SPÄH, 1978).

Abb. 195: Fraßspuren der Larve an einem Buchenblatt aus der Streuschicht (verändert nach BRAUNS, 1964).

Tafel 169: *Enoicyla pusilla* – Limnephilidae, Larve
    a Köcheroberfläche (außen). 200 µm.
    b Köcheroberfläche (innen). 200 µm.
    c Köcheroberfläche, außen, mit Kittsubstanz. 100 µm.
    d Köcherinnenseite, mit Köchergespinst. 20 µm.
    e Köcheroberfläche, außen, mit Kittfäden. 20 µm.
    f Köcherinnenseite, mit Köchergespinst. 10 µm.

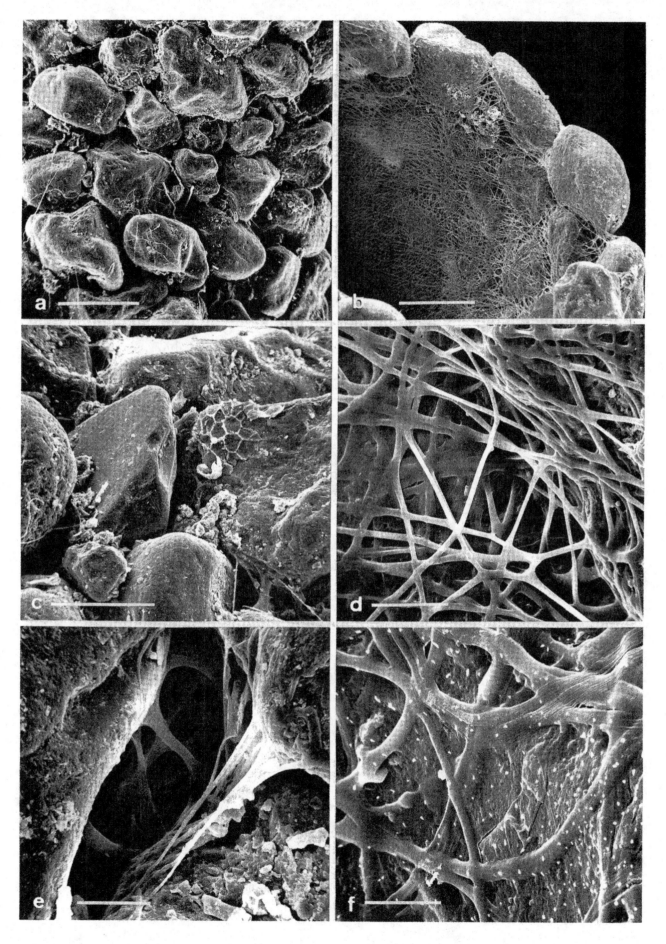

2.22.3 Anpassung an den terrestrischen Lebensraum

Lebenswichtige physiologische Mechanismen der ökologischen Anpassung aquatischer Insekten sind die Osmoregulation und Respiration. Die terrestrische *Enoicyla pusilla* hat diese besonderen Anpassungsmechanismen verloren. Die im Wasser lebenden Köcherfliegen haben ein geschlossenes Tracheensystem. Insbesondere die Limnephiliden, zu denen die terrestrische Köcherfliege gehört, entsprechen durch Anzahl und Verteilung der abdominalen Tracheenkiemen, sowie in der Funktionsmorphologie des respiratorischen Epithels der aquatischen Lebensweise (WICHARD, 1973, 1974). Den *Enoicyla*-Larven fehlen die Tracheenkiemen (Tafel 170); doch das Tracheensystem ist wie bei den aquatischen Limnephiliden geschlossen. Die Atmung geschieht als Hauttracheenatmung.

Darüberhinaus verfügen die aquatischen Limnephiliden-Larven notwendigerweise über ionenabsorbierende Chloridepithelien, die an der Ionen- und Osmoregulation beteiligt sind und gruppenspezifisch in unterschiedlicher Zahl und Verteilung als ovale oder runde Felder auf den Sterniten der abdominalen Segmente vorkommen. Beim Verlassen des aquatischen Lebensraums erübrigen sich diese Strukturen der Osmoregulation; *Enoicyla pusilla* besitzt somit konsequent keine Chloridepithelien (WICHARD und KOMNICK, 1973; WICHARD und SCHMITZ, 1980).

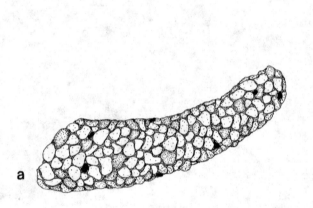

Abb. 196: *Enoicyla pusilla* – Limnephilidae.
a Köcher (Original).
b Larve, lateral (verändert nach BRAUNS, 1964).

Tafel 170: *Enoicyla pusilla* – Limnephilidae, Larve
    a Aus dem Köcher befreite Larve, lateral. 1 mm.
    b Kopf und Thorax, lateral, mit Larvalauge. 200 µm.
    c Übersicht von kaudal mit Dorsalhöcker und Analklappen. 250 µm.
    d Dorsalhöcker am 1. Abdominalsegment, lateral. 100 µm.
    e Abdomen, kaudal, lateral, mit Analklappen und Abdominalbein. 200 µm.
    f Abdominalbein (Pygopodium mit Endklaue). 50 µm.

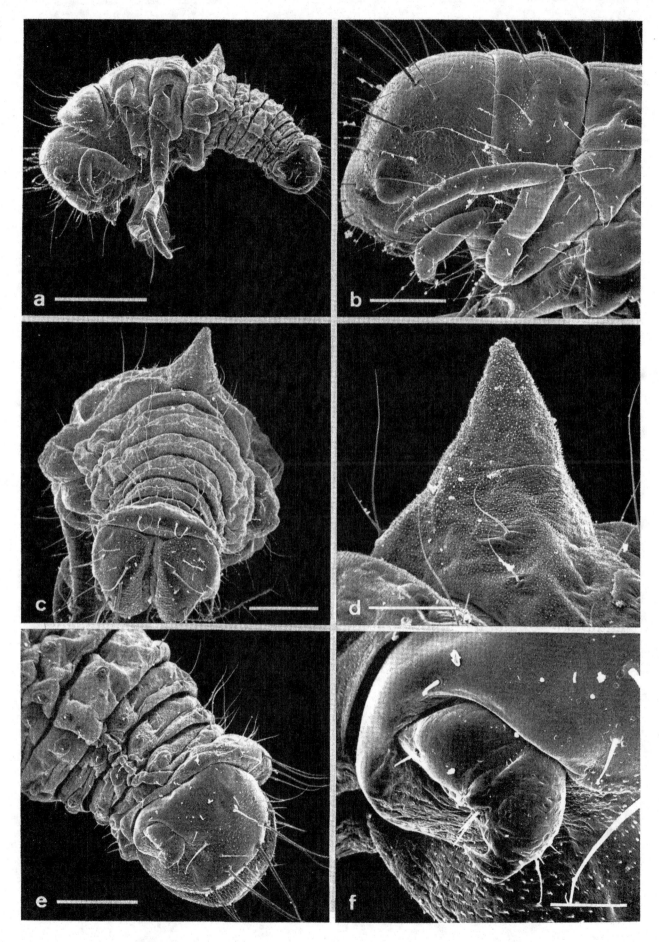

2.23 Ordnung: Lepidoptera – Schmetterlinge (Insecta)

Allgemeine Literatur: HERING 1926, FORSTER und WOHLFAHRT 1954–1982

2.23.1 Die Wurzelbohrer (Hepialidae) und Erdeulen (Noctuidae)

Die wohlbekannten Schmetterlinge gehören nur ausnahmsweise zu den Bodenarthropoden, da sich die Raupen vorwiegend nach den Wirts- und Futterpflanzen orientieren. Im allgemeinen gelangen Raupen nur zufällig auf den Boden, etwa mit herabfallenden Blättern.

Aber die Wurzelbohrer (Hepialidae) und die Erdeulen (Noctuidae) in der Unterfamilie Noctuinae (= Agrotinae) zählen zu den Lepidopteren, die während ihrer postembryonalen Entwicklung als Rau-

pen und Puppen im Boden vorkommen können. Die Raupen der Wurzelbohrer leben meist in den Wurzeln, aber die Verpuppung erfolgt außerhalb der Wurzeln in Erdröhren, die die Raupen zuvor gebaut und mit Gespinst ausgekleidet haben. Die Raupen der Erdeulen verbergen sich gerne tagsüber im Boden und fressen oberirdisch nur bei Dunkelheit oder ziehen Pflanzenteile mit in ihre Erdröhren. Sie verpuppen sich ebenfalls im Boden.

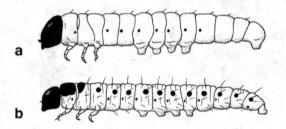

Abb. 197: Habitus von Schmetterlingsraupen (nach DUNGER, 1974).
a Erdraupe der Noctuidae (Noctuinae).
b Wurzelbohrerraupe der Hepialidae.

Tafel 171: *Epichnopteryx ardua* – Psychidae (Sackträger)
    a   Übersicht, lateral. Der sog. ‹Sack› ist aus Pinus-Nadelfragmenten gewirkt und durch Nadeln longitudinal verstärkt. 2 mm.
    b   Kopf und Thorax, schräg frontal. 250 µm.
    c   Kopf und Thorax, ventral. 100 µm.
    d, e Sackoberfläche. Der Zusammenhalt erfolgt durch Spinnfäden. 200 µm, 50 µm.

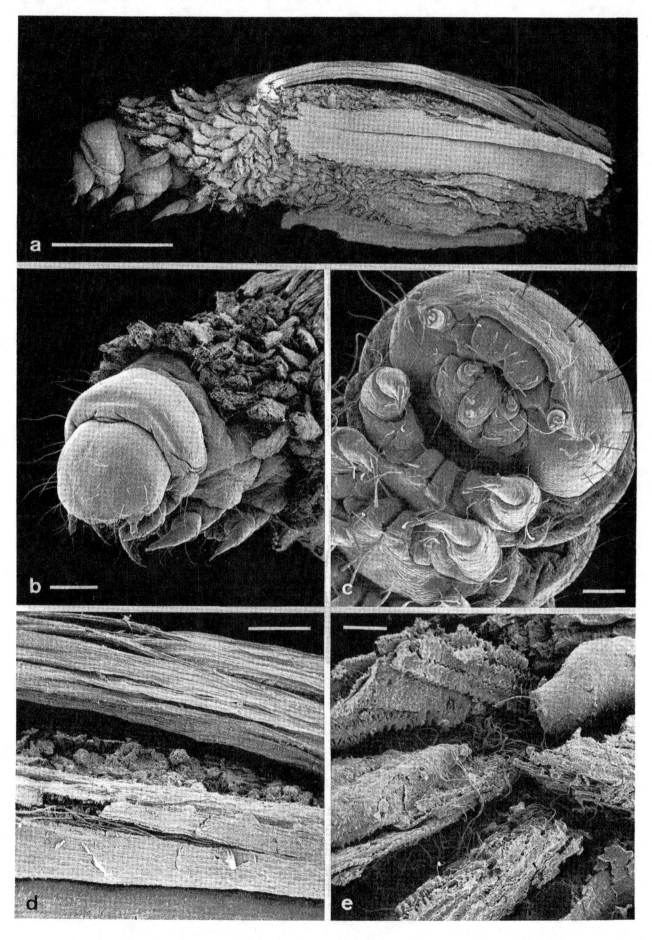

363

2.23.2 Die Sackträger (Psychidae)

Beachtenswert sind die Sackträger oder Psychiden, die mit vielen Arten zunächst als Raupen zu den epedaphischen Bodenarthropoden gehören. Die meist polyphagen Raupen, die sich von Algen, Flechten, Moosen und kleinen Pflanzenteilen ernähren, tragen schützend über ihren weichhäutigen Rumpf verschiedenartige, oft bizarre Säckchen, die sie aus kleinen Steinchen oder Pflanzenteilen in artspezifischer Weise herstellen (Abb. 198; Tafel 171, 172). Ihre bodenbiologische Bedeutung ist meist gering; doch können auch Psychiden nennenswerte Populationsdichten aufweisen. Verpuppungsreife Raupen der in Hochlagen der Alpen verbreiteten *Epichnopteryx ardua* traten in einem Krummseggenrasen der Hohen Tauern mit 365 Ind./m² bei einer Biomasse von 341 mg TG/m² auf (MEYER, 1983).

Die unscheinbaren und kleinen Psychiden-Falter haben einen Sexualdimorphismus. Die Männchen sind geflügelt; doch leben sie nur wenige Stunden oder Tage, in denen sie, angelockt von den weiblichen Duftstoffen (Pheromone), die Geschlechtspartner aufsuchen. Die Weibchen sind flügellos, von madenförmiger Gestalt, oft mit reduzierten Gliedmaßen und Mundwerkzeugen sowie fehlenden Augen (Abb. 198). Sie erwarten die Männchen in oder an den ursprünglichen Larvensäckchen, die seit der Verpuppung oft oberhalb des Bodens an Baumstämmen, Felsen und Pfosten angesponnen sind. Die Begattung und Eiablage erfolgt häufig in diesen Säckchen (FORSTER und WOHLFAHRT, 1960; DAVIS, 1964; KOZHANCHIKOV, 1956).

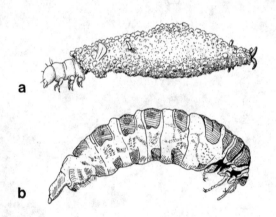

Abb. 198: Larve (**a**) mit Sack und Weibchen (**b**) von *Solenobia triquetrella* – Psychidae (Sackträger) (nach FORSTER und WOHLFAHRT, 1954–1971).

Tafel 172: *Epichnopteryx ardua* – Psychidae (Sackträger), Larve
- a,b Vom ‹Sack› entkleidete Larven, lateral und ventral 1 mm, 0,5 mm.
- c Kopf und Thorax, ventral. 250 µm.
- d Abdominalbein (Plantula) in Aufsicht mit Hakenkranz. 25 µm.
- e Kopf, lateral. 100 µm.
- f Analregion, ventral. 100 µm.

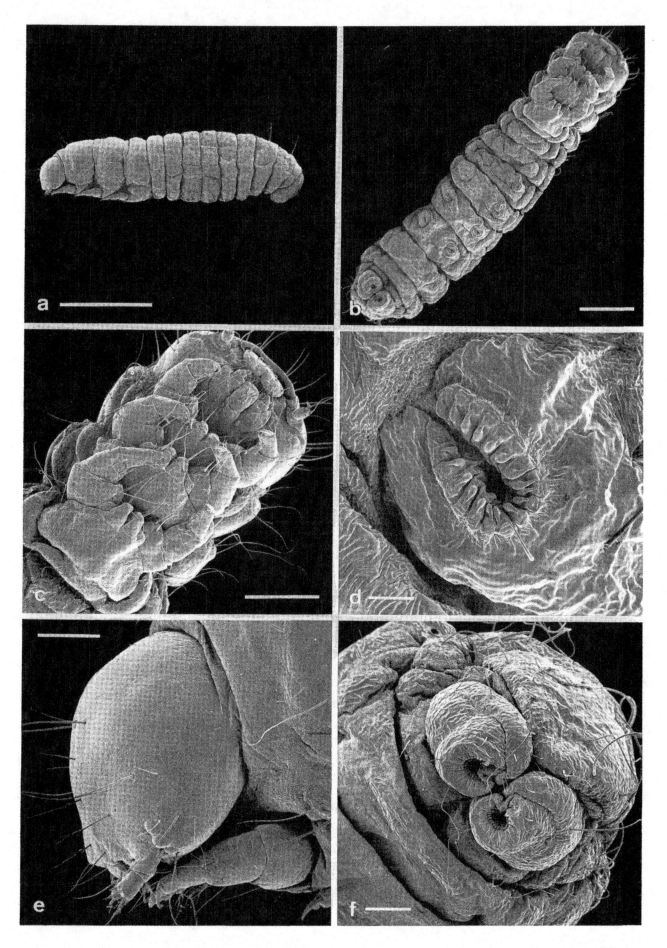

2.24 Ordnung: Mecoptera – Schnabelfliegen (Insecta)

Allgemeine Literatur: STITZ 1926, STRÜBING 1958, KALTENBACH 1978

2.24.1 Die Winterhafte (Boreidae)

Zur Familie Boreidae in der Ordnung Mecoptera gehören kleine, nur 2–7 mm lange Schnabelkerfe, deren Männchen zu hakenförmigen Borsten reduzierte und deren Weibchen als Schüppchen reduzierte Flügel besitzen. Neben dieser Flügellosigkeit zeichnet sich die Familie durch die Phänologie und geographische Verbreitung ihrer Arten aus. Boreiden sind mit der holarktischen Gattung *Boreus* und der nearktischen Gattung *Hesperoboreus* weit im Norden und hauptsächlich boreoalpin verbreitet. Sie werden als Winterhafte bezeichnet, weil die Imagines zeitig zu Beginn des Winters, von Oktober bis März, erscheinen. Nach der Paarung legen sie in Moos oder der oberen Bodenschicht ihre Eier ab, aus denen raupenartige, breitköpfige Larven hervorgehen, die den Sommer über in selbstgegrabenen Erdgängen leben, um sich im September zu verpuppen. Die in Mitteleuropa verbreiteten Arten sind *Boreus westwoodi* und *Boreus hyemalis* (Abb. 199; Tafel 173–175) (AUBROOK, 1939; STRÜBING, 1950; SAUER, 1966).

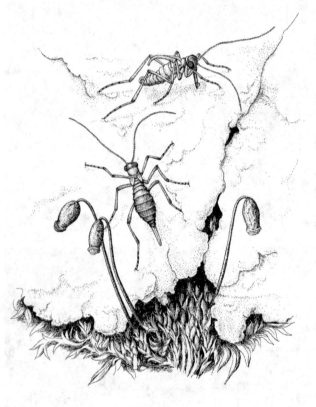

Abb. 199: Paar des Winterhaft, *Boreus hyemalis* – Boreidae, auf Schnee über einem Moospolster. Die Hauptnahrung besteht aus Moos und toten Kleintieren. Die Eiablage erfolgt in der obersten Bodenschicht, wo die Eier überwintern (verändert nach ENGEL, 1961).

Tafel 173: *Boreus westwoodi* – Boreidae (Winterhafte), Weibchen
    a Übersicht, lateral. 1 mm.
    b Übersicht, dorsal. 1 mm.
    c Übersicht, frontal. An dem geschnäbelten Kopf befinden sich distal die Mundwerkzeuge. 0,5 mm.
    d Thorax und Kopf, dorsal, mit Flügelrudimenten. 250 μm.
    e Abdomen, lateral, terminal. Die stark verjüngten Endsegmente bilden zusammen mit den ventralen Valven den Legeapparat. 250 μm.
    f Klaue, distal. 25 μm.

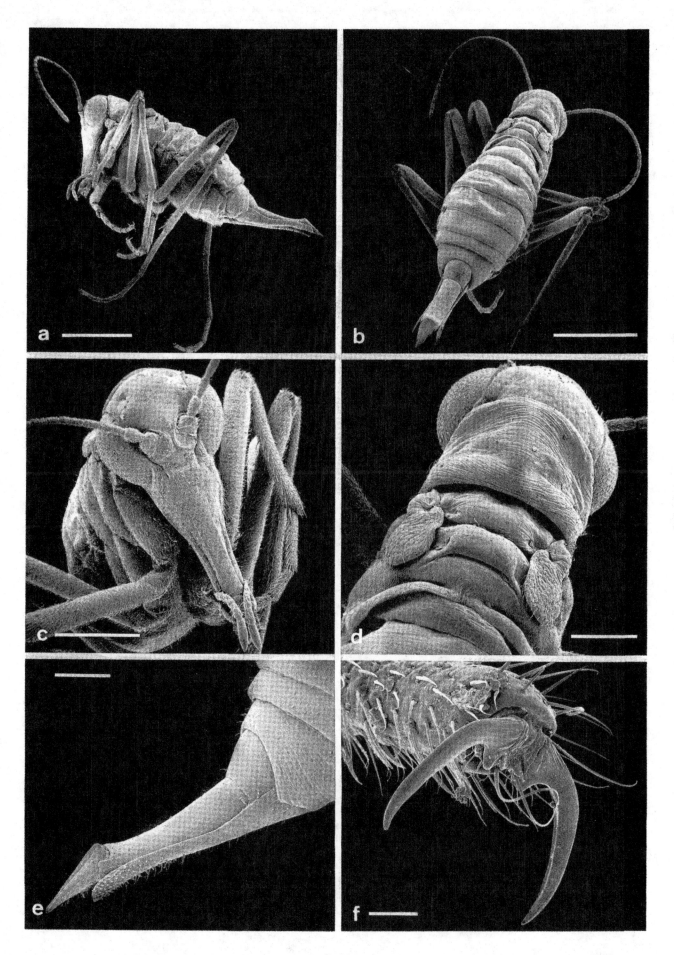

2.24.2 Paarungsbiologie der Winterhafte (Boreidae)

Das Paarungsverhalten, das unter den extremen winterlichen Bedingungen stattfindet, wurde von *Boreus hyemalis* (STEINER, 1937) und von *Boreus westwoodi* (SAUER, 1966; MICKOLEIT und MICKOLEIT, 1976) beschrieben; beide Arten ähneln sich in ihrem Verhalten.

Das paarungsbereite Männchen von *Boreus westwoodi* ergreift mit den Gonostylen ein vorbeikommendes Weibchen an den Extremitäten und versucht, oft unter heftigen Bewegungen des Weibchens, dieses zwischen seine hakenförmigen Flügelrudimente und dem Abdomenrücken zu klemmen (Abb. 200a). Ist dies gelungen, so kann sich das Weibchen nicht mehr aus dieser Flügelklammer befreien, weil sich die Tergalapophysen des 2. und 3. Abdominalsegments von unten in das Weibchen drücken und andererseits die hakenförmigen Flügelborsten des Männchen der abdominalen Körperform des Weibchen entsprechend gekrümmt sind. Jetzt lösen sich die Gonostylen von den Extremitäten und ergreifen das Weibchen an den Genitalplatten zur festen Verbindung der beiden Abdomenenden. Danach befreit das Männchen seine Partnerin aus der Flügelklammer und bringt durch Strecken und Umbiegen des Abdomens das Weibchen über das Männchen in die richtige Kopulationsstellung, die einem Kopulationsrad ähnlich ist (Abb. 200b; Tafel 174).

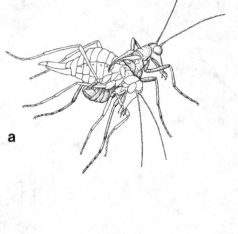

a

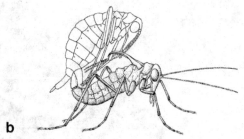

b

Abb. 200: Zur Paarung des Winterhaften, *Boreus westwoodi* – Boreidae (nach MICKOLEIT und MICKOLEIT, 1976).

a Paar in Klammerhaltung. Das Männchen (unten) klemmt das Weibchen mit seinen Flügelstummeln auf seinem Rücken ein und versucht es anschließend auf den Rücken zu befördern.

b Paarungsrad. Das Männchen (unten) hat den häutigen Penisschlauch in den Ovipositor des Weibchens (oben) eingeführt. Die Samenübertragung erfolgt mit Hilfe einer Spermatophore. Der Begattungsakt dauert von mehreren Stunden bis zu 2 Tagen.

Tafel 174: *Boreus hyemalis* – Boreidae (Winterhafte)

    a Paarungsrad, lateral. Oben befindet sich das Weibchen, unten das Männchen. 1 mm.

    b Paarungsrad, kaudal. Der Penis ist in die weibliche Geschlechtsöffnung eingeführt (Pfeil). Die weiblichen Endsegmente sind weit nach oben aufgeklappt. 0,5 mm.

    c Paarungsrad, frontal. 1 mm.

    d Legeeinrichtung des Weibchens aufgeklappt. 250 μm.

    e Legeeinrichtung, lateral. 250 μm.

    f Aftersegment mit ventro-kaudaler Lage des Afterfeldes. 50 μm.

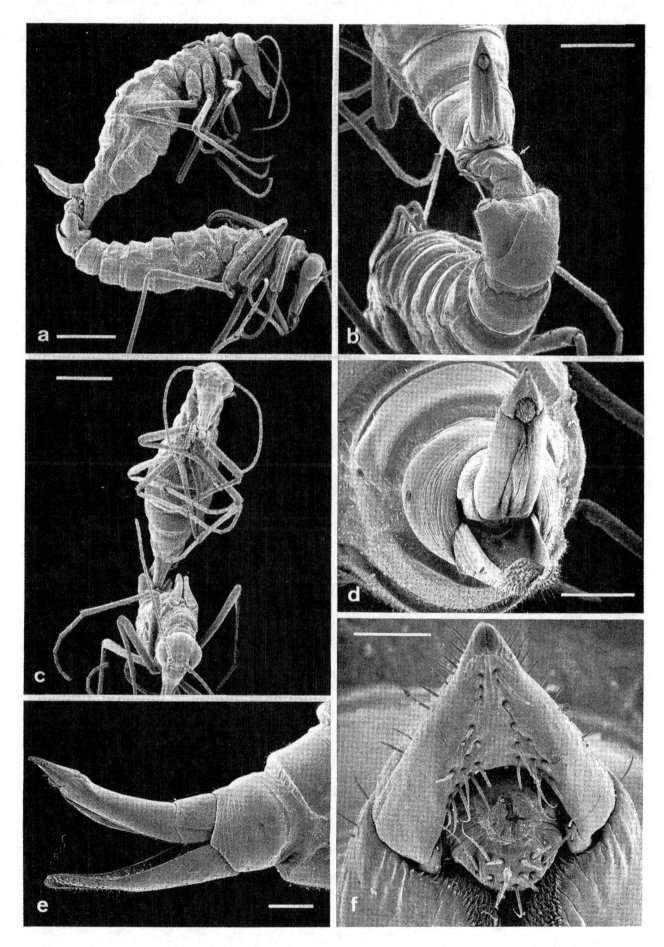

2.24.3 Flügellosigkeit boden-bewohnender Insekten

Neben den primär flügellosen Insekten, die früher systematisch zusammengefaßt und als Apterygota bezeichnet wurden, befinden sich unter den Bodenarthropoden auch Insekten, die sekundär flügellos wurden und sich phylogenetisch von pterygoten Insekten ableiten. Es sind Insekten, die über die Flügellosigkeit der Entwicklungsstadien hinaus flügellos sind und systematisch verschiedenen Ordnungen angehören.

Diese flugunfähigen, apteren Insekten sind in ihrem Ausbreitungsbestreben eingeschränkt und so in besonderem Maße an den Boden gebunden. Doch allein einige Leptotyphlinen, eine Unterfamilie der Staphylinidae (Coleoptera), sind durch die Reduktion der Flügel und durch die einhergehende Formveränderung dem euedaphischen Leben im Boden voll angepaßt (Abb. 172d).

Daneben leben epedaphisch einige Insekten, deren Flügellosigkeit als Sexualdimorphismus ausge-bildet ist, wobei die Weibchen apter, die Männchen aber geflügelt und flugtüchtig sind. Hierzu gehören Käfer der Lampyridae (Tafel 155 und 156), die terrestrischen Köcherfliegen der Gattungen *Enoicyla* (Limnephilidae) (Abb. 193) und die Sackträger (Psychidae) unter den Schmetterlingen. Zu diesen apteren Insekten, deren Partner geflügelt sind, sind im weiteren Sinne auch die Ameisen zu erwähnen, die in ihrem Sozialgefüge flügellose (Arbeiterinnen) und geflügelte Morphen (Königinnen, Männchen) haben.

Demgegenüber sind unter den Dipteren die Schneefliegen der Gattung *Chionea* (Limoniidae) (Tafel 179) und von den Mecopteren die Winterhafte (Boreidae) (Tafel 173) in beiden Geschlechtern flügellos und epedaphische Bewohner des Bodens. Über diese Gemeinsamkeit hinaus leben sie vergesellschaftet miteinander und erweisen sich beide als kaltstenotherme Bodenarthropoden.

Tafel 175: *Boreus hyemalis* – Boreidae (Winterhafte), Männchen
  a Übersicht, frontal. 0,5 mm.
  b Flügelrudimente. 150 µm.
  c Flügel, terminal, lateral. 100 µm.
  d Hinter- und Vorderflügel, lateral. Der unten liegende Hinterflügel (Pfeil) ist nur mehr eine Kammleiste. 25 µm.
  e Mundwerkzeuge, lateral. Die Pfeile markieren die Maxillarpalpen (oben), die rechte Galea und die Mandibel. 100 µm.
  f Mundwerkzeuge, frontal, mit Maxillarpalpen, Galeae und Mandibeln. 100 µm.

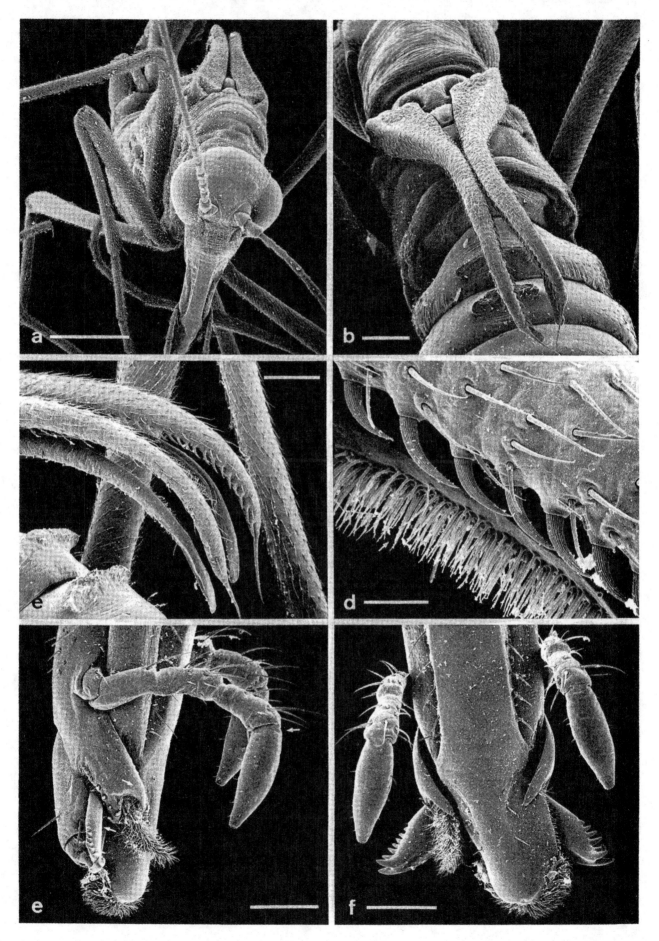

2.25 Ordnung: Diptera –
Zweiflügler (Insecta)

Allgemeine Literatur: HENNIG 1948–1952, 1973,
BRAUNS 1954, SÉGUY 1950

2.25.1 Bodenbewohnende Dipteren

Dipteren oder Zweiflügler nehmen als Larven ganz wesentlichen Anteil an der Lebensgemeinschaft im Boden (Abb. 201). Obwohl unsere Kenntnisse über Ökologie und Physiologie, Biologie und Systematik der bodenbewohnenden Dipterenlarven vielfach noch mangelhaft sind, ist ihre bodenbiologische Bedeutung unumstritten. Dabei spielen neben der Formenvielfalt die großen Populationen der Larven und andererseits ihre Fraßtätigkeit als Pri-

mär- und Folgezersetzer beim Abbau des pflanzlichen Bestandsabfalles eine entscheidende Rolle.

Grundlegende Arbeiten über terrestrische Dipteren-Larven, die in zunehmendem Maße durch neuere bodenbiologische Dipterenuntersuchungen fortgesetzt werden (z. B. ALTMÜLLER, 1979; VOLZ, 1983), veröffentlichten HENNIG (1948–1952, 1973) und vor allem BRAUNS (1954a, b, c, 1955).

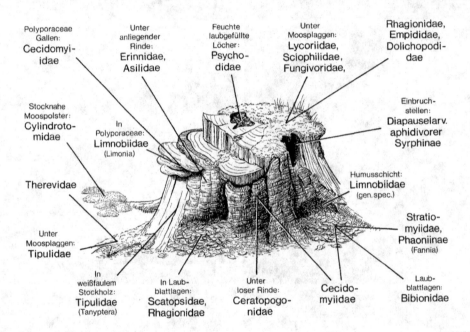

Abb. 201: Habitate der häufigsten terricolen Dipterenlarven in einem 6–8jährigen Buchenstock (verändert nach BRAUNS, 1954).

Tafel 176: Larven der Tipulidae (Schnaken)
    a   Übersicht, lateral. Der Vorderkörper befindet sich links oben. 0,5 mm.
    b   ‹Kopfbereich›, schräg frontal. 200 µm.
    c, d Mundwerkzeuge und Antennen (Pfeile). Der apikale Antennenbulbus ist in d ausgestülpt. 250 µm, 50 µm.
    e   Maxillarpalpus, distal. 5 µm.
    f   Antenne, distal, mit eingezogenem Apikalbulbus und Sensillen. 20 µm.

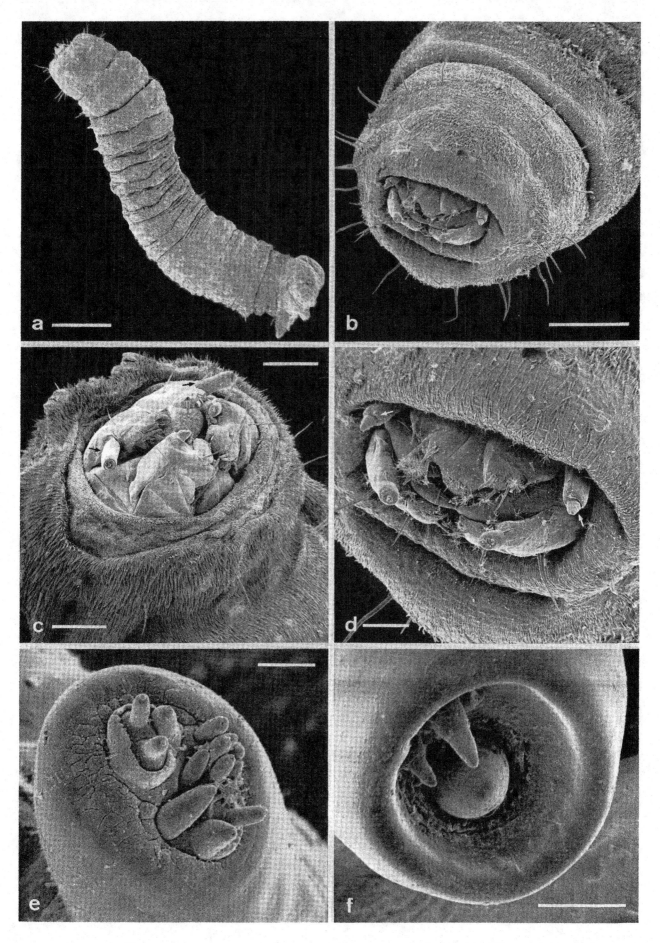

2.25.2 Die Larven der Tipulidae (Schnaken)

Die dicken, walzen- oder raupenförmigen Larven sind weichhäutig, mit dichter, fein haarförmiger Oberflächenstrukturierung (Tafel 176, 178). Sie haben eine durchschnittliche Länge von 2 cm, erreichen aber auch eine Größe von 4 cm. Der retraktile ‹Kopf› ist oft im Prothorax eingesenkt, so daß manchmal nur die kauenden Mundwerkzeuge mit den kräftigen, gezähnten Mandibeln und die Antennen zu sehen sind. Die Larven sind metapneustisch (Abb. 212); das Stigmenpaar befindet sich am 8. Abdominalsegment in einem Stigmenfeld, das von 6 strahlenförmigen Randlappen umgeben ist (Abb. 202; Tafel 177). Daneben befinden sich am Anus Analpapillen, die beim Zurückziehen kollabieren und in evertiertem Zustand der Osmo- und Ionenregulation dienen. Bei terrestrischen Larven, die in feuchten Böden leben, beschränken sich die Analpapillen oft auf zwei kurze Ausstülpungen rechts und links der Analöffnung (BRAUNS, 1954a, THEOWALD, 1967).

Die Larven leben meist semiaquatisch, aber auch rein terrestrisch oder aquatisch. Sie ernähren sich makrophytophag und saprophag. Die terrestrischen Larven bevorzugen Laubwälder und sind an der Umsetzung der Laubstreu nennenswert beteiligt (PEREL et al., 1971; PRIESNER, 1961).

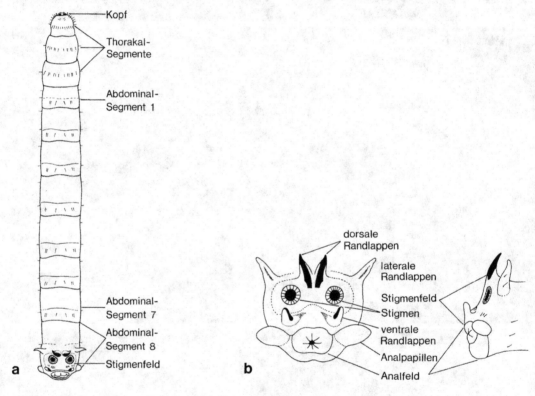

Abb. 202: Larve von *Tipula scripta* – Tipulidae (Schnaken) (nach THEOWALD, 1967).
a Habitus, dorsal.
b Gliederung der Analregion (‹Teufelsmaske›), kaudal und lateral.

Tafel 177: Larven der Tipulidae (Schnaken)
    a, b Analregion, schräg kaudal. Es handelt sich um die sog. ‹Teufelsmaske›, die vor allem durch die Analhörner und Analpapillen und die tiefschwarzen Stigmenrosetten ihr typisches Aussehen gewinnt. 200 µm, 0,5 µm.
    c Analregion, lateral. 250 µm.
    d Rosettenartiger Stigmenverschluß. 100 µm.
    e Afterfeld. 100 µm.
    f Analhorn. 100 µm.

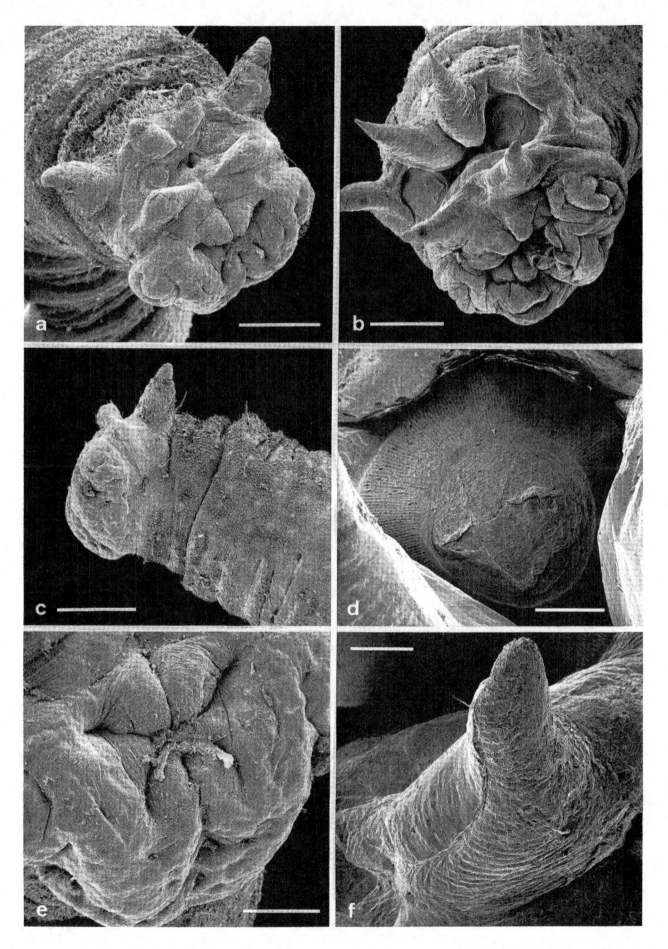

2.25.3 Produktionsbiologische Aspekte bei Tipulidae-Larven

Die Larven von *Tipula maxima* besiedeln nasse und sumpfige Waldböden, sind aber auch im Uferbereich kleiner, stehender und fließender Gewässer zu finden. Zur Produktionsbiologie untersuchte CASPERS (1980) die Konsumption (Nahrungsaufnahme), Defäkation (Ausscheidung) und Respiration (Atmung) von den herbstlichen Larven im 4. Stadium bei unterschiedlichen Temperaturen (Abb. 203). Bereits bei Temperaturen um 10 °C, die im Herbst realistisch sind, erreichen die Larven ihre fast maximale stoffwechselphysiologische Aktivität; weitere Temperaturerhöhungen bewirken nur geringe Steigerungsraten (vgl. auch HOFSVANG, 1973; ZINKLER, 1980, 1983).

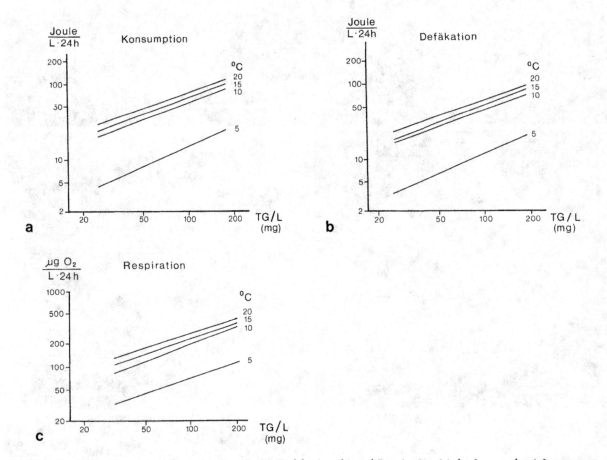

Abb. 203: Zur Abhängigkeit der Konsumption (a), Defäkation (b) und Respiration (c) der Larven des 4. Larvenstadiums von *Tipula maxima* von der Temperatur (verändert nach CASPERS, 1980).

Tafel 178: Larven der Tipulidae (Schnaken)
    a   Abdomen, schräg dorsal. 0,5 mm.
    b   Vordere Rumpfsegmente, lateral. 0,5 mm.
    c   Abdominalsegment, Cuticula. 100 µm.
    d, e Cuticula der Hals-Kopf-Region. 50 µm, 25 µm.
    f   Cuticula der Rückenregion. 50 µm.

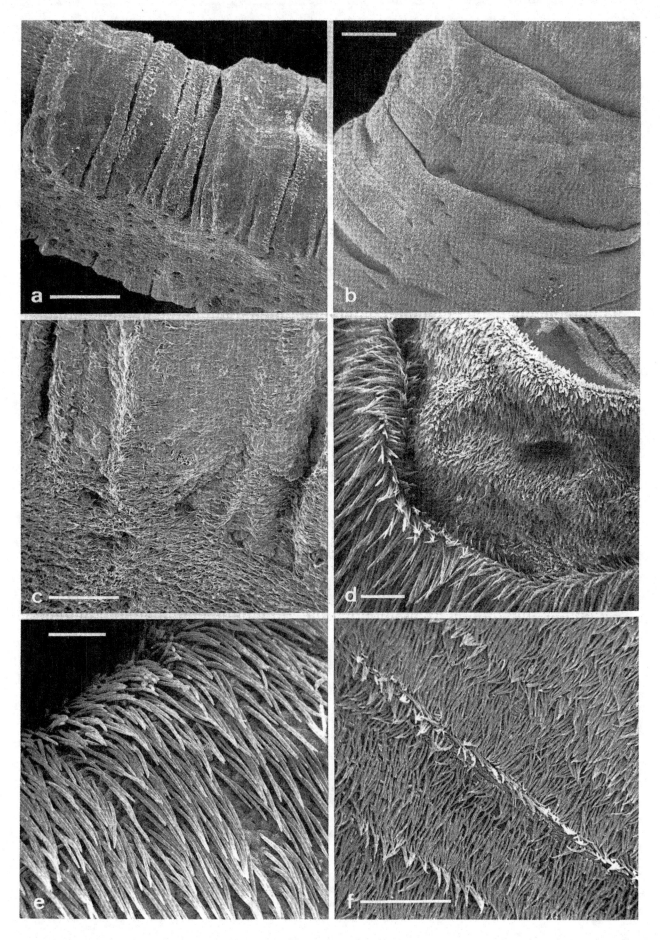

377

2.25.4 Die Schneefliege *Chionea lutescens* (Limoniidae)

Eine Besonderheit unter den bodenbewohnenden Dipteren sind die flügellosen Schneefliegen der Gattung *Chionea*, die zur Familie Limoniidae (Eriopterinae) gehören. Die verbreiteste Art in Mitteleuropa ist *Chionea lutescens* (BEZZI 1917) (Tafel 179, 180), während die Gattung im Hochgebirge Nord- und Nordosteuropas durch *Chionea araneoides* (Abb. 204) und *Ch. crassipes* und in den Alpen durch *Chionea alpina* vertreten ist (HÅGVAR, 1971; STRÜBING, 1958). Der spärliche Nachweis dieser Arten läßt sich nicht nur auf das seltene Vorkommen zurückführen, sondern auch auf das jahreszeitliche Auftreten der Fliegen, die in den Wintermonaten im Freien bei Temperaturen von 0–10 °C auf dem Schnee zu finden sind, während sie sich im Sommer zu verbergen scheinen (SEGUY, 1950). Das jahreszeitliche Aktivitätsoptimum liegt im Januar; dann werden 58 % aller Individuen in Bodenfallen erfaßt, während die Tiere bereits im März fehlen (FELDMANN und REHAGE, 1973); nach ERBER (1972) dauert die winterliche Aktivitätsperiode von Mitte September bis Ende Februar.

Abb. 204: *Chionea araneoides* – Limoniidae (Stelzmücken), Habitus von kaudal (nach STRÜBING, 1958).

Tafel 179: *Chionea lutescens* – Limoniidae (Stelzmücken), Schneefliege
   a Übersicht, dorsal. 1 mm.
   b Übersicht, schräg frontal. Auf dem Thorax befinden sich die Halteren und die Bruchstellen der Vorderflügel (Pfeile). 400 µm.
   c Kopf, ventral, mit Saugrüssel. 100 µm.
   d Saugrüssel, frontal. 50 µm.
   e Filterapparat aus Borsten an der Rüsselspitze. 5 µm.
   f Tergum des Mesothorax mit Bruchstelle eines Vorderflügels. 25 µm.

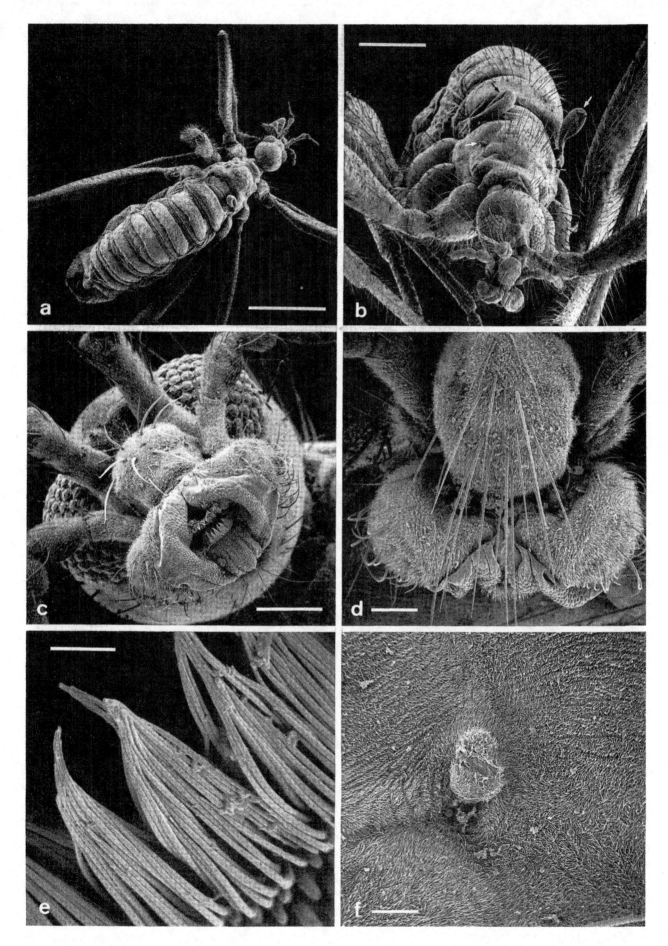

2.25.5 Die Gestalt der kaltstenothermen Schneefliegen

Die ca. 4 mm langen, über den Körper und die Extremitäten behaarten Schneefliegen bekommen durch das Fehlen der Flügel und durch die langen, abgewinkelten Beine oft ein spinnenhaftes Aussehen. Von den Flügeln ist das erste Paar vollständig reduziert; aber die Schwingkölbchen (Halteren) sind erhalten, möglicherweise mit abgewandelter Funktion. Diese Flügelreduktion, die auch bei den mit der Schneefliege oft vergesellschafteten Winterhaften (Mecoptera) zu beobachten ist, wird von STRÜBING (1958) in Zusammenhang gebracht mit den tiefen winterlichen Temperaturen und anderen winterbedingten Faktoren. Die Kälteanpassung sei soweit fortgeschritten, daß die Tiere nur noch bei niedrigen Temperaturen, vorzugsweise des boreoalpinen Raumes, zu leben vermögen und im Verlaufe der Evolution ihre Gestalt durch die Reduktion der Flügel und ihre Lebensweise kontinuierlich spezialisiert haben.

Tafel 180: *Chionea lutescens* – Limoniidae (Stelzmücken), Schneefliege
    a   Haltere, distal (bei den Kügelchen auf der Cuticula handelt es sich vermutlich um Sekrete). 25 µm.
    b   Antenne, von kaudal. 50 µm.
    c, d Oberfläche des 2. Antennengliedes. 25 µm, 5 µm.
    e   Abdomen eines Männchens, kaudal. 250 µm.
    f   Abdomen eines Weibchens, terminal, lateral, mit Legeeinrichtung. 0,5 mm.

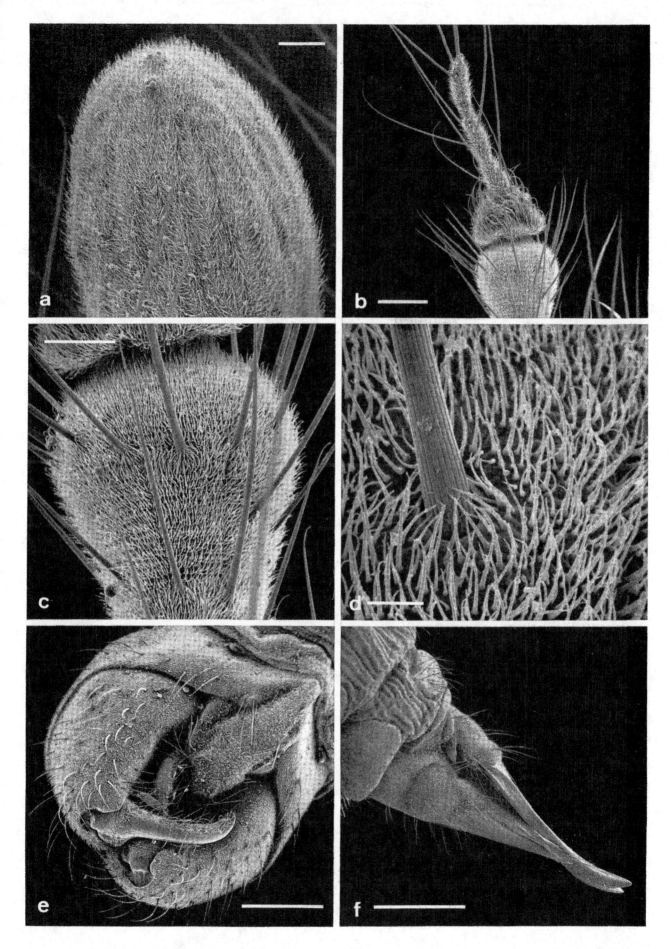

381

2.25.6 Die Larven der Psychodidae (Schmetterlingsmücken)

Die kleinen, nur 4 mm großen Psychodiden-Larven sind wurmförmig oder seltener asselförmig *(Sycorax)* und meist durch eine auffallende Scheinsegmentierung am Thorax und Abdomen gekennzeichnet. Im Habitus sind sie auf diese Weise dem Lükkensystem im Boden angepaßt. Neben der Oberflächenstrukturierung durch sekundäre Segmentierung haben viele Larven dorsal auf dem Körper Borstenreihen, die als Sinneshaare gedeutet werden, andererseits aber auch der Verankerung kleiner Erdpartikel dienen, die bei manchen Larven *(Pericoma)* die Erdverbundenheit unterstreichen.

Bei den Tieren im Kopfbereich nachgewiesene sessil-peritriche Ciliaten (Tafel 181) sind ein Indikator für den bevorzugten Lebensraum. Psychodiden-Larven leben vorwiegend aquatisch und kommen in Waldböden nur in sehr feuchten (semiaquatischen) Habitaten, zwischen faulendem Laub oder in feuchten Stellen modernder Baumstubben vor.

Sie ernähren sich zoo- und saprophytophag, nehmen auch Algen und niedere Pilze mikrophytophag; doch insgesamt ist die bodenbiologische Bedeutung dieser Larven vergleichsweise gering (BRAUNS, 1954).

Abb. 205: Larve der Psychodidae (Schmetterlingsmükken), Habitus lateral (Original).

Tafel 181: Larven der Psychodidae (Schmetterlingsmücken)

  a, b Übersicht, lateral. Die Larven haben sich auf dem Rücken Erdpartikel aufgeklebt, vermutlich zur Tarnung. 0,5 mm, 0,5 mm.

  c Kopf und Rumpf, schräg frontal. Der Pfeil am Hinterkopf markiert sessile peritriche Ciliaten, ein Indikator für die aquatische bzw. semiaquatische Lebensweise der Larven. 100 μm.

  d Übersicht, frontal. 250 μm.

  e Kopf, schräg frontal. 50 μm.

  f Übersicht, schräg kaudal. 0,5 mm.

  g Antenne, distal, mit Sensillen. 10 μm.

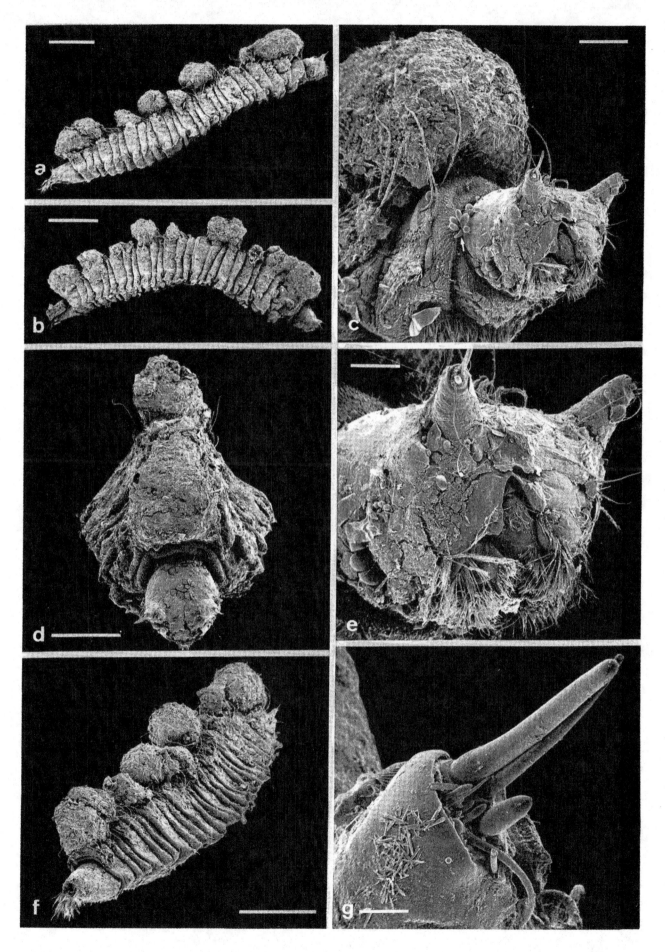

2.25.7 Die Larven der Ceratopogonidae (Gnitzen)

Die Larven der Ceratopogoniden leben überwiegend aquatisch und semiaquatisch; terrestrische Formen gehören zur Unterfamilie Forcipomyiinae. Die länglichen und deutlich segmentierten Larven haben vordere und hintere Fußstummeln, die mit Häkchen besetzt sind (Abb. 206; Tafel 182). Die Larven leben mit geschlossenem Tracheensystem (apneustischer Typ). Die am Anus hängenden Analpapillen dienen der Osmo- und Ionenregulation. Die Larven (Forcipomyia) werden in der Streuschicht und unter modernden Baumrinden in Laubmischwäldern gefunden.

Andere, im Habitus von Forcipomyia deutlich unterschiedene Ceratopogoniden-Larven, die ebenfalls in der Streuschicht vorkommen, gehören etwa zu Gattung Bezzia. Die Larven sind von äußerst schlanker Gestalt und werden zur Unterfamilie Culicoidinae gezählt, denen die vorderen und hinteren Fußstummeln fehlen. Anders als die terrestrische Forcipomyia bevorzugen die eher aquatisch lebenden Bezzia-Larven feuchte Bodenstreu oder feuchte Moospolster (STRENZKE, 1950; BRAUNS, 1954).

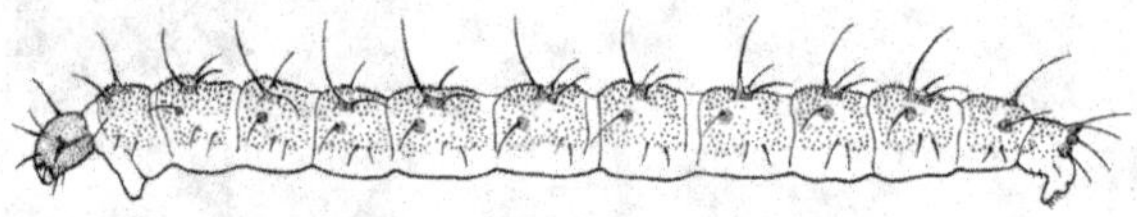

Abb. 206: Larve der Ceratopogonidae (Gnitzen), *Forcipomyia* spec., Habitus lateral (nach BRAUNS, 1954).

Tafel 182: Larve der Ceratopogonidae (Gnitzen)
    a Übersicht, lateral. Der Kopf befindet sich am rechten Bildrand. 1 mm.
    b Kopf und Thorax mit Fußstummeln, lateral. 200 µm.
    c Abdominalsegmente, lateral. 100 µm.
    d Kopf mit Fußstummeln, ventral. 100 µm.
    c Analregion mit Papillen. 50 µm.
    f Mundfeld. 20 µm.

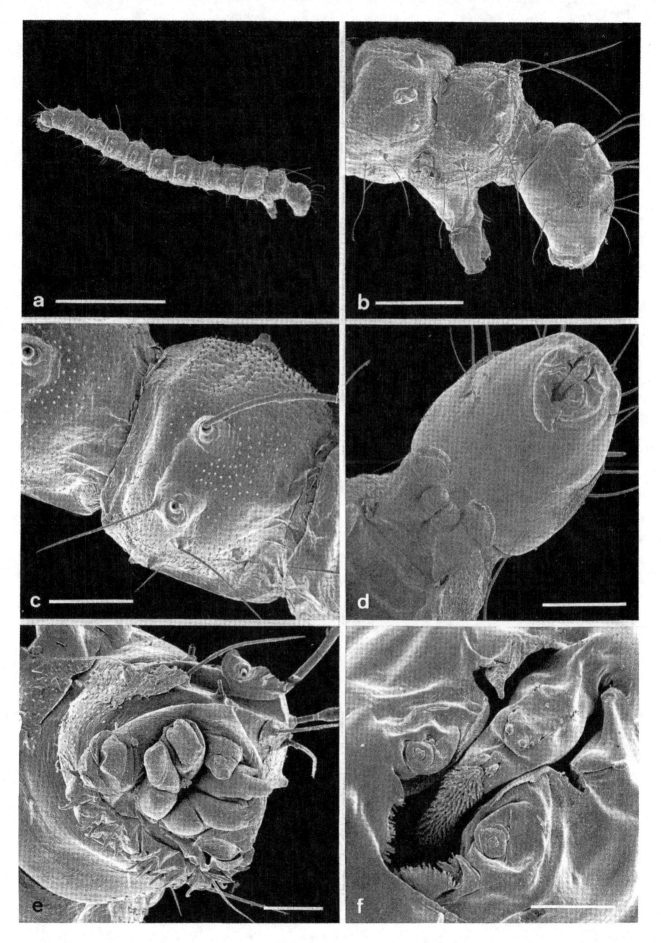

2.25.8 Die Larven der Chironomidae (Zuckmücken)

Die Mehrzahl der überaus artenreichen Familie Chironomidae führt eine merolimnische Lebensweise. Die bis zu 10 mm großen Larven leben aquatisch, meist im Süßwasser, einige marin (THIENE-MANN, 1954; OLIVER, 1971). Doch in der Unterfamilie Orthocladiinae befinden sich neben aquatischen auch terrestrische Arten, die offenbar vom Wasser auf das Land gewechselt haben. Sie bilden keine monophyletische Gruppe; denn sie verfügen über morphologische Strukturen, die als Anpassung an das Leben im Boden konvergent entstanden sind (STRENZKE, 1950; BRUNDIN, 1956; HENNIG, 1973).

Die Körperoberfläche der Larven (Abb. 207; Tafel 183, 184) ist glatt und gleichmäßig segmentiert. Zugunsten einer größeren Beweglichkeit sind die Kopf- und Körperbeborstung stark oder völlig reduziert und die Antennen verkürzt. Mit zunehmender Anpassung wird durch die Verschmelzung und Reduktion der vorderen Fußstummeln und durch die Umbildung der Nachschieber die langgestreckte, zylindrische Larvenform unterstrichen, die für das Lückensystem im Boden notwendig ist (STRENZKE, 1950, 1959; BRAUNS, 1954).

Abb. 207: Larve der Chironomidae (Zuckmücken), *Pseudosmittia simplex,* Habitus lateral (nach BRAUNS, 1954).

Tafel 183: Larve der Chironomidae (Zuckmücken)
    a Übersicht, ventral. 1 mm.
    b Vorderkörper, lateral. 100 µm.
    c Kopf, frontal. 40 µm.
    d Vorderer Fußstummel mit Hakenbürste. 20 µm.
    e Antenne, mediolateral. 10 µm.
    f Antenne, distal. 3 µm.

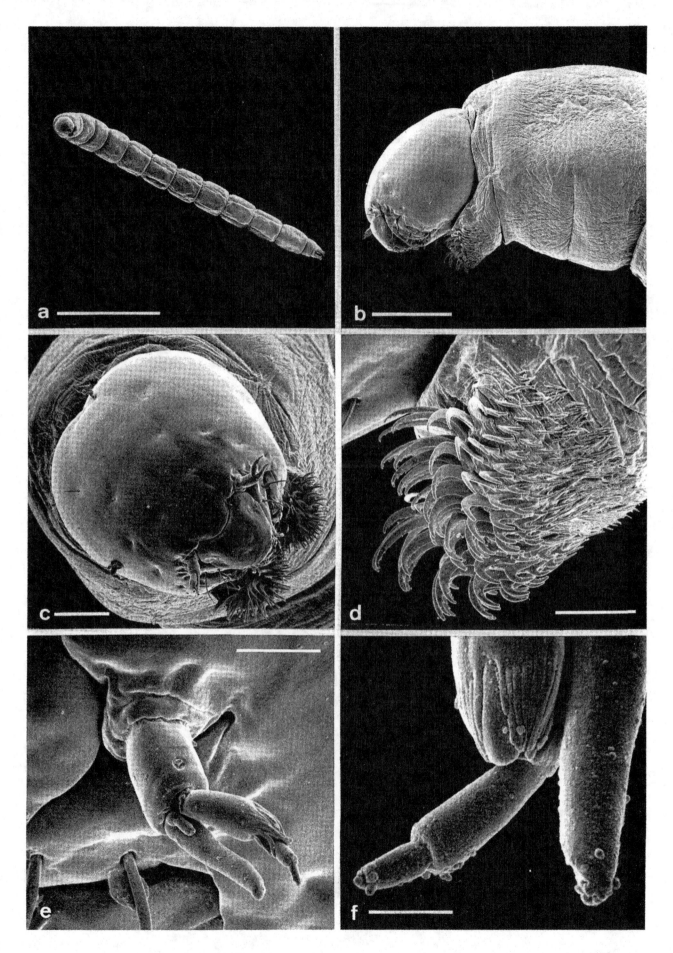

2.25.9 Vertikale Verteilung terrestrischer Chironomidae

Viele Chironomiden leben in Synusien vergesellschaftet und bevorzugen die obersten, humusreichen Bodenschichten, in denen sich die Larven meist mikrophytophag ernähren. Vertikalwanderungen werden bei einigen Larven in Abhängigkeit zur Jahreszeit und zum Mikroklima beobachtet (STRENZKE, 1950). So reagieren die Larven der *aquatilis*-Gruppe empfindlich auf Temperaturänderungen. Bei kühlen Temperaturen und während der kalten Jahreszeit dringen sie tiefer in den Boden vor (Abb. 208).

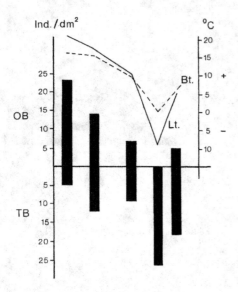

Abb. 208: Temperatur-induzierte Vertikalwanderung der Larven von *Euphaenocladius* spec. (aquatilis-Gruppe) – Chironomidae (verändert nach STRENZKE, 1950). OB – Oberste Bodenschicht, TB – Tiefere Bodenschichten, Bt. – Bodentemperatur, Lt. – Lufttemperatur.

Tafel 184: Larve der Chironomidae (Zuckmücken)
    a Abdominalsegmente, ventral. 100 μm.
    b Analregion mit Papillen und kaudalen Fußstummeln (Nachschieber). 50 μm.
    c Nachschieber. 25 μm.
    d Evertierte Analpapillen zwischen den Nachschiebern. 20 μm.
    e Nachschieber, distal, mit Hakenkranz. 10 μm.
    f Analpapille, distal. 3 μm.

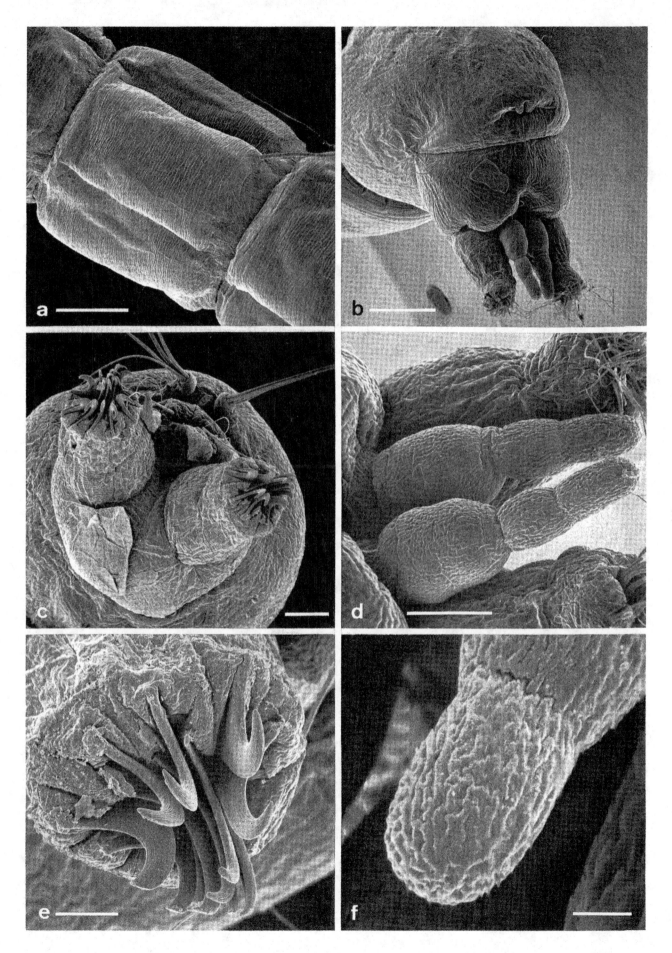

2.25.10 Larven der Bibionidae (Haarmücken)

Die schwarz-braunen Larven der Flormücke, *Penthetria holosericea,* leben gerne im Fallaub von *Corylus avellana, Acer pseudo-platanus* und *Prunus padus,* sowie unter Erlenbeständen (BRAUNS, 1954).

Die bizarre Gestalt der Larven ist geprägt durch Längsreihen fleischig, dorniger Fortsätze, die mit feinen, unechten Setae behaart sind (Abb. 209; Tafel 185). Die Körpersegmentierung ist durch Scheinsegmentierung erhöht. Die Larven leben holopneustisch; 10 Paar Stigmen sitzen auf kurzen, unbehaarten Erhebungen (Atemröhren), die leicht zwischen den Segmentwülsten und den behaarten Fortsätzen zu erkennen sind (Tafel 185).

Penthetria gehört zur Unterfamilie Pleciinae; weitere bodenbewohnende Arten mit unterschiedlichem Habitus sind in den Gattungen *Bibio* und *Dilophus (= Philia)* aus der Unterfamilie Bibioninae (Abb. 210).

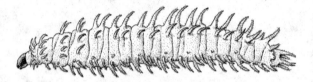

Abb. 209: Larve der Bibionidae (Haarmücken), *Penthetria holosericea,* Habitus schräg dorsal (nach BRAUNS, 1954).

Tafel 185: Larve der Bibionidae (Haarmücken)
- **a** Übersicht, lateral. Der Kopf befindet sich am rechten Ende. 1 mm.
- **b** Kopf, frontal. 50 μm.
- **c** Rumpfsegmente (Abdomen), schräg dorsal, mit Stigmenhöckern (Pfeile). 200 μm.
- **d** Kopf, ventral. 100 μm.
- **e** Oberfläche eines lateralen Segmenthöckers. 10 μm.
- **f** Stigma. 25 μm.

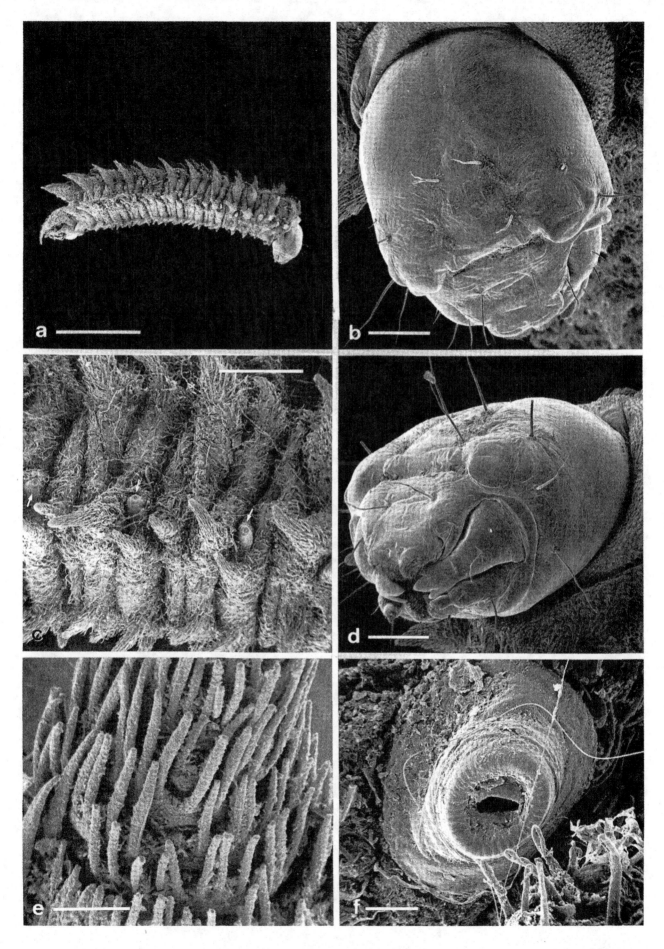

391

2.25.11 Bodenbiologische Bedeutung der Bibionidae-Larven

Die Larven der Bibionidae sind neben den Tipulidae-Larven von beachtenswerter bodenbiologischer Bedeutung, da sie oft in großen Populationen auftreten und mit ihren kauenden Mundwerkzeugen durch intensiven Fraß des Fallaubs zur Humifizierung beitragen. DUNGER (1974) weist darauf hin, daß die Larven der Gartenhaarmücke *(Bibio hortulanus)* sogar in Populationen von 3000 bis 12 000 Individuen pro m^2 gefunden wurden. Spätestens in dieser Größenordnung richten sie auch großen Schaden in der Forst- und Landwirtschaft an, wenn sie zum Fraß von Wurzeln übergehen. Unter normalen Bedingungen leben oft einige Hundert Larven pro m^2 und beteiligen sich wesentlich am Abbau des pflanzlichen Bestandsabfalles, indem sie sich vom Fallaub ernähren, das sich möglichst schon in Zersetzung befindet (saprophytophag). Das Spektrum der Besiedlung reicht von Laub- und Laubmischwäldern bis zu Nadelwäldern mit Kieferbeständen und Fichtenmonokulturen (BRAUNS, 1954).

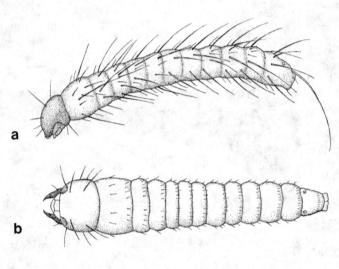

Abb. 210: Larven der Bibionidae (Haarmücken), 1. Larvenstadium (nach BRAUNS, 1954). a *Bibio marci.* b *Dilophus febrilis.*

Tafel 186: Larve der Bibionidae (Haarmücken)
  a Vorderkörper, ventral. 100 μm.
  b Mundwerkzeuge. 25 μm.
  c Maxillarpalpus, distal, mit Sensillenfeld. 5 μm.
  d Ausschnitt vom Putzapparat der Oberlippe (Labrum). 5 μm.
  e Haarbasis auf der Kopfkapsel. 5 μm.
  f Cuticula auf dem Scheitel (Vertex) der Kopfkapsel entlang der Sutura medialis. 25 μm.
  g Grubenhaar auf der Oberlippe. 5 μm.

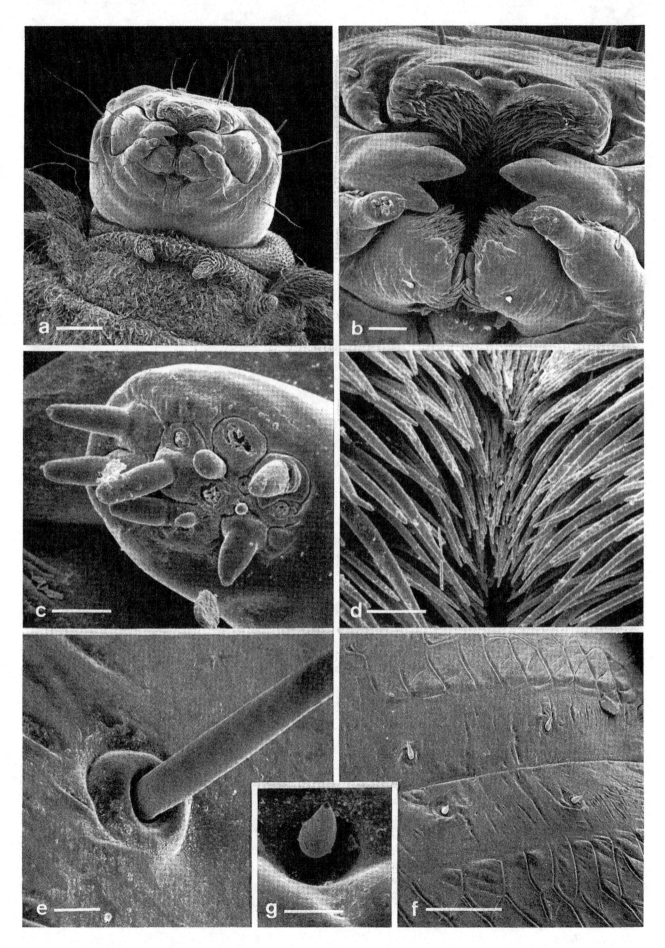

393

2.25.12 Larven der Scatopsidae (Dungmücken)

Die bis zu 7 mm großen Scatopsidae-Larven (Abb. 211) leben terrestrisch. Sie treten vereinzelt und gelegentlich in größerer Zahl in der Bodenstreu von Laubwäldern auf; daneben sind sie vor allem in Exkrementen zu finden.

Zur Atmung dienen Stigmen, die im 1. Larvenstadium metapneustisch, im 2. Stadium amphipneustisch und im 3. und 4. Larvenstadium peripneustisch verteilt sind. Die Sigmen treten aus dem Niveau der Körperoberfläche nach außen hervor; besonders auffallend das erhobene Stigmenpaar am Prothorax und noch deutlicher die Hinterstigmen, am Ende längerer Atemröhren (Tafel 187), die in ihrer Länge von der Feuchtigkeit des bevorzugten Habitats abhängen (BRAUNS, 1954).

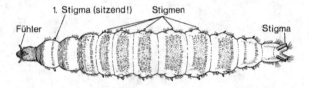

Abb. 211: Larve der Scatopsidae (Dungmücken), *Scatopse* spec., Habitus dorsal (nach BRAUNS, 1954).

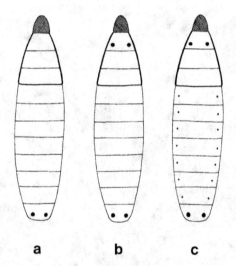

a   b   c

Abb. 212: Drei Typen der Stigmenversorgung bei Dipteren (nach KEILIN, 1944 aus HENNIG, 1973).
a metapneustisch b amphipneustisch
c peripneustisch

Tafel 187: Larve der Scatopsidae (Dungmücken)
   a Übersicht, schräg dorsal. 0,5 mm.
   b Vorderkörper, schräg dorsal. Der Pfeil markiert ein Stigma. 100 µm.
   c Analregion mit dorsalen Stigmenröhren. 50 µm.
   d Antenne mit Sensillen. 10 µm.
   e Analregion von dorsal. 100 µm.
   f Stigmenrohr, distal. 10 µm.

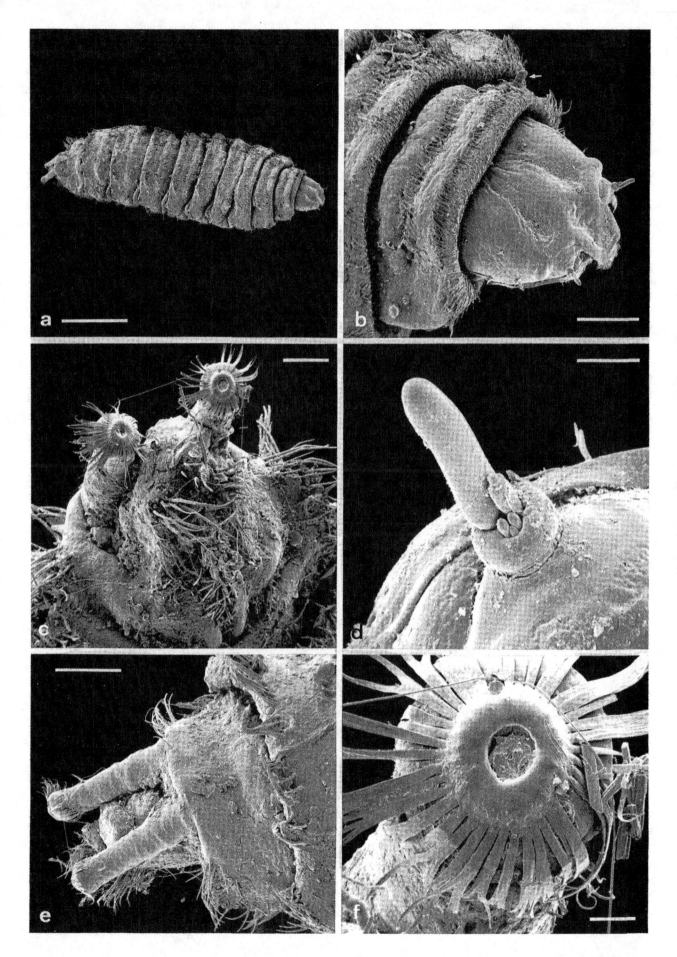

2.25.13 Larven der Stratiomyidae (Waffenfliegen)

Die Waffenfliegen finden sich an sonnigen Sommertagen häufig auf Korbblütlern und Doldengewächsen ein. Ihre Larven leben terrestrisch, hygropetrisch und aquatisch (Abb. 213). Die aquatischen Formen unterscheiden sich von den terrestrischen 1. durch einen großen Haarkranz um das terminale Stigmenpaar am letzten, langgestreckten Abdominalsegment und 2. durch gut funktionierende Strudelorgane an den Mundwerkzeugen.

Die 20–50 mm langen Larven der Stratiomyiden sind spindelförmig, oft leicht dorsoventral abgeflacht und deutlich segmentiert. Ihre Körperoberfläche ist undurchsichtig, kalkhaltig und erscheint lederartig chagriniert. Die Chagrinierung erweist sich im Lichte der Elektronenmikroskopie als eine hochgeordnete Oberflächenstruktur (Tafel 188, 189).

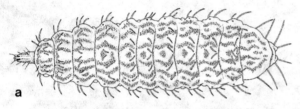

Abb. 213: Larven der Stratiomyidae (Waffenfliegen) (nach BRAUNS, 1954).
a Terrestrische Lebensform. b Semiaquatische Lebensform.

Tafel 188: Larve der Stratiomyidae (Waffenfliegen)
    a Übersicht, lateral. Der Kopf befindet sich am linken Ende. 0,5 mm.
    b Analregion, lateral. 100 µm.
    c Vorderkörper, ventral. Die Pfeile markieren Stigmenhöcker. 200 µm.
    d Analregion, schräg ventral. 100 µm.
    e Kopf, frontal. 50 µm.

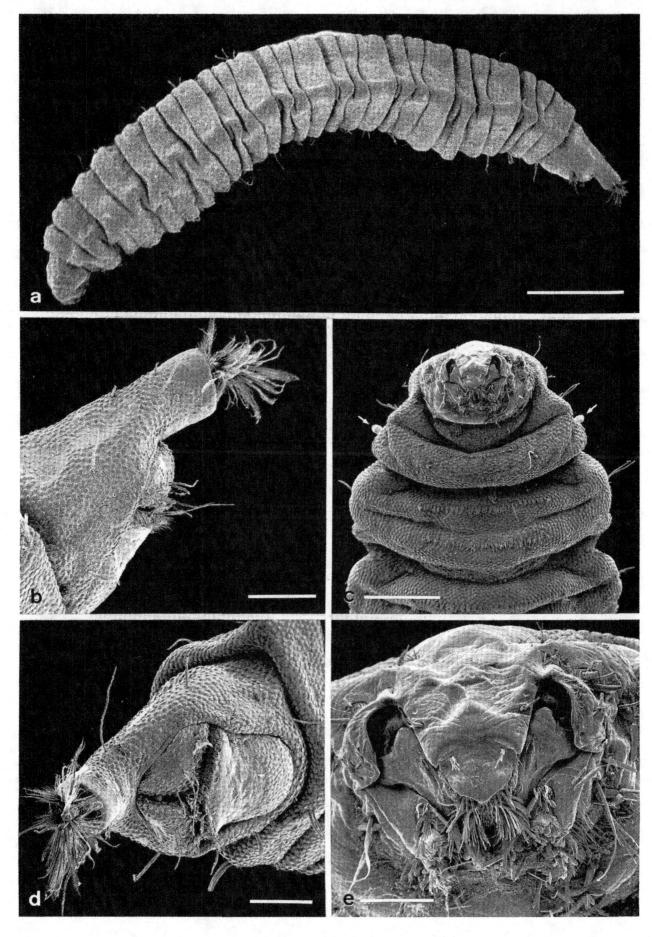

2.25.14 Zur Lebensweise der Stratio-myidae-Larven

Die Larven besiedeln verschiedene Biotope und erweisen sich anpassungsfähig gegenüber vielen ökologischen Faktoren. Dabei spielt die derbe, aber fein strukturierte Körperoberfläche eine wichtige Rolle (Tafel 188, 189). Sie schützt vor mechanischen Einflüssen und macht die Larven weitgehend unabhängig, etwa von großen Feuchtigkeitsschwankungen. So können auch terrestrische Larven semiaquatisch leben oder bei größerer Trockenheit überleben. Der bevorzugte Biotop ist der Laubwaldboden. Die Larven ernähren sich mikrophytophag von Algen oder saprophytophag, so daß in bescheidenem Umfange – gemessen an der Populationsdichte – auch Stratiomyiden-Larven von bodenbiologischer Bedeutung sind.

Tafel 189: Larve der Stratiomyidae (Waffenfliegen)
  a Vorderkörper, lateral 100 µm.
  b Rumpfsegmente, lateral. 100 µm.
  c Thorakaler Stigmenhöcker. 10 µm.
  d Rumpfoberfläche mit Kalkgrana. 25 µm.
  e Stigmenrohr, distal. 25 µm.
  f Cuticula mit Kalkgrana. 5 µm.

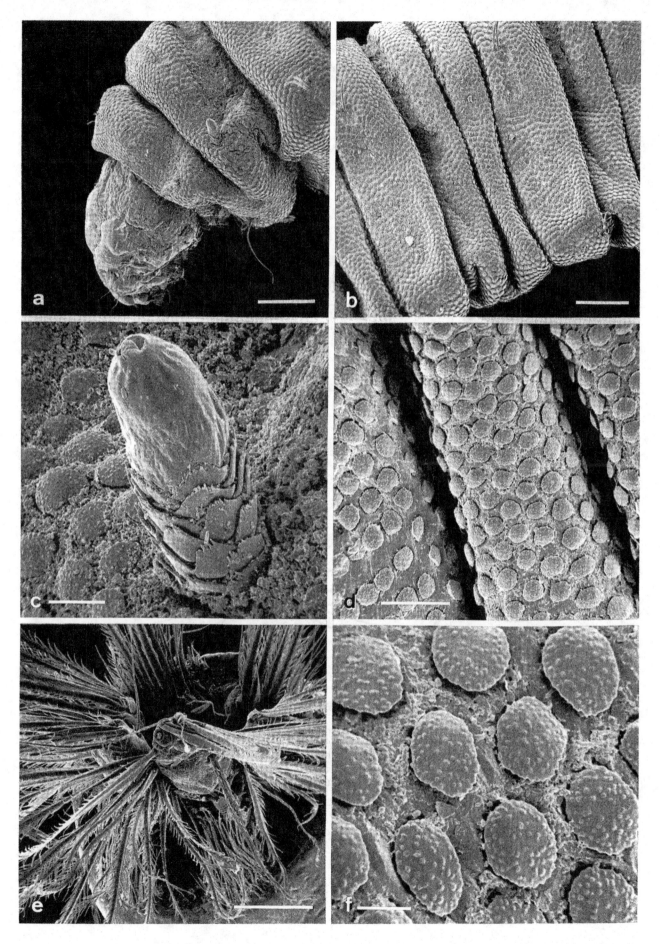

399

2.25.15 Larven der Asilidae (Raubfliegen)

Die weißlichen, oft durchscheinenden Larven der Asiliden sind von schlanker, zylindrischer Gestalt mit deutlicher Segmentierung (Abb. 214; Tafel 190). Sie bewegen sich unter Rinden und in der Bodenstreu mit ihren quergestellten Kriechschwielen, die sich am 2. bis 7. Abdominalsegment befinden. Die Asiliden-Larven verfügen über ein amphipneustisches Tracheensystem (Abb. 212); sie atmen über zwei Stigmenpaare, die lateral am Prothorax und am vorletzten Abdominalsegment angelegt sind. Auf dem chitinisierten, zugespitzten Kopf stehen eingliedrige, kurze Fühler, meist kleine Augen und prägnante Mundwerkzeuge, die aus einem ‹hakenähnlichen Labrum, messerähnlichen Mandibeln und großen, breiten Maxillen mit zylinderförmigen Maxillartastern› (BRAUNS, 1954) bestehen (Tafel 190). Sie ernähren sich überwiegend zoophag (Abb. 215) (MUSSO, 1983).

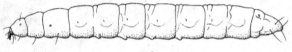

Abb. 214: Larve der Asilidae (Raubfliegen), *Dysmachus* spec., Habitus lateral (nach BRAUNS, 1954).

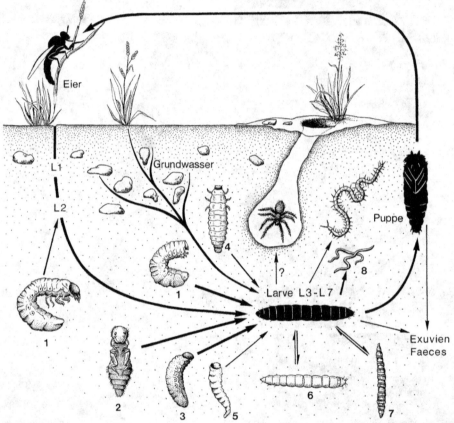

Abb. 215: Lebenszyklus und trophische Beziehungen der Larven von *Machimus rusticus* – Asilidae (verändert nach MUSSO, 1983). Die Larve L 1 lebt von Eivorräten, L 2 und vor allem L 3–L 7 ernähren sich predatorisch von Insektenlarven und absorbieren organische und anorganische Stoffe aus dem Grundwasser. 1–4 Larven und Puppen der Coleoptera (Scarabaeidae, Curculionidae, Chrysomelidae), 5–7 Larven der Diptera (Muscidae, Asilidae, Tabanidae). Als Feinde kommen wahrscheinlich Höhlenspinnen, Geophiliden und Würmer (8) in Frage.

Tafel 190: Larve der Asilidae (Raubfliegen)
    a Vorderkörper, ventral. 0,5 mm.
    b Abdomen, terminal, dorsal. 1 mm.
    c Kopf, lateral. 100 µm.
    d Rumpfsegmente, lateral. 250 µm.
    e Kopf, schräg frontal. 100 µm.
    f Analregion, ventral. 250 µm.

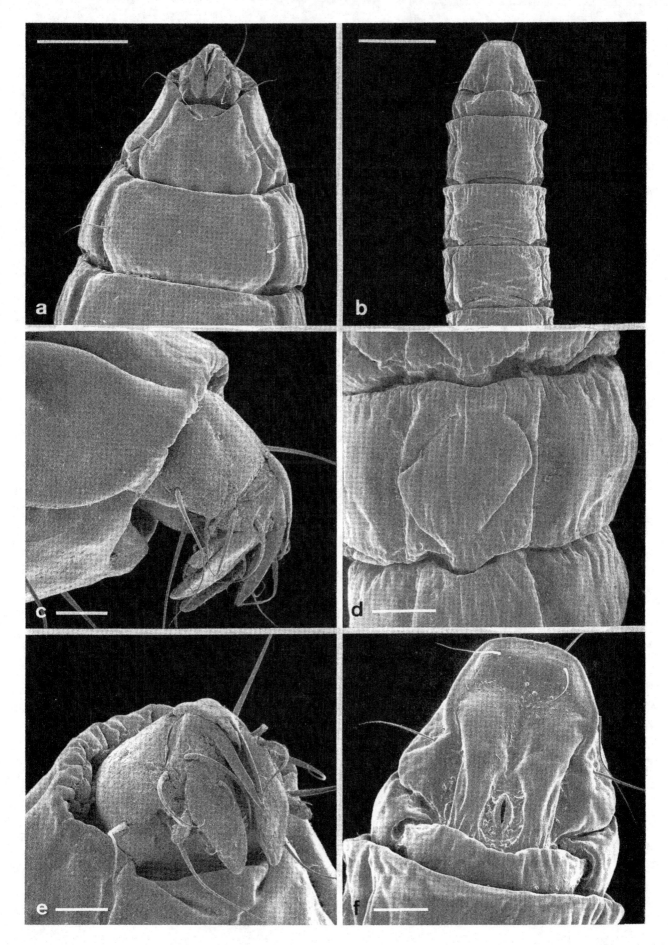

2.25.16 Larven der Muscidae (Fliegen)

Zu den terrestrischen Fliegenlarven, die am Boden gesellig leben, und deshalb bodenbiologisch von Bedeutung sind, gehören die Arten der Gattung *Fannia* (Abb. 216). Die maximal 9 mm großen Larven fallen durch gefiederte Seitenfortsätze auf (Tafel 191, 192), die die dorsoventrale Abflachung des Larvenkörpers unterstreichen. Die bizarren Fortsätze sind saumartig vom Mesothorax bis zum 7. Abdominalsegment zu beiden Seiten angeordnet. Das letzte Abdominalsegment verfügt über drei Paar Fortsätze, die im Halbkreis angeordnet, die beiden

lateralen Säume zu einem geschlossenen Saum vereinigen. Nur dem Prothorax fehlen die gefiederten Fortsätze; stattdessen trägt er zwei nach vorne gerichtete Borsten, die den Kopf überragen, wenn er sich in den Thorax zurückzieht.

BRAUNS (1954) bezeichnet *Fannia*-Larven als eine Charakterform der F-Schicht der Laub- und Mischwälder. In dieser Waldbiozönose ernähren sie sich saprophytophag von faulenden Blättern der Laubstreu.

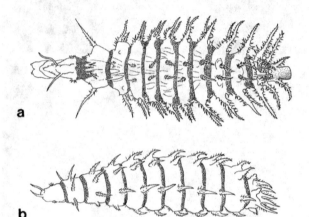

a

b

Abb. 216: Larven der Muscidae (Fliegen) (nach BRAUNS, 1954).
a *Fannia fuscula* (Fanniinae), Habitus dorsal.
b *Fannia canicularis* (Fanniinae), Habitus lateral.

Tafel 191: Larve der Muscidae *(Fannia)* (Fliegen)
    a Übersicht, schräg ventral. Der Kopf (unterer, rechter Bildrand) ist eingezogen. 0,5 mm.
    b Übersicht, lateral. Der Rücken weist nach unten. 0,5 mm.
    c Vorderkörper, ventral. 250 μm.
    d Vorderkörper, lateral. 200 μm.
    e Kopfbereich, ventral. 100 μm.
    f Kopfgrube. Vom Kopf sind die Antennen und eine Sinnesplatte (Pfeil) sichtbar. 25 μm.

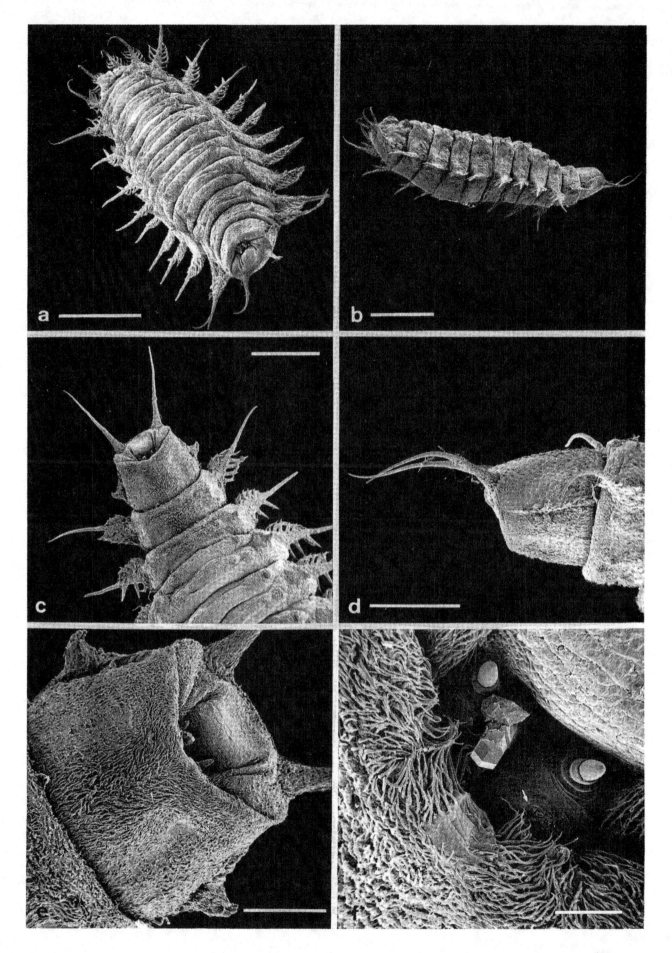

403

2.25.17 Energieumsatz von *Fannia polychaeta* (Muscidae)

Der Energiefluß bodenbewohnender Dipterenlarven wurde in einem Buchenwald (Luzulo-Fagetum) im Solling untersucht (ALTMÜLLER, 1979). Nematoceren und Brachyceren wurden aus 19 Familien festgestellt. Das Spektrum der Larvenabundanz reichte von 578 Ind/m² im März bis 14740 Ind/m² im Oktober.

Die *Fannia*-Larven (*F. polychaeta*) erreichen ihren größten Zuwachs an Biomasse vom 2. zum 3. Larvenstadium. In dieser Zeit vervierfacht sich der Energiegehalt einer Larve von durchschnittlich 17 auf 73% der maximalen Biomasse (Abb. 217). Die entscheidende Wachstumsphase liegt, wie bei den meisten anderen bodenbewohnenden Dipterenlarven, im Herbst. In dieser Zeit assimilieren die Larven rund 76% des gesamten Jahresumsatzes an Energie. Gegen Ende des Winters und im Frühling ist die Atmungsrate gering; Nahrung wird dann kaum aufgenommen.

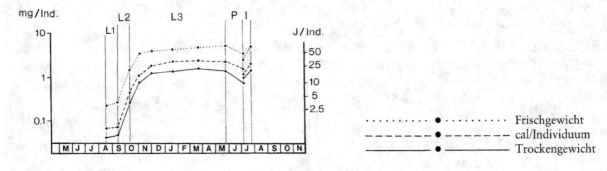

Abb. 217: Wachstumskurve für *Fannia polychaeta* – Muscidae (verändert nach ALTMÜLLER, 1979). L1–L3 – Larvenstadien, P – Puppe, I – Imago

Tafel 192: Larve der Muscidae *(Fannia)* (Fliegen)
  a   Abdomen, terminal, dorsal, mit Randfiedern. 0,5 mm.
  b, c Cuticula der Bauchseite. In b ist der Haarbesatz von Sekret überdeckt. 50 μm, 200 μm.
  d   Randfieder, dorsal. 200 μm.
  e   Cuticula der Ventralseite. 5 μm.
  f   Analregion, ventral, mit ausgestülptem Enddarm. 100 μm.
  g   Borstenfeld unechter Haare auf der Ventralseite. 10 μm.

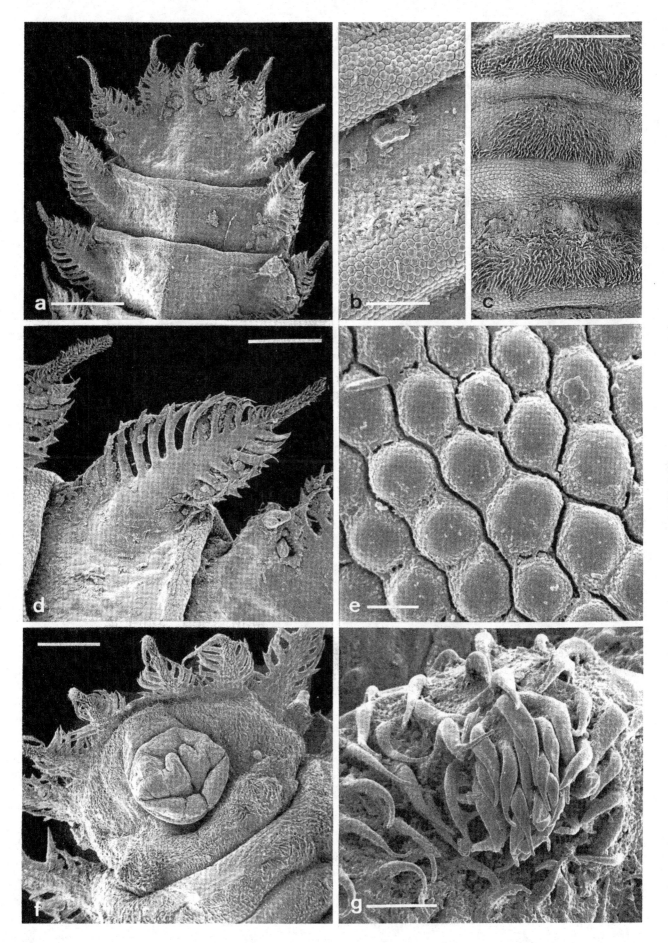

3. Rasterelektronenmikroskopische Präparations-technik

3.1 Probenauswahl

Das Tiermaterial sollte nach Möglichkeit durch Handauslese gewonnen werden, um einerseits unversehrte Proben zu erhalten und andererseits den Grad der Verschmutzung zu reduzieren. Material aus Berlesetrichter-Proben ist meist mit Bodenpartikeln behaftet.

3.2 Fixierung und Trocknung der Proben

Bei vielen Bodentieren handelt es sich um weichhäutige Formen, die nach Trocknung stark schrumpfen; eine chemische Fixierung ist dann unerläßlich.

Die unkomplizierteste Art der Fixierung ist die in 70–80% Alkohol. Die Tiere werden leicht gehärtet, bleiben aber noch elastisch. Zarte, weichhäutige Formen sollten mit einer Osmiumsäurefixierung behandelt werden, welche das Gewebe stabilisiert und härtet (2% OsO_4 in Michaelispuffer bei pH 7,2). Frischgrüne Fichten- und Buchenblätter wurden weder fixiert noch alkoholisch entwässert, um zu vermeiden, daß Schichten von der Oberfläche abgelöst wurden. Hier erwies sich eine Schnelltrocknung in einem Wasserstrahl-Vakuum als geeignet.

Die Entwässerung fixierter Proben erfolgt über eine steigende Alkoholkonzentration (50, 70, 96, 100%; unvergällt) und reines Aceton. Die Objekte werden dann in eine Critical-Point-Apparatur überführt und nach dem Austausch des Acetons durch flüssiges CO_2 bei 37 °C unter Druck getrocknet. Die Methode verhindert, daß in der Endphase einer Trocknung größere Oberflächenspannungen entstehen, die zu einer starken Schrumpfung der Objekte führen. Die durchschnittlichen Zeiten für die Behandlung der Objekte betragen:

1. Osmiumsäurefixierung   2 h
   Spülung mit Aqua dest   2 × 15 min
   50, 70, 96% Alkohol, je   2 × 15 min
   100% Alkohol   2 × 20 min
   Aceton   1–3 × 30 min
   Critical-Point-Trocknung   1–2 h
2. Alkoholfixierung (70–80%) > 12 h, meist über Nacht, dann Entwässerung und Trocknung wie bei 1.

Für zarthäutige Objekte können die Zeiten bis auf die Hälfte verkürzt werden, für größere Objekte mit impermeabler Cuticula müssen sie verlängert werden. Ein schnelleres Eindringen des Alkohols kann durch Erwärmung auf 30–40 °C erreicht werden. Objekte, welche längere Zeit in 70% Alkohol gelagert waren, sollten nach Möglichkeit schnell entwässert werden, um stärkere Schrumpfungen zu vermeiden.

3.3 Präparatmontage und Bedampfung

Die Präparatmontage auf Aluminium-Probentellern (Ø 1 cm) erfolgte entgegen der üblichen Methode über dem Tellergrund. Dazu wurden Stifte zurechtgebogen und mit Nagellack oder Leitsilber auf dem Teller, meist in der Randzone (Abb. 218) befestigt. Anschließend wurden die Stiftköpfe mit dem gleichen Kleber bedeckt und das getrocknete Objekt mit einem schwach befeuchteten Pinsel übertragen

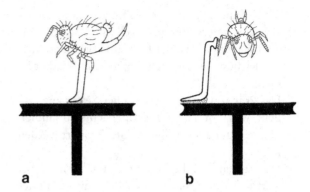

Abb. 218: Präparation eines Collembolen am ‹Stift› in lateraler (a) und frontaler (b) Stellung. Durch Rotation des Tellers ist das Tier nahezu von allen Seiten zugänglich.

a   **b**

und angeklebt. Günstig ist es, wenn sich die Objekte an stabilen Extremitäten oder an weniger wichtigen Körperteilen ankleben lassen. Das Ankleben selbst muß schnell erfolgen und oft muß das Objekt noch mit zarten Pinselhaaren etwas tiefer in die sich schnell bildende Haut des Klebers hineingedrückt werden. Umgekehrt darf der Kleber auf keinen Fall zu flüssig sein, damit wichtige Objektteile nicht versinken. Die Präparatmontage muß stets mit Hilfe eines Stereomikroskops und unter Beleuchtung durchgeführt werden. Nach ausreichender Trocknungszeit (mindestens über Nacht) werden die Objekte unter optischer Kontrolle nach Schmutzteil-

chen abgesucht und gegebenenfalls mit schwach befeuchteten Pinselspitzen ‹gesäubert›.

In Abb. 218 ist eine fertige Präparatmontage gezeigt. Ein Collembole ist mit einem Laufbein der rechten Körperseite am Stiftkopf befestigt. Der eigentliche Körper bleibt dabei frei. Abschließend werden die Präparate mit einer dünnen Goldschicht bedampft. Dazu benötigt man ein Sputtergerät, in dem die Proben in einem Feinvakuum in Argon-Atmosphäre nach dem Kathodenzerstäubungsprinzip mit Gold beschichtet werden. Ihre Oberfläche wird dadurch leitend und liefert die für die Bildentstehung wichtigen Sekundärelektronen.

3.4 Mikroskopie

Die Probenhalter wurden im Rasterelektronenmikroskop nicht nach der üblichen Methode zum Elektronenstrahl exponiert, sondern senkrecht, d. h. parallel zur Strahlachse, gestellt (Abb. 219). Im gezeigten Beispiel trifft der Strahl dann auf die rechte Körperhälfte des Objekts. Die von den Primärelektronen des Strahls erzeugten Sekundärelektronen werden von einem Kollektorgitter auf einen Szintillator gelenkt (gestrichelte Bahnen), der sie in Photonen umwandelt und über einen Lichtleiter zu einem Photomultiplier und Videoamplifier weiterleitet. Das erzeugte Signal wird zur Erzeugung eines Bildpunktes auf einem Bildschirm verwendet. Die in den Strahlengang integrierten Scan-Spulen lenken den Strahl zeilenförmig über das Objekt. Zum Aufbau eines Bildes werden 1000 Zeilen verwendet.

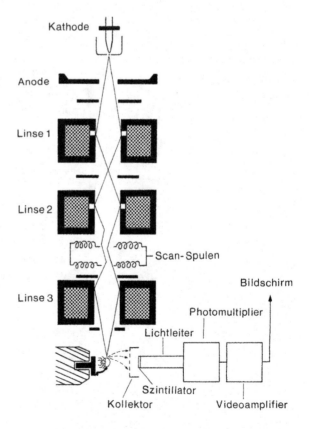

Abb. 219: Vereinfachter Strahlengang eines Rasterelektronenmikroskops. Der Präparateteller befindet sich in Vertikalstellung; das Tier selbst erscheint auf dem Bildschirm in lateraler Position.

Die in Kap. 3.3 geschilderte Präparatmontage sowie die vertikale Stellung des Tellers im Mikroskop wirken sich in mehrfacher Hinsicht vorteilhaft aus:

1. Die Klebestelle zwischen Präparat und Halter ist klein.
2. Das Präparat ist nahezu von allen Seiten zugänglich, was vor allem für Übersichtsaufnahmen günstig ist, da der Teller um 360° rotiert werden kann.
3. Der störende Tellerhintergrund fällt weg. Bei Vertikalexposition erscheint die Umgebung des Tieres schwarz (sog. ‹Weltraumeffekt›). Der mit im Bild erscheinende Montagestift geht zwar in die Aufnahme mit ein, läßt sich aber auf dem Positiv leicht retouschieren.
4. Entgegen weitverbreiteter Ansicht bleibt die Tendenz zur Aufladung der Präparate gering. Bei direkter Montage auf der Telleroberfläche treten verstärkt Störungen auf, vor allem wenn die Tellerfläche selbst ein starkes Elektronensignal erzeugt. Aufladungen stören den Bildablauf und führen meist zu unbrauchbaren Aufnahmen. Nur bei großen Objekten, die vielfach noch halbiert werden müssen, sollte das Präparat senkrecht auf der Tellerfläche aufgeklebt werden. Auch in diesem Falle ist eine Vertikalexposition im Mikroskop möglich und das Präparat läßt sich allseitig vor schwarzem Hintergrund mikroskopieren. Je kleiner die Objekte sind, umso vorteilhafter erweist sich die Montage am Stift über dem Präparateteller.

Literaturverzeichnis

Allgemeiner Teil

BECK, L.: Zur Bodenbiologie des Laubwaldes. – Verh. Dtsch. Zool. Ges. Bonn 1983, 37–54 (1983).

BECK, L., MITTMANN, H.-W.: Zur Biologie eines Buchenwaldbodens 2. Klima, Streuproduktion und Bodenstreu. – Carolinea 40, 65–90 (1982).

BRAUNS, A.: Praktische Bodenbiologie. – Gustav Fischer Verlag, Stuttgart (1968).

BROWN, A. L.: Ecology of soil organisms. – Heineman, London (1978).

BURGES, A., RAW, F.: Soil Biology. – Academic Press, London, New York (1967).

DICKINSON, C. H., PUGH, G. J. F.: Biology of plant litter decomposition. – Academic Press, London (1974).

DRIFT, J. van der: Analysis of the animal community in a beachforest floor. – Tijdschrift voor Entomologie 94, 1–118 (1951).

DUNGER, W.: Über die Zersetzung der Laubstreu durch die Boden-Makrofauna im Auenwald. – Zool. Jb. Syst. 86, 139–180 (1958).

DUNGER, W.: Tiere im Boden. – Die Neue Brehm-Bücherei 327 (2. Aufl.), A. Ziemsen Verlag, Wittenberg-Lutherstadt (1974).

EDNEY, E. B.: Water balance in land arthropods. – Springer, Berlin, Heidelberg, New York (1977).

EISENBEIS, G.: Kinetics of water exchange in soil arthropods. – in: LEBRUN, Ph. et al.: New Trends in Soil Biology, 417–425 (1983a).

EISENBEIS, G.: Kinetics of transpiration in soil arthropods. – in: LEBRUN, Ph., et al.: New Trends in Soil Biology 626–627 (1983b).

FUNKE, W.: Food and energy turnover of leaf-eating insects and their influence on primary production. – Ecol. Studies 2, 81–93 (1971).

GHILAROV, M. S.: Die Bestimmung im Boden lebender Larven der Insekten (russisch). – Wiss. Akadamie UdSSR, Moskau (1964).

GISIN, H.: Ökologie und Lebensgemeinschaften der Collembolen im Schweizerischen Exkursionsgebiet Basels. – Rev. Suisse Zool. 50, 131–224 (1943).

HERLITZIUS, H.: Zur Phänologie des Streuabbaus in Waldökosystemen. – Verh. Ges. Ökol. Mainz 1981, 10, 27–34 (1982).

HERLITZIUS, R., HERLITZIUS, H.: Streuabbau in Laubwäldern. – Oecologia 30, 147–171 (1977).

JOOSSE, E. N. G.: New developments in the ecology of Apterygota. – Pedobiologia 25, 217–234 (1983).

KEVAN, D. K. McE.: Soil Animals. – Witherby Ltd, London (1962).

KUBIENA, W.: Bestimmungsbuch und Systematik der Böden Europas. – Enke, Stuttgart (1953).

KÜHNELT, W.: Bodenbiologie. – Herold, Wien (1950).

KÜHNELT, W.: Soil Biology. – Faber und Faber, London (1961).

MÜLLER, G.: Bodenbiologie. – VEB Gustav Fischer Verlag, Jena (1965).

PALISSA, A.: Bodenzoologie. – Wiss. Taschenbücher 17, 1–180, Akademie-Verlag, Berlin (1964).

PETERSON, H., LUXTON, M.: A comparative analysis of soil fauna populations and their role in decomposition process. – Oikos 39, 287–388 (1982).

PIMM, S. L.: Food Webs. – Chapman and Hall Ltd, London, New York (1982).

POTTS, W. T. W., PARRY, G.: Osmotic and ionic regulation in animals. – Pergamon Press, Oxford (1964).

RAHN, H., PAGANELLI, C. V.: Gas exchange in gas gills of diving insects. – Respir. Physiol. 5, 145–164 (1968).

SCHAEFER, M.: Zur Funktion der saprophagen Bodentiere eines Kalkbuchenwaldes: ein langfristiges Untersuchungsprogramm im Göttinger Wald. – Drosera 82, 75–84 (1982).

SCHALLER, F.: Die Unterwelt des Tierreiches. – Verständl. Wissenschaft 78, 1–126, Springer Verlag, Berlin (1962).

SCHEFFER, F., SCHACHTSCHABEL, P.: Lehrbuch der Bodenkunde. – Enke, Stuttgart (1979).

TOPP, W.: Biologie der Bodenorganismen. – UTB, Quelle und Meyer, Heidelberg (1981).

TROLLDENIER, G.: Bodenbiologie. – Franckh'sche Verlagshandlung, Stuttgart (1971).

VANNIER, G.: The importance of ecophysiology for both biotic and abiotic studies of the soil. – in: LEBRUN, Ph., et al.: New Trends in Soil Biology 289–314 (1983).

VERDIER, B.: Etude de l'atmosphère du sol. – Rev. Ecol. Biol. Sol. 12, 591–626 (1975).

WALLWORK, J. A.: Ecology of soil animals. – McGraw-Hill, London, New York (1970).

WALLWORK, J. A.: The distribution and diversity of soil fauna. – Academic Press, London, New York (1976).

ZACHARIAE, G.: Spuren tierischer Tätigkeit im Boden des Buchenwaldes. – Forstwiss. Forsch. 20, 1–68 (1965).

ZINKLER, D.: Vergleichende Untersuchungen zur Atmungsphysiologie von Collembolen (Apterygota) und anderen Bodenkleinarthropoden. – Z. vergl. Physiol. 52, 99–144 (1966).

ZINKLER, D.: Ecophysiological adaptations of litter-dwelling Collembola and tipulid larvae. – in: LEBRUN, Ph., et al.: New Trends in Soil Biology 335–343 (1983).

Systematischer Teil

Araneae

ALBERT, R.: Struktur und Dynamik der Spinnenpopulationen in Buchenwäldern des Solling. – Verh. Ges. Ökologie, Göttingen 1976, 83–91 (1977).

BAEHR, B.: Vergleichende Untersuchungen zur Struktur der Spinnengemeinschaften (Aranea) im Bereich stehender Kleingewässer und der angrenzenden Waldhabitate im Schönbuch bei Tübingen. – Dissertation, Univ. Tübingen, 1–199 (1983).

BAEHR, B., EISENBEIS, G.: Comparative investigations on the resistance to desiccation in Lycosidae, Hahniidae,

Linyphiidae and Micryphantidae (Arachnida, Araneae). – Zool. Jb. (1984), im Druck.

BRAUN, F.: Beiträge zur Biologie und Atmungsphysiologie der *Argyroneta aquatica* CLERK. – Zool. Jb. Syst. 62, 176–262 (1931).

BRISTOWE, W. S.: The World of Spiders. – Collins, London (1958).

COLLATZ, K.-G., MOMMSEN, T.: Lebensweise und jahreszyklische Veränderungen des Stoffbestandes der Spinne *Tegenaria atrica* C. L. KOCH (Agelenidae). – J. comp. Physiol. 91, 91–109 (1974).

CROME, W.: Kokonbau und Eiablage einiger Kreuzspinnenarten des Genus *Araneus* (Araneae, Araneidae). – Dt. Ent. Z. 3, 28–55 (1956).

DABELOW, S.: Zur Biologie der Schleimschleuderspinne *Scytodes thoracica* (LATREILLE). – Zool. Jb. Syst. 86, 85–162 (1958).

DUFFEY, E.: Spider ecology and habitat structure (Arach., Araneae). – Senck. Biol. 47, 45–49 (1966).

DUNGER, W.: Tiere im Boden. – Die Neue Brehm-Bücherei 327, (2. Aufl.) A. Ziemsen Verlag, Wittenberg-Lutherstadt (1974).

EDGAR, W. E., LOENEN, M.: Aspects of the overwintering habitat of the wolf spider *Pardosa lugubris*. – J. Zool. (Lond.) 172, 383–388 (1974).

ENGELHARDT, W.: Die mitteleuropäischen Arten der Gattung *Trochosa* C. L. KOCH, 1848 (Araneae, Lycosidae). Morphologie, Chemotaxonomie, Biologie, Autökologie. – Z. Morph. Ökol. Tiere 54, 219–392 (1964).

FOELIX, R. F.: Biologie der Spinnen. – G. Thieme Verlag, Stuttgart (1979).

FRIEDRICH, V. L., LANGER, R. M.: Fine structure of cribellate spider silk. – Amer. Zool. 9, 91–96 (1969).

GETTMANN, W. W.: Beutefang bei Wolfspinnen der Gattung *Pirata* (Arachnida: Araneae: Lycosidae). – Ent. Germ. 3, 93–99 (1976).

GLATZ, L.: Der Spinnapparat haplogyner Spinnen (Arachnida, Araneae). – Z. Morph. Tiere 72, 1–25 (1972).

GLATZ, L.: Der Spinnapparat der Orthognatha (Arachnida, Araneae). – Z. Morph. Tiere 75, 1–50 (1973).

HARM, M.: Beiträge zur Kenntnis des Baues, der Funktion und der Entwicklung des akzessorischen Kopulationsorgans von *Segestria bavarica* C. L. KOCH. – Z. Morph. Ökol. Tiere 22, 629–670 (1931).

HELLER, G.: Zum Beutefangverhalten der ameisenfressenden Spinne *Callilepis nocturna* (Arachnida: Araneae: Drassodidae). – Ent. Germ. 3, 100–103 (1976).

HIGASHI, G. A., ROVNER, J. S.: Post-emergent behaviour of juvenile Lycosid spiders. – Bull. Brit. Arach. Soc. 3, 113–125 (1975).

HOMANN, H.: Die Augen der Araneae. Anatomie, Ontogenie und Bedeutung für die Systematik (Chelicerata, Arachnidae). – Z. Morph. Tiere 69, 201–272 (1971).

KULLMANN, E.: Der Eierkokonbau von *Cyrtophora citricola* FORSKAL. (Araneae, Araneidae). – Zool. Jb. Syst. 89, 399–406 (1961).

KULLMANN, E.: Spinnorgan mit 40000 «Drüsen». – Umschau Wiss. Techn. 3, 82–83 (1969).

KULLMANN, E., KLOFT, W.: Traceruntersuchungen zur Regurgitationsfütterung bei Spinnen (Araneae, Theridiidae). – Zool. Anz. Suppl. 32, 487–497 (1969).

KULLMANN, E., STERN, H.: Leben am seidenen Faden. – C. Bertelsmann Verlag, Gütersloh (1975).

LEHMENSICK, R., KULLMANN, E.: Über den Feinbau der Fäden einiger Spinnen. – Zool. Anz. Suppl. 19, 123–129 (1956).

LOCKET, G., MILLIDGE, A. F.: British Spiders. Vol. I–II. Johnson Reprint Corp., New York, London 1968.

NØRGAARD, E.: On the ecology of two Lycosid spiders (*Pirata piraticus* and *Lycosa pullata*) from a Danish Sphagnum bog. – Oikos 3, 1–21 (1951).

NØRGAARD, E.: The Habitats of the Danish species of *Pirata*. – Ent. Medd. 26, 415–423 (1952).

PETERS, H. M.: Über den Spinnapparat von *Nephila madagascariensis*. – Z. Naturf. 10b, 395–404 (1955).

PÖTZSCH, J.: Von der Brutfürsorge heimischer Spinnen. – Die Neue Brehm-Bücherei, A. Ziemsen Verlag, Wittenberg-Lutherstadt (1963).

RICHTER, C. J. J.: Morphology and function of the spinning apparatus of the wolf spider *Pardosa amentata* (CL) (Araneae, Lycosidae). – Z. Morph. Tiere 68, 37–68 (1970).

SCHAEFER, M.: Ökologische Isolation und die Bedeutung des Konkurrenzfaktors am Beispiel des Verteilungsmusters der Lycosiden einer Küstenlandschaft. – Oecologia (Berlin) 9, 171–202 (1972).

SCHAEFER, M.: Experimentelle Untersuchungen zur Bedeutung der interspezifischen Konkurrenz bei drei Wolfspinnen-Arten (Araneida: Lycosidae) einer Salzwiese. – Zool. Jb. Syst. 101, 213–235 (1974).

SCHAEFER, M.: Experimentelle Untersuchungen zum Jahreszyklus und zur Überwinterung von Spinnen (Araneida). – Zool. Jb. Syst. 103, 127–289 (1976).

TRETZEL, E.: Biologie, Ökologie und Brutpflege von *Coelotes terrestris* (WIDER) (Araneae, Agelenidae). I Biologie und Ökologie. – Z. Morph. Ökol. Tiere 49, 658–745 (1961a).

TRETZEL, E.: Biologie, Ökologie und Brutpflege von *Coelotes terrestris* (WIDER) (Araneae, Agelenidae). II Brutpflege. – Z. Morph. Ökol. Tiere 50, 375–542 (1961b).

VACHON, M.: Contribution á l'étude du développement postembryonnaire des araigneés. Première note. Généralités et nomenclature des stades. – Bull. Soc. Zool. France 82, 337–354 (1957).

WIEHLE, H.: Vom Fanggewebe einheimischer Spinnen. – Die Neue Brehm-Bücherei, Akademische Verlagsgesellschaft Geest u. Portig, Leipzig (1949).

WIEHLE, H.: Spinnentiere oder Arachnoidea (Araneae), IX: Orthognatha-Cribellatae – Haplogynae – Eutelegynae. – Die Tierwelt Deutschlands 42, 1–150 (1953).

WIEHLE, H.: Spinnentiere oder Arachnoidea (Araneae). XI: Micryphantidae – Zwergspinnen. – Die Tierwelt Deutschlands 47, 1–620 (1960).

WIEHLE, H.: Der Embolus des männlichen Spinnentasters. – Zool. Anz. Suppl. 24, 457–480 (1961).

Pseudoscorpiones

BECK, L.: Zur Biologie des Laubwaldes. – Verh. Dtsch. Zool. Ges. Bonn 1983, 37–54 (1983).

BEIER, M.: Zur Phänologie einiger *Neobisium*-Arten (Pseudoskorp.). – Proc. 8th Int. Congr. Ent., Stockholm 1948, 1002–1007 (1950).

BEIER, M.: Ordnung Pseudoscorpionidea. – Bestimmungsbücher zur Bodenfauna Europas 1, 1–313 Akademie-Verlag, Berlin (1963).

GABBUTT, P. D., VACHON, M.: The external morphology and life history of the Pseudoscorpion *Neobisium muscorum*. – Proc. zool. Soc. London 145, 335–358 (1965).

GODDARD, S. J.: Population dynamics, distribution patterns and life cycles of *Neobisium muscorum* and *Chthonius orthodactylus* (Pseudoscorpiones: Arachnida). – J. Zool., London 178, 295–304 (1976).

GODDARD, S. J.: The population metabolism and life history tactics of *Neobisium muscorum* (LEACH) (Arachnida: Pseudoscorpiones). – Oecologia (Berlin) 42, 91–105 (1979).

JANETSCHEK, H.: Zur Brutbiologie von *Neobisium jugorum* (L. KOCH). – Ann. nat.-hist. Mus. Wien 56, 309–316 (1948).

KAESTNER, A.: Pseudoscorpiones, After- oder Moosscorpione. – Biologie der Tiere Deutschlands 18, 1–68 (1927).

KARG, W.: Räuberische Milben im Boden. – Die Neue Brehm-Bücherei, 296. A. Ziemsen Verlag, Wittenberg-Lutherstadt (1962).

RESSL, F., BEIER, M.: Zur Ökologie, Biologie und Phänologie der heimischen Pseudoscorpione. – Zool. Jb. Syst. 86, 1–26 (1958).

ROEWER, C. F.: Chelonithi oder Pseudoskorpione. – in: BRONNS: Klassen und Ordnungen des Tierreichs 5, Leipzig 1940.

SCHALLER, F.: Die Unterwelt des Tierreiches. – Springer Verlag, Berlin-Göttingen-Heidelberg (1962).

VACHON, M.: Ordre des Pseudoscorpions. – Traité de Zoologie 6, 437–481 (1949).

WÄGER, H.: Populationsdynamik und Entwicklungszyklus der Pseudoscorpiones im Stamser Eichenwald (Tirol). – Examensarbeit, Univ. Innsbruck (1982).

WEYGOLDT, P.: Vergleichend-embryologische Untersuchungen an Pseudoscorpionen. III. Die Entwicklung von *Neobisium muscorum* LEACH (Neobisiina, Neobisiidae). – Z. Morph. Ökol. Tiere 55, 321–382 (1965).

WEYGOLDT, P.: Moos- und Bücherskorpione. – Die Neue Brehm-Bücherei, 365. – A. Ziemsen Verlag, Wittenberg-Lutherstadt (1966a).

WEYGOLDT, P.: Vergleichende Untersuchungen zur Fortpflanzungsbiologie der Pseudoscorpione. Beobachtungen über das Verhalten, die Samenübertragungsweisen und die Spermatophoren einiger einheimischer Arten. – Z. Morph. Ökol. Tiere 56, 39–92 (1966b).

WEYGOLDT, P.: The Biology of Pseudoscorpions. – Harvard University Press, Cambridge (1969).

Opiliones

BARTH, F. G., STAGL, J.: The slit sense organs of Arachnids. A comparative study of their topography on the walking legs (Chelicerata, Arachnida). – Zoomorphologie 86, 1–23 (1976).

BLUM, M. S., EDGAR, A. L.: 4-Methyl-3-Heptanone: Identification and role in Opilionid exocrine secretions. – Insect. Biochem. 1, 181–188 (1971).

ENGEL, H.: Mitteleuropäische Insekten. – Sammlung Na-

turkundlicher Tafeln. Kronen-Verlag Erich Cramer, Hamburg (1961).

GNATZY, W.: «Campaniforme» Spaltsinnesorgane auf den Beinen von Weberknechten (Opiliones, Arachnida). – Verh. Dtsch. Zool. Ges. 75, 248 (1982).

GRUBER, J., MARTENS, J.: Morphologie, Systematik und Ökologie der Gattung *Nemastoma* C. L. KOCH (s. str.) (Opiliones, Nemastomatidae). – Senckenbergiana biol. 49, 137–172 (1968).

HOHEISEL, U.: Sensillen und Drüsen der Legeröhre von Weberknechten. Ein feinstruktureller Vergleich (Arachnida: Opiliones). – Diss. Univ. Mainz (1983).

IMMEL, V.: Zur Biologie und Physiologie von *Nemastoma quadripunctatum* (Opiliones, Dyspnoi). – Zool. Jb. Syst. 83, 129–184 (1954).

JUBERTHIE, C.: Struktur des glandes odorantes et modalités d'utilisation de leur sécrétion chez deux opilions cyphophthalmes. – Bull. Soc. Zool. France 86, 106–116 (1961).

JUBERTHIE, C.: Recherches sur la biologie des Opiliones. – Ann. Spéléol. 19, 1–237 (1964).

JUBERTHIE, C.: Chemical defence in soil opiliones. – Rev. Écol. Biol. Sol. 13, 155–160 (1976).

KÄSTNER, A.: Opiliones (Weberknechte, Kanker). – Die Tierwelt Deutschlands 8, 1–51 (1928).

KÄSTNER, A.: Opiliones SUNDEVALL. – Handb. Zool. 3 (2) 1, 300–393 (1935–1937).

MARTENS, J.: Verbreitung und Biologie des Schneckenkankers *Ischyropsalis hellwigi*. – Natur und Museum 95, 143–149 (1965).

MARTENS, J.: Bedeutung einer Chelicerendrüse bei Weberknechten (Opiliones). – Naturwissenschaften 54, 346 (1967).

MARTENS, J.: Die Abgrenzung von Biospecies auf biologisch-ethologischer und morphologischer Grundlage am Beispiel der Gattung *Ischyropsalis* C. L. KOCH 1839 (Opiliones, Ischyropsalididae). – Zool. Jb. Syst. 96, 133–264 (1969a).

MARTENS, J.: Die Sekretdarbietung während des Paarungsverhaltens von *Ischyropsalis* C. L. KOCH (Opiliones). – Z. Tierpsychol. 26, 513–523 (1969b).

MARTENS, J.: Feinstruktur der Cheliceren-Drüse von *Nemastoma dentigerum* CANESTRINI (Opiliones, Nemastomatidae). – Z. Zellforsch. 136, 121–137 (1973).

MARTENS, J.: *Ischyropsalis hellwigi* (Opiliones): Paarungsverhalten. – Encyclopaedia Cinematographica E 2128, Beiheft – Göttingen (1975a).

MARTENS, J.: *Ischyropsalis hellwigi* (Opiliones): Nahrungsaufnahme. – Encyclopaedia Cinematographica E 2129, Beiheft – Göttingen (1975b).

MARTENS, J.: Weberknechte, Opiliones. – Die Tierwelt Deutschlands 64, 1–464 (1978).

MARTENS, J., HOHEISEL, U., GÖTZE, M.: Vergleichende Anatomie der Legeröhren der Opiliones als Beitrag zur Phylogenie der Ordnung (Arachnida). – Zool. Jb. Anat. 105, 13–76 (1981).

MARTENS, J., SCHAWALLER, W.: Die Cheliceren-Drüsen der Weberknechte nach rasteroptischen und lichtoptischen Befunden (Arachnida: Opiliones). – Zoormorphologie 86, 223–250 (1977).

PABST, W.: Zur Biologie der mitteleuropäischen Troguliden. – Zool. Jb. Syst. 82, 1–46 (1953).

PFEIFER, H.: Zur Ökologie und Larvalsystematik der Weberknechte. – Mitt. Zool. Mus. Berlin 32, 59–104 (1956).

RIMSKY-KORSAKOW, A. P.: Die Kugelhaare von *Nemastoma lugubre* MULL. – Zool. Anz. 60, 1–16 (1924).

RÜFFER, H.: Beiträge zur Kenntnis der Entwicklungsbiologie der Weberknechte. – Zool. Anz. 176, 160–175 (1966).

STEINBÖCK, O.: Der Gletscherfloh. – Z. Dtsch. Ö. Alpenverein 70, 138–147 (1939).

WACHMANN, E.: Der Feinbau der sog. Kugelhaare der Fadenkanker (Opiliones, Nemastomatidae). – Z. Zellforsch. 103, 518–525 (1970).

WASGESTIAN-SCHALLER, Ch.: Die Autotomie-Mechanismen an den Laufbeinen der Weberknechte (Arach., Opil.). – Diss. Univ. Frankfurt (1968).

Acari

BERTHET, P.: L'activité des Oribatides (Acari, Oribatei) d'une chênaie. – Mém. Inst. Roy. Soc. Nat. Belg. 152, 1–152 (1964).

BERTHET, P., GÉRARD, G.: A statistical study of microdistribution of Oribatei (Acari). Part I. The distribution pattern. – Oikos 16, 214–227 (1965).

BUTCHER, J. W., SNIDER, R., SNIDER, R. J.: Bioecology of edaphic Collembola and Acarina. – Ann. Rev. Ent. 16, 249–288 (1971).

COINEAU, Y.: Eléments pour une monographie morphologique, écologique et biologique des Caeculidae (Acariens). – Mém. Mus. Hist. Nat. (N. S.) A81, 1–299 (1974).

COINEAU, Y., HAUPT, J., DEBOUTTEVILLE, C., DELAMARE, N., THERON, P.: Un remarquable exemple de convergence écologique: l'adaption de *Gordialycus fruzetae* (Nematalycidae, Acariens) á la vie dans les interstices des sables fins. – C. R. Acad. Sc., Paris 287D, 883–886 (1978).

DINDAL, D.: Biology of oribatids. – Syracuse (1977).

DUNGER, W.: Tiere im Boden. – Die Neue Brehm-Bücherei 327, (2. Aufl.) A. Ziemsen Verlag, Wittenberg-Lutherstadt (1974).

FORSSLUND, K. H.: Beiträge zur Kenntnis der Einwirkung der bodenbewohnenden Tiere auf die Zersetzung des Bodens. I: Über die Nahrung einiger Hornmilben (Oribatiden). – Medd. Statens Skogsförsöksanstalt 31, 99–107 (1938).

FORSSLUND, K. H.: Über die Ernährungsverhältnisse der Hornmilben (Oribatiden) und ihre Bedeutung für die Prozesse im Waldboden. – 7. Int. Kongr. Entomol., Berlin (1938), 1950–1957 (1939).

GERARD, G., BERTHET, P.: A statistical study of microdistribution of Oribatei (Acari). Part II: The transformation of the data. – Oikos 17, 142–149 (1966).

GJELSTRUP, P.: Epiphytic cryptostigmatid mites on some beech- and birch-trees in Denmark. – Pedobiologia, 19, 1–8 (1979).

HÅGVAR, S., ABRAHAMSEN, G.: Colonisation by Enchytryeidae, Collembola and Acari in sterile soil samples with adjusted pH levels. – Oikos 34, 245–258 (1980).

HÅGVAR, S., AMUNDSEN, T.: Effects of liming and artificial acid rain on the mite (Acari) fauna in coniferous forest. – Oikos 37, 7–20 (1981).

HÅGVAR, S., KJØNDAL,, B. R.: Effects of artificial acid rain on the microarthropod fauna in decomposing birch leaves. – Pedobiologia 22, 409–422 (1981).

HIRSCHMANN, W.: Milben (Acari). – Franckh'sche Verlagshandlung, Stuttgart (1966).

KARG, W.: Ökologische Untersuchungen von edaphischen Gamasiden (Acarina, Parasitiformes) 1. u. 2. Teil. – Pedobiologia 1, 53–74, 77–98 (1961).

KARG, W.: Räuberische Milben im Boden. – Die Neue Brehm-Bücherei, 296, A. Ziemsen Verlag, Wittenberg-Lutherstadt (1962).

KARG, W.: Die freilebenden Gamasina (Gamasides), Raubmilben. – Die Tierwelt Deutschlands 59, 1–475 (1971).

KLIMA, J.: Strukturklassen und Lebensformen der Oribatiden (Acari). – Oikos 7, 227–242 (1956).

KNÜLLE, W.: Die Verteilung der Acari: Oribatei im Boden. – Z. Morph. Ökol. Tiere 46, 397–432 (1957).

KORN, W.: Zur Eidonomie der *Poecilochirus*arten *P. carabi* G. und R. CANESTRINI (= *P. necrophori* VITZTHUM), *P. austroasiaticus* VITZTHUM und *P. subterraneus* MÜLLER (Gamasida, Acari). – Zool. Jb. Anat. 108, 145–224 (1982).

KRANTZ, C. W.: A manual of Acarology. – Oregon State University Book Stores, Corvallis (1978).

LEBRUN, P.: Ecologie et biologie de *Nothrus palustris* (C. L. KOCH, 1839). – Pedobiologia 8, 223–238 (1968).

LEBRUN, P.: Ecologie et biologie de *Nothrus palustris* (C. L. KOCH, 1839). – Densité et structure de la population. – Oikos 20, 34–40 (1969).

LEBRUN, P.: Ecologie et biologie de *Nothrus palustris* (C. L. KOCH, 1839). – 3e note: Cycle de vie. – Acarologia 12, 193–207 (1970).

LUXTON, M.: Studies on the Oribatid mites of a Danish beech wood soil. I. Nutritional biology. – Pedobiologia 12, 434–463 (1972).

LUXTON, M.: Studies on the Oribatid mites of a Danish beech wood soil. II. Biomass, calorimetry and respirometry. – Pedobiologia 15, 161–200 (1975).

LUXTON, M.: Food and energy processing by oribatid mites. – Rev. Ecol. Biol. Sol. 16, 103–111 (1979).

MÄRKEL, K.: Über die Hornmilben (Oribatei) in der Rohhumusauflage älterer Fichtenbestände des Osterzgebirges. – Archiv f. Forstwesen 7, 459–501 (1958).

METZ, L. J.: Vertical movement of Acarina under moisture gradients. – Pedobiologia 11, 262–268 (1971).

MITCHELL, M. W., PARKINSON, D.: Fungal feeding in oribatid mites in an aspen woodland soil. – Ecology 57, 302–312 (1976).

MITCHELL, M. J.: Population dynamics of Oribatid mites (Acari, Cryptostigmata) in an aspen woodland soil. – Pedobiologia 17, 305–319 (1977).

MITCHELL, M. J.: Energetics of Oribatid mites (Acari: Cryptostigmata) in an aspen woodland soil. – Pedobiologia 19, 89–98 (1979).

MITTMANN, H.-W.: Zum Abbau der Laubstreu und zur Rolle der Oribatiden (Acari) in einem Buchenwaldboden. – Diss. Univ. Karlsruhe (1980).

MITTMANN, H.-W.: Einfluß von Oribatiden (Acari) auf den Abbau der Laubstreu in einem Buchenwaldboden. – Verh. Dtsch. Zool. Ges. 1983, 220, Gustav Fischer Verlag, Stuttgart (1983).

PAULY, F.: Zur Biologie einiger Belbiden (Oribatei, Moosmilben) und zur Funktion ihrer pseudostigmatischen Organe. – Zool. Jb. Syst. 84, 275–328 (1956).

SCHALLER, F.: Die Unterwelt des Tierreiches. – Verständl. Wissenschaft 78, 1–126, Springer Verlag, Berlin (1962).

SCHATZ, H.: Ökologie der Oribatiden (Acari) im zentralalpinen Hochgebirge Tirols (Obergurgl, Innerötztal). – Diss. Univ. Innsbruck (1977).

SCHUSTER, R.: Der Anteil der Oribatiden an den Zersetzungsvorgängen im Boden. – Z. Morph. Ökol. Tiere 45, 1–33 (1956).

SELLNICK, M.: Formenkreis: Hornmilben, Oribatei. – Die Tierwelt Mitteleuropas 3 (4), 45–134 (1960).

STRENZKE, K.: Untersuchungen über die Tiergemeinschaft des Bodens: Die Oribatiden und ihre Synusien in den Böden Norddeutschlands. – Zoologica 104, 1–180 (1952).

THOMAS, J. U. M.: An energy budget for woodland populations of oribatid mites. – Pedobiologia 19, 346–378 (1979).

USHER, M. B.: Some properties of the aggregations of soil arthropods: Cryptostigmata. – Pediobiologia 15, 355–363 (1975).

WALLWORK, J. A.: The distribution and dynamics of some forest soil mites. – Ecology 40, 557–563 (1959).

WALLWORK, J. A.: Some basic principles underlying the classification and identification of cryptostigmatid mites. – in: SHEALS, J. G.: The Soil Ecosystem. – The Systematic Association 8, 155–168 London (1969).

WALLWORK, J. A.: Ecology of soil animals. – McGraw-Hill, London (1970).

WALLWORK, J. A.: Oribatids in forest ecosystems. – Ann. Rev. Entomol. 28, 109–130 (1983).

WEIGMANN, G.: Faunistisch-ökologische Bemerkungen über einige Oribatiden der Nordseeküste (Acari, Oribatei). – Faun.-ökol. Mitt. 3, 173–178 (1967).

WEIGMANN, G.: Collembolen und Oribatiden in Salzwiesen der Ostseeküste und des Binnenlandes von Norddeutschland (Insecta: Collembola – Acari: Oribatei). – Faun.-ökol. Mitt. 4, 11–20 (1971).

WEIGMANN, G.: Zur Ökologie der Collembolen und Oribatiden im Grenzbereich Land-Meer (Collembola, Insecta – Oribatei, Acari). – Z. wiss. Zool. (Leipzig) 186, 295–391 (1973).

WILLMANN, C.: Moosmilben oder Oribatiden (Cryptostigmata). – Die Tierwelt Deutschlands 22 (5), 79–200 (1931).

WINK, U.: Die Collembolen- und Oribatidenpopulationen einiger saurer Auböden Bayerns in Abhängigkeit von der Bodenfeuchtigkeit. – Z. angew. Ent. 64, 121–136 (1969).

WOAS, S.: Die Revision der mitteleuropäischen Oppiidae. – (1984, in Vorbereitung).

Isopoda

BABULA, A., BIELAWSKI, J.: Ultrastructure of respiratory epithelium in the terrestrial isopod Porcellio scaber LATR. (Crustacea). – Ann. Med. sect. Pol. Acad. Sci. 21, 7–8 (1976).

BECK, L., BRESTOWSKY, E.: Auswahl und Verwertung verschiedener Fallaubarten durch Oniscus assellus (Isopoda). – Pedobiologia 20, 428–441 (1980).

BEYER, R.: Faunistisch-ökologische Untersuchungen an Landisopoden in Mitteldeutschland. – Zool. Jb. Syst. 91, 341–402 (1964).

BRERETON, J. L. G.: The distribution of woodland isopods. – Oikos 8, 75–106 (1957).

CLOUDSLEY-THOMPSON, J. L.: The water and temperature relations of woodlice. – Durham, England (1977).

COENEN-STASS, D.: Some aspects of the water balance of two desert woodlice, Hemilepistus aphganicus and Hemilepistus reaumuri (Crustacea, Isopoda, Oniscoidea). – Comp. Biochem. Physiol. 70A, 405–419 (1981).

DEN BOER, P. J.: The ecological significance of activity patterns in the woodlouse Porcellio scaber LATR. (Isopodae). – Archs. néerl. Zool. 14, 283–408 (1961).

DUNGER, W.: Über die Zersetzung der Laubstreu durch die Boden-Makrofauna im Auenwald. – Zool. Jb. Syst. 86, 139–180 (1958).

DUNGER, W.: Methoden zur vergleichenden Auswertung von Fütterungsversuchen in der Bodenbiologie. – Abh. Ber. naturk. Mus. Görlitz 37, 143–162 (1962).

EDNEY, E. B.: Woodlice and land habitat. – Biol. Rev., 29, 185–219 (1954).

EDNEY, E. B.: Terrestrial adaptations. – in: T. H. WATERMAN (ed.): The Physiology of Crustacea 1, 367–393 New York (1960).

EDNEY, E. B.: Water Balance in Land Arthropods. – Springer Verlag, Berlin (1977)

GRUNER, H. E.: Krebstiere oder Crustacea, V. Isopoda. – Die Tierwelt Deutschlands, 51, 1–380 (1965/66).

HENKE, G.: Sinnesphysiologische Untersuchungen bei Landisopoden, insbesondere bei Porcellio scaber. – Verh. Dt. Zool. Ges. 54, 167–171 (1960).

HEROLD, W.: Untersuchungen zur Ökologie und Morphologie einiger Landasseln. – Z. Morph. Ökol. Tiere 4, 335–415 (1925).

HOESE, B.: Morphologie und Funktion des Wasserleitungssystems der terrestrischen Isopoden (Crustacea, Isopoda, Oniscoidea). – Zoomorphology 98, 135–167 (1981).

HOESE, B.: Morphologie und Evolution der Lungen bei den terrestrischen Isopoden (Crustacea, Isopoda, Oniscoidea). – Zool. Jb. Anat. 107, 396–422 (1982a).

HOESE, B.: Der Ligia-Typ des Wasserleitungssystems bei terrestrischen Isopoden und seine Entwicklung in der Familie Ligiidae (Crustacea, Isopoda, Oniscoidea). – Zool. Jb. Anat. 108, 225–261 (1982b).

HOESE, B.: Struktur und Entwicklung der Lungen der Tylidae (Crustacea, Isopoda, Oniscoidea). – Zool. Jb. Anat. 109, 487–501 (1983).

KÄSTNER, A.: Crustacea – Lehrbuch der Speziellen Zoologie, Bd. 1 (Wirbellose) 2. Teil. – G. Fischer Verlag, Stuttgart (1967).

KÜMMEL, G.: Fine structural indications of an osmoregulatory function of the «gills» in terrestrial isopods (Crustacea, Oniscoidea). – Cell. Tiss. Res. 214, 663–666 (1981).

LINDQVIST, O. V.: Components of water loss in terrestrial isopods. – Physiol. Zool. 45, 316–324 (1972).

LINSENMAIR, K., LINSENMAIR, L.: Paarbildung und Paarzusammenhalt bei der monogamen Wüstenassel Hemilepistus reaumuri (Crustacea, Isopoda, Oniscoidea). – Z. Tierpsychol. 29, 134–155 (1971).

Matthes, D.: Die Kiemenfauna unserer Landasseln. – Zool. Jb. Syst. 78, 573–640 (1950).

Risler, H.: Die Ultrastruktur eines Chordotonalorgans in der Geißel der Antenne von *Armadillidium nasutum* Budde-Lund (Isopoda, Crustacea). – Zool. Jb. Anat. 95, 94–104 (1976).

Risler, H.: Die Sinnesorgane der Antennula von *Porcellio scaber* Latr. (Crustacea, Isopoda). – Zool. Jb. Anat. 98, 29–52 (1977).

Risler, H.: Die Sinnesorgane der Antennula von *Ligidium hypnorum* (Cuvier) (Isopoda, Crustacea). – Zool. Jb. Anat. 100, 514–541 (1978).

Seelinger, G.: Der Antennenendzapfen der tunesischen Wüstenassel *Hemilepistus reaumuri,* ein komplexes Sinnesorgan (Crustacea, Isopoda). – J. comp. Physiol. 113, 95–103 (1977).

Schmalfuss, H.: Morphologie und Funktion der tergalen Längsrippen bei Landisopoden (Oniscoidea, Isopoda, Crustacea). – Zoomorphologie 86, 155–167 (1977).

Schmalfuss, H.: Morphology and Function of Cuticular Micro-Scales and Corresponding Structures in Terrestrial Isopods (Crust., Isop., Oniscoidea). – Zoomorphologie 91, 263–274 (1978).

Schmölzer, K.: Ordnung Isopoda (Landasseln). – Bestimmungsbücher zur Bodenfauna Europas 4/5, 1–468 (1965).

Schneider, P.: Lebensweise und soziales Verhalten der Wüstenassel *Hemilepistus aphganicus* Borukky 1958. – Z. Tierpsychol. 29, 131–133 (1971).

Schneider, P., Jakobs, B.: Versuche zum intra- und interspezifischen Verhalten terrestrischer Isopoden (Crustacea, Oniscoidea). – Zool. Anz. 199, 173–186 (1977).

Wächtler, W.: Isopoda (Asseln). – Die Tierwelt Mitteleuropas 2, 225–317 (1937).

Chilopoda

Albert, A. M.: Biomasse von Chilopoden in einem Buchenaltbestand des Solling. – Verh. Ges. Ökol. Göttingen 1976, 93–101 (1977).

Camatini, M. (ed.): Myriapod Biology. – Academic Press, London (1979).

Curry, A.: The spiracle structure and resistence to desiceation of centipedes. – Symp. Zool. Soc. London 32, 365–382 (1974).

Dobroruka, L. J.: Hundertfüßler. – Die Neue Brehm-Bücherei 285, A. Ziemsen Verlag, Wittenberg-Lutherstadt (1961).

Dunger, W.: Tiere im Boden. – Die Neue Brehm-Bücherei 327, (2. Aufl.) A. Ziemsen Verlag, Wittenberg-Lutherstadt (1974).

Ernst, A.: Die Ultrastruktur der Sinneshaare auf den Antennen von *Geophilus longicornis* Leach (Myriapoda, Chilopoda). I. Die Sensilla trichodea. – Zool. Jb. Anat. 96, 586–604 (1976).

Ernst, A.: Die Ultrastruktur der Sinneshaare auf den Antennen von *Geophilus longicornis* Leach (Myriapoda, Chilopoda). II. Die Sensilla basiconica. – Zool. Jb. Anat. 102, 510–532 (1979).

Ernst, A.: Die Ultrastruktur der Sinneshaare auf den Antennen von *Geophilus longicornis* Leach (Myriapoda, Chilopoda). III. Die Sensilla brachyconica. – Zool. Jb. Anat. 106, 375–399 (1981).

Füller, H.: Vergleichende Untersuchungen über das Skelettmuskelsystem der Chilopoden. – Abh. Dtsch. Akad. Wiss. Berlin, Kl. Chem. Geol. Biol. 3, 1–97 (1963).

Haupt, J.: Phylogenetic Aspects of Recent Studies on Myriapod Sense Organs. – in: Camatini, M. (ed.): Myriapod Biology. – Academic Press, London (1979).

Kästner, A.: Lehrbuch der Speziellen Zoologie. Teil 1: Wirbellose (5. Lief.). – VEB Gustav Fischer Verlag, Jena 1963.

Keil, Th.: Sinnesorgane auf den Antennen von *Lithobius forficatus* L. (Myriapoda, Chilopoda). I. Die Funktionsmorphologie der «Sensilla trichodea». – Zoomorphologie 84, 77–102 (1976).

Lewis, J. G. E.: The Biology of Centipedes. – Cambridge Univ. Press (1981).

Rilling, G.: Zur Anatomie des braunen Steinläufers *Lithobius forficatus* L. (Chilopoda), Skelettmuskulatur, peripheres Nervensystem und Sinnesorgane des Rumpfes. – Zool. Jb. Anat. 78, 39–128 (1960).

Rilling, G.: *Litobius forficatus.* Anatomie und Biologie. – G. Fischer Verlag, Stuttgart (1968).

Rosenberg, J.: Coxal Organs in Geophilomorpha (Chilopoda). Organisation and fine structure of the transporting epithelium. – Zoomorphologie 100, 107–120 (1982).

Rosenberg, J.: Coxal organs of *Lithobius forficatus* (Myriapoda, Chilopoda). Fine-structural investigation with special reference to the transport epithelium. – Cell Tissue Res. 230, 421–430 (1983).

Rosenberg, J., Bajorat, K. H.: Feinstruktur der Coxalorgane bei *Lithobius forficatus* und ihre Beteiligung an der Aufnahme von Wasserdampf aus der Atmosphäre. – Verh. Dtsch. Zool. Ges. Bonn 1983, 316 (1983).

Rosenberg, J., Seifert, G.: The Coxal Glands of Geophilomorpha (Chilopoda): Organs of Osmoregulation. – Cell. Tiss. Res. 182, 247–251 (1977).

Rudolph, D., Knülle, W.: Novel uptake systems for atmospheric water vapor among insects. – J. exp. Zool. 222, 321–333 (1982).

Tichy, H.: Das Tömösvárysche Sinnesorgan des Hundertfüßlers *Lithobius forficatus* – ein Hygrorezeptor. – Naturwissenschaften 59, 315 (1972).

Tichy, H.: Untersuchungen über die Feinstruktur des Tömösváryschen Sinnesorganes von *Lithobius forficatus* L. (Chilopoda) und zur Frage seiner Funktion. – Zool. Jb. Anat. 91, 93–139 (1973).

Verhoeff, K. W.: Chilopoda. – in: Bronn (Hrg.): Klassen und Ordnungen des Tierreichs 5. Bd., Leipzig 1925.

Diplopoda

Bedini, C., Mirolli, M.: The fine structure of the temporal organs of a pill millipede *Glomeris romana* Verhoeff. – Monit. Zool. Ital. (N. S.) 1, 41–63 (1967).

Blower, J. G.: Millipedes and Centipedes as soil animals. – in: Kevan, D. K. McE: Soil Zoology, 138–151 Butterworths Sci. Publ., London (1955).

Dunger, W.: Tiere im Boden. – Die Neue Brehm-Bücherei 327, (2. Aufl.) A. Ziemsen Verlag, Wittenberg-Lutherstadt (1974).

Edney, E. B.: The evaporation of water from woodlice and the millipede *Glomeris.* – J. exp. Biol. 28, 91–115 (1951).

EDNEY, E. B.: Water Balance in Land Arthropods. – Springer, Berlin (1977).

HAUPT, J.: Phylogenetic Aspects of Recent Studies on Myriapod Sense Organs. – in: CAMATINI, M. (ed.): Myriapod Biology. – Academic Press, London (1979).

MANTON, S. M.: The Arthropoda, habits, funtional morphology, and evolution. – Clarendon, Oxford (1977).

MARCUZZI, G.: Experimental observations on the role of *Glomeris* ssp. (Myriapoda, Diplopoda) in the process of humification of litter. – Pedobiologia 10, 401–406 (1970).

MEYER, E., EISENBEIS, G.: Water relations in millipedes from some alpine habitat types. Proc. VI Int. Congr. Myriapodology, Amsterdam (1984).

NGUYEN DUY-JACQUEMIN, M.: Ultrastructure des organes sensoriels de l'antenne de *Polyxenus lagurus* (Diplopode, Penicillate). I. Les cones sensoriels apicaux du 8ᵉ article antennaire. – Ann. Sci. Nat. Zool. Paris 13ᵉ Sér 3, 95–114 (1981).

NGUYEN DUY-JACQUEMIN, M.: Ultrastructure des organes sensoriels de l'antenne de *Polyxenus lagurus* (Diplopode, Penicillate). II. Les sensilles basiconiques des 6ᵉ et 7ᵉ articles antennaires. – Ann. Sci. Nat. Zool. Paris 13ᵉ Sér 4, 211–229 (1982).

RÖPER, H.: Ergebnisse chemisch-analytischer Untersuchungen der Wehrsekrete von Spirostreptiden, Spiroboliden und Juliden (Diplopoda), von *Peripatopsis* (Onychophora) und von *Polyzonium* (Diplopoda, Colobognatha). – Abh. Verh. naturwiss. Ver. Hamburg 21/22, 353–363 (1978).

SCHÖMANN, K. H.: Zur Biologie von *Polyxenus lagurus* (L. 1758). – Zool. Jb. Syst. 84, 195–256 (1956).

SCHÖNROCK, G. U.: Zur Häutung der antennalen Sensillen bei der Bandfüßer-Art *Polydesmus coriaceus* (Diplopoda, Polydesmoidea). – Ent. Gen. 7, 157–160 (1981).

SCHUBART, O.: Tausendfüßler oder Myriapoda, 1: Diplopoda. – Die Tierwelt Deutschlands, Jena (1934).

SEIFERT, G.: Die Entwicklung von *Polyxenus lagurus* L. (Diplopoda, Pselaphognatha). – Zool. Jb. Anat. 78, 257–312 (1960).

SEIFERT, G.: Die Tausendfüßler (Diplopoda). – Die Neue Brehm-Bücherei 273, A. Ziemsen Verlag, Wittenberg-Lutherstadt (1961).

STRIGANOVA, B. R.: Über die Zersetzung von überwinterter Laubstreu durch Tausendfüßer und Landasseln. – Pedobiologia 7, 125–138 (1967).

TICHY, H.: Unusual Fine Structure of Sensory Hair Triad of the Millipede, *Polyxenus*. – Cell. Tiss. Res. 156, 229–238 (1975).

TOPP, W.: Biologie der Bodenorganismen. – UTB, Quelle und Meyer, Heidelberg (1981).

VERHOEFF, K. W.: Diplopoda. – in: BRONN (Hrg.): Klassen und Ordnungen des Tierreichs 5. Bd., Leipzig (1932).

Pauropoda

HÜTHER, W.: Zur Bionomie mitteleuropäischer Pauropoden. – Symp. Zool. Soc. London 32, 411–421 (1974).

HAUPT, J.: Die Ultrastruktur des Pseudoculus von *Allopauropus* (Pauropoda) und die Homologie der Schläfenorgane. – Z. Morph. Tiere 76, 173–191 (1973).

HAUPT, J.: Anpassung an einen Lebensraum – das hygrophile Edaphon. – Sber. Ges. Naturf. Freunde (Berlin) 16, 89–97 (1976).

HAUPT, J.: Ultrastruktur der Trichobothrien von *Allopauropus (Decapauropus)* (Pauropoda). – Abh. Verh. naturwiss. Ver. Hamburg 21/22, 271–277 (1978).

VERHOEFF, K. W.: Progoneata: Diplopoda, Symphyla, Pauropoda, Chilopoda. – Die Tierwelt Mitteleuropas, Leipzig (1937).

Symphyla

FRIEDEL, H.: Ökologische und physiologische Untersuchungen an *Scutigerella immaculata* (NEWP.). – Z. Morph. Ökol. Tiere 10, 737–797 (1928).

GILL, B.: Die Coxalblasen der Symphyla: eine elektronenmikroskopische Untersuchung des Blasenepithels. – Staatsexamensarbeit, Mainz (1981).

HAUPT, J.: Beitrag zur Kenntnis der Sinnesorgane von Symphylen (Myriapoda). II. Feinstruktur des Tömösváryschen Organs von *Scutigerella immaculata* NEWPORT. – Z. Zellforsch. 122, 172–189 (1971).

HAUPT, J.: Phylogenetic Aspects of Recent Studies on Myriapod Sense Organs. – in: CAMATINI, M. (ed.): Myriapod Biology. – Academic Press, London, New York 391–406 (1979).

HENNINGS, C.: Das Tömösvárysche Organ der Myriapoden I. – Z. wiss. Zool. 76, 26–52 (1904).

HENNINGS, C.: Das Tömösvárysche Organ der Myriapoden II. – Z. wiss. Zool. 80, 576–641 (1906).

JUBERTHIE-JUPEAU, L.: Existence de spermatophores chez les Symphyles. – C. R. Acad. Sci. Paris 243, 1164–1166 (1956).

JUBERTHIE-JUPEAU, L.: Donneés sur les phénoménes externes de l'emission de spermatophores chez les Symphyles (Myriapodes). – C. R. Acad. Sci. Paris 248, 469–472 (1959a).

JUBERTHIE-JUPEAU, L.: Etude de la ponte chez Symphyles (Myriapodes), avec mis en evidence d'une fecondition externe des oefs pour la femelle. – C. R. Acad. Sci. Paris 249, 1821–1823 (1959b).

KAESTNER, A.: Lehrbuch der Speziellen Zoologie. Teil 1: Wirbellose (5. Lief.). – VEB Gustav Fischer Verlag, Jena 1963.

MICHELBACHER, A. E.: The biology of the garden centipede *Scutigerella immaculata* NEWP. – Hilgardia 11, 55–148 (1938).

TÖMÖSVARY, E.: Eigentümliche Sinnesorgane der Myriapoden. – Math.-Naturw. Ber. Ungarn 1, 324–326 (1883).

VERHOEFF, K. W.: Symphyla. – in: BRONN (Hrg.): Klassen und Ordnungen des Tierreichs, 5. Bd. Leipzig (1934).

Diplura

BARETH, C.: Les organes sensoriels des Diplures Campodeides, étude ultrastructurale (Insecta apterygota). – Pedobiologia 25, 216 (1983).

BARETH, C., JUBERTHIE-JUBEAU, L.: Ultrastructure des soies sensorielles des palpes labiaux de *Campodea sensillifera* (CONDE et MATHIEU) (Insecta: Diplura). – Int. J. Insect Morph. Embryol. 6, 191–200 (1977).

EISENBEIS, G.: Zur Feinstruktur und Histochemie des

Transportepithels abdominaler Koxalblasen der Doppelschwanz-Art *Campodea staphylinus* (Diplura: Campodeidae). – Ent. Germ. 3, 185–201 (1976).

EISENBEIS, G.: Kinetics of water exchange in soil arthropods. – In: LEBRUN, PH. et al. (ed.): New Trends in Soil Biology, 414–425 (1983a).

EISENBEIS, G.: Kinetics of transpiration in soil arthropods. – in LEBRUN, PH. et al. (ed.): New Trends in Soil Biology, 626–627 (1983b).

ENDRES, E.: Untersuchung der antennalen Sinnesorgane von *Campodea* spec. (Diplura: Insecta). – Staatsexamensarbeit, Uni Mainz (1980).

FRANCOIS, F.: Squelette et musculature céphalique de *Campodea chardardi* CONDE (Diplura: Campodeidae). – Zool. Jb. Anat. 87, 331–376 (1970).

HANDSCHIN, E.: Urinsekten oder Apterygota. – Die Tierwelt Deutschlands 16, 1–150 (1929).

JUBERTHIE-JUBEAU, L., BARETH, C.: Ultrastructure des glandes dermiques á petits pores des Diploures Campodéidés (Insecta, Entognatha, Diplura). – Zoomorph. 95, 105–113 (1980a).

JUBERTHIE-JUPEAU, L., BARETH, C.: Ultrastructure des sensilles de l'organe cupuliforme de l'antenne des Campodes (Insecta: Diplura). – J. Insect. Morph. Embryol. 9, 255–268 (1980b).

KOSAROFF, G.: Beobachtungen über die Ernährung der Japygiden. – Jzrest, carsz. prirodononc. Inst. 8, 181–185 (1935).

MARTEN, W.: Zur Kenntis von *Campodea*. – Z. Morph. Ökol. Tiere 36, 41–88 (1939).

PACLT, J.: Biologie der primär flügellosen Insekten. – VEB Gustav Fischer Verlag, Jena (1956).

PAGES, J.: La notion de territoire chez les Diploures Japygidés. – Ann. Soc. ent. Fr. (N. S.) 3, 715–719 (1967a).

PAGES, J.: Données sur la biologie de *Dipljapyx humberti* (GRASSI). – Rev. Ecol. Biol. Sol. 4, 187–281 (1967b).

PAGES, J.: Les Japygoidea (Insectes, Diploures) de France. – Bull. Soc. Zool. France 103, 385–394 (1978).

PALISSA, A.: Apterygota – Urinsekten. – Die Tierwelt Mitteleuropas IV, 1–407 (1964).

SCHALLER, F.: *Notiophilus biguttatus* F. (Coleopt.) und *Japyx solifugus* HALIDAY (Diplura) als spezielle Collembolenräuber. – Zool. Jb. Syst. 78, 294–296 (1949).

SCHALLER, F.: Die Unterwelt des Tierreiches. – Springer Verlag, Berlin (1962).

SIMON, H. R.: Die Japygiden Deutschlands (Apterygota, Diplura). – Mitt. Dtsch. Ent. Ges. 22, 67–68 (1963).

SIMON, H. R.: Zur Ernährungsbiologie collembolenfangender Arthropoden. – Biol. Zbl. 83, 273–296 (1964).

WEYDA, F.: Histology and ultrastructure of the abdominal vesicles of *Campodea franzi* (Diplura, Campodeidae). – Acta ent. bohem. slov. 73, 237–242 (1976).

WEYDA, F.: Diversity of cuticular types in the abdominal vesicles of *Campodea silvestri* (Diplura, Campodeidae). – Acta ent. bohem. slov. 77, 297–302 (1980).

Protura

BEDINI, C., TONGIORGI, P.: The fine structure of the pseudoculus of Acerentomide Protura (Insecta, Apterygota). – Monit. Zool. Ital. 5, 25–38 (1971).

FRANCOIS, J.: Squelette et musculature céphaliques d'A-cerentomon propinguum (CONDÉ) (Ins., Protures). – Trav. de Lab. Zool Dijon 29, 1–57 (1959).

FRANCOIS, J.: Anatomie et morphologie céphalique des Protures (Insecta, Apterygota). Mém. Mus. Hist. Nat. Paris 49, 1–144 (1969).

GUNNARSSON, B.: Distribution, abundance and population structure of Protura in two woodland soils in Southwestern Sweden. – Pedobiologia 20, 254–262 (1980).

HAUPT, J.: Ultrastruktur des Pseudoculus von *Eosentomon* (Protura, Insecta). – Z. Zellforsch. 135, 539–551 (1972).

HAUPT, J.: Phylogenetic Aspects of Recent Studies on Myriapod Sense Organ. – in: CAMATINI, M. (ed.): Myriapod Biology. – Academic Press, London, New York, 391–406 (1979).

JANETSCHEK, H.: Protura (Beintastler). – Handb. Zool., Berlin 4 (2), 1–72 (1970).

NOSEK, J.: The European Protura. – Mus. Hist. Nat. Genf (1973).

NOSEK, J., AMBROŽ, Z.: Apterygotenbesatz und mikrobielle Aktivität in Böden der Niederen Tatra. – Pedobiologia 4, 222–240 (1964).

SNODGRASS, R. E.: Principles of insect morphology. – New York, London (1935).

STRENZKE, K.: Norddeutsche Proturen. – Zool. Jb. Syst. 75, 73–102 (1942).

TUXEN, S. L.: Monographie der Proturen. I. Morphologie nebst Bemerkungen über Systematik und Ökologie. – Z. Morph. Ökol. Tiere 22, 671–720 (1931).

TUXEN, S. L.: The Protura. – Hermann, Paris (1964).

Collembola

AGRELL, I.: Zur Ökologie der Collembolen. – Opusc. Entomol., Suppl. 3, 1–236 (1941).

ATTCHISON, C. W.: Winter-active subnivean invertebrates in Southern Canada. I. Collembola. – Pedobiologia 19, 113–120 (1979).

ATTCHISON, C. W.: Low temperature and preferred feeding by winter-active Collembola (Insecta, Apterygota). – Pedobiologia 25, 27–36 (1983).

ALTNER, H., ERNST, K.-D.: Struktureigentümlichkeiten antennaler Sensillen bodenlebender Collembolen. – Pedobiologia 14, 118–122 (1974).

ALTNER, H., ERNST, K.-D., KARUHIZE, G.: Untersuchungen am Postantennalorgan der Collembolen (Apterygota). I. Feinstruktur der postantennalen Sinnesborste von *Sminthurus fuscus* (L.). – Z. Zellforsch. 111, 263–285 (1970).

ALTNER, H., THIES, G.: Reizleitende Strukturen und Ablauf der Häutung an Sensillen einer euedaphischen Collembolenart. – Z. Zellforsch. 129, 196–216 (1972).

ALTNER, H., THIES, G.: The Postantennal Organ: A Specialized Unicellular Sensory Input to the Protocerebrum in Apterygotan Insects (Collembola). – Cell Tissue Res. 167, 97–110 (1976).

ALTNER, H., THIES, G.: The multifunctional sensory complex in the antennae of *Allacma fusca* (Insecta). – Zoomorphologie 91, 119–131 (1978).

BARRA, J. A.: Structure et régression des photorécepteurs dans le groupe *Lepidocyrtus – Pseudosinella* (Insecta, Collembola). – Ann. Spéléol. 28, 167–175 (1973).

BARRA, J. A., POINSOT-BALAGUER, N.: Modifications ultrastructurales accompagnant l'anhydrobiose chez un Collembole: *Folsomides variabilis*. – Rev. Ecol. Biol. Sol. 14, 189–197 (1977).

BAUER, T.: Die Feuchtigkeit als steuernder Faktor für das Kletterverhalten von Collembolen. – Pedobiologia 19, 165–175 (1979).

BETSCH, J.-M., VANNIER, G.: Charactérisation des deux phases juvéniles d'*Allacma fusca* (Collembola, Symphypleona) par leur morphologie et leur écophysiologie. – Z. zool. Syst. Evolut.-forsch. 15, 124–141 (1977).

BLEICHER, M.: Untersuchungen zur Ultrastruktur und Transportbiologie am Ventraltubus der Gattung *Tomocerus* (Collembola, Tomoceridae). – Staatsexamensarbeit, Univ Mainz (1981).

BLOCK, W.: Low temperature tolerance of soil arthropods – Some recent advances. – in: LEBRUN, PH. et al.: New Trends in Soil Biology, 427–341 (1983).

BLOCK, W., ZETTEL, J.: Cold hardiness of some Alpine Collembola. – Ecol. Entomology 5, 1–9 (1980).

BOCKEMÜHL, J.: Die Apterygoten des Spitzberges, eine faunistisch-ökologische Untersuchung. – Zool. Jb. Syst. 84, 113–194 (1956).

BUTCHER, J. W., SNIDER, R., SNIDER, R. J.: Bioecology of edaphic Collembola and Acarina. – Ann. Rev. Entomol. 16, 249–288 (1971).

CHRISTIAN, E.: The jump of the Springtails. – Naturwissenschaften 65, 495–496 (1978).

CHRISTIANSEN, K.: Bionomics of Collembola. – Ann. Rev. Entomol. 9, 147–178 (1964).

CHRISTIANSEN, K.: Experimental studies on the aggregation and dispersion of Collembola. – Pedobiologia 10, 180–198 (1970).

DUNGER, W.: Zur Kenntnis von *Tetrodontophora bielanensis* (WAGA, 1842) (Collembola, Onychiuridae). – Abh. Ber. Naturk. Mus. Görlitz 37, 79–99 (1961).

DUNGER, W.: Tiere im Boden. – Die Neue Brehm-Bücherei 327, (2. Aufl.) A. Ziemsen Verlag, Wittenberg-Lutherstadt (1974).

EISENBEIS, G.: Licht- und elektronenmikroskopische Untersuchungen zur Ultrastruktur des Transportepithels am Ventraltubus arthropleoner Collembolen (Insecta). – Cytobiologie 9, 180–202 (1974).

EISENBEIS, G.: Zur Feinstruktur und Funktion von Sensillen im Transport-Epithel des Ventraltubus von *Tomocerus* und *Orchesella* (Collembola: Tomoceridae/Entomobryidae). – Ent. Germ. 2, 271–295 (1976a).

EISENBEIS, G.: Zur Morphologie des Ventraltubus von *Tomocerus* ssp. (Collembola: Tomoceridae) unter besonderer Berücksichtigung der Muskulatur, der cuticularen Strukturen und der Ventralrinne. – Int. J. Insect Morph. & Embryol. 5, 357–379 (1976b).

EISENBEIS, G.: Die Thorakal- und Abdominal-Muskulatur von Arten der Springschwanz-Gattung *Tomocerus* (Collembola: Tomoceridae). – Ent. Germ. 4, 55–83 (1978).

EISENBEIS, G.: Physiological Absorption of liquid Water by Collembola: Absorption by the Ventral Tube at Different Salinities. – J. Insect. Physiol. 28, 11–20 (1982).

EISENBEIS, G., MEYER, E.: Ökologische Untersuchungen am Gletscherfloh. – (in Vorb.) (1985).

EISENBEIS, G., ULMER, S.: Zur Funktionsmorphologie des Sprung-Apparates der Springschwänze am Beispiel von Arten der Gattung *Tomocerus* (Collembola: Tomoceridae). – Ent. Germ. 5, 35–55 (1978).

EISENBEIS, G., WICHARD, W.: Histochemischer Chloridnachweis im Transportepithel am Ventraltubus arthropleoner Collembolen. – J. Insect. Physiol. 21, 231–236 (1975a).

EISENBEIS, G., WICHARD, W.: Feinstruktureller und histochemischer Nachweis des Transportepithels am Ventraltubus symphypleoner Collembolen (Insecta, Collembola). – Z. Morph. Tiere 81, 103–110 (1975b).

EISENBEIS, G., WICHARD, W.: Zur feinstrukturellen Anpassung des Transporthepithels am Ventraltubus von Collembolen bei unterschiedlicher Salinität. – Zoomorphologie, 88, 175–188 (1977).

FALKENHAN, H. H.: Biologische Beobachtungen an *Sminthurides aquaticus* (Collembola). – Z. wiss. Zool. 141, 525–580 (1932).

GHIRADELLA, H., RADIGAN, W.: Collembolan cuticle: Wax layer and antiwetting properties. – J. Insect. Physiol. 20, 301–306 (1974).

GISIN, H.: Ökologie und Lebensgemeinschaften der Collembolen im schweizerischen Exkursionsgebiet Basels. – Rev. Suisse Zool. 50, 131–224 (1943).

GISIN, H.: Collembolenfauna Europas. – Mus. Hist. Nat., Genf (1960).

HALE, W. G., SMITH, A. L.: Scanning electron microscope studies of cuticular structures in the genus *Onychiurus* (Collembola). – Rev. Ecol. Biol. Sol. 3, 343–354 (1966).

HANDSCHIN, E.: Über die Collembolenfauna der Nivalstufe. – Rev. Suisse Zool. 27, 65–101 (1919).

HANDSCHIN, E.: Collembola-Springschwänze. – Biologie der Tiere Deutschlands 25, 7–56 (1926).

HANLON, R. D. G., ANDERSON, J. M.: The effect of Collembola grazing on microbial activity in decomposing leaf litter. – Oecologia 38, 93–99 (1979).

JAEGER, G.: Die Bedeutung des pH-Wertes für die Flüssigkeitsabsorption durch den Ventraltubus von *Tomocerus flavescens* (TULLBERG, 1871) (Collembola, Insecta). – Staatsexamensarbeit, Univ. Mainz (1983).

JAEGER, G., EISENBEIS, G.: pH-dependent absorption of solutions by the ventral tube of *Tomocerus flavescens* (TULLBERG, 1871) (Insecta, Collembola). – Rev. Ecol. Biol. Sol (im Druck, 1985).

JOOSSE, E. N. G.: The formation and biological signifiance of aggregation in the distribution of Collembola. – Neth. J. Zool. 20, 299–314 (1970).

JOOSSE, E. N. G.: Ecological aspects of aggregation in Collembola. – Rev. Ecol. Biol. Sol. 8, 91–97 (1971).

JOOSSE, E. N. G.: Ecological strategies and population regulation of Collembola in heterogeneous environments. – Pedobiologia 21, 346–356 (1981).

JOOSSE, E. N. G.: New developments in the ecology of Apterygota. – Pedobiologia 25, 217–234 (1983).

JOOSSE, E. N. G., VERHOEF, E. A.: On the aggregational habits of surface dwelling Collembola. – Pedobiologia 14, 245–249 (1974).

JURA, C. A., KRZYSTOFOWICZ, A.: Ultrastructural changes in embryonic midgut cells developing into larval midgut epithelium of *Tetrodontophora bielanensis* (WAGA)

Collembola. – Rev. Ecol. Biol. Sol. 14, 103–115 (1977).

KARUHIZE, G. R.: The structure of the postantennal organ in *Onychiurus* sp. and its connections to the central nervous system. – Z. Zellforsch. 118, 263–282 (1971).

KOLEDIN, D., RIBARAC-STEPIC, N., STANKOVIĆ, J.: Participation of *Tetrodontophora bielanensis* (Collembola, Insecta) in decomposition of forest litter lipid compounds. – Pedobiologia 22, 71–76 (1981).

KONČEK, S. K.: Über Autohämorrhoe bei *Tetrodontophora gigas* REUT. – Zool. Anz. 61, 238–242 (1924).

LAN An der, H.: Neues zur Tierwelt des Ewigschneegebietes. – Zool. Anz., Suppl. 26, 673–678 (1963).

LAWRENCE, P. N., MASSOUD, Z.: Cuticle structures in the Collembola (Insecta). – Rev. Ecol. Biol. Sol. 10, 77–101 (1973).

LEINAAS, H. P. Winter strategy of surface dwelling Collembola. – Pedobiologia 25, 235–240 (1983).

MASSOUD, Z.: Étude de l'ornamentation épicuticulaire du tégument des Collemboles au microscope électronique à balayage. – C. R. Acad. Sci., Paris 268, 1407–1409 (1969).

MAYER, H.: Zur Biologie und Ethologie einheimischer Collembolen. – Zool. Jb. Syst. 85, 501–672 (1957).

MERTENS, J., BOURGOIGNIE, R.: Aggregation Pheromone in *Hypogastrura viatica* (Collembola). – Behav. Ecol. Sociobiol. 2, 41–48 (1977).

MERTENS, J., BLANCQUAERT, J. P., BOURGOIGNIE, R.: Aggregation Pheromone in *Orchesella cincta* (Collembola). – Rev. Ecol. Biol. Sol. 16, 441–447 (1979).

MILNE, S.: Phenology of a natural population of soil Collembola. – Pedobiologia 2, 41–52 (1962).

PACLT, J.: Biologie der primär flügellosen Insekten. – G. Fischer Verlag, Jena (1956).

Palissa, A.: Apterygota – Urinsekten. – Die Tierwelt Mitteleuropas 4, 1–407 (1964).

PAULUS, H. F.: Einiges zur Cuticula-Struktur der Collembolen mit Bemerkungen zur Oberflächenskulptur der Cornea. – Rev. Ecol. Biol. Sol. 8, 37–44 (1971).

PAULUS, H. F.: Zum Feinbau der Komplexaugen einiger Collembolen. Eine vergleichend-anatomische Untersuchung (Insecta, Apterygota). – Zool. Jb. Anat. 89, 1–116 (1972).

PETERSON, H.: Population dynamic and metabolic characterization of Collembola species in a beech forest ecosystem. – Proc. VII Int. Coll. Soil Zool., 1980, 806–833 (1980).

POOLE, T. B.: A study of the distribution of soil Collembola in three small areas in a coniferous woodland. – Pedobiologia 4, 35–42 (1964).

RUSEK, J.: Die bodenbildende Funktion von Collembolen und Acarina. – Pedobiologia 15, 299–308 (1975).

RUSEK, J., WEYDA, F.: Morphology, ultrastructure and function of pseudocelli in *Onychiurus armatus* (Collembola: Onychiuridae). – Rev. Ecol. Biol. Sol. 18, 127–133 (1981).

SCHALLER, F.: Neues vom Gletscherfloh. – Jb. Dtsch. Alpenverein 85 (1960).

SCHALLER, F.: Beobachtungen am Gletscherfloh *Isotoma saltans* (NICOLET 1841). – Zool. Anz. Suppl. 26, 679–682 (1963).

SCHALLER, F.: Collembola (Springschwänze). – Handb. Zool., Berlin 4 (2), 1–72 (1970).

SØMME, L.: Notes on the cold-hardiness of prostigmate mites from Vestfjella, Dronning Maud Land. – Norwegian Ant. Res. Exped. 9, 51–55 (1976/77).

SØMME, L.: Overwintering ecology of alpine Collembola and oribatid mites from the Austrian Alps. – Ecol. Entomol. 4, 175–180 (1979).

STACH, J.: The Apterygotan Fauna of Poland in relation to the World Fauna of this Group of Insects. I–VIII. – Polska Akad. Nauk. Krakow (1947–1960).

STEINBÖCK, O.: Der Gletscherfloh. – Z. Dtsch. Ö. Alpenverein 70, 138–147 (1939).

STREBEL, O.: Beiträge zur Biologie, Ökologie und Physiologie einheimischer Collembolen. – Z. Morph. Ökol. Tiere 25, 31–153 (1932).

STREBEL, O.: Die Variabilität der Ommenzahl bei *Hypogastrura cavicola* BÖRNER (Collembola), ein neuer Fall von degenerativer Evolution. – Naturwissenschaften 50 (13), 1–2 (1963).

TAKEDA, H.: Ecological studies of collembolan populations in a pine forest soil. II. Vertical distribution of Collembola. – Pedobiologia 18, 22–30 (1978).

USHER, M. B.: Some properties of the aggregations of soil arthropods: Collembola. – J. Anim. Ecol. 38, 607–622 (1969).

USHER, M. B.: Seasonal and vertical distribution of a population of soil arthropods: Collembola. – Pedobiologia 10, 224–236 (1970).

USHER, M. B., BALOGUN, R. A.: A defence mechanism in *Onychiurus* (Collembola, Onychiuridae). – Entomologist, London 102, 237–238 (1966).

VANNIER, G.: Variation du flux d'évaporation corporelle et de la résistance cuticulaire chez *Tetrodontophora bielanensis* (WAGA), Insecte Collembole, vivant dans une atmosphére à regime hygrometrique variable. – Rev. Ecol. Biol. Sol. 11, 201–211 (1974).

VANNIER, G.: Etude de la retention hydrique chez l'insecte Collembole *Tetradontophora bielanensis*. – Pedobiologia 15, 68–80 (1975).

VERHOEF, H. A., NAGELKERKE, C. J.: Formation and ecological significance in aggregations in Collembola. – Oecologia 31, 215–226 (1977).

VERHOEF, H. A., NAGELKERKE, C. J., JOOSSE, E. N. G.: Aggregation Pheromones in Collembola. – J. Insect Physiol. 23, 1009–1013 (1977).

WEISSGERBER, J.: Untersuchungen am Transportepithel des Ventraltubus von *Tomocerus flacescens* (TULLBERG, 1871). – Diplomarbeit, Univ. Mainz (1983).

WOLTERS, V.: Ökologische Untersuchungen an Collembolen eines Buchenwaldes auf Kalk. – Pedobiologia 25, 73–85 (1983).

ZINKLER, D.: Vergleichende Untersuchungen zur Atmungsphysiologie von Collembolen (Apterygota) und anderen Bodenkleinarthropoden. – Z. vergl. Physiol. 52, 99–144 (1966).

Archaeognatha

BITSCH, J.: Fonction et ultrastructure des vésicules exsertiles de l'abdomen des Machilides. – Pedobiologia 14, 144–145 (1974).

BITSCH, J., PALÈVODY, C.: L'épithélium absorbant des

vésicules coxales des Machilides (Insecta, Thyanura). – Z. Zellforsch. 143, 169–182 (1973).

DELANY, M. J.: The life histories and ecology of two species of Petrobius LEACH, P. brevistylis and P. maritimus. – Trans. R. Soc. Edinb. 63, 501–533 (1959).

EISENBEIS, G.: The water balance of Trigoniophtalmus alternatus (SILVESTRI, 1904) (Archaeognatha: Machilidae). – Pedobiologia 25, 207–215 (1983).

HANDSCHIN, E.: Urinsekten oder Apterygota. – Die Tierwelt Deutschlands 16, 1–150 (1929).

HOULIHAN, D. F.: Water transport by the eversible abdominal vesicles of Petrobius brevistylis. – J. Insect Physiol. 22, 1683–1695 (1976).

JANETSCHEK, H.: Über Borstenschwänze Südtirols, besonders des Schlerngebietes (Apterygota, Thysanura). – Der Schlern, 321–329 (1951).

JOOSSE, E. N. G.: Littoral apterygotes (Collembola and Thysanura). – in: CHENG, L. (ed.): Marine Insects. – North-Holland Publishing Company, Amsterdam, Oxford, New York, 151–186 (1976).

KRÜGER, G.: Histologische Untersuchungen an Sinnesorganen auf den Mundwerkzeugen von Machiliden (Insecta, Thysanura). – Hausarbeit, Lehramt am Gymnasium, Braunschweig (1975).

LARINK, O.: Zur Biologie des küstenbewohnenden Machiliden Petrobius brevistylis (Thysanura, Insecta). – Helgoländer wiss. Meeresunters. 18, 124–129 (1968).

LARINK, O.: Der Felsenspringer Petrobius – Bau der äußeren Geschlechtsorgane. – Mikrokosmos 59, 67–69 (1970).

LARINK, O.: Der Felsenspinger Petrobius – Mundwerkzeuge von ursprünglichem Bau. – Mikrokosmos 60, 47–49 (1971).

LARINK, O.: Zur Struktur der Blastodermcuticular von Petrobius brevistylis und P. maritimus (Thysanura, Insecta). – Cytobiologie 5, 422–426 (1972).

LARINK, O.: Entwicklung und Feinstruktur der Schuppen bei Lepismatiden und Machiliden (Insecta, Zygentoma und Archaeognatha). – Zool. Jb. Anat. 95, 252–293 (1976).

LARINK, O.: Struktur der Blastoderm-Cuticula bei drei Felsenspringer-Arten (Archaeognatha: Machilidae). – Ent. Gen. 5, 123–128 (1979).

PALISSA, A.: Apterygota – Urinsekten. – Die Tierwelt Mitteleuropas 4, 1–407 (1964).

STURM, H.: Die Paarung bei Machilis (Felsenspringer). – Naturwissenschaften 39, 308 (1952).

STURM, H.: Beiträge zur Ethologie einiger mitteleuropäischer Machiliden. – Z. Tierpsychol. 12, 337–363 (1955).

STURM, H.: Zur Entwicklung der in der Umgebung von Mainz vorkommenden Machilidenarten. – Jb. Ver. Naturk. Nassau 95, 90–107 (1960).

STURM, H.: Die Machiliden (Archaeognatha, Apterygota, Insecta) Nordwestdeutschlands und die tiergeographische Bedeutung dieser Vorkommen. – Drosera 80, 53–62 (1980).

WEYDA, F.: Coxal vesicles of Machilidae. – Pedobiologia 14, 138–141 (1974).

WYGODZINSKY, P. W.: Beiträge zur Kenntnis der Dipluren und Thysanuren der Schweiz. – Denkschr. schweiz. naturf. Ges. 74, 107–227 (1941).

Zygentoma

BERRIDGE, M. J., OSCHMANN, J. L.: Transporting Epithelia. – Academic Press, New York, London (1972).

HANDSCHIN, E.: Urinsekten oder Apterygota. – Die Tierwelt Deutschlands 16, 1–150 (1929).

HAUPT, J.: Zur Feinstruktur der Labialniere des Silberfischchens Lepisma saccharina L. (Thysanura, Insecta). – Zool. Beitr. 15, 139–170 (1965).

KRÄNZLER, L., LARINK, O.: Postembryonale Veränderungen und Sensillenmuster der abdominalen Anhänge von Thermobia domestica (PACKARD) (Insecta: Zygentoma). – Braunschw. Naturk. Schr. 1, 27–49 (1980).

LAIBACH, E.: Lepisma saccharina L., das Silberfischchen. – Z. hyg. Zool. 40, 1–50 (1952).

LARINK, O.: Entwicklung und Feinstruktur der Schuppen bei Lepismatiden und Machiliden (Insecta, Zygentoma und Archaeognatha). – Zool. Jb. Anat. 95, 252–293 (1976).

LARINK, O.: Das Sensillen-Inventar der Lepismatiden (Insecta: Zygentoma). – Braunschw. Naturk. Schr. 1, 493–512 (1982).

PALISSA, A.: Apterygota. – Tierwelt Mitteleuropas 4, 1–407 (1964).

SAHRHAGE, D.: Ökologische Untersuchungen an Thermobia domestica (PACKARD) und Lepisma saccharina L. – Z. wiss. Zool. 157, 77–168 (1953).

STURM, H.: Die Paarung von Lepisma saccharina L. (Silberfischchen). – Zool. Anz. Suppl. 19, 463–466 (1956).

STURM, H.: Die Paarung beim Silberfischchen Lepisma saccharina. – Z. Tierphysiol. 13, 1–12 (1956).

Dermaptera

BEIER, M.: Dermaptera – Ohrwürmer. – Biol. Tiere Deutschl. 26, 169–321 (1953).

BEIER, M.: Ohrwürmer und Tarsenspinner. – Die Neue Brehm-Bücherei 251, Leipzig (1959).

BRAUNS, A.: Taschenbuch der Waldinsekten. – Gustav Fischer Verlag, Stuttgart (1964).

CAUSSANEL, Cl.: Etude du développement larvaire de Labidura riparia (Derm., Labiduridae). – Ann. Soc. Entomol. France 2, 469–498 (1966).

CAUSSANEL, Cl.: Principales exigences écophysiologiques du Forficule des sables, Labidura riparia (Derm., Labiduridae). – Ann. Soc. Entomol. France 6, 589–612 (1970).

GÜNTHER, K., HERTER, K.: Dermaptera (Ohrwürmer). – Handb. Zool., Berlin 4 (2) 2/11, 1–158 (1974).

HARZ, K.: Die Geradflügler Mitteleuropas. – G. Fischer Verlag, Jena (1957).

HARZ, K.: Geradflügler oder Orthoptera. – Die Tierwelt Deutschlands 46, 1–232 (1960).

HERTER, K.: Zur Fortpflanzungsbiologie des Sand- oder Ufer-Ohrwurms Labidura riparia POLL. – Zool. Beitr. 8, 297–329 (1963).

HERTER, K.: Zur Fortpflanzungsbiologie des Ohrwurms Forficula auricularia L. – Zool. Jb. Syst. 92, 405–466 (1965).

HERTER, K.: Weiteres zur Fortpflanzungsbiologie des Ohrwurmes Forficula auricularia L. – Zool. Beitr. 13, 213–244 (1967).

MESSNER, B.: Über das Vorkommen von *Labidura riparia* (PALL.) (Dermaptera) auf den Abraumhalden der Braunkohlenertragsebene um Tröpitz und Lauchhammer. – Entomol. Ber. Dresden 1, 24–28 (1963).

POPHAM, E. J.: The anatomy in relation to feeding habits of *Forficula auricularia* and other Dermaptera. – Proc. Zool. Soc., London 133, 251–300 (1959).

SLIFER, E. H.: Sense organs on the antennal flagella of earwigs (Dermaptera) with special reference to those of *Forficula auricularia*. – J. Morph. 122, 63–80 (1967).

WEIDNER, H.: Vorkommen und Lebensweise des Sandohrwurms *Labidura riparia* PALL. – Zool. Anz. 133, 185–202 (1941).

Blattodea

BEIER, M.: Blattariae (Schaben). Handb. Zool., Berlin 4 (2) 2/13, 1–127 (1974).

BRAUNS, A.: Taschenbuch der Waldinsekten. – Gustav Fischer Verlag, Stuttgart (1964).

BROWN, E. B.: Observations on the life-history of the cockroach *Ectobius panzeri* STEPHENS. – Ent. mon. Mag., London 88, 209–212 (1952).

CHOPARD, L.: La Biologie des Orthoptères. – Encycl. Entom., Paris, A 20, 1–541 (1938).

EGGERS, F.: Zur Kenntnis der antennalen stiftführenden Sinnesorgane der Insekten. – Z. Morph. Ökol. Tiere 2, 259–349 (1924).

HARZ, K.: Die Geradflügler Mitteleuropas. – G. Fischer Verlag, Jena (1957).

HARZ, K.: Geradflügler oder Orthoptera. – Die Tierwelt Deutschlands 46, 1–232 (1960).

HARZ, K.: Der Entwicklungszyklus von *Ectobius lapponicus* L. am Polarkreis. – Ber. ökol. Station Messaure 16, 1–8 (1972).

KUPKA, E.: Über Bremsvorrichtungen an den Laufbeinen der Blattodea. – Österr. zool. Z., Wien, 1, 170–175 (1946).

LOFTUS, S. J. R.: Cold receptor on the antenna of *Periplaneta americana*. – Z. vergl. Physiol., Berlin 52, 380–385 (1966).

LOFTUS, S. J. R.: Differential thermal components in the response of the antennal cold receptor of *Periplaneta americana* to slowly changing temperature. – Z. vergl. Physiol., Berlin 63, 415–433 (1969).

PRINCIS, K.: Ordnung Blattariae (Schaben). – Bestimmungsbücher zur Bodenfauna Europas 3, 1–50 (1965).

ROTH, L. M., WILLIS, E. R.: Observations on the biology of *Ectobius pallidus* (OLIVIER). – Trans. Amer. ent. Soc., Philadelphia 83, 31–37 (1952).

SLIFER, E. H.: Sense organs on the antennal flagellum of a giant cockroach, *Gromphadorhina portentosa*, and a comparison with those of several other species. – J. Morph., Philadelphia 126, 19–30 (1968).

WINSTON, P. W., GREEN, C. C.: Humidity responses from antennae of the cockroach, *Leucophaea maderae*. – Naturwissenschaften, Leipzig 54, 499 (1967).

Ensifera

BEIER, M.: Grillen und Maulwurfsgrillen. – Die Neue Brehm-Bücherei 119, A. Ziemsen Verlag, Wittenberg-Lutherstadt (1954).

BEIER, M.: Saltatoria (Grillen und Heuschrecken). – Handb. Zool., Berlin 4 (2) 2/9, 1–217 (1972).

BROCKSIEPER, R.: Der Einfluß des Mikroklimas auf die Verbreitung der Laubheuschrecken, Grillen und Feldheuschrecken im Siebengebirge und auf dem Rodderberg bei Bonn (Orthoptera: Saltatoria). – Decheniana – Beih., Bonn, 21, 1–141 (1978).

CHOPARD, L.: Orthopteroides. – Faune France, Paris 56, 1–359 (1951).

GNATZY, W., SCHMIDT, K.: Die Feinstruktur der Sinneshaare auf den Cerci von *Gryllus bimaculatus* DEG. (Saltatoria, Gryllidae). I. Faden- und Keulenhaare. – Z. Zellforsch. 122, 190–209 (1971).

GNATZY, W., SCHMIDT, K.: Die Feinstruktur der Sinneshaare auf den Cerci von *Gryllus bimaculatus* DEG. (Saltatoria, Gryllidae). IV. Die Häutung der kurzen Borstenhaare. – Z. Zellforsch. 126, 223–239 (1972a).

GNATZY, W., SCHMIDT, K.: Die Feinstruktur der Sinneshaare auf den Cerci von *Gryllus bimaculatus* DEG. (Saltatoria, Gryllidae). V. Die Häutung der langen Borstenhaare an der Cercusbasis. – J. Microscopie 14, 75–84 (1972b).

GNATZY, W., TAUTZ, J.: Ultrastructure and Mechanical Properties of an Insect Mechanoreceptor: Stimulus-transmitting Structures and Sensory Apparatus of the Cercal filiform Hairs of *Gryllus*. – Cell Tissue Res. 213, 441–463 (1980).

GODAN, D.: Untersuchungen über die Nahrung der Maulwurfsgrille (*Gryllotalpa gryllotalpa* L.). – Z. angew. Zool., Berlin 48, 341–357 (1961).

HALM, E.: Untersuchungen über die Lebensweise und Entwicklung der Maulwurfsgrille (*Gryllotalpa vulgaris* LATR.) im Lande Brandenburg. – Beitr. Ent., Berlin 8, 334–365 (1958).

HARZ, K.: Die Gradflügler Mitteleuropas. – G. Fischer Verlag, Jena (1957).

HARZ, K.: Geradflügler oder Orthoptera. – Die Tierwelt Deutschlands 46, 1–232 (1960).

NICKLAUS, R.: Zur Funktion der keulenförmigen Sensillen auf den Cerci der Grillen. – Zool. Anz. Suppl. 32, 393–398 (1969).

RÖBER, H.: Die Saltatorienfauna montan getönter Waldgebiete Westfalens unter besonderer Berücksichtigung der Ensiferenverbreitung. – Abh. Landesmus. Naturkd., Münster 32, 1–28 (1970).

SCHMIDT, K., GNATZY, W.: Die Feinstruktur der Sinneshaare auf den Cerci von *Gryllus bimaculatus* DEG. (Saltatoria, Gryllidae). II. Die Häutung der Faden- und Keulenhaare. – Z. Zellforsch. 122, 210–226 (1971).

SCHMIDT, K., GNATZY, W.: Die Feinstruktur der Sinneshaare auf den Cerci von *Gryllus bimaculatus* DEG. (Saltatoria, Gryllidae). III. Die kurzen Borstenhaare. – Z. Zellforsch. 126, 206–222 (1972).

SIHLER, H.: Die Sinneshaare an den Cerci der Insekten. – Zool. Jb. Anat. Ontog. Tiere 45, 519–580 (1924).

Hemiptera

JORDAN, K. H. C.: Landwanzen. – Die Neue Brehm-Bücherei 294, A. Ziemsen Verlag, Wittenberg-Lutherstadt (1962).

JORDAN, K. H. C.: Heteroptera (Wanzen). – Handb. Zool., Berlin 4 (2) 2/20, 1–113 (1972).

REMOLD, H.: Über die biologische Bedeutung der Duftdrüsen bei den Landwanzen (Geocorisae). – Z. vergl. Physiol., Berlin 45, 636–694 (1963).

SCHORR, H.: Zur Verhaltensbiologie und Symbiose von *Brachypelta aterrima* FÖRST. (Cydnidae, Heteropera). – Z. Morph. Ökol. Tiere, 45, 561–601 (1957).

WAGNER, E.: Wanzen oder Heteroptera. I. Pentatomorpha. – Tierw. Deutschlands 54, 1–235 (1966).

WEBER, H.: Biologie der Hemipteren. – Springer Verlag, Berlin (1930).

Planipennia

ASPÖCK, H., ASPÖCK, U., HÖLZEL, H.: Die Neuropteren Europas. – 2. Bde. Goecke und Evers, Krefeld (1980).

DOFLEIN, F.: Der Ameisenlöwe – Eine biologische, tierpsychologische und reflexbiologische Untersuchung. – G. Fischer Verlag, Jena (1916).

EGLIN, W.: Zur Biologie und Morphologie der Raphidien und Myrmeleoniden (Neuropteroidea) von Basel und Umgebung. – Verh. naturforsch. Ges. Basel 50, 163–220 (1939).

GEILER, H.: Über die Wirkung der Sonneneinstrahlung auf Aktivität und Position der Larven von *Euroleon nostras* FOURCR. (= *Myrmeleon europaeus* McLACHL.) in den Trichterbodenfallen. – Z. Morph. Ökol. Tiere 56, 260–274 (1966).

JACOBS, W., RENNER, M.: Taschenlexikon zur Biologie der Insekten. – Gustav Fischer Verlag, Stuttgart (1974).

JOKUSCH, B.: Bau und Funktion eines larvalen Insektenauges. – Untersuchungen am Ameisenlöwen (*Euroleon nostras* FOURCROY, Planip., Myrmel.). – Z. vergl. Physiol. 56, 171–198 (1967).

NEBOER, H.: Ethological observations on the ant-lion (*Euroleon nostras* FOURCROY, Neuroptera). – Arch. Neerl. Zool. 13, 609–611 (1960).

PLETT, A.: Einige Versuche zum Beutefangverhalten und Trichterbauen des Ameisenlöwen *Euroleon nostras* FOURCR. (Myrmeleonidae). – Zool. Anz. 173, 202–209 (1964).

PRINCIPI, M. M.: Contibuti allo studio dei Neurotteri italiani. II. *Mymeleon inconspicuus* RAMB. ed *Euroleon nostras* FOURCROY. – Boll. Ist. Ent. Univ. Bologna 14, 131–192 (1943).

STEFFAN, J. R.: Les Larves de Fourmilions (Planipennes: Myrmeleontidae) de la faune de France. – Annl. Soc. ent. Fr. 11, 383–410 (1975).

Coleoptera

BECHYNĚ, J.: Welcher Käfer ist das? – Franckh'sche Verlagshandlung, Stuttgart (1954).

BLUM, P.: Zur Phylogenie und ökologischen Bedeutung der Elytrenreduktion und Abdomenbeweglichkeit der Staphylinidae (Coleoptera) – Vergleichend- und funktionsmorphologische Untersuchungen. – Zool. Jb. Anat. 102, 533–582 (1979).

BÖVING, A. G., CRAIGHEAD, F. C.: An illustrated synopsis of the principal larval forms of the order Coleoptera. – Ent. Amer. 11, 1–351 (1931).

BRAUNS, A.: Taschenbuch der Waldinsekten. – 2 Bde. Gustav Fischer Verlag, Stuttgart (1970).

BRUNNE, G.: U. Fam. Scaritinae. – in: FREUDE-HARDE-LOSE, Die Käfer Mitteleuropas, Bd. 2, 64–73, Goecke und Evers, Krefeld (1976).

BURMEISTER, F.: Biologie, Ökologie und Verbreitung europäischer Käfer. – Krefeld (1939).

COIFFAIT, K.: Contribution á la connaissance des Coléopteres du sol. – Vie et Milieu, Suppl. 7, 1–204 (1958).

COIFFAIT, K.: Monographie des Leptotyphlines. – Rév. Franc. d'Ent. 26, 237–438 (1959).

CROWSON, R. A.: The Biology of Coleoptera. – London (1981).

DUNGER, W.: Tiere im Boden. – Die Neue Brehm-Bücherei 327, (2. Aufl.). A. Ziemsen Verlag, Wittenberg-Lutherstadt (1974).

ENGEL, H.: Mitteleuropäische Insekten. – Sammlung Naturkundlicher Tafeln. Kronen-Verlag Erich Cramer, Hamburg (1961).

EVANS, M. E. G.: The feeding method of *Cicindela hybrida* L. (Coleoptera, Cicindelidae). – Proc. Roy. Ent. Soc. London, 40, 61–66 (1965).

EVANS, M. E. G.: The life of Beetles. – London (1975).

FAASCH, H.: Beobachtungen zur Biologie und zum Verhalten von *Cicindela hybrida* L. und *Cicindela campestris* L. und experimentelle Analyse ihres Beutefangverhaltens. – Zool. Jb. Syst. 95, 477–522 (1968).

FREUDE, H., HARDE, K. W., LOHSE, G. A.: Die Käfer Mitteleuropas. – Goecke und Evers, Krefeld (1965 ff.).

FRIEBE, B.: Zur Biologie eines Buchenwaldbodens. 3. Die Käferfauna. – Carolinea 41, 45–80 (1983).

FUNKE, W.: Food and energy turnover of leafeating insects and their influence on primary production. – Ecol. Studies, Berlin 2, 81–93 (1971).

GEISTHARDT, M.: Das thorakale Skelett von *Lamprohiza splendidula* (L.) unter besonderer Berücksichtigung des Geschlechtsdimorphismus (Coleoptera: Lampyridae). – Zool. Jb. Anat. 93, 299–334 (1974).

GEISTHARDT, M.: Bemerkungen zur Frage der Mikropterie und Apterie sowie zur Biologie einiger heimischer Cantharoidea (Coleoptera). – Mitt. Int. Ent. Verein, Frankfurt 3, 84–91 (1977).

GEISTHARDT, M.: 26. Fam. Lampyridae. – in: FREUDE-HARDE-LOHSE, Die Käfer Mitteleuropas, Bd. 6, 14–17, Goecke und Evers, Krefeld (1979).

GERSDORF, E.: Ökologisch-faunistische Untersuchungen über die Carabiden der mecklenburgischen Landschaft. – Zool. Jb. Syst. 70, 17–86 (1937).

GRIMM, R.: Zum Energieumsatz phytophager Insekten im Buchenwald. I. Untersuchungen an Populationen der Rüsselkäfer (Curculionidae) *Rhynchaenus fagi* L., *Strophosomus* (SCHÖNHERR) und *Otiorhynchus singularis* L. – Oecologia 11, 187–262 (1973).

GUSE, G.-W., HONOMICHL, K.: Die digitiformen Sensillen auf dem Maxillarpalpus von Coleoptera. II. Feinstruktur bei *Agabus bipustulatus* (L.) und *Hydrobius fuscipes* (L.). – Protoplasma 103, 55–68 (1980).

HARTMANN, P.: Biologisch-ökologische Untersuchungen an Staphyliniden-Populationen verschiedener Ökosysteme des Solling. – Diss. Univ., Göttingen (1979).

HONOMICHL, K.: Die digitiformen Sensillen auf dem Maxillarpalpus von Coleoptera. I. Vergleichend-topographische Untersuchung des kutikulären Apparates. – Zool. Anz., Jena 204, 1–12 (1980).

HONOMICHL, K., GUSE, G. W.: Digitiform Sensilla on the Maxillar Palp of Coleoptera. III. Fine Structure in

Tenebrio molitor L. and *Dermestes maculatus* DE GEER. – Acta Zoologica 62, 17–25 (1981).

JACOBS, W., RENNER, M.: Taschenlexikon zur Biologie der Insekten. – Gustav Fischer Verlag, Stuttgart (1974).

KASULE, F. K.: The subfamilies of the larvae of Staphylinidae (Coleoptera) with keys to the larvae of British genera of Steninae and Proteininae. – Trans. R. ent. Soc. Lond. 118, 261–283 (1966).

KASULE, F. K.: The larval characters of some subfamilies of British Staphylinidae (Coleoptera) with keys to the known genera. – Trans. R. ent. Soc., London 120, 115–138 (1968).

KASULE, F. K.: The larvae of Paederinae and Staphylininae (Coleoptera: Staphylinidae) with keys to the known British genera. – Trans. R. ent. Soc., London 122, 49–80 (1970).

KLAUSNITZER, B.: Ordnung Coleoptera (Larven). – Junk, The Hague (1978).

KLAUSNITZER, B.: Wunderwelt der Käfer. – Verlag Herder, Freiburg (1982).

KOSMASCHEWSKI, A. S.: On the feeding habits of the Click-Beetle larvae (Coleoptera, Elateridae). – Ent. Rev. 37, 689–697 (1958).

LAMPE, K. H.: Die Fortpflanzungsbiologie und Ökologie des Carabiden *Abax ovalis* DFT. und der Einfluß der Umweltfaktoren Bodentemperatur, Bodenfeuchtigkeit und Photoperiode auf die Entwicklung in Anpassung an die Jahreszeit. – Zool. Jb. Syst. 102, 128–170 (1975).

LARSSON, S.: Danske Billelarver, Bestemmelsesnogle til Familie. – Ent. Medd. 22, 239–259 (1941).

LENGERKEN, von H.: Die Brutfürsorge und Brutpflegeinstinkte der Käfer. – Geest und Portig, Leipzig (1954).

LÖSER, S.: Art und Ursachen der Verbreitung einiger Carabidenarten im Grenzraum Ebene – Mittelgebirge. – Zool. Jb. Syst. 99, 231–262 (1972).

LOHSE, A.: 23. Familie: Staphylinidae. – in: FREUDE-HARDE-LOHSE, Die Käfer Mitteleuropas, Bd. 4 Goecke und Evers, Krefeld 1964.

LOREAU, M.: Trophic role of carabid beetles in a forest. – Proc. VIII. Int. Coll. Soil Zoology, Louvain-La-Neuve (Belgium) 1982, 281–286 (1983).

LUNDT, H.: Ökologische Untersuchungen über die tierische Besiedlung an Aas im Boden. – Pedobiologia 4, 158–180 (1964).

MANN, J. S., CROWSON, R. A.: On the digitiform sensilla of adult leaf beetles (Coleoptera: Chrysomelidae). – Entomol. Gener. 9, 121–133 (1984).

NEUDECKER, C.: Das Präferenzverhalten von *Agonum assimile* PAYK. (Carab., Coleopt.) in Temperatur-, Feuchtigkeits- und Helligkeitsgradienten. – Zool. Jb. Syst. 101, 609–627 (1974).

NEUDECKER, C., THIELE, H. U.: Die jahreszeitliche Synchronisation der Gonadenreifung bei *Agonum assimile* PAYK. (Coleoptera, Carab.) durch Temperatur und Photoperiode. – Oecologia 17, 141–157 (1974).

PAARMANN W.: Vergleichende Untersuchungen über die Bindung zweier Carabidenarten (*P. angustatus* und *P. oblongopunctatus*) an ihre verschiedenen Lebensräume. – Z. wiss. Zool. 174, 83–176 (1966).

PUKOWSKI, E.: Ökologische Untersuchungen an Nekrophoren. – Z. Morph. Ökol. Tiere 27, 518–586 (1933).

RAYNAUD, P.: Stades larvaires de coléoptères Carabidae. – Bull. mens. Soc. Linn., Lyon 43, 229–246 (1974).

REHAGE, H. O., RENNER, K.: Zur Käferfauna des Naturschutzgebietes Jakobsberg. – Natur und Heimat 41, 124–137 (1981).

REITTER, E.: Fauna Germanica, I–V. – K. G. Lutz Verlag, Stuttgart (1908–1916).

ROTH, M., FUNKE, W., GÜNL, W., STRAUB, S.: Die Käfergesellschaften mitteleuropäischer Wälder. – Verh. Ges. Ökologie, Mainz 1981, 35–50 (1983).

RUDOLPH, K.: Zur Morphologie der Elateridenlarven. – Ent. Nachr. 14, 33–46 (1970).

RUDOLPH, K.: Beitrag zur Kenntnis der Elateridenlarven der Fauna der DDR und der BRD. – Zool. Jb. Syst. 101, 1–151 (1974).

RUDOLPH, K.: Elateridae. – in: KLAUSNITZER, B.: Ordnung Coleoptera (Larven), 133–156, Junk, The Hague (1978).

ŠAROVA, J. Ch.: Die morpho-ökologischen Typen der Laufkäferlarven (Carabidae), (russisch). – Zool. Žurnal. 39, 691–708 (1960).

SCHAERFFENBERG, B.: Die Elateridenlarven der Kiefernwaldstreu. – Z. angew. Ent. 29, 85–115 (1942).

SCHAUERMANN, J.: Zum Energieumsatz phytophager Insekten im Buchenwald. II. Die produktionsbiologische Stellung der Rüsselkäfer (Curculionidae) mit rhizophagen Larvenstadien. – Oecologia 13, 313–350 (1973).

SCHAUERMANN, J.: Zur Abundanz- und Biomassendynamik der Tiere in Buchenwäldern des Sollings. – Verh. Ges. Ökol., Göttingen 1976, 113–124 (1977).

SCHAUERMANN, J.: Energy metabolism of rhizophagous insects and their role in ecosystems. – Ecol. Bull. 25, 310–319 (1977).

SCHERF, H.: Die Entwicklungsstadien der mitteleuropäischen Curculioniden (Morphologie, Bionomie, Ökologie). – Abh. Senckenberg. naturf. Ges. 506, 1–335 (1964).

SCHERNEY, F.: Unsere Laufkäfer. – Die Neue Brehm-Bücherei 245, A. Ziemsen Verlag, Wittenberg-Lutherstadt (1959).

SCHERNEY, F.: Beiträge zur Biologie und ökonomischer Bedeutung räuberisch lebender Käferarten. Beobachtungen und Versuche zur Überwinterung, Aktivität und Ernährungsweise der Laufkäfer (Carabidae). – Z. angew. Entomol. 48, 163–175 (1961).

SCHILDKNECHT, H., MASCHWITZ, E., MASCHWITZ, U.: Die Explosionschemie der Bombadierkäfer (Coleoptera, Carabidae). III. Mitt.: Isolierung und Charakterisierung der Explosionskatalysatoren. – Z. Naturforsch. 23B, 1213–1218 (1968).

SCHNEPF, E., WENNEIS, W., SCHILDKNECHT, H.: Über Arthropoden-Abwehrstoffe XLI. Zur Explosionschemie der Bombadierkäfer (Coleoptera, Carabidae). IV. Zur Feinstruktur der Pygidialwehrdrüsen des Bombadierkäfers (*Brachynus crepitans* L.). – Z. Zellforsch. 96, 582–599 (1969).

SCHWALB, H. H.: Beiträge zur Biologie der einheimischen Lampyriden *Lampyris noctiluca* GEOFFR. und *Phausis splendidula* LEC. und experimentelle Analyse ihres Beutefang- und Sexualverhaltens. – Zool. Jb. Syst. 88, 399–550 (1961).

SPÄH, H.: Faunistisch-ökologische Untersuchungen der Carabiden- und Staphylinidenfauna verschiedener

Standorte Westfalens (Coleoptera: Carabidae, Staphylinidae). – Decheniana (Bonn) 133, 33–56 (1980).

STEEL, W. O.: A revision of the staphylinid subfamily Proteininae (Coleoptera). – Trans. R. ent. Soc. London 118, 285–311 (1966).

STEEL, W. O.: The larvae of the genera of Omaliinae (Col., Staphylinidae), with particular reference to the British fauna. – Trans. R. ent. Soc., London, 122, 1–47 (1970).

STREY, G.: Ökoenergetische Untersuchungen an *Athous subfuscus* MÜLL. und *Athous vittatus* FBR. (Elateridae, Coleoptera) in Buchenwäldern. – Diss. Univ. Göttingen (1972).

STURANI, M.: Osservazioni e ricerche biologiche sul genere *Carabus* LINNAEUS (Sensu lato) (Coleoptera, Carabidae). – Mem. Soc. Entomol. ital. 41, 85–202 (1962).

SUBKEW, W.: Physiologisch-experimentelle Untersuchungen an einigen Elateriden. – Z. Morph. Ökol. Tiere 28, 184–192 (1934).

THIELE, H. U.: Die Tiergesellschaften der Bodenstreu in den verschiedenen Waldtypen des Niederbergischen Landes. – Z. Angew. Entomol. 39, 316–357 (1956).

THIELE, H. U.: Experimentelle Untersuchungen über die Ursachen der Biotopbindung bei Carabiden. – Z. Morph. Ökol. Tiere 53, 387–452 (1964).

THIELE, H. U.: Ein Beitrag zur experimentellen Analyse von Euryökie und Stenökie bei Carabiden. – Z. Morph. Ökol. Tiere 58, 355–372 (1967).

THIELE, H. U.: Carbid beetles in their environments. – A study on habitat selection by adaptations in physiology and behaviour. – Springer Verlag, Berlin, Heidelberg, New York (1977).

TIPS, W.: Some aspects of the ecology of *Acrotrichis intermedia* (Col., Ptiliidae). I. Locomotory activity and gregarious behaviour. – Pedobiologia 18, 127–133 (1978).

TIPS, W.: Some aspects of the ecology of *Acrotrichis intermedia* (Col., Ptiliidae). II. On the basis of gregarious behaviour. – Pedobiologia 18, 134–137 (1978).

TIPS, W.: Some aspects of the ecology of *Acrotrichis intermedia* (Col., Ptiliidae). III. Some evidence for the presence of an aggregating substance. – Pedobiologia 18, 218–226 (1978).

TISCHLER, W.-H.: Untersuchungen über die tierische Besiedlung von Aas in verschiedenen Strata von Waldökosystemen. – Pedobiologia 16, 99–105 (1976).

TOPP, W.: Zur Biologie und Larvalmorphologie von *Atheta sordida* MARSH. (Col., Staphylinidae). – Ann. Ent. Fenn. 37, 85–89 (1971).

TOPP, W.: Über Entwicklung, Diapause und Larvalmorphologie der Staphyliniden *Aleochara moerens* GYLL. und *Bolitochara lunulata* PAYK. in Nordfinnland. – Ann. Ent. Fenn. 39, 145–152 (1973).

TOPP, W.: Morphologische Variabilität, Diapause und Entwicklung von *Atheta fungi* (GRAV.) (Col., Staphylinidae). – Zool. Jb. Syst. 102, 101–127 (1975).

TOPP, W.: Zur Besiedlung einer neu entstandenen Insel. Untersuchungen am «Hohen Knechtsand». – Zool. Jb. Syst. 102, 215–240 (1975).

TOPP, W.: Bestimmungstabelle für die Larven der Staphylinidae. – in: KLAUSNITZER, B.: Ordnung Coleoptera (Larven), 304–334, Junk, The Hague (1978).

TOPP, W.: Vergleichende Dormanzuntersuchungen an

Staphyliniden (Coleoptera). – Zool. Jb. Syst. 106, 1–49 (1979).

TOPP, W.: Biologie der Bodenorganismen. – UTB – Quelle u. Meyer, Heidelberg (1981).

TOPP, W., HANSEN, K., BRANDL, R.: Artengemeinschaften von Kurzflüglern an Aas (Coleoptera: Staphylinidae). – Entomol. Gener. 7, 347–364 (1982).

WASNER, U.: Die Europhilus-Arten (*Agonum*, Carabidae, Coleoptera) des Federseerieds. – Diss. Univ., Tübingen (1977).

WEBER, H.: Lehrbuch der Entomologie. – G. Fischer Verlag, Jena (1933).

WEIDEMANN, G.: Stellung epigäischer Raubarthropoden im Ökosystem Buchenwald. – Verh. Dtsch. Dt. Zool. Ges. 65, 106–116 (1972).

WILMS, B.: Untersuchungen zur Bodenkäferfauna in drei pflanzensoziologisch unterschiedenen Wäldern der Umgebung Münsters. – Abh. Landesmus. Naturk. Münster 23, 1–15 (1961).

ZACHARUK, R. Y., ALBERT, J., BELLAMY, F. W.: Ultrastructure and function of digitiform sensilla on the labial palp of a larval elaterid (Coleoptera). – Can. J. Zool. 55, 569–578 (1977).

Hymenoptera

BERNARD, F.: Les Fourmis (Hymenoptera Formicidae) d'Europe Occidentale et Septendrionale. – Faune Europe Bass. Médit. 3, 1–411, Masson et Cie, Paris (1968).

BISCHOFF, H.: Biologie der Hymenopteren. – Springer Verlag, Berlin (1927).

BRAUNS, A.: Praktische Bodenbiologie. – Gustav Fischer Verlag, Stuttgart (1968).

DIRCKSEN, R., DIRCKSEN, G.: Tierkunde, II. Wirbellose Tiere. – Bayerischer Schulbuch Verlag, München (1968).

DONISTHORPE, H.: British ants, their life history and classification. – London, (2. A) (1927).

DUMPERT, K.: Das Sozialleben der Ameisen. – Verlag Paul Parey, Berlin, Hamburg (1978).

DUNGER, W.: Tiere im Boden. – Die Neue Brehm-Bücherei 327, (2. Aufl.) A. Ziemsen Verlag, Wittenberg-Lutherstadt (1974).

ESCHERICH, K.: Die Ameise – Schilderung ihrer Lebensweise. – Vieweg und Sohn, Braunschweig (1917).

FOREL, A.: Les Fourmis de la Suisse. – Zürich (1874).

GÖSSWALD, K.: Die rote Waldameise im Dienst der Waldhygiene. – Wolf und Täuber, Lüneburg (1951).

GOETSCH, W.: Vergleichende Biologie der Insekten-Staaten. – Akadem. Verlagsgesellschaft, Leipzig (1953).

KLOFT, W.: Nestbautätigkeit der Roten Waldameise. – Waldhygiene 3, 94–98 (1959).

KLOFT, W. J.: Ökologie der Tiere. – UTB Ulmer, Stuttgart (1978).

KLOFT, W., HÖLLDOBLER, B., HAISCH, A.: Traceruntersuchungen zur Abgrenzung von Nestarealen holzzerstörender Roßameisen (*Camponotus herculeanus* L. und *C. ligniperda* LATR.). – Ent. exp. appl. 8, 20–26 (1965).

KNEITZ, G.: Untersuchungen zur Herkunft der Nestwärme und zur Temperaturregulation im Waldameisennest. – Habilitationsschrift, Würzburg (1974).

MASCHWITZ, U., HÖLLDOBLER, B.: Der Kartonnestbau bei

Lasius fuliginosus LATR. (Hym., Formicidae). – Z. vergl. Physiol. 66, 176–189 (1970).

OTTO, D.: Die Roten Waldameisen. – Die Neue Brehm-Bücherei 293, A. Ziemsen Verlag, Wittenberg-Lutherstadt (1962).

SUDD, J. H.: An introduction to the behaviour of ants. – Arnold, London (1967).

STITZ, H.: Ameisen oder Formicidae. – Tierw. Deutschlands 37, 1–428 (1939).

Trichoptera

BRAUNS, A.: Taschenbuch der Waldinsekten. – Gustav Fischer Verlag, Stuttgart (1964).

DRIFT, I. van der, WITKAMP, M.: The significance of the break–down of oak litter by *Enoicyla pusilla* BURM. – Arch. Néerl. Zool. 13, 486–492 (1958).

KELNER-PILLAULT, S.: Biologie, écologie *d'Enoicyla pusilla* BURM. (Trichoptera, Limnophilides). – Ann. Biol. 36, 51–99 (1960).

MALICKY, H.: Trichoptera (Köcherfliegen). – Handb. Zool., Berlin, 4 (2) 2/29, 1–114 (1973).

MEY, W.: Die terrestrischen Larven der Gattung *Enoicyla* RAMBUR in Mitteleuropa und ihre Verbreitung. – Dt. Entom. Z. 30, 115–122 (1983).

RATHJEN, W.: Experimentelle Untersuchungen zur Biologie und Ökologie von *Enoicyla pusilla* BURM. – Z. Morph. Ökol. Tiere 35, 14–83 (1939).

SPÄH, H.: *Enoicyla pusilla* BURM. aus einem Erlenbruch Ostwestfalens (Insecta: Trichoptera). – Decheniana (Bonn) 131, 262–265 (1978).

WICHARD, W.: Zur Morphogenese des respiratorischen Epithels der Tracheenkiemen bei Larven der Limnephilini KOL. (Insecta, Trichoptera). – Z. Zellforsch. 144, 585–592 (1973).

WICHARD, W.: Zur morphologischen Anpassung der Tracheenkiemen bei Larven der Limnephilini KOL. (Insecta: Trichoptera) I–II. – Oecologia 15, 159–175 (1974).

WICHARD, W.: Die Köcherfliegen. – Die Neue Brehm-Bücherei 512, A. Ziemsen Verlag, Wittenberg-Lutherstadt (1978).

WICHARD, W., KOMNICK, H.: Fine structure and function of the abdominal chloride epithelia in caddisfly larvae. – Z. Zellforsch. 136, 579–590 (1973).

WICHARD, W., SCHMITZ, M.: Anpassungsmechanismen der osmoregulatorischen Ionenabsorption bei Limnephilidae-Larven (Insecta, Trichoptera). – Gewässer und Abwässer 66/67, 102–118 (1980).

Lepidoptera

DAVIS, D. R.: Bagworm Moth of the Western Hemisphere. – U. S. Nat. Mus., Bull. 244, 1–233 (1964).

DUNGER, W.: Tiere im Boden. – Die Neue Brehm-Bücherei, 327, (2. Aufl.) A. Ziemsen Verlag, Wittenberg-Lutherstadt (1974).

FORSTER, W., WOHLFAHRT, TH. A.: Die Schmetterlinge Mitteleuropas, I–V. – Franckh'sche Verlagshandlung, Stuttgart (1954–1982).

HERING, M.: Biologie der Schmetterlinge. – J. Springer Verlag, Berlin (1926).

KOZHANCHIKOV, I. V.: Psychidae. – Fauna UdSSR, Moskow (1956).

MEYER, E.: Struktur und Dynamik einer Population von *Epichnopterix ardua* MANN (Lep.: Psychidae) in einem Krummseggenrasen der Hohen Tauern (Kärnten, Österreich). – Zool. Jb. Syst. 110, 165–177 (1983).

Mecoptera

AUBROOK, E. W.: A contribution to the biology and distribution in Great Britain of *Boreus hyemalis* (L.) (Mecopt., Boreidae). – J. Soc. Brit. Ent., Southhampton 2, 13–21 (1939).

ENGEL, H.: Mitteleuropäische Insekten. – Sammlung Naturkundlicher Tafeln. Kronen-Verlag E. Cramer, Hamburg (1961).

KALTENBACH, A.: Mecoptera (Schnabelhafte, Schnabelfliegen). – Hand. Zool., Berlin 4 (2) 2/28, 1–111 (1978).

MICKOLEIT, G., MICKOLEIT, E.: Über die funktionelle Bedeutung der Tergalapophysen von *Boreus westwoodi* (HAGEN) (Insecta, Mecoptera). – Zoomorphologie, 85, 157–164 (1976).

SAUER, C. P.: Ein Eskimo unter den Insekten: Der Winterhafte *Boreus westwoodi*. – Mikrokosmos 55, 117–120 (1966).

STEINER P.: Beitrag zur Fortpflanzungsbiologie und Morphologie des Genitalapparates von *Boreus hiemalis* L. – Z. Morph. Ökol. Tiere, 32, 276–288 (1937).

STITZ, H.: Mecoptera. – Biologie Tiere Deutschlands, 35, 1–28 (1926).

STRÜBING, H.: Beitrag zur Biologie von *Boreus hiemalis* L. – Zool. Beitr. Berlin, 1, 51–110 (1950).

STRÜBING, H.: Schneeinsekten. – Die Neue Brehm-Bücherei, 220, A. Ziemsen Verlag, Wittenberg-Lutherstadt (1958).

Diptera

ALTMÜLLER, R.: Untersuchungen über den Energieumsatz von Dipterenpopulationen im Buchenwald (Luzulo-Fagetum). – Pedobiologia 19, 245–278 (1979).

BEZZI, M.: Rinvenimento di una *Chionea* (Dipt.) nei dintorni di Torino. – Bull. Soc. ent. ital. 49, 12–49 (1917).

BRAUNS, A.: Terricole Dipterenlarven. – Musterschmidt, Wissenschaftl. Verlag, Berlin (1954a).

BRAUNS, A.: Puppen terricoler Dipterenlarven. – Musterschmidt, Wissenschaftl. Verlag, Berlin (1954b).

BRAUNS, A.: Die Sukzession der Dipterenlarven bei der Stockhumifizierung. – Z. Morph. Ökol. Tiere, 43, 313–320 (1954c).

BRAUNS, A.: Die terricolen Dipterenlarven im Verknüpfungsgefüge der Waldbiozoenose. – Bonner Zool. Beitr., 6, 223–231 (1955).

BRUNDIN, L.: Zur Systematik der Orthocladiinae (Dipt., Chironomidae). – Inst. Freshwater Res. Drottingholm Report 37, 5–185 (1956).

CASPERS, N.: Zur Larvalentwicklung und Produktionsökologie von *Tipula maxima* PODA (Diptera, Nematocera, Tipulidae). – Arch. Hydrobiol./Suppl. 58, 273–309 (1980).

ERBER, D.: Einige neue Fundorte für *Chionea lutescens* (Dipt., Tipulidae) in Hessen. – Ent. Z. Frankfurt 82, 169–175 (1972).

FELDMANN, R., REHAGE, H. O.: Westfälische Nachweise des Winterhaftes *(Boreus westwoodi)* und der Schneefliege *(Chionea lutescens).* – Natur und Heimat, Münster 33, 47–50 (1973).

HÅGVAR, S.: Field observations on the ecology of snow insect, *Chionea araneoides* DALM. (Dipt., Tipulidae). – Norske Ent. Tidskr. 18, 33–37 (1971).

HENNIG, W.: Die Larvenformen der Dipteren I–III. – Berlin (1948–52).

HENNIG, W.: Diptera (Zweiflügler). – Handb. Zool. Berlin 4 (2) 2/31, 1–200 (1973).

HOFSVANG, T.: Energy flow in *Tipula excisa* SCHUM. (Diptera, Tipulidae) in a high mountain area, Finse, South Norway. – Norwegian J. Zool. 21, 7–16 (1973).

MUSSO, J. J.: Nutritive and Ecological Requirements of Robber Flies (Diptera: Brachycera: Asilidae). – Entomol. Gener. 9, 35–50 (1983).

OLIVER, D. R.: Life history of Chironomidae. – Ann. Rev. Ent., Stanford 16, 211–230 (1971).

PEREL, T. S., KARPACHEVSKY, L. O., YEGOROVA, E. V.: The role of Tipulidae (Diptera) larvae in decomposition of forest litter-fall. – Pedobiologia 11, 66–70 (1971).

PRIESNER, E.: Nahrungswahl und Nahrungsverbreitung bei der Larve von *Tipula maxima.* – Pedobiologia 1, 25–37 (1961).

SÉGUY, E.: La Biologie des Diptères. – Encycl. Ent., Paris 26, 1–609 (1950).

STRENZKE, K.: Systematik, Morphologie und Ökologie der terrestrischen Chironomiden. – Arch. Hydrobiol., Stuttgart, Suppl. 18, 207–414 (1950).

STRENZKE, K.: Lebensformen und Phylogenese der terrestrischen Chironomiden. – Proc. XV. Int. Congr. Zool., 351–354 (1959).

STRÜBING, H.: Schneeinsekten. – Die Neue Brehm-Bücherei, 220, A. Ziemsen Verlag, Wittenberg-Lutherstadt (1958).

THEOWALD, B.: Familie Tipulidae (Diptera, Nematocera) Larven und Puppen. – Bestimmungsbücher z. Bodenfauna Europas 7, 1–100, Akademie Verlag, Berlin (1967).

THIENEMANN, A.: Chironomus. Leben, Verbreitung und wirtschaftliche Bedeutung der Chironomiden. – Die Binnengewässer, Stuttgart 20, 1–834 (1954).

VOLZ, P.: Zur Populationsökologie der mitteleuropäischen Walddipteren. – Carolinea 41, 105–126 (1983).

ZINKLER, D.: Ökophysiologische Anpassung des Sauerstoffverbrauchs bodenlebender Tipulidenlarven. – Verh. Dtsch. Zool. Ges. 1980, 320 (1980).

ZINKLER, D.: Ecophysiological adaptations of litter dwelling Collembola and tipulid larvae. – in: LEBRUN, Ph. et al.: New Trends in Soil Biology, 335–343 (1983).

5 Register

5.1 Gattungs- und Artenregister

5.2 Sachregister